U0150970

Separated and Vortical Flow in Aircraft Wing Aerodynamics

Basic Principles and Unit Problems

飞机机翼空气动力学中的分离流与涡流

基本原理与单元问题

[德]恩斯特·海因里希·赫谢尔(Ernst Heinrich Hirschel)
[瑞典]阿瑟·里兹(Arthur Rizzi) 著
[德]克里斯蒂安·布雷桑特(Christian Breitsamter)
[德]沃纳·斯陶达赫(Werner Staudacher)

吴继飞　洪兴福　李国帅　杨　茵　陶　洋
牛　璐　张昌荣　张　兆　夏洪亚　姚　丹　译
肖楚璠　李宇辰　田富竟　黄攀宇　周恩民

国防工业出版社

·北京·

著作权合同登记　图字:01-2022-7036 号

内 容 简 介

本书主要讨论了飞机机翼空气动力学中分离流和涡流的流体力学特性。主要包括三个主题:基本原理,涉及边界层特性、涡流理论、剪切层的局部涡含量、升力翼的离散欧拉解问题、现实中的库塔条件等,介绍了表面摩擦和速度场的拓扑结构;单元问题,侧重于典型构型相对独立的流动现象,主要包括通用研究模型机翼的流动、锐前缘和全圆或半钝前缘机翼上的背风涡系以及高超声速钝缘构型的涡流等;大展弦比机翼和小展弦比三角翼的特殊流动问题,在全书最后重点讨论了实际的气动设计问题。

本书可作为航空航天、机械工程等领域本科生与研究生的教材,也可作为相关领域从业人员和工程师的学习参考书籍。

图书在版编目(CIP)数据

飞机机翼空气动力学中的分离流与涡流:基本原理
与单元问题/(德)恩斯特·海因里希·赫谢尔
(Ernst Heinrich Hirschel)等著;吴继飞等译.—北
京:国防工业出版社,2023.4
　书名原文:Separated and Vortical Flow in
Aircraft Wing Aerodynamics:Basic Principles and
Unit Problems
　ISBN 978-7-118-12904-5

Ⅰ.①飞… Ⅱ.①恩… ②吴… Ⅲ.①飞机-机翼-
空气动力学-研究 Ⅳ.①V211.41

中国国家版本馆 CIP 数据核字(2023)第 067347 号

First published in English under the title
Separated and Vortical Flow in Aircraft Wing Aerodynamics:Basic Principles and Unit Problems
edited by Ernst Heinrich Hirschel,Arthur Rizzi,Christian Breitsamter and Werner Staudacher
Copyright © Springer-Verlag GmbH Germany,part of Springer Nature,2021
This edition has been translated and published under licence from
Springer-Verlag GmbH,part of Springer Nature.
本书简体中文版由 Springer 授权国防工业出版社独家出版。
版权所有,侵权必究

※

*国防工业出版社*出版发行

(北京市海淀区紫竹院南路 23 号　邮政编码 100048)
三河市众誉天成印务有限公司印刷
新华书店经售

*

开本 710×1000　1/16　插页 8　印张 26¾　字数 592 千字
2023 年 4 月第 1 版第 1 次印刷　印数 1—2000 册　定价 198.00 元

(本书如有印装错误,我社负责调换)

国防书店:(010)88540777　　书店传真:(010)88540776
发行业务:(010)88540717　　发行传真:(010)88540762

译审委员会

主　任　吴勇航

副主任　何文信　张　林　叶松波

组　员　王元靖　刘大伟　陈　植　汪伏波

译　者　序

机翼是飞机最重要的部件之一,安装在机身上,与尾翼一起控制飞机的稳定性与操纵特性。分离流与涡流是流体力学中一类复杂的流动现象,它们广泛存在于机翼绕流中,对机翼的绕流特性和气动特性有着十分重要的影响。长期以来,人们对飞机机翼空气动力学中的分离流与涡流进行了广泛、深入的研究。目前,大型飞机在经济性和生态影响等方面的压力日益增加;另外,军用小展弦比飞机在敏捷性和机动性方面面临着巨大挑战。这一切都需要改进飞机机翼空气动力学设计,更好地处理分离流与涡流现象。

本书介绍并讨论了飞机机翼空气动力学中分离流和涡流的流体力学特性,主要包括三个主题:一是基本原理,涉及相关的边界层特性、涡流理论、剪切层的局部涡含量、升力翼的离散欧拉解问题、现实中的库塔条件,并介绍了表面摩擦和速度场的拓扑结构;二是单元问题,侧重于典型构型相对独立的流动现象,主要包括面元法和离散欧拉法及通用研究模型(CRM)机翼的流动、锐前缘和全圆或半钝前缘机翼上的背风涡系以及高超声速钝缘构型的涡流等;三是大展弦比机翼和小展弦比三角翼的特殊流动问题,在简短的章节中,重点讨论了实际的气动设计问题。

本书的作者均为航空航天领域资深专家,多年来长期从事教学、研究和工业飞机设计工作,具有宽广深厚的专业水平。本书在系统阐述飞机机翼空气动力学中分离流和涡流的流体力学特性的基础上,深入研究了分离流和涡流中的现象学、数学、计算和飞行器构型问题,希望可以为本领域学生、教师、研究人员,特别是工程一线的航空航天工程师深入理解飞机机翼空气动力学中的分离流和涡流提供参考,从而有力推动飞机机翼气动设计技术的发展。

本书的翻译出版得到了中国空气动力研究与发展中心高速空气动力研究所的大力支持和帮助。为了做好本书的翻译工作,我们邀请了中国空气动力研究与发展中心的相关领域专家组成译审委员会全程参与、指导本书的翻译和审校工作。他们的辛勤工作与贡献从根本上保证了本译著的翻译质量和专业学术水准,在此对他们的指导与帮助表示衷心的感谢。

本书前言、目录和第 1 章、第 10 章由陶洋、牛璐、田富竟翻译,第 2 章、第 3

V

章由张昌荣、张兆、黄攀宇翻译,第 4 章~第 9 章由吴继飞、李国帅、杨茵、夏洪亚、姚丹、周恩民翻译,第 11 章、第 12 章及附录由洪兴福、肖楚璠、李宇辰翻译,最后由吴继飞、洪兴福统一修改定稿,蔡金延、孔文杰、赵一迪、杨乐杰等参与了本书的校对与修订工作。

限于译者的水平,书中出现的不妥和疏漏之处,欢迎读者批评指正,以便今后进一步修订和完善。

译者

2022 年 8 月

前　　言

本书介绍并讨论了飞机机翼空气动力学中分离流和涡流的流体力学特性。重点介绍了大展弦比机翼和小展弦比三角翼。我们通常不会讨论这些机翼的空气动力学设计问题。

我们的目的是促进对机翼涡系基本特性及其性能的理解。我们还想进一步证明这种流动的数值模拟方法的能力，以及从流体力学角度对模拟结果进行解释的能力。

运输机在经济性和生态环境影响方面的压力日益增加。另外，军用飞机在敏捷性和机动性方面面临巨大的挑战，在经济运行方面也是如此。

这一切都需要改进空气动力学设计，从而更好地处理分离流和涡流现象。另外，我们观察到，近20年来，多学科离散数值模拟方法在所有飞机设计和研制过程中都发挥着越来越重要的作用。虽然其应用潜力巨大，但要充分实现这一点，仍需对支配飞机空气动力特性的流动现象有很好的理解。工具的好坏取决于选择和使用它的人。

因此，我们在前言中考虑了不同的数学模型，这些模型是空气动力计算方法（从线性面元法到最复杂的雷诺平均纳维尔－斯托克斯（RANS）法和最近出现的尺度求解法）的基础。较为特殊的是离散欧拉方法，作为一种成本低廉的方法，它考虑了可压缩性效应，在无显式库塔条件的情况下，还可以描述升力翼绕流。

本书引入了剪切层运动学动涡含量和运动学静涡含量的概念。这两个概念有助于深刻理解许多流动现象，但随着对称性的第二次打破（第一次是由于库塔条件），它们对升力翼流场的相关基本现象作出了解释。前提条件是对分离的定义进行扩展，除了经典的普通分离，还引入了大展弦比机翼锐后缘和小展弦比三角翼锐前缘（LE）的流动分离概念。

运动学动涡含量和静涡含量的概念，以及在锐缘溢流分离的相容性条件，使我们可以理解大展弦比机翼后缘涡层的演化特性。该涡层随后在飞机后侧形成一对尾涡。另外，该概念也证明了锐缘三角翼或鸭翼前缘的离散欧拉方法确实可以精确地模拟主背风涡对的演化过程。

本书主要讨论了三个主题。

（1）基本原理：主要在前言章节进行了介绍，涉及相关的边界层特性、涡流理论、剪切层的局部涡含量、升力翼的离散欧拉解问题、现实中的库塔条件，并介绍了表面摩擦和速度场的拓扑结构。

（2）单元问题：侧重于典型构型相对独立的流动现象。在本书中，该主题是大展弦比机翼和小展弦比三角翼出现的流动现象。本书研究了面元法和离散欧拉法，其中一个重要单元问题是流过通用研究模型（CRM）机翼的流动。此外，我们还证明了翼尖涡系会产生非常小的非线性升力，并且可在小展弦比机翼上架设一个桥接器。其他单元问题涉及这种具有锐前缘和全圆或半钝前缘的机翼上出现的背风涡系，以及在高超声速下通过钝缘构型的涡流。

（3）大展弦比机翼和小展弦比三角翼的特殊流动问题。在简短的章节中，讨论了实际的设计问题。

在本书的框架内，未能对流经机身的分离流和涡流的处理方法进行讨论。

本书的作者来自航空航天领域，多年来长期从事教学、研究和工业飞机设计工作，深入研究了分离流和涡流的现象学、数学、计算和飞行器构型问题。他们希望让学生、教师以及研究人员，特别是工程一线的航空航天工程师深入理解飞机机翼空气动力学中的分离流和涡流。

德国措尔讷丁   恩斯特·海因里希·赫谢尔

瑞典斯德哥尔摩   阿瑟·里兹

德国慕尼黑   克里斯蒂安·布雷桑特

德国措尔讷丁   沃纳·斯陶达赫

2020 年 9 月

致　谢

作者非常感谢许多同事,他们的付出对本书的出版至关重要。首先,我们要感谢 S. Pfnür,他的硕士论文是第 8 章的重要内容。我们的博士生 S. Crippa、J. Fischer、R. Hentschel、A. Hövelmann、B. Schulte – Werning 和 S. Riedelbauch 慷慨地为第 10 章提供了他们论文的大部分内容,A. Büscher 和 A. Schütte 也提供了大量的帮助,非常感谢他们。

我们还收到了 A. A. Allen、K. Becker、N. Bier、O. Brodersen、M. Drela、R. Friedrich、H. Fütterer、S. Görtz、W. Heinzerling、M. Herr 提供的数据、材料、批评性和建设性意见,以及各种帮助和建议。S. M. Hitzel、D. Hummel、R. Konrath、H. – P. Kreplin、J. M. Luckring、D. Niedermeier、R. Rudnik 和 M. Tomac. C. Weiland 为本书做了特别的计算和插图设计。G. Simeonides 和 C. Weiland 阅读了所有章节,并提出了批评性和建设性意见。

我们的配偶都值得特别感谢,感谢她们长时间的陪伴和耐心。

最后,要特别感谢施普林格跨学科和应用科学与工程的编辑部主任 Thomas Ditzinger,因为多年来,他都一直积极支持和协助本书第一作者作品的出版。

恩斯特·海因里希·赫谢尔
阿瑟·里兹
克里斯蒂安·布雷桑特
沃纳·斯陶达赫
2020 年 9 月

目　　录

第1章　引言 ·· 1

1.1　本书内容 ·· 2

1.2　应用背景 ·· 3

1.3　什么是分离? ·· 8

　　1.3.1　传统观点 ··· 8

　　1.3.2　本书的观点 ··· 9

　　1.3.3　本书对分离的定义 ······································ 13

1.4　关于分离的更广泛观点 ·· 14

1.5　分离流和涡流的流动物理和数学模型 ······························ 16

1.6　基本原理、单元问题和章节内容 ·································· 22

参考文献 ·· 23

第2章　分离:相关的边界层特性、相互作用问题和阻力 ················ 26

2.1　边界层特性 ·· 26

2.2　相互作用问题 ·· 30

2.3　一个特殊问题:定域性原理 ·· 32

2.4　阻力 ·· 33

　　2.4.1　阻力分量 ·· 33

　　2.4.2　阻力发散 ·· 34

2.5　问题 ·· 37

参考文献 ·· 37

第3章　涡流理论 ·· 39

3.1　引言 ·· 39

　　3.1.1　有限翼飞行理论模型 ···································· 39

　　3.1.2　研究涡动力学的好处 ···································· 40

3.2　涡量概念 ·· 41

　　3.2.1　总论 ·· 41

3.2.2　名称和定义 ···························· 42

3.3　斯托克斯定理与环量概念 ····················· 43

　3.3.1　定理 ····························· 43

　3.3.2　环量 ····························· 43

3.4　涡量起源 ······························ 44

　3.4.1　库塔条件 ························· 45

　3.4.2　剑桥学派——无滑移黏性机制 ··········· 46

　3.4.3　哥廷根学派——无黏涡片机制 ··········· 47

　3.4.4　其他起源 ························· 49

　3.4.5　简要结论 ························· 51

3.5　熵、总焓梯度和涡量：克罗科定理 ··············· 51

3.6　涡量输运方程 ·························· 52

3.7　亥姆霍兹涡量定理 ······················ 52

3.8　开尔文环量定理 ························· 53

3.9　毕奥-萨伐尔定律 ······················· 54

3.10　涡模型 ···························· 55

3.11　尾涡结构 ··························· 58

　3.11.1　SAAB 39"鹰狮"尾流模型 ·············· 59

　3.11.2　尾涡不稳定性 ····················· 60

　3.11.3　克罗涡不稳定性 ··················· 60

3.12　涡层和涡 ··························· 60

　3.12.1　脱落涡层的卷起 ··················· 61

　3.12.2　涡拉伸 ······················· 64

　3.12.3　涡配对 ······················· 64

3.13　涡破裂、涡流重构 ······················ 66

　3.13.1　基础研究 ······················ 67

　3.13.2　三角翼上计算的涡破裂 ··············· 68

　3.13.3　涡流重联 ······················ 69

3.14　分离和涡流控制 ······················· 69

3.15　涡流和动态结构载荷 ····················· 71

3.16　尾涡流场的基本量 ······················ 73

3.17　问题 ····························· 78

参考文献 ·· 79

第4章 剪切层的局部涡含量 ··· 82

4.1 局部涡含量矢量的定义和推导 ··································· 83

4.2 运动学动和静涡含量：实例 ····································· 84

    4.2.1 兰金涡流 ·· 85

    4.2.2 二维边界层 ·· 86

    4.2.3 升力翼型的近尾流 ··· 86

    4.2.4 升力翼型的附着涡 ··· 91

    4.2.5 三维边界层 ·· 92

    4.2.6 有限翼展升力翼的近尾流（尾涡层） ··············· 93

    4.2.7 结果汇总 ·· 95

4.3 升力和诱导阻力：两次对称性中断 ···························· 96

    4.3.1 第一对称性中断：升力翼型 ····························· 96

    4.3.2 第二对称性中断：有限翼展升力翼 ···················· 97

    4.3.3 真实飞机机翼的对称性中断 ··························· 100

4.4 大展弦比升力翼的后缘流型：相容性条件 ·················· 100

4.5 结论 ·· 103

4.6 问题 ·· 103

参考文献 ··· 104

第5章 升力翼的离散欧拉解问题 ···································· 106

5.1 升力翼绕流的欧拉解中的涡量产生 ·························· 106

5.2 涡量及相关的熵增长 ··· 108

5.3 批判性评价 ·· 110

5.4 问题 ·· 111

参考文献 ··· 112

第6章 关于库塔条件 ·· 113

6.1 弯曲现象 ··· 113

    6.1.1 边界层弯曲 ··· 113

    6.1.2 激波弯曲效应 ·· 114

6.2 实际库塔条件和库塔方向 ······································ 116

6.3 实际机翼后缘和前缘的几何特性 ······························ 117

6.4 （翼型/机翼）边缘何时可以视为空气动力学尖端？ ········ 121

6.5 隐式和显式库塔条件、建模和网格生成问题 ·············· 124

6.6 问题 ················ 127

参考文献 ················ 128

第7章 表面摩擦和速度场拓扑结构 ·············· 130

7.1 引言 ················ 131

    7.1.1 概论 ················ 131

    7.1.2 三维附着和分离 ················ 131

    7.1.3 脱离点和脱离线 ················ 133

    7.1.4 Lighthill 的分离定义、开式分离和附着 ·············· 134

7.2 奇异点 ················ 135

    7.2.1 流场延拓和相图 ················ 135

    7.2.2 脱体流场图 ················ 138

    7.2.3 脱体速度场中的奇异点 ················ 144

7.3 奇异线 ················ 145

7.4 拓扑规则 ················ 148

    7.4.1 引言 ················ 148

    7.4.2 表面规则 ················ 148

    7.4.3 脱体规则 ················ 150

7.5 结构稳定性和流场变化 ················ 153

7.6 问题 ················ 159

参考文献 ················ 160

第8章 大展弦比机翼绕流 ·············· 162

8.1 引言 ················ 162

    8.1.1 升力翼及其后方的 5 个流域 ················ 162

    8.1.2 尾涡层和涡对机翼性能的影响 ················ 165

8.2 面元法（模型 4）解——流域 0 中的正确和错误结果 ········· 167

    8.2.1 Kolbe 翼 ················ 168

    8.2.2 前掠翼 ················ 171

8.3 大展弦比升力翼欧拉解（模型 8）中升力的产生：流域 0 和
1 中的概念验证 ················ 173

    8.3.1 算例和积分结果 ················ 173

    8.3.2 流域 0 和 1 的计算流场详情 ················ 174

8.3.3 环量和运动学动涡含量 ···································· 177

8.4 CRM 情况的 RANS/URANS 解（模型 10）：流域 0、1 和 2 178

 8.4.1 引言 ··· 178

 8.4.2 计算方法和网格特性 ································· 179

 8.4.3 流域 0：绕机翼的流动 ······························ 180

 8.4.4 偏移：翼尖涡系和非线性升力 ························ 191

 8.4.5 流域 0（续）：后缘流动和相容性条件 ··············· 192

 8.4.6 流域 1：近场中的尾涡层 ···························· 197

 8.4.7 流域 2：出现尾涡 ·································· 201

8.5 结束语 ·· 208

8.6 问题 ··· 209

参考文献 ··· 210

第 9 章 大展弦比机翼的特殊流动问题 ·························· 212

9.1 超临界翼型激波/边界层相互干扰 ·························· 212

9.2 高升力系统的绕流 ·· 218

9.3 高升力状态下的机翼 ······································ 223

9.4 VHBR 发动机和短舱整流片涡流 ··························· 226

9.5 翼尖装置 ··· 231

9.6 尾涡危害：问题和控制方法 ······························ 237

9.7 问题 ··· 243

参考文献 ··· 244

第 10 章 小展弦比三角翼绕流 ································· 247

10.1 引言 ·· 248

 10.1.1 飞行器类别 ·· 248

 10.1.2 历史注解 ·· 254

10.2 以简单三角翼为例的非线性升力 ························· 262

 10.2.1 几何参数和流动参数 ································ 262

 10.2.2 作为空气动力学现象的非线性升力 ·················· 263

 10.2.3 二阶和高阶背风涡对问题 ·························· 266

 10.2.4 锐前缘和钝前缘的基本影响 ························ 267

 10.2.5 限制：涡破裂和涡流叠加 ·························· 269

 10.2.6 背风面流场的相关性 ······························ 270

10.2.7　流动物理现象的挑战 ················· 274

10.2.8　背风面流场的操纵概述 ················· 276

10.3　流经锐边 VFE－1 三角翼的涡流——不同模型 ·········· 276

10.4　锐边 VFE－1 三角翼欧拉解（模型 8）中升力的产生——

概念验证 ························· 281

10.4.1　计算实例和积分结果 ················· 281

10.4.2　计算流场的细节 ··················· 283

10.4.3　欧拉模拟中的环量和运动学动涡量 ·········· 287

10.5　流过圆边 VFE－2 三角翼的涡流 ············· 290

10.5.1　机翼和亚声速计算实例 ················ 290

10.5.2　两对一次涡 ···················· 291

10.5.3　涡破裂 ······················ 297

10.6　部分发展的后掠前缘涡流（SAGITTA 构型） ········· 304

10.7　流经圆边三角翼的层流高超声速流动 ············ 312

10.8　结束语 ······················· 318

10.9　问题 ························· 324

参考文献 ························· 326

第11章　小展弦比三角翼的特定流动问题 ············· 331

11.1　三角翼背风涡系的升力和稳定性问题 ··········· 331

11.2　机翼平面形状的成形和优化 ·············· 335

11.2.1　机翼几何形状的影响 ················· 335

11.2.2　高速飞行器的机翼 ·················· 336

11.3　机翼剖面和前缘襟翼 ················· 340

11.3.1　机翼剖面 ····················· 340

11.3.2　前缘襟翼 ····················· 342

11.4　前机身边条 ····················· 344

11.5　展向吹气 ······················ 347

11.5.1　在无边条和前机身安定翼的试验模型上吹气 ······ 349

11.5.2　在带边条但不带前机身安定翼的试验模型上吹气 ····· 350

11.5.3　总结性评论 ···················· 351

11.6　设计实例 ······················ 353

11.6.1　基本构型 ····················· 353

11.6.2　机翼几何形状的改进 ················· 355

11.6.3　最终构型 ································· 357

11.7　问题 ··· 360

参考文献 ··· 361

第 12 章　题解 ···································· 363

12.1　第 2 章的问题 ······························ 363

12.2　第 3 章的问题 ······························ 365

12.3　第 4 章的问题 ······························ 368

12.4　第 5 章的问题 ······························ 369

12.5　第 6 章的问题 ······························ 371

12.6　第 7 章的问题 ······························ 372

12.7　第 8 章的问题 ······························ 373

12.8　第 9 章的问题 ······························ 375

12.9　第 10 章的问题 ····························· 377

12.10　第 11 章的问题 ··························· 381

参考文献 ··· 384

附录 A　有用的关系式 ····························· 385

A.1　压力关系 ······································ 385

A.2　涡流诱导速度 ································· 386

A.2.1　引言 ······································ 386

A.2.2　二维情况 ································· 386

A.3　三维情况——基本马蹄涡 ··················· 388

A.4　机翼升力预测 ································· 388

A.4.1　普朗特的大展弦比机翼理论 ··········· 388

A.4.2　R.T.Jones 的小展弦比机翼理论 ······· 391

A.5　边界层特性的评估 ·························· 392

A.5.1　黏性和热导率 ··························· 392

A.5.2　参考温度和恢复温度 ··················· 393

A.5.3　表面摩擦和传热 ························ 394

A.5.4　边界层厚度 ····························· 394

参考文献 ··· 396

附录 B　常数、大气数据、单位和换算 ············· 397

B.1　常数和空气性质 ····························· 397

B.2　大气数据 ······································ 397

B.3　单位和换算 ···································· 398

      B. 3. 1　国际单位制基本单位 ……………………………………… 398

      B. 3. 2　国际单位制导出单位 ……………………………………… 399

  参考文献 ……………………………………………………………… 400

附录 C　符号 ………………………………………………………… 401

  C. 1　拉丁字母 ……………………………………………………… 401

  C. 2　希腊字母 ……………………………………………………… 403

  C. 3　指标 …………………………………………………………… 405

      C. 3. 1　上标 ………………………………………………………… 405

      C. 3. 2　下标 ………………………………………………………… 405

  C. 4　其他符号 ……………………………………………………… 406

附录 D　缩略语 ……………………………………………………… 407

第1章 引　言

虽然涡层和涡在飞机周围及后侧的流场中并未占据太多的空间,但仍是 D. Küchemann 所说的"流体运动的肌腱"[1]。

任何一架飞机上都存在分离流和涡流。然而,飞行器的大部分区域流动都可以考虑成是无黏的。黏性效应仅限于边界层,它是一个附着涡层,与作为升力翼尾流的自由涡层或尾涡层形成对比。例如,尽管有这些涡层,但升力翼上方的流动仍可用无黏理论进行很好的描述,甚至只用势流理论进行描述。这些都是经典教科书的主题。

目前,现实中出现的空气动力现象可以通过地面模拟设施或先进的离散数值模拟方法(计算流体力学(CFD))相对精确地描述。这尤其适用于飞机流场中广泛存在的涡层和涡。

M. J. Lighthill[2] 的著作简要介绍了流体力学的基础知识,特别是适用于翼型和机翼的涡量场、涡动力学等基础知识。

关于涡流现象的新书籍通常涵盖了从层流 – 湍流转捩到湍流现象的整个范围,这些现象基本上都与涡现象有关,请参见 H. J. Lugt(1996 年)[3] 和 J. – Z. Wu、H. – Y. 及 M. – D. Zhou(2006 年)[4] 的著作。

1980 年,D. J. Peake 和 M. Tobak 发表了一篇关于三维相互作用和涡流的《美国国家航空航天局(NASA)技术备忘录》(即后来的 AGARDograph)[5]。J. Rom(1992 年)的著作专门论述了大攻角飞机空气动力学中的涡流[6]。J. Délery(2013 年)研究了三维分离流场的拓扑结构[7]。此外,相关会议记录还包括 1975 年在德国哥廷根[8]、1983 年在荷兰鹿特丹[9]举行的北约航空航天研究与发展咨询组(AGARD)研讨会,以及 1990 年在苏联新西伯利亚[10]举行的国际理论与应用力学联盟(IUTAM)研讨会的会议记录。

例如,关于边界层和黏性流的专题著作通常包括 F. M. White(2005 年)[11]、T. Cebeci 和 J. Cousteix(2005 年)[12]、H. Schlichting 和 K. Gersten(2006 年)[13]、E. H. Hirschel、J. Cousteix 和 W. Kordulla(2014 年)[14]等的著作。

关于飞机空气动力学,我们认为 H. Schlichting、E. Truckenbrodt(1959/1979 年)[15]和 D. Küchemann(1978/2012 年)[16]的经典著作仍然非常值得研究。

近期出版物来自 J. D. Anderson、Jr.（2011 年）[17]、M. Drela（2014 年）[18]，以及 C. - C. Rossow、K. Wolf、P. Horst（编辑）（2014 年）[19] 等著作中的相关章节。A. Rizzi 和 J. Oppelstrup 的著作将于 2020 年发表，他们特别提出了一种用离散数值方法（计算流体力学）来研究空气动力学[20]。

自 20 世纪 90 年代以来，离散数值模拟方法和试验技术都取得了巨大的进展。他们在分离流和涡流问题上提出了新的见解和观点。

大约 10 年前，经济和生态压力再次要求使用更高效的运输机。这不仅适用于巡航阶段（燃油效率），也适用于起飞、爬升、进场和降落（减少噪声和废气排放）。一般来说，为了减少机身质量、延长结构寿命，还需要更好、更可靠地测定机身及其部件上的动静态机械载荷。

军用飞机基本上也有同样的要求。然而，飞机的敏捷性、失速飞行和过失速飞行都会产生额外的要求。无人战斗机也具有高机动性要求，这对飞机设计提出了更高的要求。

1.1　本书内容

对于飞机设计师和开发人员来说，除数值和试验工具会决定其成败外，更重要的是深入理解和洞察将要定义和开发的飞机上存在的空气动力学现象。若要在飞机飞行包线中进行故障诊断，则这一点更为重要。

因此，本书重点介绍飞机构型主要部件和整个构型绕流的分离流和涡流。应用背景主要涉及大展弦比机翼飞机和小展弦比、大前缘后掠翼（即三角翼）飞机。前者的特点是前缘后掠角足够小，因此不会出现背风涡；后者的特点是前缘后掠角足够大，使得背风涡出现在更大攻角状态下。

本书在一定程度上介绍了附着流、分离流与涡流的物理和数学基础知识与概念，还介绍了涡层运动学动涡含量和运动学静涡含量的概念。一方面，它将势流理论的奇点与涡片和涡的黏性联系起来。

另一方面，它可以证明位势方程（面元法）和欧拉方程的离散数值解在原则上是可行的。目前，这些方法在飞机概念和初步设计工作中仍占有一席之地。特别是解答了几十年来关于涡如何在欧拉解中出现的问题。

本书主要考虑了计算方法的适用性，详细讨论了大小展弦比机翼的绕流实例，还考虑了整个飞机的性能、飞行能力和操纵稳定性要求。

在接下来的章节中，我们首先概述应用背景，然后考虑流动分离的各个方面，并给出了更广泛的观点。引言的最后部分对流动（尤其是分离流和涡流）的物理和数学模型进行了分类，并对以下章节进行了概述。

1.2 应用背景

本书的应用背景是各种固定翼飞机。然而,我们关注的是大型(载人和无人)运输机和战斗机上出现的空气动力学现象。其原因在于,可以从过去和现有的大量研究项目中获得关于这类飞机的详细信息和数据。

典型的大型运输机如图1.1所示。在巡航飞行中,标称攻角为 $\alpha = 0°$,飞行航迹角 γ 也等于 $0°$,但机翼有一个攻角,并且机翼剖面的弯度和扭度呈适当的展向分布,从而获得所需的升力。

(a)   (b)

图1.1　两架典型运输机

(a)空客 A350[21];(b)波音 787[22]。

当飞机处于巡航状态时,机翼呈现净形(为干净机翼),即缝翼和襟翼没有启动。涡片(即尾涡层)从后缘分离,并向下游卷起形成两个尾涡,如图1.2(a)所示。

在通常施加向下配平力的水平安定面上,会出现反向旋转的二次涡层和尾涡。这些二次涡层和尾涡加上机翼与安定面的翼尖涡分别融入机翼的主尾涡层(即尾涡)。例如,翼根、襟翼导轨、机身和涡喷发动机短舱处出现的三次涡也合并到主涡层/尾涡中。

若启用着陆襟翼、短襟翼和缝翼,则情况会发生巨大的变化。图1.2(b)所示为独立后缘襟翼的效应。因此,升力和环量增加,但若襟翼涡出现,则其强度与襟翼展向端的 $\mathrm{d}\Gamma(y)/\mathrm{d}y$ 梯度有关。

然而,需要注意的是,襟翼偏转通常伴随明显的大攻角。为了解预期的情况,我们观察一架具有主要航段的运输机的典型飞行路线,如图1.3所示。

图1.3中,1表示从起飞到推力减少的爬升段,2表示其上方的情况。中间是我们忽略的可能存在的1′段。第3段为巡航段,直到接近机场附近4时结束。

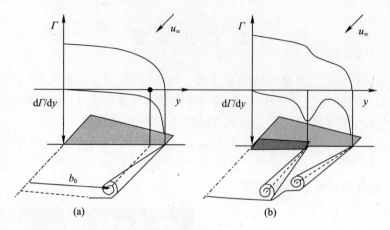

图 1.2　飞机部件对展向环量分布 $\Gamma(y)$、y 方向 $\mathrm{d}\Gamma(y)/\mathrm{d}y$ 值的
变化和局部离散涡的影响示意图[23]

（a）干净机翼，b_0 表示充分发展的尾涡之间的距离，未显示翼尖涡；（b）襟翼偏转的机翼。

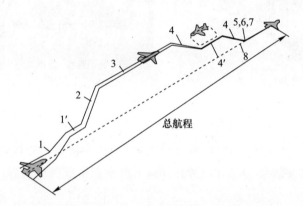

图 1.3　不同飞行阶段运输机的飞行路线示意图[24]

4′是可能存在的一个等待降落阶段。我们也忽略这一阶段。5、6 和 7 是着陆前的一段，其地面效应也是一个重要问题。当飞机最后进场中止时，8 是复飞的特殊情况。

表 1.1 收集了中程、中型飞机（如波音 737 和空客 A320）的数据。

表 1.1　典型运输机：航迹段和攻角 α、航迹角 γ、襟翼
设置 η_{flap} 和缝翼设置 η_{slat}，后两个向下偏转（正偏转）。H 和 v 是
特征高度和速度。所有数值均为近似值，实际值取决于许多参数

编号	航迹段	H/m	v_∞/Ma_∞（m/s）/（—）	$\alpha/(°)$	$\gamma/(°)$	$\eta_{\mathrm{flap}}/(°)$	$\eta_{\mathrm{slat}}/(°)$
1	起飞/爬升段 1	<120	80/—	5	12	15	22

编号	航迹段	H/m	v_∞/Ma_∞ (m/s)/(—)	$\alpha/(°)$	$\gamma/(°)$	$\eta_{flap}/(°)$	$\eta_{slat}/(°)$
2	爬升段 2	650	130/—	2	7.5	0	0
3	巡航	10000	—/0.8	0	0	0	0
4	进场	700	70/—	5.5	−3	15	22
5	最后进场	270	65/—	5	−3	40	27
6	自动降落	2.5	60/—	5.5	−2	40	27
7	着陆	1	60/—	4.5	−1	40	27
8	复飞	180	75/—	3	13	20	22

这些数据都是典型数据,但主要取决于具体给定的情况,本书只是想让读者了解不同航段的预期情况。攻角 $\alpha = 0°$ 与飞机的标称水平纵轴有关。未包含发动机在不同航段的功率设置。

我们确实看到,襟翼设置在一定程度上导致攻角明显增大。在考虑图 1.4 时,必须记住这一点。图 1.4(a)所示为机身涡的影响, $d\Gamma(y)/dy < 0$。图 1.4 (b)所示为主涡和三次涡的全貌。图中还显示了发动机短舱涡流。

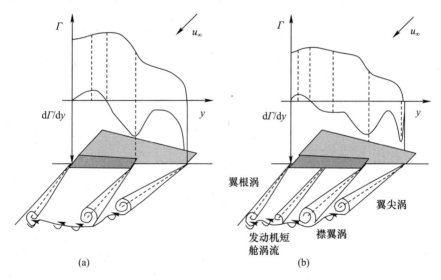

图 1.4 飞机部件对展向环量分布 $\Gamma(y)$ 、y 方向 $d\Gamma(y)/dy$
值变化以及局部离散涡的影响示意图[23]
(a)机身的影响;(b)带推进系统的完整构型。

发动机射流的影响仅限于涡层系统的近场。在尾涡层卷起过程中具有过高流速的区域将输运至相邻的涡流中。这可能引起涡核直径的变化,并减少轴向涡量。

5

短舱和机翼处的分离和涡流现象特别值得关注。现代发动机不断增长的涵道比引起了较大的机体 - 发动机集成问题。当存在高弹性结构元件和不均匀的大气环境时(尤其在最后航段),机翼和短舱的失速会引发很大的模拟和设计问题。第9章将简要介绍大展弦比机翼的一些特殊问题。

对于图 1.5 所示的战斗机,情况完全不同。这两架飞机可能配有带大后掠前缘的机翼和鸭翼(图(b))或混合机翼,即带边条的梯形翼(图(a))。两者共同特点是,会在极大攻角状态下飞行。

(a)   (b)

图 1.5 两架典型的战斗机[25]

(a)带边条涡的大攻角 McDonnell Douglas F/A - 18 战斗机;(b)台风战斗机。

表 1.2 收集了一些飞行数据。这些数据都是典型数据,主要取决于给定的飞机及其任务。提供这些数据的目的只是让读者了解不同航段的预期情况。表中同样未显示发动机在不同航段的功率设置。

表 1.2 典型战斗机:航迹段和攻角 α、航迹角 γ、襟翼设置 η_{flap} 和
缝翼设置 η_{slat},后两个向下偏转(正偏转)。未给出可能存在的
前置翼面(鸭翼)设置。H 和 v 为特征高度和速度。所有数值
均为近似值,实际值取决于许多参数(n. a. :不可用,vari. :变量)

航迹段	H/m	v_∞/Ma_∞ (m/s)/(—)	$\alpha/(°)$	$\gamma/(°)$	$\eta_{flap}/(°)$	$\eta_{slat}/(°)$
起飞	0	65/—	15	10	10 ~ 20	20
爬升	0 ~ 9000	150/—	5 ~ 10	3 ~ 10	15	20
巡航	9000	—/0. 8 ~ 0. 9	2 ~ 8	0	0	0
猛冲	9000 ~ 15000	—/ < 2	2 ~ 8	0	0	0
常规战斗	1500 ~ 13000	—/0. 4 ~ 1. 4	- 5 ~ 25	vari.	n. a.	n. a.
战斗推力矢量	1500 ~ 13000	—/0. 4 ~ 1. 4	- 10 ~ 70	vari.	n. a.	n. a.
下降	10000	150/0	5 ~ 10	< - 10	15	20
着陆	0	70/—	10 ~ 15	- 10	0	20

我们观察到攻角范围特别广。在两个战斗航段中,飞机在失速状态(特别是过失速状态)下进行操纵控制,由此产生了复杂的主背风涡系,它与源于不同部件和武器系统的大量涡与涡层相互作用。若安装鸭翼,则其尾涡层和翼尖涡与一般流场相互作用。在使用边条的情况下,也会发生类似的相互作用。

台风战斗机构型上方的流动结构如图1.6所示。它是由片光流场显示技术生成的图像获得的[26]。

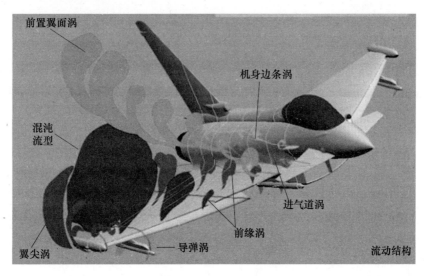

图1.6 欧洲战斗机涡层和涡示意图,$\alpha = 27°$、$\eta_{slat} = 19.5°$ 和 $\eta_{canard} = -10°$[26](见彩图)

我们观察到背风侧前缘涡流,其与缝翼终止于机身侧的位置相交(红色和蓝色)。翼尖涡转向相同的方向。前置翼面(鸭翼)的有效攻角为17°。这意味着尾涡层和翼尖涡的转向与一次背风涡的转向相同。在进气道、机身边条和外挂武器处产生的涡与主要流动结构相互作用。

尽管飞机在名义上以侧滑角 $\beta = 0°$ 飞行,但为了获得更大的攻角,涡场可能与 $x-z$ 平面不对称,并产生一个侧向力。

无人战斗机(也称为无人机)的重力负荷比载人战斗机更高。飞行参数基本上是载人飞行器的飞行参数。以这种飞行器为例,我们在图1.7中展示了诺斯罗普格鲁曼公司无人战斗机(UCAV)的 X-47B 验证机的照片,它专为基于航空母舰的作战行动而设计。

特殊的机翼形状(基本上是带有大边条的三角翼)、上侧(背风面)发动机进气道和喷管配置特征减少以及锯齿状后缘的情况下,导致其在大攻角下形成非常复杂的背风面流场。

7

图 1.7 特殊情况:处于燃料接收模式的无人战斗机(UCAV)[27]

1.3 什么是分离?

1.3.1 传统观点

边界层(BL)是由路德维奇·普朗特发现的。在 1904 年 8 月于海德堡举行的第三届国际数学家大会上,他在"关于极小摩擦的流体运动"的论文中公布了其研究成果[28]。通过努力,他还解决了流体是否黏附于机体表面的问题(无滑移壁边界条件)。气流可以沿表面滑移[29],这在 19 世纪后半叶是仍然不为人所知的。

通常没有提到的是,在参考文献[28]中也提出了边界层分离的概念。实际上,这是当时仍为工程师的普朗特研究排气系统流动问题时所开展的工作(扩散段中的预期压力恢复并未发生),这才导致后来边界层和分离现象的发现,另见参考文献[30]。

普朗特绘制的分离点附近的原始流线草图(图 1.8)从左到右显示了来流二维边界层(主边界层,见 2.1 节)、逆压梯度引起的拐点[14]、分离点前边界层的上升情况(初始分离)、分离点(壁面上的小圆圈)、分离流线(离开分离点的实线向上运动,本插图中的仰角 λ 有所夸大)和分离点下方的流线。这些流线引向上游,并转向分离线的方向。转向位置由分离点发出的虚线表示。未显示二次边界层(见 2.1 节)的存在情况。

普朗特的边界层概念最初只简单地考虑了流过半无限平板的黏性流。边界层分离的问题不能用他的边界层方程来处理。最常用的方法是采用纳维尔 - 斯

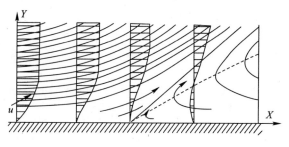

图 1.8　普朗特绘制的分离示意图[28]

托克斯(NS)方程。

当然,分离问题很快得到了更多的关注。"在分离点及其下游发生了什么?"总之,这个问题首先是由 S. Goldstein 提出的:如何确定已知速度剖面的具体站位下游的边界层方程解[31]。

Goldstein 确实证明了,若速度剖面在壁面处的导数为零(即壁面剪应力为零),则边界层方程的解通常为奇异解。在这种情况下,不可能在壁面剪应力为零的点位下游继续进行边界层计算。这可以看作相互作用理论的根源之一(请参见参考文献[14]中有关该领域的概述),并且本书的 1.5 节还对分离流和涡流的流动物理与数学模型进行了概述。

关于提到的奇异性,我们想强调的是,这是所讨论的数学模型的一个特性。奇点在现实中并不存在。① 分离点的表面摩擦实际上并没有消失,它只是改变了符号! 当然,边界层假设(薄厚度、小壁面法向速度以及"外加"压力场[14])不再有效。

分离点的流线离开表面,见图 1.8。在流动拓扑研究中,分离点称为奇异点。机身表面上只有几个这样的点(见第 7 章)。然而,这些点不存在壁面剪应力的奇点。分离流线的仰角 λ 很小。K. Oswatitsch 认为其随表面摩擦力和壁面压力的局部流向梯度而变化[33]。我们在第 7 章中将详细讨论该方法。

1.3.2　本书的观点

本书将研究长度和体积有限的物体绕流,主要针对机翼和机身。我们在机体的上方、下方和后方都发现了分离现象和涡量(集中于涡层和涡中)。在本节中,我们研究了一些基本现象,首先是标准二维构型的翼型绕流,其次是几个标

---

① 在流动奇点的背景下,应提到零厚度平板的"前缘"($x=0$)处布拉休斯解的奇点。在关于该平板的假设现实中(当然,在试验中无法实现零厚度),不存在奇点。但存在一个非常小的初始区域,在这种情况下,连续流动的假设是无效的。因此,我们在参考文献[32]中讨论了高超声速前缘流动。

准三维构型绕流。最后,1.3.3节给出了本书使用的分离定义。①

A. Elsenaar在2000年的兰彻斯特演讲中,选择了一个引人深思的主题,即"涡的形成与流动分离:空气动力学中的美女与野兽"[34]。美女显然是尾涡层和尾涡对,野兽是流动分离。

关于参考文献[35-36]中的野兽"分离",全球范围内对两种分离进行了区分:普通分离(或简单地说分离,即挤压分离)和溢流分离。这两种情况普遍存在于三维和二维黏性流中(见第7章)。②

(1)普通分离(即经典分离):是通常考虑的分离形式。这种现象包括稳定到高度不稳定的分离(涡脱落),这取决于机体外形和自由来流的情况。

二维流动普通分离的典型例子见图1.8。以圆体为例的三维流动中,分离可以出现在两个边界层相遇并相互挤压离开表面的圆体两侧。当然,普通分离和溢流分离可以同时存在,如图1.9中间的草图。此时,主要分离为挤压分离或普通分离,而后缘为溢流分离。

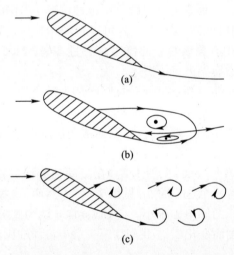

图1.9 标准二维构型的升力翼型的绕流示意图,亚临界速度下的定常运动

(a)溢流分离的翼型;(b)定常普通分离和溢流分离的翼型;(c)非定常普通分离和溢流分离的翼型。

(2)溢流分离:发生在机翼的后缘、配平面和稳定面,以及三角翼的锐前缘。假设飞机的定常运动基本上是一种定常现象,但在有限厚度的后缘可能存在小的非定常流段。

---

① 第2章考虑了边界层的一些相关特性,因为边界层是从机体表面分离出来的。

② 在这两种分离过程中,总是涉及两个边界层。这种情况是有规律的,但如果在机体表面有奇点,则这种情况是不同的,见第7章。

溢流分离的概念至少在一定程度上克服了分离的残酷本质。它允许将升力翼后缘的边界层流动特性与由此产生的尾涡层特性联系起来，或将三角翼锐前缘的边界层流动特性与由此产生的主背风涡的补给层联系起来。这些连接是本章(尤其是4.3节和4.4节)的主题。当然，边界层流型的背后是相应外部无黏流场的流型。

1. 作为标准二维构型的升力翼型的绕流

流过升力翼型的流动可以有几个面。图1.9为翼型分离示意图。翼型以亚声速稳定运动，即低于临界马赫数的速度(亚临界情况)。每种情况下的攻角都是虚拟的。

升力翼型的经典图片见图1.9(a)。这种翼型绕流模式通常视为无分离的流动。然而，在我们来看，是发生了溢流分离。运动学静涡量离开后缘。这只适用于翼型的定常运动，即升力随时间不变的情况。若升力发生变化，则在该过程中，运动学动涡量离开后缘(见4.2.3节)。

图1.9(b)展示了两种分离。图中所示为具有大范围定常双环流构型的情况。①问题是，在什么攻角和雷诺数范围内可能存在这种定常分离模式。超出这个范围时，我们发现了图1.9(c)所示的情况：具有涡脱落的非定常分离。考虑到这些因素，我们注意到在定常情况下，只有运动学静涡量进入远尾流。在涡脱落的情况下，从时间平均意义上来说，这种现象也是会出现的。时间平均的翼型升力是恒定的。

2. 标准构型的三维绕流

如图1.10所示，我们考虑了三种标准三维构型，即大展弦比升力翼，小展弦比、大前缘后掠升力翼(三角翼)和机身状升力体，这些都是在亚临界马赫数下的定常运动。第8章和第10章详细讨论了前两种构型的绕流，但未考虑机身状机体的绕流。

研究图1.10所示的流动情况都是基于中小攻角假设的，这些构型在亚声速下稳定运动。

对于大展弦比机翼的后缘，溢流分离发生在锐边位置，见图1.10(a)。机翼上、下侧的边界层离开后缘(见第6章)，然后合并形成尾流。这种尾流称为尾涡层。在升力翼的情况下，它包含运动学动涡量和静涡量(见第4章)。机翼下游的涡层向上卷起，形成两个离散尾涡(见第4章)。

---

① 我们发现了单分离气泡的情况(如7.1.4节中的图7.2(a)所示)，但前提是翼型前缘的后面短暂出现吸力峰值(峰值压力分布)，并且层流－湍流转捩现象发生在该气泡上(气泡转捩)[14]。

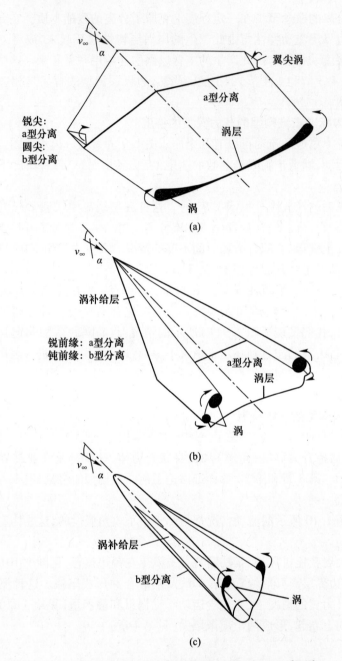

图 1.10　具有三维分离和涡流现象的三种标准构型[35,37]

(a)具有小前缘后掠的典型大展弦比机翼;(b)具有大前缘后掠的细长机翼;(c)机身。中小攻角、亚临界速度。未考虑机身后体的情况。溢流分离表示为 a 型,普通分离表示为 b 型。

另一种现象是翼尖涡。① 它是因翼尖周围的流动而形成的(见第8章)。翼尖涡分别汇入尾涡层和尾涡。若翼尖为锐边,则翼尖涡是由溢流分离产生的。若翼尖为圆形,则会发生普通分离。翼尖上也可以出现二次及更高的分离现象(见8.4.3节)。

在具有大后掠前缘的小展弦比机翼上,情况基本相似,见图1.10(b)。机翼后缘有一个尾涡层,就像大展弦比机翼的情况一样。在后掠前缘上出现了背风涡。② 若前缘锐利,则这些涡通过溢流分离形成;若前缘为圆形,则通过普通分离形成。下游的背风涡与尾涡层相互作用。

在小展弦比机翼的背风面,流场由(主)背风涡对控制,并可以引起二次甚至三次分离和附着现象。在大攻角下,可能发生涡破裂(见10.2.5节)。注意,图1.10(b)所示的三角翼不存在这种现象。

在中小攻角的机身状机体上(图1.10(c)),我们观察到机体两侧出现了普通分离。当攻角较大时,情况会变得非常复杂,出现了非定常的卡门涡街。

尽管该构型名义上不会发生侧滑运动,但这种分离模式可能引起侧向力。这种效应通常出现在战斗机和大攻角导弹的圆形前体上,也可能出现在三角翼上,如7.5节中的图7.19所示。

机身的后体也会发生普通分离。相当复杂的流动拓扑结构是可能存在的,这取决于具体的布局形式。图1.10(c)未显示机身后体的情况。③

当然,在配有机身、机翼、气动稳定面、配平面和操纵面,以及推进系统构件和高升力装置的真实飞机构型中,可能存在大量的涡层和涡结构。这尤其适用于三角翼构型。

1.3.3 本书对分离的定义

我们在前一小节中介绍了关于飞机空气动力学中发现的分离现象的总体情况。但有必要对涉及的流场进行全面研究,请参见第7章,该章讨论了表面摩擦和速度场的拓扑结构。

在前面我们已经注意到,分离过程通常涉及两个边界层。因此,在接下来的第2章中,我们概述了一些相关的边界层特性。此外,我们还讨论了飞机绕流中可能发生的各种相互作用模式,以及定域性原理。

我们已介绍了普通分离和溢流分离这两个术语。在第7章中可以看到,这

---

① 尾涡和翼尖涡经常混在一起。它们是独立的现象,只在某种意义上属于普朗特升力线模型。

② 背风涡对的出现不仅取决于攻角,还取决于前缘后掠和自由流马赫数,见10.2节。

③ 读者应该注意到,我们在本书中没有讨论机身流动问题。

是指飞机表面的奇异点(附着点和分离点)和奇异线(附着线和分离线)以及机体上方/后方的奇异点(在某种程度上是奇异线)。

本书还讨论了流经有限长度体的分离流和涡流,即整体飞行器构型或单独的各种机翼。在有限长度体上,总是伴随着分离现象的发生:流过机体的附着黏性流最终通过普通分离在钝后体位置离开机体。三维流动的情况通常比二维流动的情况更复杂,因为二维流动是一种特殊情况。

二维流动中的经典分离定义并不充分,该定义是基于壁面剪应力在 $\tau_{wall}=0$ 分离点位置消失的观察结果。① (我们没有对参考文献中发现的标准进行概述,请参见参考文献[5]。)

从这种讨论可以很容易地想到,我们在二维边界层流动中对流动分离所作的定义(即表面摩擦力的消失)是无用的。

我们认为合理的定义如下[14]:

若涡量通过对流离开物体表面,并且随后形成涡片和涡,则存在分离。涡层和涡同时承载运动学动涡量和静涡量。物体表面的边界层方程在各自的分离位置上都是无效的。

当然,在某种意义上,这个定义很简单,因为在有限长度的物体上总会发生分离。

我们还要考虑涡量离开物体表面会发生什么,以及自路德维奇·普朗特提出分离理论以来,分离理论是如何演化的。这将在下一节中进行概述。

1.4　关于分离的更广泛观点

一个值得注意的事实是,在边界层概念产生前,涡流运动和涡量的概念已经发展了很长一段时间。②

1752 年,达朗贝尔证明了在不可压缩、无黏和无旋势流中,相对于周围流体以恒定速度运动的物体没有受到净力的作用,这就是达朗贝尔悖论。③ 许多年后,H. von Helmholtz 驳回了一般势流假设。随着他对涡流不连续性和涡流运动的介绍、涡流定律的表述,以及后续第 3 章将会讨论的开尔文定理和斯托克斯定理,相关研究取得了重要进展。

---

① 这是被 E. A. Eichelbrenner 等讨论的三个标准之一[38]。

② 我们只对发展过程进行了非常简短的概述。感兴趣的读者可参阅参考文献[39 – 40]中的详细资料。

③ 下面我们将看到可压缩势流也是可能的。

当然,涡流不连续性和涡流运动的概念未解决如何理解和描述机翼升力的问题。环量的概念(斯托克斯定理将某个区域内的涡量与其周围的环量联系起来)指明了正确的方向。在两种对立的理论,即环量理论和不连续理论(请参见 D. Bloor[41] 的伟大研究"翼型之谜")中,最终环量理论(即翼型周围的环量)获胜。环量是由锐后缘的库塔 – 茹科夫斯基条件(简单来说就是库塔条件)决定的。

1902 年,M. W. Kutta 发表了他的升力理论,这是一种环量理论[42]。翼型周围的环量由流动顺利离开后缘的条件决定。N. Joukowski 在 1902—1912 年独立发展了他的翼型升力理论[43]。

F. W. Lanchester[44] 和 L. Prandtl[45] 完成了从升力翼型到有限翼展升力翼的所有步骤。关于两位研究人员的研究次序仍在争论中,感兴趣的读者请参阅 J. D. Anderson, Jr.[17] 的历史注释。

在有限翼展升力翼上,尾涡层离开后缘。在机翼后面的几个弦长处,该层向上卷起形成一对尾涡。普朗特在其升力线模型中假设升力涡或附着涡位于机翼,而起始涡位于机翼后面的无穷远处,翼尖处的尾涡、尾涡层和翼尖涡均不是本书重点讨论的问题。因此,这种涡丝排列形成一个闭合路径,这样就满足了赫尔曼·冯·亥姆霍兹涡第一定理。

因此,升力线模型是对现实情况的一种有力但又非常实用的简化。用该模型可以描述机翼位置的下洗流和诱导阻力。升力线模型是一系列越来越精细数学模型的起点,请参见参考文献[15,17],而在更大的背景下扩展阅读可参见参考文献[16]。

库塔条件实际上是指在后缘发生的溢流分离。然而,当库塔发表其理论时,人们还不知道边界层的存在。因此,也没有建立环量、涡量与某些边界层特性之间的联系。

1963 年,Lighthill 介绍了穿过边界层的涡量壁面法向积分,即边界层单位面积的总涡量[46]。在 20 世纪 80 年代中期,他将翼型的环量与翼型上、下侧边界层的涡量联系起来[2]。现在,他将壁面法向积分称为涡层局部强度。①

Lighthill 的初始概念同样在 20 世纪 80 年代中期被推广用于三维流动,并引入了剪切层的运动学动涡量和静涡量 Ω 的概念[35,47]。这个概念(见第 4 章)可以:

(1) 将势流理论中的涡奇点与边界层、涡层以及大雷诺数极限 $Re \to \infty$ 下真

_____

① 读者应该注意到,我们没有像 Lighthill 那样在涡量积分中使用强度这个术语。我们称这种积分为边界层或涡层的强度,更笼统地说,是剪切层的局部涡含量。

实翼型和机翼绕流的涡联系起来。

（2）理解线性和非线性势流法（升力面法、面元法）可以求解翼型升力以及机翼升力与诱导阻力的原因。

（3）理解欧拉方法原则上可以求解翼型升力和机翼升力与诱导阻力的原因，此外，还可以模拟大展弦比机翼的尾涡层以及大前缘后掠翼上方出现的（主）背风涡。

然而，第（2）项和第（3）项仅涵盖升力翼型与机翼的情况，其中"真实"流动通过溢流分离离开表面（隐式库塔条件）。为了模拟普通分离，显式库塔条件是不可行的。库塔条件的这一特性（隐式条件和假设性显式条件）将在第6章中讨论。

就达朗贝尔悖论而言，翼型锐后缘处的溢流分离（在势流方法中模拟为库塔条件）可视为产生对称性中断（即第一对称性中断），请参见4.3.1节（这不能从几何上看出来，而是与压力分布有关）。因此，在这种情况下，也可以采用无黏计算方法求解升力。①

在有限翼展机翼上又发生了另一种对称性中断（即第二对称性中断）。因此，通过无黏升力计算模型，还可以测定机翼位置的下洗流和诱导阻力。这是因为在现实中，基本无黏流场中已经存在后缘上下无黏流的剪切情况：机翼上、下流场剪切（见4.3.2节）。

1.5　分离流和涡流的流动物理和数学模型

为了描述分离流和涡流，人们建立了一系列物理和数学模型，并被广泛使用。表1.3中总结了这些模型的特征[35]。这种特征描述是很有必要的，可以消除本书中关于注意事项、研究结果和结果讨论的歧义。

表1.3　流动物理和数学模型

编号	模型名称	描述
1	真实流动	现实中感知到的流动，涉及边界层、涡层、涡流，通过扩散和对流的方式输运涡量
2	模拟黏性流	无黏流与边界层的区别，边界（剪切）层的运动学动涡含量和静涡含量与无黏外流的大小有关

---

① 翼型的阻力是一个纯黏性阻力，由表面摩擦阻力和黏性效应诱导的压力或翼型上、下侧边界层的位移特性引起的形状阻力组成（见2.4节）。在超临界可压缩流中，其他效应也发挥了作用（另见2.4节）。

16

编号	模型名称	描述
3	势流(拉普拉斯方程)	不可压缩无旋无黏流,无全局力作用于机体上(达朗贝尔悖论)
4	模拟势流	不可压缩无旋无黏流(尤其是在带有显式库塔条件的机翼上),以及以涡奇点形式产生的涡层和涡
5	可压缩势流	可压缩无旋无黏流(尤其是在带有显式库塔条件的机翼上),以及以涡奇点形式产生的涡层和涡
6	欧拉流	无黏流,涡量仅在弯曲激波中产生,对流涡量输运
7	模拟欧拉流	无黏流(尤其是在带有显式库塔条件的机翼上),以及视为涡奇点的涡层和涡
8	离散模拟欧拉流	无黏流(尤其是在带有隐式库塔条件的机翼上),以及因数值方法的固有黏性而导致的扩散输运引起的涡层和有限厚度的涡
9	纳维尔 – 斯托克斯流	大多数完全模拟的层流,原则上也包括转捩流(采用直接数值模拟(DNS)法),涡量的产生和输运,固有的数值黏性可能在所有类型的扩散输运中引起误差
10	RANS、URANS 流	雷诺平均纳维尔 – 斯托克斯湍流,还包括非定常雷诺平均纳维尔 – 斯托克斯(URANS)流,涡量的产生和输运,固有的数值黏性
11	尺度分解和混合流	大涡模拟(LES)等模拟湍流,涡量的产生和输运,与 RANS/URANS(混合方法)耦合,固有的数值黏性

我们通常假设流动是相当有序的,即只存在基本特征,如图 1.9 和图 1.10。然而,次要特征(如二次和三次分离现象与不稳定性)也隐含包括在内。

请注意:①所有类型的翼型和机翼(升力面,还包括气动稳定面、配平面和操纵面)统称为机翼。②隐式库塔条件是指在锐后缘或锐前缘自然给出的,且会导致溢流分离的条件。这涉及模型 1、2、8、9、10 和 11。③显式库塔条件是指在数学模型或计算方法中必须加以规定的一种条件,这涉及模型 4、5 和 7。

现在我们来描述表 1.3 中给出的模型。本书主要讨论模型 1、2 和 4,以及模型 8、9、10 和 11。

模型 1:真实流动

真实流动是在连续介质力学的框架下感知到的流场(一种物理现象)。可借助下文的数学模型作出部分或全部规定。

模型 2:模拟黏性流

模拟黏性流是一种定性/定量数学模型,将在第 4 章中详细讨论。它假设高雷诺数,并忽略了强烈的全局相互作用(见2.2节)。因此,它可以通过剪切层的运动学动涡含量或静涡含量的概念来构建机翼边界层与外部无黏流之间的联系。这意味着该模型通常将势流理论的奇点与边界层、剪切层和涡的特性联系起来。通过该模型可以理解模型4和模型8的结果。

模型3:势流

势流是纯势(不可压缩、无旋和无黏)流动模型(拉普拉斯方程),即无库塔条件的模型,不适合用于描述升力翼流动。在这种流动中,作用在机体上的全局力为零(达朗贝尔悖论)。

模型4:模拟势流

该模型的决定性特征是机翼后缘的显式库塔条件。这个条件将现实中观察到的流动特征(模型1)引入解中,即在机翼的后缘上(一个锐拐角),流动平稳地离开机翼表面(即溢流分离)。库塔条件引入了所需的对称性中断(见4.3节),从而产生净全局力。就翼型而言,这是产生升力的第一对称性中断。就有限翼展机翼而言,第二对称性中断会引起尾涡层、机翼位置的下洗流和诱导阻力。

库塔条件在多大程度上可以适用于模拟普通分离(隐式库塔条件)是一个悬而未决的问题。然而,这方面的尝试表明,这不是一个可行的方案。

升力翼上库塔条件的实现以最简单的形式引入了作为附着(升力)涡和尾涡的势涡。目前已经提出了许多模型(从最简单的普朗特升力线模型到各种各样的升力面理论)并正在使用中,请参见参考文献[15,17]。

面元法是目前最发达的模拟势流方法,请参见参考文献[48]。面元模型采用了源奇点和涡奇点。机翼后面的尾涡层或三角翼大后掠锐前缘产生的涡层可以几何方式模拟为不连续面,请参见参考文献[6]中的实例。

模型5:可压缩势流

速度势方程是描述无黏、可压缩、无旋流动的一般方程,请参见参考文献[17]。① 其变化范围从小扰动方程到经典势(拉普拉斯)方程(模型3和4)。可压缩势流法(全位势方程)确实曾在翼型流动中有所应用。如今,由于其固有的限制,它不再发挥作用,另见6.1.2节。

模型6:欧拉流

我们可以推测,除跨声速和超声速流中的波阻外,纯欧拉流模型不允许像纯势流模型(即模型3)那样计算机体上的全局力。然而,像达朗贝尔那样的证明似乎并不存在。我们注意到,在可压缩流中,该模型只能得到有限的速度,而势

---

① 实际上,这个方程是从连续方程中推导得来的。更为广义的推导,请参见参考文献[49]。

流模型可以得到无限大的速度。

模型 7:模拟欧拉流

在模型 6 中引入一个(显式)库塔条件预计会造成类似于模型 4 中的对称性中断。因此,升力、诱导阻力和不连续面应演化成一种假设解。这相当于未知的解析解,或同样未知的理想离散欧拉模型解(模型 8)。关于这一点,请参见参考文献[50]中的研究。

模型 8:离散模拟欧拉流

欧拉方程的通解显然只能采用离散数值解算法来求解。由于其性质所限,这些算法只能进行计算中参数域的有限解析。此外,由于固有隐式和/或显式人工(也称为数值)黏性的影响,这些算法将扩散特性引入解中,这确保/增强了数值稳定性。[①] 这些扩散特性虽然在原则上不需要,但会产生具有隐式库塔条件的计算流特性,这充分再现了真实条件的重要方面。此外,也会产生有限厚度的涡层和涡,并出现熵增长(见第 5 章)。

模型 8 的解(特别是流过升力面的流动)通常具有以下特点:

(1) 至少在有限体积法中,在后缘或实际上会发生溢流分离的大后掠前缘上不需要显式库塔条件。

(2) 与模拟势流(模型 4)中的情况一样,锐后缘或前缘都没有达到驻点。

(3) 与模型 6 和 7 中的情况一样,涡层和涡都不是不连续点或奇点,而是类似于真实现象。特别是原则上正确模拟了运动学动涡量。

(4) 涡层可能在实际会发生普通分离的圆形纵边(非后掠圆形翼尖、机身侧面)上逐渐发展,这在物理学上是不正确的。

对于所有这些特征,至今还没有合理的解释。锐后缘(一个具有有限开角的锐边)是一个几何奇点,在理想无黏流(模型 4)中存在驻点。这是因为流动在有限速度的凹角处不能改变方向。对于后缘处,此时流动进入锐边的平分线。驻点是势流理论的精确结果(在这方面,我们指出了超临界翼型的有限角或尖后缘的问题[51],但要注意,在现实中,飞机的后缘是钝的,见 6.3 节)。另外,尽管速度是无限的,但势流理论(模型 2)允许绕凸角流动。由于可压缩流的总焓有限,因此这对于可压缩欧拉解是不可能的。也许无黏流解(模型 6)包含这两种情况,而且显式库塔条件(模型 7)必须抑制解的凸角部分。

但若使用隐式库塔条件,即简单地利用欧拉方程解中的流动在锐角处脱离曲面这一事实,则即使欧拉流也不可能有无限的速度,该流动也可以包含两种解。

---

① 理想的离散模拟欧拉解(模型 7)不具有这种扩散特性。

在锐后缘或后掠前缘上,隐式库塔条件通常效果很好,至少从某种意义上来说,飞行器设计研究可以获得有用且可靠的结果——尽管在某种程度上精度受到限制,如(4)所述,在圆形后掠前缘和圆形纵向边缘处可能出现伪隐式库塔条件,并存在普通分离。这通常不具有物理特性。用显式库塔条件来模拟横流的普通分离是不可行的。

此时必须提到的是,在具有任何一种库塔条件的数学模型(即模型4、5、7、8)中,流动(即数值解方法)必须有足够的发展自由,如图1.11所示。特别是在三维流动中,必须正确描述分离流之间的剪切情况。

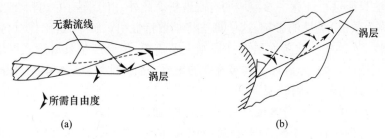

图1.11　库塔条件:发展所需的自由度[35]
(a)机翼后缘的溢流分离;(b)机身侧翼的普通分离。

若在超临界马赫数的情况下出现激波(如在翼型或机翼的吸力面出现),则库塔方向不在后缘的平分线上,而是向上侧偏转(见6.1.2节)。数值解中必须考虑在边界层弯曲之外出现的这种激波弯曲。这尤其适用于显式库塔条件。

关于模型8的讨论,我们得出以下结论,即该模型显然不存在理性理论。我们的描述是基于欧拉方程在研究和飞机设计工作中的完美应用所进行的无数次观察。然而,观察到的特性可借助于剪切层的局部运动学动涡含量和/或静涡含量的概念来解释(如第4章所讨论的)。

模型9:纳维尔－斯托克斯流

作为层流流体流动的连续介质模型,纳维尔－斯托克斯方程还对定常和非定常分离流及涡流进行了最完整的描述。这种描述当然只适用于这些方程的离散数值模型,以及连续性和能量方程。由于所需的计算能力和存储能力,这种模型在转捩流和湍流中的实际应用是不可能的。层流－湍流转捩和湍流的直接数值模拟(DNS)是一种研究工具,但目前并不是一种设计工具。

模型10:RANS、URANS流

就附着湍流而言,纳维尔－斯托克斯方程的导数就是采用统计湍流模型的雷诺平均纳维尔－斯托克斯方程,请参见参考文献[52]。URANS方程适用于解决非定常流动问题,但对于大规模的非定常分离流则不适用。对于这类流动,尺度解析法是一个不错的选择,见下文的模型11。

RANS 方法还广泛用于大小展弦比的升力翼绕流的数值模拟。对 RANS 方法性能的最新回顾和概述见参考文献[53－54]。

层流－湍流转捩是一个重要基本问题。其预测和模拟目前依赖于经验与半经验的标准和模型,请参见参考文献[14]。这适用于多个众所周知的流动现象,但不具有通用性。目前已经提出并开发非经验的转捩模型和方法,但出于一些原因,它们至今还没有得到实际应用。

对于第8章所讨论的大展弦比机翼的绕流,RANS 方法是一种既定的方法,而转捩通常只是一个背景问题。对于第10章所描述的小展弦比、大前缘后掠翼的绕流,尽管某些观察结果存在不足之处,但 RANS 方法也是一种既定的方法,请参见参考文献[55]。对于大后掠钝形前缘的绕流,层流－湍流转捩的预测可能是一个问题。

一阶和二阶边界层方法[14]可视为 NS/RANS 方法的子集。但这些方法只能处理弱相互作用问题(见2.2节),因此既不是普通分离,也不是溢流分离。

模型11:尺度解析和混合流

大规模的非定常分离流(通常是存在涡脱落的流动)不能用 RANS 或 URNS 方法进行处理。对于这类流动,尺度解析法(如 LES)是一个不错的选择。有几种不同的方法正在使用,如分离涡模拟(DES)[56]。我们还注意到,DNS(见前文模型9)是一种尺度解析法,但不算作模型11方法。最近开发的是 RANS/LES 混合模型。此时,从 RANS 解到 LES 解的转换带来了一个特殊的问题。我们只引用了最近欧洲发表的一本关于处理灰区问题的参考文献[57]。

另一个问题在于湍流附着流和分离流的本质。层流边界层或剪切层(涡层)通常有一个光滑的边缘(对于层流边界层,选择99%的厚度)。对于湍流边界层和剪切层以及涡而言,RANS 或 URANS 解也表明存在光滑的边缘。但现实情况(模型1)有所不同。上述流动现象在现实中具有起伏的非定常边缘,这是无法用 RANS 或 URANS 方法进行描述的。然而,这通常也是没有必要的。但在处理剪切层或涡对下游部件的冲击(动载荷和/或振动激励)等问题时,就必须采用尺度解析的 LES 方法或混合 RANS－URANS/LES 方法。

在本节的结尾,我们观察到,目前在飞机设计工作中,越来越需要考虑机翼在载荷作用下的空气弹性变形的影响。关于大展弦比机翼的气动弹性力学的简要介绍,请参见参考文献[51]。若飞行试验数据用于数据对比(风洞数据也是如此),则气动弹性力学也必须考虑在内,请参见参考文献[58]。

1.6 基本原理、单元问题和章节内容

在讨论本书中关于飞机机翼空气动力学中的分离流和涡流问题时,我们的目标是理解现有的问题,展示不同模拟精度计算方法的模拟能力,并演示和讨论相关的流动现象。

至少军用飞机的布局设计过程中单独采用风洞模型的时代已经过去了。目前,外形的设计基本上是在计算机上完成的。但在这背后必须理解飞行器空气动力学的复杂性,以及现有离散数值方法的验证,请参见参考文献[59]。建立和考虑问题的复杂性层次结构是有帮助的,甚至是必要的。我们不作详细讨论,请参见参考文献[60]。

图1.12所示为战斗机的系统分解实例[61]。图中显示了独立流动物理特性的基本单元问题。在此层次之下,当然还有一个层次——没有显示——其中包含基本原理,如边界层理论和涡流理论。

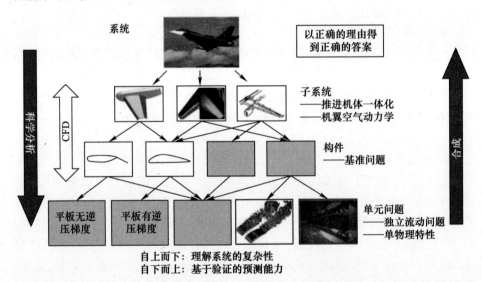

图1.12 系统分解层次结构[61]。PAI是推进-机体一体化的缩写

本书有一个基本结构,它首先介绍了基本原理,然后是:①概述了边界层特性、相互作用问题和阻力(见第2章);②介绍了涡流理论要素(见第3章);③介绍了剪切层局部涡含量的概念(见第4章);④讨论了欧拉方程离散数值解的问题(见第5章);⑤考虑了真实飞行器环境中的库塔条件(见第6章);⑥简要介绍了流场拓扑结构(见第7章)。

在包含基本原理的这个层次上,我们讨论了大展弦比机翼(见第8章)和小展弦比三角翼(见第10章)绕流的单元问题(图1.12中的最低层次)。对于这两个机翼类型而言,我们最终考虑了大展弦比机翼(见第9章)和小展弦比三角翼(见第11章)的特定流动问题,这些问题可视为属于图中的子系统级别。第2~11章所提问题的解决方法见第12章。

本书最后讨论了有用的关系(附录A),空气特性、大气数据、单位和转换(附录B),符号(附录C),缩略语(附录D),并在确认版权许可后,介绍了作者和主题索引。

参 考 文 献

1. Küchemann, D.: Report on the IUTAM symposium on concentrated vortex motion in fluids. J. Fluid Mech. **21**, 1–20 (1965)
2. Lighthill, J.: An Informal Introduction to Theoretical Fluid Mechanics. Clarendon Press, Oxford (1986)
3. Lugt, H.J.: Introduction to Vortex Theory. Vortex Flow Press, Potomac (1996)
4. Wu, J.-Z., Ma, H.-Y., Zhou, M.-D.: Vorticity and Vortex Dynamics. Springer, Berlin (2006)
5. Peake, D.J., Tobak, M.: Three-dimensional interactions and vortical flows with emphasis on high speeds. NASA TM 81169 (1980) and AGARDograph 252 (1980)
6. Rom, J.: High Angle of Attack Aerodynamics. Springer, Heidelberg (1992)
7. Délery, J.: Three-Dimensional Separated Flow Topology. ISTE, London and Wiley, Hoboken (2013)
8. N.N.: Flow separation. In: Proceedings of AGARD Symposion, Göttingen, Germany, May 27–30, 1975. AGARD-CP-168 (1975)
9. N.N.: Aerodynamics of vortical type flows in three dimensions. In: Proceedings of AGARD Symposion, Rotterdam, The Netherlands, April 25–28, 1983. AGARD-CP-342 (1983)
10. Kozlov, V.V., Dovgal, A.V.: Separated flows and jets. In: Proceedings of IUTAM-Symposium, Novosibirsk, USSR, July 9–10, 1990. Springer, Berlin (1991)
11. White, F.M.: Viscous Fluid Flow, 3rd edn, revised. McGraw-Hill Series in Mechanical Engineering (2005)
12. Cebeci, T., Cousteix, J.: Modeling and Computation of Boundary-Layer Flows, 2nd edn. Horizons Publishing, Long Beach and Springer, Berlin (2005)
13. Schlichting, H., Gersten, K.: Boundary Layer Theory, 8th edn. Springer, Berlin (2000)
14. Hirschel, E.H., Cousteix, J., Kordulla, W.: Three-Dimensional Attached Viscous Flow. Springer, Berlin (2014)
15. Schlichting, H., Truckenbrodt, E.: Aerodynamik des Flugzeuges, vol. 1 and 2. Springer, Berlin (1959), also: Aerodynamics of the Aeroplane, 2nd edn (revised). McGraw Hill Higher Education, New York (1979)
16. Küchemann, D.: The Aerodynamic Design of Aircraft. Pergamon Press, Oxford: also AIAA Education Series, p. 2012. AIAA, Reston (1978)
17. Anderson Jr., J.D.: Fundamentals of Aerodynamics, 5th edn. McGraw Hill, New York (2011)
18. Drela, M.: Flight Vehicle Aerodynamics. The MIT Press, Cambridge (2014)
19. Rossow, C.-C., Wolf, K., Horst, P. (eds.): Handbuch der Luftfahrzeugtechnik. Carl Hanser Verlag, München (2014)

20. Rizzi, A., Oppelstrup, J.: Aircraft Aerodynamic Design with Computational Software. Cambridge University Press, Cambridge (2020)
21. Körner, H.: Einleitung. In: Rossow, C.-C., Wolf, K., Horst, P. (eds.) Handbuch der Luft-fahrzeugtechnik, pp. 25–43. Carl Hanser Verlag, München (2014)
22. Jefferys, D.: Personal communication (2019)
23. Breitsamter, C.: Nachlaufwirbelsysteme großer Transportflugzeuge - Experimentelle Charak-terisierung und Beeinflussung (Wake-Vortex Systems of Large Transport Aircraft—Experimental Characterization and Manipulation). Inaugural thesis, Technische Universität München, 2007, utzverlag, München, Germany (2007)
24. Sachs, G.: Flugmechanik. In: Rossow, C.-C., Wolf, K., Horst, P. (eds.) Handbuch der Luft-fahrzeugtechnik, pp. 255–309. Carl Hanser Verlag, München (2014)
25. Krämer, E.: Kampfflugzeuge. In: Rossow, C.-C., Wolf, K., Horst, P. (eds.) Handbuch der Luft-fahrzeugtechnik, pp. 113–150. Carl Hanser Verlag, München (2014)
26. Hitzel, S.M.: Personal communication (2019)
27. With permission. https://uhdwallpapers.org/wallpaper/us-navy-502-aircraft44559/(2019)
28. Prandtl, L.:Über Flüssigkeitsbewegung bei sehr kleiner Reibung. In: Proceedings 3rd Interna-tional Mathematicians Congress, Heidelberg, pp. 484–491 (1904)
29. Goldstein, S.: Fluid mechanics in the first half of the century. Annu. Rev. Fluid Mech. Palo Alto 1, 1–28 (1969)
30. Eckert, M.: The Dawn of Fluid Dynamics. Wiley-VCH, Weinheim (2006)
31. Goldstein, S.: On laminar boundary-layer flow near a position of separation. Q. J. Mech. Appl. Math. 1, 43–69 (1948)
32. Hirschel, E.H.: Basics of Aerothermodynamics, 2nd edn, revised. Springer, Cham (2015)
33. Oswatitsch, K.: Die Ablösebedingungen von Grenzschichten. In: Görtler H. (ed.), Proceedings of IUTAM Symposium on Boundary Layer Research, Freiburg, Germany, 1957. Springer, Berlin, pp. 357–367 (1958). Also: The Conditions for the Separation of Boundary Layers. In: Schneider, W., Platzer, M. (eds.) Contributions to the Development of Gasdynamics, pp. 6–18. Vieweg, Braunschweig Wiesbaden, Germany (1980)
34. Elsenaar, A.: Vortex formation and flow separation: the beauty and the beast in aerodynamics. Aeronaut. J. 615–633 (2000)
35. Hirschel, E.H.: On the creation of vorticity and entropy in the solution of the Euler equations for lifting wings. MBB-LKE122-AERO-MT-716, Ottobrunn, Germany (1985)
36. Hirschel, E.H.: Evaluation of results of boundary-layer calculations with regard to design aerodynamics. AGARD R-741, 5-1–5-29 (1986)
37. Eberle, A., Rizzi, A., Hirschel, E.H.: Numerical Solutions of the Euler Equations for Steady Flow Problems. Notes on Numerical Fluid Mechanics, vol. 34. Vieweg, Braunschweig Wies-baden (1992)
38. Eichelbrenner, E.A.: Three-dimensional boundary layers. Annu. Rev. Fluid Mech. Palo Alto 5, 339–360 (1973)
39. von Kármán, T.: Aerodynamics—Selected Topics in the Light of Their Historical Development. Cornell University Press, Ithaka (1954)
40. Rizzi, A., Hirschel, E.H.: General developments of numerical fluid mechanics until the middle of the 20th century. In: Hirschel, E.H., Krause, E. (eds.) 100 Volumes of Notes on Numerical Fluid Mechanics and Multidisciplinary Design, NNFM100, pp. 61–76. Springer, Berlin (2009)
41. Bloor, D.: The Enigma of the Aerofoil-Rival Theories in Aerodynamics, 1909–1930. The University of Chicago Press, Chicago (2011)
42. Kutta, M.W.: Auftriebskräfte in strömenden Flüssigkeiten. Illus. Aeronaut. Mitt. 6, 133–135 (1902)
43. Joukowski, N.: Über die Konturen der Tragflächen der Drachenflieger. Z. Flugtech. Motor-

luftschiffahrt **1**, 281–284 (1910); **3**, 81–86 (1912)

44. Lanchester, F.W.: Aerodynamics, London (1907) and Aerodonetics, London (1908)
45. Prandtl, L.: Tragflügeltheorie, I. und II. Mitteilung. Nachrichten der Kgl. Ges. Wiss. Göttingen, Math.-Phys. Klasse, 451–477 (1918) and 107–137 (1919)
46. Lighthill, M.J.: Introduction boundary-layer theory. In: Rosenhead, L. (ed.) Laminar Boundary Layers, pp. 46–113. Clarendon Press, Oxford (1963)
47. Hirschel, E.H.: Vortex flows: some general properties, and modelling, configurational and manipulation aspects. AIAA-Paper 96–2514 (1996)
48. Hess, J.L.: Panel Methods in Computational Fluid Dynamics. Annu. Rev. Fluid Mech. Palo Alto **22**, 255–274 (1990)
49. Weiland, C.: A comparison of potential- and Euler-methods for the calculation of 3-D supersonic flows past wings. In: M. Pandolfi (ed.), Proceedings of the 5th GAMM-Conference on Numerical Methods in Fluid Mechanics, Rome, October 5–7, 1983. Notes on Numerical Fluid Mechanics, vol. 7, pp. 362–369. Vieweg-Verlag, Braunchweig Wiesbaden (1983)
50. Pulliam, T.H.: A computational challenge: Euler solution for ellipses. AIAA-Paper 89–0469 (1989)
51. Vos, R., Farokhi, S.: Introduction to Transonic Aerodynamics. Springer Science+Business Media, Dordrecht (2015)
52. Leschziner, M.: Statistical Turbulence Modelling for Fluid Dynamics—Demystified. An Introductory Text for Graduate Engineering Students. Imperial College Press, London (2016). ISBN 978-1-78326-660-9
53. Durbin, P.A.: Some recent developments in turbulence closure modelling. Annu. Rev. Fluid Mech. Palo Alto **50**, 77–103 (2018)
54. Bush, R.H., Chyczewski, T.S., Duraisamy, H., Eisfeld, B., Rumsey, C.L., Smith, B.R.: Recommendations for future efforts in RANS modeling and simulation. AIAA Paper **2019–0317**, (2019)
55. Rizzi, A., Luckring, J.M.: Evolution and use of CFD for separated flow simulations relevant to military aircraft. Paper presented at the AVT-307 Symposium on Separated Flow: Prediction, Measurement and Assessment for Air and Sea Vehicles, Trondheim, Norway 07–09 October 2019. STO-MP-AVT-307-11 (2019)
56. Spalart, P.R.: Detached-eddy simulation. Annu. Rev. Fluid Mech. Palo Alto **41**, 181–202 (2009)
57. Mockett, C., Haase, W., Schwamborn, D. (eds.): Go4Hybrid: Grey Area Mitigation for Hybrid RANS-LES Methods. Notes on Numerical Fluid Mechanics and Multidisciplinary Design, vol. 134. Springer, Cham (2018)
58. Bier, N., Keye, S., Rohlmann, D.: Advanced design approach for a high-lift wind tunnel model based on flight data. In: Radespiel, R., Niehuis, R., Kroll, N., Behrends, K. (eds.) Advances in Simulation of Wing and Nacelle Stall. Proceedings of Closing Symposium of the DFG Research Unit FOR 1066, Dez. 1–2, 2014, Braunschweig, Germany. Notes on Numerical Fluid Mechanics and Multidisciplinary Design, NNFM131, pp. 337–350. Springer International Publishing Switzerland, Cham (2016)
59. Oberkampf, W.L., Trucano, T.G.: Verification and validation in computational fluid dynamics. Prog. Aerosp. Sci. **38**, 181–274 (2002)
60. Luckring, J.M., Boelens, O.J.: A unit-problem investigation of blunt leading-edge separation motivated by AVT-161 SACCON Research. RTO-MP-AVT-189, 27-1–27-27 (2011)
61. Tomac, M.: Towards automated CFD for engineering methods in aircraft design. Doctoral thesis, KTH Royal Institute of Technology, Rep TRITA-AVE 2014:11, Stockholm, Sweden (2014)

第2章 分离:相关的边界层特性、相互作用问题和阻力

本章介绍研究分离流和涡流时使用的一些概念。

首先,我们处理的流动问题通常具有伽利略不变性[1]。因此,我们可以在数学模型或地面模拟(数值模拟、地面设施模拟)中采用飞行器体坐标系,在这个坐标系中,气流流过飞行器。在现实中,飞行器一般在准定常、准均匀的大气层中飞行。

我们还注意到,通常采用欧拉方法描述流体运动。与拉格朗日方法相反,欧拉方法认为空间中固定点的流动存在定常或非定常状态。控制方程可能存在的不同形式,请参见参考文献[2-3]。

现实中的流场(1.5 节中的模型 1)是一个单域。然而,在流体力学中,该实体被划分为均匀远场、无黏流场、靠近飞行器表面的边界层流、分离流和尾流等几个区域。

描述无黏单域流场的经典模型包括模拟势流(模型 4)和离散模拟欧拉流(模型 8)。描述黏性单域流场的方法一般包括纳维尔-斯托克斯方法(模型 9)、雷诺平均纳维尔-斯托克斯方法(模型 10)和尺度分解方法(模型 11)。

由于通常与边界层外无黏流模型一起使用,应用边界层方法(模拟黏性流,模型 2)意味着使用双域模型。最近发展的混合 RANS/LES 方法也是双域模型。强相互作用模型是三域方法,请参见参考文献[4-5]。

"边界层内流动和边界层外无黏流"的双域模型需要研究两个区域如何相互作用。本章讨论了边界层流动与无黏流之间主要的相互作用类型。

在此之前,我们首先研究边界层特性,特别是与分离有关的特性。本章的结束部分研究了阻力主要产生机制以及相关的飞行器外形。

2.1 边界层特性

我们首先介绍边界层烈度和强度的概念:

(1)我们用烈度来命名边界层的局部涡含量$|\boldsymbol{\Omega}|$。在本例中,它是指分离

时边界层的局部涡量。读者将在第 4 章中找到关于局部涡量概念的详细信息。

（2）边界层的强度与局部涡含量无关。我们将边界层承载的平均表面切向动量 $<\rho u^2>$ 定义为强度。所涉及的两个边界层的平均动量在挤压（普通）分离中起着特别重要的作用。

溢流分离发生在机翼的锐后缘，但在大后掠机翼的情况下也发生在尖前缘。[1] 溢流分离涉及两个边界层，其强度通常相差不大。但需要注意的是，有限翼展升力翼后缘上下表面的局部溢流方向是不相同的（见 6.2 节）。

逆压梯度引起的普通分离或挤压分离发生在正则曲面区域。这也涉及两个边界层，它们相互挤压离开表面。

在二维流动中，主流方向的边界层（即主边界层）通常比次边界层具有更大的强度，见图 1.8。次边界层在分离区内，通常具有低涡含量和低强度。该边界层在某种意义上是一个诱导边界层，由主边界层的分离引起。

这种情况在三维流动中是不同的，特别是存在开式分离的情况下（见第 7 章）。相互挤压离开表面，形成主分离线的两个边界层可以具有相似的强度。

若存在二次甚至三次分离和附着，以及流动不稳定性，则情况会变得更加复杂，相关边界层的这种特性可能不成立。

边界层平均表面切向动量（即边界层强度）的影响能够很好地用二维流动中主边界层的分离特性来解释。边界层克服逆压梯度的能力越强，其所承载的表面切向动量就越大[5]。

一个经典实例是，在给定的逆压梯度下，层流边界层比湍流边界层更早分离。图 2.1 中不同的切向速度 $u(y)$ 分布导致了层流和湍流边界层表面切向动量通量特性不同，但前提是这两种情况下的密度剖面相似。

表面切向动量通量的衡量指标是动量厚度 δ_2，更好的说法是动量损失厚度：

$$\delta_2 = \int_{y=0}^{y=\delta} \frac{\rho u}{\rho_e u_e}\left(1 - \frac{u}{u_e}\right)\mathrm{d}y \qquad (2.1)$$

式中：$u = u(y)$ 为边界层中的表面切向速度；u_e 为边界层边缘（e）处的表面切向速度；$\rho = \rho(y)$ 为密度，ρ_e 为边缘处的密度；y 为曲面法线坐标。[2]

方程（2.1）表明，与无黏边界层边缘流动相比，切向边界层速度剖面 $u(y)$ 越饱满（密度恒定或接近恒定），其动量损失越小。密度剖面 $\rho(y)$ 在飞行器表面

---

① 关于实际后缘和前缘的几何外形，详见第 6 章。

② 这种动量厚度的概念不适用于三维边界层。本书的动量位移厚度是一个具有物理意义的概念[5]。然而，只要处理的流动不具有太强的三维特性，则二维动量厚度的概念就足以满足我们的考虑。

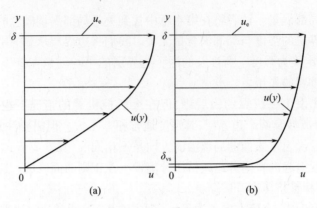

图 2.1 二维流动切向速度 $u(y)$ 示意图[5]

(a)层流;(b)湍流。

主动或被动(热辐射冷却[6])冷却的高速流动中很重要。若存在边界层(表面)加热(如由于表面式换热器引起的),则密度剖面也很重要。

我们现在要考虑切向边界层速度剖面外形,以及边界层密度剖面外形的影响因素。

(1)当然,湍流边界层的切向速度剖面比层流边界层的切向速度剖面更饱满,见图2.1。但层流和湍流速度剖面都可能受到多种因素的影响。可以通过壁面相容性条件来解释[5]。我们不给出推导过程,只给出主要结果。

壁面相容性条件基本上通过壁面切向速度的二阶导数 $\partial^2 u/\partial y^2|_{y=0}$ 来表示,切向边界层速度剖面是否有拐点,如图2.2所示。

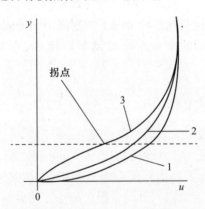

图 2.2 边界层速度剖面 $u(y)$ 示意图[5](不带拐点:1和2,带拐点:3)

通常从层流边界层的稳定性和转捩特性来考虑拐点是否出现。若 $\partial^2 u/\partial y^2|_{y=0} > 0$,则会出现拐点。其原因可能为逆压梯度(常见情形),或曲面法向吹吸气,或边

界层加热[5]。

若这三个因素同时存在,则可以放大或缩小$\partial^2 u/\partial y^2|_{y=0}$的幅值。若壁面是热的,则壁面温度通过黏度的反比降低其幅值;若壁面是冷的,则增大其幅值。

另外,二阶导数$\partial^2 u/\partial y^2|_{y=0}$随着顺压梯度、吹吸和表面冷却变为负值。

从更广的角度出发,$u(y)$拐点的存在意味着切向速度剖面不够饱满,从而减少了切向动量通量,见图2.2中的剖面3。$\partial^2 u/\partial y^2|_{y=0}$值越大,这种效应就越强。

若二阶导数$\partial^2 u/\partial y^2|_{y=0}$为负,则速度剖面更饱满,见图2.2中的剖面2和剖面1。切向动量通量越大,壁面的二阶导数负值越大(剖面2为经典的零压梯度布拉修斯边界层剖面)。

所有这些都适用于层流和湍流边界层,图2.2中绘制了层流边界层的切向速度剖面。

但我们必须注意到,我们默认假设物面为水力光滑的表面,即无粗糙度(亚临界尺寸的粗糙度)表面。表面的超临界粗糙度会影响层流边界层的稳定性和转捩特性(如粗糙带应用于低雷诺数风洞试验,请参见参考文献[7])。

湍流边界层受到超临界粗糙度的强烈影响,具体表现在表面摩擦大幅增加,表面传热也明显增加。更多的湍流边界层知识可见参考文献[4,8]。关于超临界粗糙度表面上边界层的分离特性,情况不是很明确,相应的讨论可参见参考文献[9]。

(2)关于密度剖面$\rho(y)$,我们也遵循参考文献[5]中的讨论。在流经水平或接近水平表面的附着黏性流中,垂直于壁面的静压梯度很小,在大雷诺数条件下,平板流法向静压梯度的极限为零。① 这意味着在垂直于壁面的方向上,压力是恒定或几乎恒定的,且等于外部无黏流的压力。②

$$p = p_e \qquad (2.2)$$

因此,利用状态方程$p = \rho RT$,我们可在边界层中得

$$\rho T = \rho_e T_e = \text{constant} \qquad (2.3)$$

因此它具有比例关系

$$\rho \propto \frac{1}{T} \qquad (2.4)$$

---

① 若局部边界层厚度δ的倒数与主表面最大曲率半径R_i同数量级,则由于表面曲率引起的离心力影响,压力梯度不再是小量[5]。这就是著名的边界层高阶效应,可用二阶边界层理论来处理。

② 外部是指边界层的外边缘。

这表明热壁会导致壁面及其上方的密度变小。冷壁的密度大于热壁,平均切向动量通量 $<\rho u^2>$ 也大于热壁。因此,若边界层中存在壁面法向温度梯度,则式(2.1)中必须考虑密度剖面 $\rho(y)$。

就边界层的分离趋势而言,雷诺数的大小也很重要。这可以借助 B. Thwaites 经验分离准则定性理解[10]:

$$\frac{1}{v}\frac{\mathrm{d}u_e}{\mathrm{d}x}\delta_1^2 = 0.09 \tag{2.5}$$

一旦满足该准则,则外部无黏流(负 $\mathrm{d}u_e/\mathrm{d}x$ 值相当于压力上升,正 $\mathrm{d}p/\mathrm{d}x$ 值导致分离)。

位移厚度 δ_1 与雷诺数成反比(见附录 A.5.4),雷诺数增加会抵消流动减速效应。因此,增加雷诺数会降低分离趋势。

就湍流而言,B. S. Stratford[11] 的分离准则(另见参考文献[12])实际上显示相同的结果,即雷诺数的增加抵消了流动减速效应并降低了分离趋势。

最后,我们注意到,在三维特性不太强的情况下,上述所有情况都适用于主流方向,即三维边界层的流向速度剖面。此外,在给定的横流压力梯度下,三维特性直接受到流向压力梯度、吸气、吹气、冷却和加热的影响。参考文献[5]中讨论了许多例子,特别是分布式表面抽吸方式形成的虚拟边界层整流栅。

2.2　相互作用问题

在考虑分离(无论是溢流分离还是普通分离)现象时,我们都是在边界层中进行的。这意味着我们要处理一个双域问题,即边界层流动和(外部)无黏流。

若边界层用作附着黏性流的唯象模型,而且采用边界层方法对这种流动进行数值模拟,则人们不禁要问,这在什么条件下是允许的。

边界层的概念认为,物体绕流是由外部无黏流和边界层流动组成的。无黏流将其压力场传递到边界层。两个流场之间通常有两种相互作用,即弱相互作用和强相互作用。经典的边界层理论主要研究无限体或半无限体的二维流动,若考虑三维流动,则通常也不适用于有限体积物体[4]。

1.3.3 节中的分离定义介绍了从物面带走运动学动涡量和静涡量的涡层与涡。因此,我们必须考虑第三种相互作用,即涡层和涡与物体绕流的相互作用。这种相互作用称为全局相互作用。在这种背景下,我们还有定域性原理的问题,这将在 2.3 节中讨论。

现在对这三种相互作用进行描述,然后在参考文献[5]中进行讨论:

(1)弱相互作用:黏性附着流的存在实际上改变了物体外形(边界层的位

移效应)。在二维流动中,位移 δ_1 厚度由下式给出:

$$\delta_1 = \int_{y=0}^{y=\delta} \left(1 - \frac{\rho u}{\rho_e u_e} \right) \mathrm{d}y \tag{2.6}$$

无黏流的位移通常为正(冷壁情况可能是例外),代表流线的位移厚度 $\delta_1 > 0$ 实际上增大了物体的厚度。

在三维边界层中不容易找到 δ_1。我们必须求解物体表面的一阶微分方程[5]。δ_1 表示一个流面,它实际上增大了物体的体积。

若位移效应较小(雷诺数是一个重要的因素),则可以认为黏性流(即边界层)与流经物体的无黏流之间的相互作用很弱。边界层的存在对无黏流的影响很小,甚至可以忽略不计。

就外部无黏流而论,可以在边界层计算中通过增加物体外形的位移厚度,或者(更简洁地)通过在机体表面引入等效的无黏源分布(如流逸速度)来考虑机体的虚拟增厚[5]。这适用于一阶和二阶边界层计算。

(2)强相互作用:分离,无论是翼型或机翼后缘的溢流分离(也出现在三角翼的锐前缘),还是普通分离(即经典分离),都会在原始(但目前分离的)边界层流动与外部无黏流之间产生强相互作用。这意味着无黏流和黏性流不能再彼此独立地处理。这适用于分离位置的局部区域和下游部分。

强相互作用的一种特殊情况就是激波/边界层相互干扰,流经机翼的超临界流动的波前马赫数比波脚马赫数 Ma_{foot} 大 $1.3 \sim 1.35$ 时,就会出现这种情况[13]。边界层在波脚下方分离(二维:气泡分离),这将在 9.1 节中讨论。低于该马赫数时,边界层不分离,弱相互作用占主导。二维或三维中的分离位置通常可以通过边界层计算得到足够的近似值。分离过程本身(强相互作用)不能用经典的边界层理论来描述,也不能单独用边界层方法来处理。例如,三层理论就是针对这种流动情况而设计的。这有助于理解和描述分离现象与其他强流动相互作用的问题[5]。

如果从边界层理论的角度来看,目前常用的单域计算方法,如 NS(模型 9)或 RANS(模型 10)方法本质上是研究流动分离,而不考虑发生的强相互作用。但若流动为湍流,则湍流模拟问题仍然存在。

(3)全局相互作用:有限长度的真实物体外形上的黏性附着流主要是通过普通分离或溢流分离与物面分开的。无论分离发生的方式和位置如何,运动学动涡量和静涡量均离开表面,然后出现在尾流中。

例如,在大展弦比升力翼上,这种尾流最初是一个尾涡层,然后很快卷起形成一对尾涡,即翼尖涡。这种尾流中的运动学动涡量引起了全局相互作用,从而在机翼的位置产生众所周知的下洗流和升力翼的诱导阻力。然而,流场的上游和翼上变化通常很小。

这与具有大前缘后掠角的机翼（即三角翼）形成对比。在后掠角和攻角的一定组合下，会出现一对背风涡，通常伴有二次甚至高阶涡现象（见 10.2 节）。在机翼的背风面，也会发生全局相互作用。此时，流场已经完全改变。而在迎风侧，流场通常变化不大。

全局相互作用采用单域方法描述。对于大展弦比机翼而言，单域方法甚至可以是无黏（模型 4 和模型 8）方法，但现在通常都是 NS/RANS（模型 9/10）方法。对于三角翼和机身，一般需要采取 NS/RANS 方法，出于初步设计的目的，我们也可以使用离散欧拉方法（模型 8）。相关例子可见第 8 章和第 10 章。

对这三种相互作用的讨论得到了大量试验和理论/数值研究结果的支持。研究结果表明，在一定程度上存在一种"定域性原理"。定域性原理的概念是参考文献[14]中提出的，随后在参考文献[15]中独立提出。

2.3　一个特殊问题：定域性原理

定域性原理是指物体外形的局部变化，或流动的分离（无论尾流中有无运动学动涡量和静涡量）只改变局部位置或该区域（即分离区）下游的流动。在该区域的上游，变化一般很小。① 这也适用于亚声速流动，尽管从数学上讲，亚声速传播特性为椭圆形，会发生全局相互作用。

单域 NS/RANS（模型 9/10）方法能够准确地描述这三种相互作用，但若尾流不稳定，则分离区的湍流模拟可能出现问题。边界层方程在数学上的抛物型特性，模型 2 隐含假设了物面为半无限体或无限体。因此，对于模型 2 的方法，人们不禁要问，无论是出于流动现象的考虑还是为了模拟的目的，是否必须考虑相互作用以及如何考虑的问题。当然，在该层面上，只能描述流动的附着部分。

除了发生大规模分离，或速度场存在不稳定拓扑结构的情况外，定域性原理通常适用（见 7.5 节）。若该原理成立，则可以在不考虑尾流的情况下，在边界层的层面上研究有限长度物体上的黏性附着流现象。或者，也可以使用通常做法，对机翼后面的尾流域进行粗略的离散化处理，关于这一点，请参见 5.3 节。

但若采用模型 2 进行计算，则应尽可能考虑全局相互作用。一般地，大展弦比升力翼的计算，在当前大多数方法中均可通过计算无黏流而自动考虑该作用。在线性（势流，模型 4）方法（即目前常用的面元法）中，在后缘施加库塔条件就

---

① 这与 van Dykes 关于尾流甚至在上游流动中也会产生一阶影响的说法相矛盾[16]。当然，流动施加在物体上的积分力和力矩会受到分离的影响。

是为了达到这个目的。在欧拉方法(模型8)中,隐式库塔条件存在于尖后缘。在上述所有情况下,机翼的尾流中存在一种或多种形式的运动学动涡量。

2.4　阻　　力

我们在本节中简要讨论飞机飞行时所受的气动阻力。讨论的重点是跨声速飞行需要克服的阻力发散的难题。① 这种需求产生了一些独特的飞机构型和气动特性,反过来驱使我们研究飞机上及其后面的分离流和涡流。当然,这些研究和飞行器的构型密切相关。

2.4.1　阻力分量

飞机阻力是一个特殊的话题,可从不同的视角来分析。我们关注空气动力效应,并列出气动阻力最重要的组成部分:

(1) 表面摩擦阻力($D_{\text{skin friction}}$)。

(2) 黏性效应诱导的压差阻力,通常称为形状阻力(D_{form})。

(3) 诱导阻力(D_{induced})。

(4) 波阻(D_{wave})。

(5) 干扰阻力(D_{interf})。

前两个分量共同构成黏性阻力 $D_{\text{visc}} = D_{\text{skin friction}} + D_{\text{form}}$。在巡航条件下,它通常相当于飞机总气动阻力的一半左右。

关于阻力发散,需要详细考虑形阻。我们考虑的出发点是亚临界马赫数下的翼型阻力,因此没有超声速流动和激波。更好的理解请参见图2.3。用线性势流理论(模型4)求出了理论压力分布。翼型配有一个具有非零后缘角的后缘。气流沿平分线方向离开后缘。这意味着两边都有一个拐角流,且每个拐角

---

① 当20世纪30年代末在发掘吸气式喷气发动机的潜力(主要在德国[17])时,阻力发散是一个非常值得关注的问题。

直到1945年,为尽可能提高阻力发散马赫数(亚声速),德国的研究机构和飞机制造工业进行了大量的工作。其中,负责超临界翼型研究的是 K. H. Kawalki 和 B. Göthert,负责后掠翼研究的是 A. Busemann、H. Ludwieg 和 A. Betz,负责三角翼研究的是 A. Lippisch,负责面积律研究的是 O. Frenzl。后来,F. Keune 和 K. Oswatitsch(1953年)用等价定理证实了面积律[17]。对这项工作进行了概述,参考文献[18]给出了非常详细的说明。

战争结束后,这项在德国几乎没有得到应用的工作成果传到了同盟国[17]。包含一个小章节"1945年后德国航空成果的转移",关于美国获取数据的详情,请参见参考文献[19]。大量的研发工作在短时间内改变了各种飞机的几何外形。对于美国方面的工作,请参阅 J. D. Anderson, Jr. 的专著"飞机:技术发展史"[20]。

流都有一个驻点。这清楚地表明,当 $x/L=1.0$ 时,压力系数为 $c_p=1.0$。翼型有升力,但没有阻力。

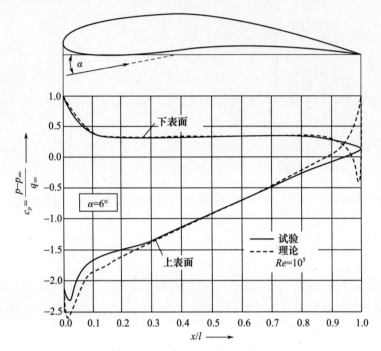

图 2.3　茹科夫斯基翼型表面的理论和试验压力分布[21]

在 $x/l \approx 0.8$ 时,理论和试验得到的压力系数非常一致。这意味着弱相互作用只存在于边界层与外部无黏流之间。在 $0.0 \leqslant x/l \leqslant 0.3$ 处,理论值和试验值存在差异,分离泡上方的层流 – 湍流转捩可能是造成这种情况的原因。

当 $x/l \geqslant 0.8$ 时,理论结果与试验结果差异很大。在实际试验中,上下两侧的边界层由于其位移特性阻止其再压缩到驻点。在后缘上我们观察到 $c_p \approx 0.15$。其结果是产生了存在于溢流分离中的形状阻力。我们还观察到,这种分离意味着边界层与外部无黏流之间发生了强相互作用。

该结果适用于任何物体尾部的流动。机身的圆形末端当然会发生普通分离。与溢流分离相比,它在拓扑结构上可能非常复杂。这也适用于机翼略钝后缘处的分离现象(见6.3节)。

2.4.2　阻力发散

不同于明显依赖于马赫数的升力系数,机翼或机身的阻力系数在一定的马赫数范围(从较小到较大的亚声速自由来流马赫数)内几乎是恒定的。在线性势流理论(模型 4)中,这可用普朗特 - 格劳厄脱法则来模拟[3,21]。

图 2.4 显示了不同厚度翼型随马赫数变化的阻力系数 C_D 曲线。在很大马赫数范围内,阻力系数 C_D 几乎是恒定的,但在超过一定的马赫数 Ma_∞^* 时,阻力系数开始急剧上升。翼型越厚,上升越早。这种现象称为跨声速阻力发散。在阻力发散时,升力系数和俯仰力矩系数都有所下降(图中未显示)。

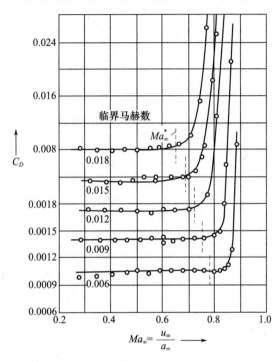

图 2.4 不同厚度比(6% ~ 18%)的对称翼型(NACA - 00xx - 1,13 30)
在 $\alpha = 0°$ 时随自由来流马赫数 Ma_∞ 变化的阻力系数 C_D[21]。
1941 年,B. Göthert 用多普勒测速仪(DVL)获得的测量结果[22]

阻力发散的原因仅与零升力阻力 D_0 直接相关,可概述如下①(见 9.1 节)。超过临界马赫数时,翼型表面出现了超声速流动,并出现激波(无激波的翼型是一个特殊的课题),由此产生的激波/边界层相互干扰(一种强相互作用现象)使下游边界层额外增厚。② 增大的位移厚度增大了形状阻力。这一点再加上激波、边界层弯曲和相关激波弯曲引起的波阻增量(见 6.1 节),造成了跨声速阻

---

① 零升力阻力是指没有诱导阻力的飞机阻力。

② 尽管边界层边缘可能出现特殊现象,但一般激波与翼型表面正交。相比波前马赫数,这会减少单位雷诺数,从而使边界层增厚。

力发散和升力下降。

阻力发散马赫数 Ma_{dd} 大于(较低[①])临界马赫数 Ma_∞^*,意味着这种效应在某种意义上是延迟的。阻力发散马赫数的不同定义,请参见参考文献[23]。

从图2.4可知,很明显有一种方法可以将阻力发散马赫数 Ma_{dd} 尽可能提高,同时也可以限制阻力。翼型越薄,流过翼型的超速就越低(相对于自由来流速度),且 Ma_{dd} 值越高。这就引出了薄翼的概念(薄翼通常是一个小展弦比机翼)。

薄翼概念仅限于高性能飞机,F-104星际战斗机就是一个突出的例子。对于翼上承载发动机和燃料的跨声速运输机来说,薄翼是行不通的。机翼需要足够的翼梁高度来承受力和力矩。目前,常见的解决方法是后掠机翼,这相当于自由来流"看到"一个更薄的机翼(同样的效应也出现在前掠翼上)。

此外,机翼剖面(即翼型)可以以这样一种方式成形,即在给定厚度比的情况下尽量降低超速。这就是超临界翼型/机翼的概念。工程上,常见的有后掠机翼和超临界翼型组合。

对于超声速飞行来说,目前的原则是使用具有亚声速前缘的机翼,即具有不同形状的三角翼。亚声速前缘意味着半顶角小于自由来流马赫锥的角度 μ_∞($\sin\mu_\infty = 1/Ma_\infty$)。这相当于一个掠角 $\varphi_0 < 90° - \mu_\infty$。

飞机由各种子系统组成,包括机翼、机身、尾翼组和短舱/发动机。在超临界飞行中,这些子系统之间存在干扰效应,远超出了低速效应。为了尽量减少这些干扰效应,整架飞机在主纵轴(自由来流)方向上的横截面积分布必须尽可能平滑。这就是所谓的面积律。

跨声速和超声速飞机的外形特征与我们的主题(即飞机空气动力学中的分离流和涡流)有什么关系?我们只做了非常简短的描述。读者将在后续章节中找到详细信息。

(1)无论是前掠翼还是后掠翼都会使上、下表面边界层和后缘后面的近尾流流动(即尾涡层)产生明显不同的特性。即使早期应用边界层整流栅已经克服了流动分离问题,但失速行为仍然是一个研究课题。

(2)就具有大后掠前缘的三角翼或混合翼前翼而言,流动中出现的背风涡(见图1.10(b))是本书一个非常重要的研究内容。为了提高飞行质量和机动性能,需要深入了解飞行器背风面流动,开发高效的空气动力学设计和验证

---

① 在参考文献中,通常将较低的临界马赫数 $Ma_{\infty l}^*$ 与较高的临界马赫数 $Ma_{\infty u}^*$ 加以区分。在 $Ma_{\infty l}^*$ 位置,超声速流动开始在机体上出现,而在 $Ma_{\infty u}^*$ 位置,除机头的亚声速声区外,钝头体上流经机体的流动完全处于超声速状态。

36

工具。

（3）面积律最终要求在机翼合适位置安装发动机短舱,以及设计特殊的机身几何外形。尤其是在大攻角下,短舱位置的分离现象会影响机翼绕流和分离特性。

2.5　问　　题

问题 2.1　假设一个弦长为 $c = 5\text{m}$ 的平板在 $H = 10\text{km}$ 的高度飞行。测定 $x/c = 0.5$ 和 1.0 位置的壁面剪应力,以及两个位置的位移厚度 δ_1。当 $x/c = 1.0$ 时,忽略强相互作用效应。马赫数 Ma_∞ 为 0.5 和 0.8 以及壁面处的恢复温度,可采用附录 A.5 中给出的近似关系。假设整个过程为层流,边界层边缘处可用自由来流值近似表示。

问题 2.2　对于湍流情况,请重复问题 2.1。

问题 2.3　如果壁面温度是恢复温度的两倍,请重复问题 2.1。

问题 2.4　如果壁面温度是恢复温度的两倍,请重复问题 2.2。

问题 2.5　简要总结问题 2.1～2.4 的结果。

问题 2.6　阻力系数与阻力不同。马赫数 Ma_∞ 为 0.2、0.4 和 0.8 时的截面阻力系数 C_D 见图 2.4。假设 C_D 值在临界马赫数范围内是恒定的。假设飞行高度 $H = 10\text{km}$,参考面积 $A_{\text{ref}} = 1\text{m}^2$,计算三个马赫数的阻力。阻力表现如何?

问题 2.7　在 $\alpha = 2°$ 且 Ma 为 0.3 时,6% 厚的翼型有一个截面升力系数 $C_L = 0.2$。按照普朗特 - 格劳厄脱法则,当马赫数为 0.2、0.4 和 0.8 时,截面升力系数有多大?

问题 2.8　在三个马赫数下,问题 2.7 中翼型的实际升力有多大? 使用问题 2.6 中的飞行参数。

问题 2.9　简要总结问题 2.6～2.9 的结果。

参 考 文 献

1. Shapiro, A.H.: Basic equations of fluid flow. In: Streeter, V.L. (ed.) Handbook of Fluid Dynamics. McGraw-Hill Book Company, New York, pp. 2-1–2-19 (1961)
2. Bird, R.B., Stewart, W.E., Lightfoot, E.N.: Transport Phenomena, 2nd edn. Wiley, New York (2002)
3. Anderson Jr., J.D.: Fundamentals of Aerodynamics, 5th edn. McGraw-Hill Book Company, New York (2011)
4. Schlichting, H., Gersten, K.: Boundary Layer Theory, 8th edn. Springer, Berlin (2000)
5. Hirschel, E.H., Cousteix, J., Kordulla, W.: Three-Dimensional Attached Viscous Flow. Springer, Berlin (2014)

6. Hirschel, E.H.: Basics of Aerothermodynamics, 2nd edn, revised. Springer, Cham (2015)
7. N.N.: Boundary-layer simulation and control in wind tunnels. AGARD-AR-224 (1988)
8. Cebeci, T., Cousteix, J.: Modeling and Computation of Boundary-Layer Flows, 2nd edn. Horizons Publishing, Long Beach and Springer, Berlin (2005)
9. Knopp, T., Eisfeld, B., Calvo, J.B.: A new extension for k-ω turbulence models to account for wall roughness. Int. J. Heat Fluid Flow **30**, 54–65 (2009)
10. Thwaites, B.: Approximate calculation of the laminar boundary layer. Aeronaut. Q. **1**(3), 245–280 (1949)
11. Stratford, B.S.: The prediction of separation of the turbulent boundary layer. J. Fluid Mech. **5**(1), 1–16 (1959)
12. Cebeci, T., Mosinskis, G.J., Smith, A.M.O.: Calculation of separation points in incompressible turbulent flow. J. Aircr. **9**(9), 618–624 (1972)
13. Délery, J.: Transonic shock-wave boundary-layer interactions. In: Babinsky, H., Harvey, J.K. (eds.) Shock-Wave Boundary-Layer Interactions, pp. 5–86. Cambridge Universtity Press, Cambridge (2011)
14. Hirschel, E.H.: On the creation of vorticity and entropy in the solution of the Euler equations for lifting wings. MBB-LKE122-Aero-MT-716, Ottobrunn, Germany (1985)
15. Dallmann, U., Herberg, T., Gebing, H., Su, W.-H., Zhang, H.-Q.: Flow-field diagnostics: topological flow changes and spatio-temporal flow structure. AIAA Paper **95–0791**, (1995)
16. Van Dyke, M.: Perturbation Methods in Fluid Mechanics. Academic, New York (1964)
17. Hirschel, E.H., Prem, H., Madelung, G. (eds.): Aeronautical Research in Germany–from Lilienthal until Today. Springer, Berlin (2004)
18. Meier, H.U. (ed.): German Development of the Swept Wing–1935–1945. Library of Flight. AIAA, Reston (2010)
19. Samuel, W.W.E.: American Raiders: The Race to Capture the Luftwaffe's Secrets. University Press of Mississippi, Jackson (2004)
20. Anderson Jr., J.D.: The Airplane: A History of Its Technology. AIAA, Reston (2002)
21. Schlichting, H., Truckenbrodt, E.: Aerodynamik des Flugzeuges, vol. 1 and 2, Springer, Berlin (1959), also: Aerodynamics of the Aeroplane, 2nd edn (revised). McGraw Hill Higher Education, New York (1979)
22. Göthert, B.: Hochgeschwindigkeitsuntersuchungen an symmetrischen Profilen mit verschiedenen Dickenverhältnissen im DVL-Hochgeschwindigkeits-Windkanal (2.7 m Ø) und Vergleich mit Messungen in anderen Windkanälen. ZWB/FB 1506 (1941)
23. Vos, R., Farokhi, S.: Introduction to Transonic Aerodynamics. Springer Science+Business Media, Dordrecht (2015)

第3章 涡 流 理 论

本章将简要介绍与本书主题相关的涡流理论。我们将简要概述每个条目，给出基本的数学描述和说明性草图，并提供相关的参考文献。

对该主题进行更深入研究的一般文献包括 P. G. Saffmann（1992 年）[1]，H. J. Lugt（1996 年）[2]，J. – Z. Wu、H. – Y. 和 M. – D. Zhou（2006 年）[3] 等的专著。

从势流理论的角度讨论空气动力学的专著，读者可在 H. Schlichting 和 E. Truckenbrodt（1959/1979 年）[4]，J. D. Anderson，Jr.（2011 年）[5]，M. Drela（2014 年）[6] 的著作及 C. – C. Rossow，K. Wolf 和 P. Horst（2014 年）[7] 的 Hand – buch der Luftfahrzeugtechnik（飞机工程手册）中找到充足的资料。

3.1 引　　言

环量理论（即升力翼型的涡流理论）从库塔和茹科夫斯基在 1902—1912 年期间的研究工作发展起来，其总体发展概述参见 1.4 节。他们的工作涉及升力翼型，那时重于空气飞行研究才刚刚开始[8-9]。

在很长一段时间内，所有的翼型数据仍需从试验中获得，并通过基于类似翼型和机翼的经验公式来获取不同展弦比、平面形状的飞行器外形的气动数据。

3.1.1 有限翼飞行理论模型

拉普拉斯方程描述了机翼周围的不可压缩、无旋和无黏（势流）流动，但令人惊讶的是该流动中机翼所受合力为零。因为就基本常识来说，在没有涡量的不可压缩均匀无界流体中不可能发生值得关注的运动（见 1.4 节）。这就是拉普拉斯方程（表 1.3 的模型 3）和达朗贝尔悖论。

兰彻斯特和普朗特的独立研究工作，最终形成了普朗特升力线理论，由此建立了升力翼的理论模型。① 它通过在机翼周围布置涡系来模拟实际流动，并以

---

① 在文献中经常看到"兰彻斯特 – 普朗特理论"一词，在德国读作"普朗特 – 兰彻斯特理论"，相关备注另见 1.4 节。

此计算机翼所受的升力。该涡系主要由附着涡、两个尾涡和启动涡 4 个部分组成。每个部分都可以单独处理，但它们都是整体的组成部分，如图 3.3 所示。

我们利用该理论来说明升力与涡量的联系、产生情况以及涡流在升力翼绕流的模型 4、6、8 和 10 中所经历的动力学特性。

图 3.1 显示了有限翼展机翼理论模型 4 的三种变体包含的不同涡线分布。第一种是普朗特升力线模型，它是有限翼流动理论分析的基础；第二种（也是理论分析）是翼片或升力面模型；第三种是翼片的数值离散描述（离散）的涡格模型。

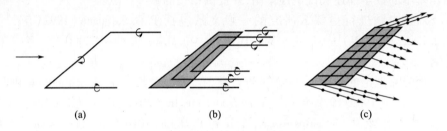

(a)   (b)   (c)

图 3.1 有限翼展机翼涡线分布理论模型

(a)升力线模型；(b)翼片模型；(c)涡格模型（根据参考文献[2]所得）。

由于没有考虑从侧边脱落的涡，图 3.1(a)和(b)中的前两个模型仅适用于图 1.10(a)所示的流动，图 3.1(c)中的涡格模型适用于图 1.10(a)和(b)中的流动。

为了解表 1.3 中模型 4 ~ 10 的表现，本章简要总结涡流理论的一些相关基本原理，并讨论以下内容：

（1）与升力面相关的涡片。

（2）其产生和动力学特性，包括卷起与图 1.10(a)和(b)所示流动相关的、卷起的涡。

（3）翼后尾流中涡的稳定性和衰减。

（4）涡流技术在飞机设计中的应用。

3.1.2 研究涡动力学的好处

首先，是库塔和茹科夫斯基推翻了达朗贝尔悖论。模型 3（即拉普拉斯方程）是线性的。因此，点涡（涡奇点）可叠加在给定的解上来获得所需的特征，如本章后续所述。

其次，不可压缩流动可利用速度和压力（原始变量）的纳维尔 – 斯托克斯方程来描述，也可以用速度和涡量方程来描述。这两种方法是等价的。

从历史上看，人们更喜欢用速度和压力来描述流场，即求解纳维尔 – 斯托克斯方程,原因是速度矢量和压力比涡量矢量更直观。而使用涡量概念的替代描述也有其优点,特别是在 20 世纪 90 年代以前,数值求解可压缩纳维尔－斯托克斯方程(即模型 9)还未兴起时,求解涡量输运方程更简单。

不可否认的是,压力概念比涡量概念更直观,但我们认为对物理概念的掌握在很大程度上取决于其应用程度。涡量必须从其整体特性来理解,本章将对其进行解释。

例如,由于涡量场相对于伽利略变换和旋转变换(相差一个常数)也是不变的,因此涡形态用涡量(极限情况下)进行描述和分析,或通过点涡限制更好。三维涡量模式揭示了拉伸和扭转过程,使涡量局部增强。由于涡的相关理论非常先进,一般用它来充当动态流动形态发展的范例。

也许流体力学家柯奇曼的著名隐喻"涡是流体运动的肌腱"最能抓住我们所说的形态识别本质。即使在一般情况下,涡流理论也已成为形态发展的一个范例。

深入理解涡流现象可帮助我们分析和判断后续章节中所述的模型 8 ～ 10(欧拉、RANS、URANS)(当然还有模型 11)的计算结果的有效性。必须注意的是,我们解的是可压缩方程的解,而本章讨论的涡动力学是从不可压缩方程推导而来的。

另外,涡量最完整和最简练的描述适用于无黏流体,因为涡量在此处附着于流体单元,且不会因为扩散而消失。在这种情况下,拉格朗日法非常自然地对涡量的本质给出了最好的理解,因为涡量是守恒的,并且可以追溯到其初始状态。

因此,本章为我们第 1 章中概述的流体流动模型和后续章节的计算结果的研究架起了一座桥梁,这些模型的计算结果将在后面的章节中单独进行介绍和分析。

3.2　涡　量　概　念

3.2.1　总论

理解涡流理论需要弄清楚两个核心概念,即什么是涡,什么是涡量? 这两个都是难以理解的概念。字典很容易将涡定义为流体单元绕共同中心的旋转,但这只是文字叙述,没有数学精确描述。

与涡概念相反的是,涡量矢量 $\boldsymbol{\omega}$ 有一个精确的数学定义,即速度矢量的旋度 $\boldsymbol{\omega} = \mathrm{curl}\boldsymbol{v}$,但它的一般物理意义很难理解。

标准的解释是,涡量是流体单元角速度的一个量度,而且涡的存在需要涡量。打个比方说,涡量是涡的生成剂,但相反地,一个涡量场并不能代表一个涡,如平行剪切流动(如边界层)有涡量,但没有涡。

然而,涡量场是一个连续的、可将涡量与该连续介质中流体单元的角速度相关联的场。涡量场内涡量可扩散到相邻单元,但连续介质的固有定义会导致认知困难。

解决方法是通过涡量概念(或数学上定义的任何其他参量)与涡概念相关联,从而使涡流场与涡量相容。

三维涡通常具有复杂的结构,在很大程度上可通过涡丝(即"涡线")的运动、拉伸和相互作用来理解。

虽然这些过程是非线性的,且在流场中发生突然、剧烈的变化,但这些过程所包含的无散区域特性及环量测量给出了涡与涡量之间的关系,方便从数学上研究涡的产生、运动和衰减。[①]

在本书中,我们讨论了模型 8、9 和 10 的计算解中所述的涡形态,其中包括单涡的产生、演化和衰减,以及具有高、低动能和静止涡量的涡系、涡片、剪切层等,而且我们需要对观察到的东西赋予一些物理意义。简而言之,涡量是任何剪切运动的一个至关重要的特征,有助于我们进一步了解流动。

3.2.2 名称和定义

如上所述,涡量矢量场 $\boldsymbol{\omega}(x,y,z)$ 是指速度矢量的旋度,即

$$\boldsymbol{\omega} = \operatorname{curl}\boldsymbol{v} = \nabla \times \boldsymbol{v} \tag{3.1}$$

涡量作为运动学基本定理中的旋转项出现在速度场的分解中,该定理指出连续介质中流体元 $\boldsymbol{v} + \mathrm{d}\boldsymbol{v}$ 的速度由平移速度 $\boldsymbol{v}$、变形 $D \cdot \mathrm{d}\boldsymbol{r}$ 和旋转 $\frac{1}{2}\operatorname{curl}\boldsymbol{v} \times \mathrm{d}\boldsymbol{r}$ 组成[10]。

涡量是流体单元局部转动速率的一个量度。黏性流体中的涡像固体一样绕轴旋转,因此需要涡量。没有涡量就没有涡。

从势(点)涡或涡片(滑移线或表面)来看,这似乎是矛盾的。然而,运动学动涡量和静涡量的概念(见第 4 章)能够解决这个矛盾。

涡量线是指与涡量矢量(类似于速度矢量场中的流线)相切的线。若除了一条独立的涡量线,整个流场都是无旋的,则这条线就称为涡线。

在三维流动中,一捆涡线被封闭在涡管内,涡管是一个包含穿过特定环线点的所有涡线的表面,涡管如图 3.2 所示。

---

① 无散性是指矢量场的所有点都是无源的,或者是零散度的。

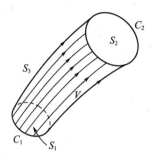

图 3.2　涡管是一个包含通过特定环线点的所有涡线的表面[3]

独立的涡管是一个包含涡丝的涡管[11]。Rankine 涡是一个无限长的直涡丝。

3.3　斯托克斯定理与环量概念

3.3.1　定理

从涡量定义 $\boldsymbol{\omega} = \mathrm{curl}\boldsymbol{v}$ 中可以得出,涡量场为无散度的 $\mathrm{div}\boldsymbol{\omega} = 0$,因为对于任何矢量场 $\boldsymbol{u}$ 而言,我们都能得出 $\mathrm{div\,curl}\boldsymbol{u} \equiv 0$。无散特性意味着涡量管(如流管)不能在流体内终止。

其次,对于由穿过特定环线 C 的涡线组成的涡流管(图 3.2),无散性 $\mathrm{div}\boldsymbol{\omega} = 0$ 意味着沿涡管,横截面积与涡量的乘积保持不变。为此,我们将散度定理应用于由两个不同的曲面 S_1 和 S_2 来界定的流体体积 V,然后得

$$\int_{\partial V} \boldsymbol{\omega} \cdot \boldsymbol{n}\mathrm{d}S = \int_V \mathrm{div}\boldsymbol{\omega}\mathrm{d}V = 0 \qquad (3.2)$$

体积的边界曲面 ∂V 不仅包括 S_1 和 S_2,还包括它们之间的涡管部分,涡管对式(3.2)的左侧积分没有贡献,因为根据涡流管的定义,涡量与涡流管相切,因此得到 $\boldsymbol{\omega} \cdot \boldsymbol{n} = 0$。

由此断定

$$\int_{\partial V} \boldsymbol{\omega} \cdot \boldsymbol{n}\mathrm{d}S = \mathrm{constant} \qquad (3.3)$$

这得到了有用的结果,即 S 上涡通量为常数。

3.3.2　环量

环量的概念是由 W. Thomson(Lord Kelvin)于 1869 年提出的,其定义如下。

式(3.3)中所述的涡通量沿涡管任一截面均为常数,这是涡管的一个特性,

43

该常量 Γ 称为涡管强度,也称为速度环量。

由斯托克斯提出的著名数学定理对等式(3.3)的左侧给出了特殊解释。斯托克斯定理适用于任何曲面 S,对于该曲面,我们能够在曲面的每个点上为单位法矢量 n 选择一致的、连续变化的方向,并且对于该曲面,边界 ∂S 由一条或多条闭合曲线 C 组成,见图3.2。斯托克斯定理指出,对于任何矢量场,尤其是速度场 v,有

$$\int_S \text{curl} v \cdot n \text{d}S = \int_S \boldsymbol{\omega} \cdot n \text{d}S = \oint_C v \cdot \text{d}\ell \tag{3.4}$$

式中: ℓ 是闭合曲线 C 的切向单位矢量。因此,从式(3.3)中可以得出以下结论

$$\int_S \boldsymbol{\omega} \cdot n \text{d}S = \oint_C v \cdot \text{d}\ell = \Gamma \tag{3.5}$$

式中:环量 Γ 是涡管强度。

作为图3.1中模型升力环量理论基础的库塔-茹科夫斯基定理指出,对于不可压缩无黏流中的独立二维机翼剖面,每单位宽度的升力 l_u 为

$$l_u = \rho v_\infty \Gamma \tag{3.6}$$

另见3.16节。

3.4　涡量起源

有限翼展机翼飞行理论的基础是机翼周围的环量产生升力,将其转化为数学模型,在最简单的情况下转化为升力线模型。该模型中形成了一个环形涡,其中一个涡腿(即附着涡)放置在机翼内,另一个涡腿(即启动涡)位于下游很远的位置,两端由两条尾涡腿连接,如图3.3所示。

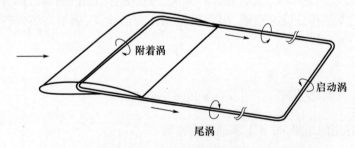

图3.3　附着涡、两个尾涡和启动涡形成一个闭合涡环,
这是有限翼展升力翼最简单的模型(根据参考文献[2]所得)

图3.3是经典的普朗特升力线模型示意图,其可以解释机翼位置处的下洗

流和诱导阻力。

整体而言,升力线模型是大展弦比升力翼模型4(表1.3)的理论模型。实际上可视为模型1通过下列方式来降阶。尾涡层(见4.3节和4.4节)突然卷起,瞬时出现的尾涡位于选定的翼尖弦向位置,并与附着涡或升力涡相连。与小展弦比机翼的非线性升力模型不同,翼尖不存在翼尖涡,或(更一般地说)翼尖涡系(见8.4.3节),它们之间也不存在相关性(见8.4.4节)①。文献中经常在言辞甚至概念上将翼尖涡和尾涡混在一起。

为了讨论涡量的起源,只需解释升力线模型的流动机制,该机制包含产生环量和升力的附着涡。

再来看看势流(模型4)理论框架内的各种机翼模型。二维机翼理论包含附着涡或机翼绕流环量的概念。在数学公式中,附着涡用一个点表示,即位于机翼剖面内的点涡。4.2.4节表明,翼型上、下侧的边界层包含与该涡有关的运动学动涡量。

在非定常二维流中,或者在定常或非定常三维流中,还必须考虑机翼外侧的涡。因为亥姆霍兹定律中的环量不可间断性,涡线需通过连接启动涡和尾涡实现闭合启动涡。

3.4.1 库塔条件

库塔和茹科夫斯基在20世纪前10年发表的几篇论文中,分别提出在定常无分离流动中,翼型上的升力可用势流理论中唯一的环量值给定,该环量值可消除后缘上的速度平方根倒数奇性。

提议在非定常启动阶段,黏度可以被忽略,但隐含地包含在一个边界条件"库塔 – 茹科夫斯基假设"中,其通常称为"库塔条件"。②

尽管这表明"黏性作用"是主要的机制,但对于启动涡的生成和机翼剖面周围环流的产生,还没有完全通用、令人信服的物理解释。正如布鲁尔在书中所描述的,这个问题已经争论了100多年[12]。

最常见的解释(以剑桥学派的布鲁尔为代表)是启动涡由边界层中大黏性力导致,物面无滑移条件及后缘周围的高速度梯度会产生大黏性力。

据此推断,在无黏流体中不可能产生环量,也不可能产生气动升力,因为第一亥姆霍兹定理(见3.7节)认为流体粒子不可能具有涡量。此外,开尔文环量定理(见3.8节)表明,若沿物质周线的速度环量初始为零,则该环量最终也

---

① 简单的升力线模型只适用于大展弦比(如 $\Lambda \geqslant 3$)的机翼。

② 关于真实飞机中的库塔条件,请参见第6章。

为零。

　　现在的问题是,是否可以在不违反这些定理且不要求黏性效应或正压效应的情况下产生涡量。① 然而,我们称为哥廷根学派的另一种推理认为,局部流动加速同样重要,并且在不引入黏性的情况下,足以说明流动无法绕过锐后缘的原因。

　　接下来的两个小节提出了争论双方的论点,即涡片的产生本质上是有黏的还是无黏的。后续第 4 章不再讨论启动涡的形成及机翼周围环量的发展过程。

3.4.2　剑桥学派——无滑移黏性机制

　　启动涡基本上是不稳定的,图 3.4 详细说明了启动涡的形成过程[13]。最初静止的机翼开始加速,图 3.4(a)给出了在加速的瞬间机翼横截面周围流线的图像。

　　剑桥学派认为,后缘周围并不是无旋流动(图 3.4(b)),边界层中的无滑移条件产生了涡量,并导致启动涡脱离,如图 3.4(f)所示。

　　●Lighthill 的概念——黏性压力梯度。M. J. Lighthill 提出了一种关于表面压力梯度的假设,该假设认为边界层中必须产生与机翼周围环流一致的精确涡量[14]。他考虑了翼型的二维非定常流动,并基于纳维尔 - 斯托克斯方程的流线坐标系(n,s)开展研究,其中 s 和 n 是流线的单位切矢量和法矢量。

　　当 $t=0$ 时,翼型从静止状态瞬时移动。压力波在不可压缩流体中以无限大的速度传播,因此沿物面形成了一层无限薄的剪切层,以满足无滑移条件。然后,沿翼型表面的纳维尔 - 斯托克斯方程立即简化为(s 为流向,n 为曲面法线方向)

$$\frac{1}{\rho}\frac{\partial p}{\partial s} = v\frac{\partial \omega}{\partial n} \equiv \sigma \tag{3.7}$$

$$\frac{1}{\rho}\frac{\partial p}{\partial n} = -v\frac{\partial \omega}{\partial s} \tag{3.8}$$

　　式(3.7)和式(3.8)称为 Lighthill 关系式。σ 是沿机翼表面弦向的涡量通量。注意到 $V\frac{\partial w}{\partial n} = V\frac{\partial^2 u}{\partial n^2}$,右边是黏性剪切力的法向梯度。

　　扩散到边界层附近流体中的涡量称为涡量通量 σ,其等于壁面上涡源强度。Lighthill 认为,为了满足无滑移条件和涡量的无散性,涡量通量 σ 只取决于

----

① 正压流体是一种密度只随压力变化的流体。

46

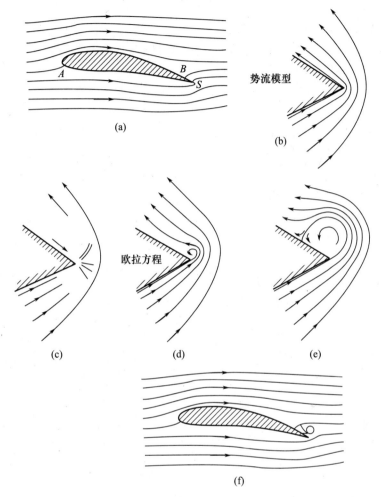

图 3.4　从静止状态瞬间加速时机翼周围无黏势流和有旋流流线的示意图[13]

(a)锐后缘 S 周围的流动；(b)势流模型，允许绕 S 流动；

(c)可压缩欧拉方程，流动在极限状态下膨胀至真空状态；(d)以切向不连续分离；

(e)卷起形成涡；(f)分离点 B 到后缘点 S 的脱落过程。

沿壁面的压力变化。然而，并非所有人都同意 *Lighthill* 的结论。例如，*H. J. Lugt*[2] 不同意这种由压力梯度产生涡量通量的说法，他认为剪应力是涡量产生的原因。

3.4.3　哥廷根学派——无黏涡片机制

现在介绍哥廷根学派及其无黏机制的论点。这条推理思路由 F. Klein 于

1910 年提出,最近 P. G. Saffmann[1] 对其做了很好的描述和总结。

1. 克莱因的"咖啡勺"实验

1910 年,克莱因通过他的"咖啡勺"试验解释了涡量起源问题[15],A. Betz[16] 于 1950 年对该问题进行了进一步研究。

在克莱因试验中,一个二维板(线段)在不可压缩的完全流体以垂直于板的速度开始运动。

克莱因认为,若二维板被拿走(通过拔出咖啡勺的方式)或溶解(这在理想试验中是完全可能的),则流体中会留下一个涡片,在流体环路就具有了非零环量,这与亥姆霍兹 – 开尔文定律并不矛盾,因为没有流体粒子获得涡量,而且在完全位于流体内的闭合回线周围也没有产生环量。

带有环量的新轮廓线没有预先闭合,它们贯穿了机体(勺子)。这是涡片产生的一个例子,通过改变流动的拓扑结构而形成了涡片(一种奇异分布)。

2. 模型 8 的早期计算结果

早在 1981 年,本书第二作者 Rizzi 参与了法国国家航空航天研究中心(ONERA)M6 机翼的首批数值模拟,得到跨声速流动欧拉方程(模型 8)的数值解(请参见参考文献[13]),但求解过程中,并没有应用在求解位势方程的所有数值模拟(方法 4 和 5)中必不可少的库塔条件。

在解释原因时,Rizzi 运用了类似于咖啡勺的论点来解释当机翼从静止状态开始加速时会发生什么。

再次研究图 3.4(c)中机翼第一次启动的瞬间。机翼剖面后部上方的空气需要在高速运动时突然改变方向,后缘点 S 周围的压力会下降,并从上表面吸气,然后气流与下翼面的气流相遇。

这两股气流沿其界面以不同的速度相遇,会形成一个切向速度不连续面(即涡片),通过自诱导卷起形成涡,见图 3.4(d)。脱落涡的作用在自修正过程中阻碍了后缘周围 B 拉向 S 的速度(图 3.4(e)),随后被周围的气流运送到下游(图 3.4(f))。

脱落涡与机翼周围的环流强度相等,方向相反,称为启动涡。后续高度加密的网格进行数值计算进一步证实了这些结果,且不依赖于网格[17]。

3. 两个无黏流场之间的剪切层

本书第一作者对有限翼展机翼边界层计算可以观察升力翼下(压力)侧和上(吸力)侧的流场特性。这些结果加上第二作者在其升力翼欧拉方程数值解中的观察结果,引出了二维和三维剪切层的运动学动涡含量和静含涡量的概念(见第 4 章)。

第 4 章还对涡量的起源进行了深入且全面的分析,对于有限翼展机翼而言,

48

涡量基本上是由第二对称性中断引起的,而库塔条件代表第一对称性中断(见4.3节)。第8章和第10章分别以单元问题的形式给出了大展弦比机翼和小展弦比三角翼的算例。

3.4.4 其他起源

为了反对无滑移条件机制,相关学者提出了产生环流的其他无黏性机制。

1. 无黏韦斯－福机制。昆虫飞行通常视为低雷诺数运动,因此具有很强的黏性效应,但令人惊讶的是,克莱因机制也可以在无黏流体中发挥作用。

韦斯－福[18]对某些黄蜂盘旋飞行的研究表明,在完全没有黏性的情况下,通过两个平板的交替分离和折叠,可以产生环量和升力(图3.5)。

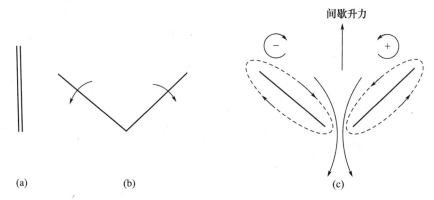

图3.5 根据参考文献[2]所得的环流形成产生升力"韦斯－福"机制

根据开尔文定理,无旋流的总环量为零,但两个平板相互分离后,具有强度相同、符号相反的环量。

Lighthill将盘旋的昆虫在水平面上挥动其翅膀的过程称为拍合飞行,并计算了卷起起涡的强度[19]。在认同这种无黏机制的同时,Lighthill对剑桥和哥廷根思想流派之间的争论持中立态度。

2. 穿过激波。当可压缩流穿过跨声速、超声速或高超声速流型下的弯曲激波时,会产生涡量,并在其后面产生熵涡尾流[20]。克罗科定理描述了熵与涡量之间的关系,该定律将在3.5节中讨论。

本书简单地考虑了两种激波产生涡量的典型流动情况。图3.6所示为超临界速度下的翼型。在激波前,激波终止了翼型上侧超声速腔,熵 s 是常数,涡量 ω 也是常数。这种流动是等熵的。

在弯曲的激波后面,熵不是恒定的,因此激波尾流中存在涡量。而激波下游的流动是等熵的,即沿流线的熵是恒定的,但不同流线之间的熵是不同的。

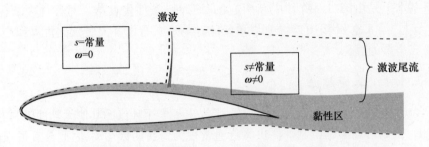

图 3.6　超临界速度下的翼型[6]:激波前的无涡流,激波后的涡量场

在图 3.6 中,翼型上下侧的边界层以及翼型的尾流均标记为黏性区域。在
4.2.3 节中,我们认为激波的曲率使得产生的涡通量补偿了边界层中涡量通量
的差异。这样,翼型的整个尾流区(即图 4.6 中的涡量或熵尾流)就不会承载运
动学动涡含量。

我们还注意到,在流动的无黏图像中,终止翼型上侧超声速流动的激波垂直
于翼型表面(见 4.2.3 节)。在黏性流中,存在激波/边界层相互干扰,这对翼型
或机翼的性能有潜在的重大影响(见 2.4.2 节和 9.1 节)。

另一种流动情况是在超声速或高超声速的钝头体上,如图 3.7 所示。为了
克服高热负荷,较大超声速或高超声速飞行器通常为钝头外形。此外,再入飞行
器本质上是在执行制动任务,因此它们用钝头加大了总阻力[20]。图中显示了钝
头体在非零攻角下的弓形激波。在迎风侧,激波几乎平行于机体表面。强烈弯

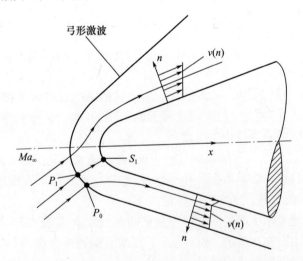

图 3.7　非零攻角下的较大超声速或高超声速钝头体[20]:
上、下两侧的熵层(图中未显示边界层)

50

曲的弓形激波形成了一个独特的熵层,从而形成了一个涡量层。

在图 3.7 中,涡量层中表面切向速度 $v(n)$(n 局部垂直于机体表面的方向) 在迎风侧和背风侧具有不同的剖面。迎风侧的剖面为尾流状,背风侧的剖面为滑流边界层。外形不同的原因是驻点 S_1 位于迎风侧机体头部下方。当攻角为零时,机体剖面任何位置一样均为滑流边界层。

在这种情况下,一个值得关注的效应就是边界层熵层吞噬,这使得边界层厚度减小,从而增加了热负荷,并且影响层流 – 湍流转捩过程[20]。

3.4.5　简要结论

综上所述,关于涡量起源机制是黏性驱动还是无黏驱动的争论已经变得毫无意义。

由于还涉及许多其他的边界层现象(包括分离现象)需要加以考虑,目前绝大多数的研究都用模型 9、10 和 11 的方法来计算。模型 8 仅用于某些特殊的无黏流情况。

3.5　熵、总焓梯度和涡量:克罗科定理

将热力学第一定律与动量方程相结合,得出了克罗科定理,该方程将流体运动学中的涡量与热力学特性中的比熵 s 和总比焓 h_0 联系起来:

$$T \nabla s = \nabla h_0 - \boldsymbol{v} \times \boldsymbol{\omega} \tag{3.9}$$

该定理对定常无黏绝热流有效。

克罗科定理表明,只要出现焓或熵梯度,流动就必须旋转。这证实了等熵与无旋性之间的等效性。该定理对跨声速流动和超声速/高超声速钝体绕流特别重要,在这种情况下,激波要么终止超声速区域(图 3.6),要么围住机体(图 3.7)。

重要的是,激波上的熵增长与总压的下降同时发生,请参见参考文献[20]。若下标"1"代表激波前面的流动,下标"2"代表激波后面的流动,则得到激波前后的总压变化为

$$p_{t_2} = p_{t_1} \mathrm{e}^{-(s_2 - s_1)/R} \tag{3.10}$$

式中:R 为气体常数。

本书中的总压损失涉及翼型(即机翼)的激波分解效应(见 6.1.2 节),以及升力翼后缘相容性条件(见 4.4 节)。此外,也要考虑气动操纵面的性能,以及操纵面前面可能发生的总压损失。

3.6　涡量输运方程

M. Drela[6]通过对动量方程取旋度、使用矢量恒等式以及将各项组合重新排列,推导出涡量的亥姆霍兹输运方程:

$$\frac{D}{Dt}\left(\frac{\omega}{\rho}\right) = \left(\frac{\omega}{\rho} \cdot \nabla\right)v + \frac{\nabla\rho \times \nabla p}{\rho^3} + \frac{1}{\rho}\nabla \times \left(\frac{\nabla \cdot \tau}{\rho}\right) \qquad (3.11)$$

斜压源项$\nabla\rho \times \nabla p$可在密度和压力存在梯度的位置产生涡量。而在黏性项可以忽略不计的等熵流中,等熵$f(p,\rho)=0$关系式成立,ρ和p梯度平行,斜压源项就会消失。

不可压缩流中,ρ和μ为常数,式(3.11)将简化为

$$\frac{D\omega}{Dt} = (\omega \cdot \nabla)v + v\,\nabla^2\omega \qquad (3.12)$$

右边的$(\omega \cdot \nabla)v$项表示涡倾斜和涡拉伸。当旋转流体速度梯度矩阵∇v的分量沿平行于ω本身的方向拉伸时,此拉伸动作可导致旋转流体的涡量增强——想象一下一名用脚尖旋转的溜冰者向上拉伸手臂的情形。但若以$\omega=0$开始,则该项无涡量增强效果,原因是没有初始涡量来拉伸或倾斜。

亥姆霍兹涡量方程(3.11)或(3.12)大大简化了大多数空气动力学问题。对于典型的均匀流,上游$\omega=0$,并且它们的黏性应力在黏性层和激波外可以忽略不计。

3.7　亥姆霍兹涡量定理

亥姆霍兹涡量定理(1858年)涉及流体在涡丝处及其附近的运动情况[1-3]。定理适用于无黏流和黏性影响可以忽略不计的流动。在实际流动中,所有涡量现象都会受到黏性耗散效应的影响。

1. 第一亥姆霍兹涡量定理

第一亥姆霍兹涡量定理指出:

同一瞬间,沿涡管长度各横截面上的涡量通量或沿涡管周线的速度环量是恒定的,这与估算积分的横截面或边界的外形和位置无关。

换句话说,沿涡流管(或涡丝)的涡流强度是恒定的。因此,亥姆霍兹第一定理简单地反映了涡量场的无散特性。

由于沿涡丝的涡流强度是恒定的,其强度不可能突然变为零。因此,涡不会

在流体内部以间断形式终止,只能在边界上终止或延伸至无穷远处。当然,在真实的黏性流体中,涡量在黏性的作用下扩散,而且涡丝的宽度会变大,直到很难看出是涡丝为止。例如,龙卷风的一端在地面上,而另一端的涡则以分布式涡量大面积扩散;另一个例子是形成封闭路径的环形涡。

2. 第二亥姆霍兹涡量定理

第二亥姆霍兹涡量定理指出:

当且仅当流动为环量守恒时,相同流体质点组成涡管随流体运动(另一种说法是涡管永远由相同的流体质点组成)。

流动中的涡随局部流速移动。例如,机翼尾涡层(尾流)中的旋涡在对流时相互作用,并且弯曲形成一个非平面尾流的样式。

3. 第三亥姆霍兹涡量定理

第三亥姆霍兹涡量定理指出:

当且仅当流动为环量守恒时,由流体质点组成的涡管具有恒定的强度(另一种说法,涡管随流体运动中具有恒定的强度,不随时间改变)。

正如我们在下一节中看到的,这与 11 年后开尔文在其定理中独立得出的结论非常相似。

3.8 开尔文环量定理

之前我们已经通过斯托克斯定理看到了运动学上环量 Γ 与涡量的关系。1869 年,开尔文就环流的持续性推导出了环流理论,说明了动态控制环量的方式:

当且仅当加速度无旋时,沿任何封闭的物质周线的环量都是不随时间变化的:

$$\frac{D}{Dt}\Gamma = \frac{D}{Dt}\oint_C v \cdot \mathrm{d}\ell = 0 \qquad (3.13)$$

在这种情况下,闭合曲线 C 总是由随流速运动的相同流体粒子组成的。

该条件确定了一类特殊的具有重要意义的流动,称为环量守恒流动。它类似于历史上更早提出的亥姆霍兹第三定律。

● 涡线运动。开尔文定理的一个特别有价值的推论是关于涡线的运动。这就是亥赫姆霍兹第三定理(欧拉方程的一个精确结论),该定理表明涡线随流体运动。

3.9 毕奥－萨伐尔定律

涡量 $\boldsymbol{\omega} = \mathrm{curl}\boldsymbol{v}$ 的定义是通过速度场得到涡量场。

若给出了涡量场,则反函数会是什么样子,如何求出速度场?

答案是需要一个积分过程,Lugt 提供了答案,见参考文献[2]第 90 页。

涡量输运的动力学方程(即式(3.12))描述了涡量对流与涡量分布本身引起的速度的关系。涡量分布 $\boldsymbol{\omega}(\boldsymbol{r}')$ 通过以下关系式推导出速度 $\boldsymbol{v}(\boldsymbol{r})$:

$$\boldsymbol{v}(\boldsymbol{r}) = -\frac{1}{4\pi}\int_{V}\boldsymbol{\omega}(\boldsymbol{r}') \times \frac{\boldsymbol{s}}{s^{3}}\mathrm{d}V \tag{3.14}$$

式中:变量如图 3.8 所示。这是涡量诱导速度方程。

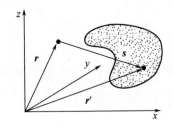

图 3.8　根据参考文献[2]的涡量推导方程中的变量示意图

涡量场可能只占非零速度场的一部分或全部空间。例如,在势涡中,涡量场局限于无穷大 $\boldsymbol{\omega}$ 的奇异点。

若涡量集中在环量 $\varGamma$ 的单线涡丝 L 上,则根据开尔文定理,其强度是恒定的,由式(3.14)简化后的毕奥－萨伐尔定律为

$$\boldsymbol{v}(\boldsymbol{r}) = -\frac{\varGamma}{4\pi}\int_{L}\frac{\mathrm{d}\boldsymbol{r}' \times \boldsymbol{s}}{s^{3}} \tag{3.15}$$

式中:矢量 $\mathrm{d}\boldsymbol{r}'$ 与涡丝相切。注意,积分本身是纯几何的,可在事先不知道涡丝环量 $\varGamma$ 的情况下进行计算。

1. 细涡丝的自诱导运动

一般来说,涡量自由运动的预测是一个非定常非线性方程难题。目前求得的解包含下列一种或多种简化:定常或准定常流动、直涡丝上的小扰动、小涡核尺寸,以及简单的涡量分布和/或流动结构。

众所周知,若线丝的自诱导运动是通过式(3.15)涡丝本身速度计算的,则涡丝弯曲时,将出现对数形式无穷大;而涡丝呈直线时,则结果为零。因此,自诱

导运动只发生在弯曲的涡丝上,但为了获得正确的速度值,需要进一步考虑涡核的有限尺度和涡量分布。

2. 涡核截止法

若适当考虑涡核内部及附近的流动,则毕奥－萨伐尔定律是描述细涡丝诱导的速度场的一种有效方法。

对此,其中一个重要的解释是(在前面提到的限制条件下)截止距离的概念是渐近有效的。弯曲涡丝的运动通常是通过毕奥－萨伐尔定律积分计算的,但不包括涡丝上某点两侧长度为 ϵ 的一小段涡丝,以免产生对数奇点。

如果长度 ϵ 选择合适,将通过截止法预测正确的自诱导运动。这项研究工作的另一个重要成果是有效涡核尺寸的概念。

具有特定涡量和轴向速度分布的涡核几何尺寸为 a 的涡在运动学上(远离其本身的运动)相当于具有恒定涡量的涡核尺寸为 a' 的涡。这要求涡核的尺寸比涡核曲率半径和沿涡丝轴向变化的比例小。下节将讨论有效涡核尺寸的概念。

3.10 涡 模 型

机翼尾流横截面中的尾涡结构如图 3.9 所示。相关的两个半径是根据其速度(即涡量分布)定义的,请参见参考文献[1]。

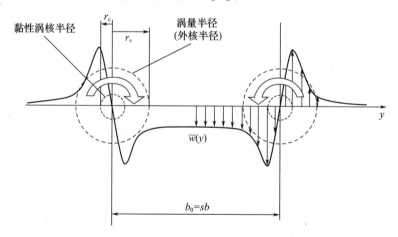

图 3.9　尾涡:黏性涡核半径 r_c 和涡量或外核半径 r_v 的定义[21]。s 为展向载荷系数

(1)黏性或内核半径 r_c。内涡核由黏性涡核半径 r_c 定义。圆周速度 v_θ 从 $r=0$ 时的 0 线性增加到 $r=r_c$ 时的 $v_{\theta\max}$,因此内核像刚体一样旋转。

(2) 涡量或外核半径 r_v。事实上,涡的圆周速度分布不是兰金涡流的圆周速度分布,见下文和 4.2.1 节。当 $r > r_v$ 时,可以考虑不受黏性和涡量影响的流动,因此圆周速度的径向分布就是势涡的径向分布。r_v 通常比 r_c 大几倍。r_c 与 r_v 之间的区域包含从黏性涡核到势涡的转换。它包含了很大一部分环流,而且黏性影响很小。

下面的讨论将指出确定这些半径和其他参数的一些要求,然后介绍一些常用的涡模型。

1. 有限核心涡流

如上所述,在理论研究和数值计算中,点涡或势涡的奇点通常被有限涡量的涡核(即涡团或涡斑)所取代。具有这种非奇中心的涡称为有限核心涡流。兰金涡流就是具有有限均匀涡量的涡核。涡核也可能存在其他形式的涡量分布,这些涡量分布不一定满足欧拉方程,但可以模拟黏性流动特性或其他涡核特性。

2. 尾涡:模型要求

确定翼后尾流尾涡结构的直接方法是精确计算尾涡层在下游对流的卷起过程。但这是一种极其苛刻的计算,通常需要寻求不模拟卷起情况下其他近似方法。

一种近似方法是假定流动的最终构型,并要求在二维流动模拟的初始构型与最终构型之间保持某些流动的守恒量。

例如,如果机翼半弦长位置的尾涡层向上卷起形成一个涡流,则可用斯托克斯定理计算其环量的大小。因此,动量守恒定理要求涡层的冲量等于两个尾涡的冲量,从而可以将脱落涡的重心定位在涡层一半位置。

研究半径为 r_c 的有限核涡流。$\Gamma_0 =$ 常数,当 $r_c \to 0$ 时,动能无限增加,这意味着机翼具有无限大的诱导阻力。因此,这个流动模型不合适;尾涡中的涡量是有限的,并以某种方式分布。以下是满足适当模型条件的一些示例。更多详细信息请参见 S. E. Widnall[11],并参阅本书第三作者的出版作品[21-22]。

3. 兰金涡

兰金涡是一个无限长的直涡丝,其内部像刚体一样旋转,因此具有恒定的涡量。早期关于尾涡远场结构的大多数讨论均基于 J. R. Spreiter 和 A. H. Sacks[23] 的尾涡模型,其中卷起后的尾流由两个兰金涡组成。两个圆形涡核中的涡量是均匀的,涡核外为零。圆周速度 v_θ 如下:

$$
\begin{cases}
v_\theta = \dfrac{\Gamma_0}{2\pi r_c} \dfrac{r}{r_c}, & r \leqslant r_c \\[3mm]
v_\theta = \dfrac{\Gamma_0}{2\pi r}, & r < r_c
\end{cases}
\tag{3.16}
$$

该涡对涡核尺寸 r_c 有一个明确的定义:所有涡量均在涡核内,切向速度峰值位于涡核的边缘,并且总涡量与峰值速度和涡核尺寸的乘积成正比。涡核半径 r_c 是通过在卷起过程中要求动能守恒来确定的。对于具有椭圆形环量分布的机翼,其涡核半径 r_c 很容易确定。

4. 兰姆 – 奥森涡

兰姆 – 奥森涡流在解析上满足非定常纳维尔 – 斯托克斯方程。它广泛用于大涡模拟的初始化及光探测和测距(LIDAR)匹配滤波器的设计。唯一的非零速度分量(即随离涡中心径向距离 r 变化的切向速度 v_θ)如下

$$v_\theta(\boldsymbol{r}) = \frac{\Gamma_0}{2\pi r}\Big[1 - \mathrm{e}^{-\beta\left(\frac{r}{r_c(t)}\right)^2}\Big] \qquad (3.17)$$

式中: $r_c(t) = \sqrt{r_{c0}^2 + 4\beta v(t - t_0)}$ 为涡核半径,即切向速度最大的半径; Γ_0 为涡环量; r 为距涡中心的距离; v 为运动黏性; t 为时间;通常 $\beta = 1.256$。

需要注意的是,兰姆 – 奥森涡流有一个随时间增长的涡核,因此它永远不会保持稳定;然而,可以通过二维非定常来类比到三维定常尾流。

5. 伯格斯涡流

伯格斯涡流是一种精确的不可压缩纳维尔 – 斯托克斯流动。它证实了三维定常流中存在涡量极值:

$$\begin{cases} v_\theta(\boldsymbol{r}) = \dfrac{\boldsymbol{\kappa_0}}{r}\Big[1 - \mathrm{e}^{-\frac{ar^2}{2v}}\Big] \\[2mm] v_r(\boldsymbol{r}) = -ar \\[2mm] v_z(\boldsymbol{z}) = 2az \end{cases} \qquad (3.18)$$

式中: $\kappa_0 = \dfrac{v}{a} = \dfrac{\Gamma}{2\pi}$;参数 a 由环量和运动黏性 v 决定。

切向速度 v_θ 在涡核中的值是有限的,当 $v \to 0$ 时,涡核简化为势涡。三维流动中的极值是由于涡量线的拉伸引起的。

常数 a 只能是正值,它是径向流的一个量度。经向流 v_r, v_z 是一种仅对 $v > 0$ 有效的势流。换句话说,它是层流势流的一个实例。但若 $v \to 0$,则切向速度表示无黏流体的势流。经向流 v_r, v_z 可视为环流运动的下部,称为流动池。注意,伯格斯涡流中的涡量在 z 方向上。二维流动中,所有涡量线相互平行。

6. 巴切勒涡流

巴切勒涡流是由 G. Batchelor(1964 年)通过求解边界层的纳维尔 – 斯托克斯方程近似解获得的。它作为典型的涡流数学模型,在涡流稳定性、尾涡或射流

状涡流等研究中有着广泛的应用。

巴切勒涡流在圆柱坐标(z,r,θ)中可表示为

$$
\begin{cases}
v_\theta(r) = \dfrac{q}{r}(1 - e^{-r^2}) \\[2mm]
v_r(r) = 0 \\[2mm]
v_z(z) = a + e^{-r^2}
\end{cases}
\tag{3.19}
$$

根据无量纲速度和长度,以及按长度与速度比例尺换算的时间,可得

$$
\begin{cases}
v_\theta(r,t) = \dfrac{q}{r}\left[1 - e^{-r^2/(1 + \frac{4t}{Re})}\right] \\[3mm]
v_r(r) = 0 \\[3mm]
v_z(z,t) = a + \dfrac{1}{1 + \dfrac{4t}{Re}} e^{-r^2/(1 + \frac{4t}{Re})}
\end{cases}
\tag{3.20}
$$

式中:Re 为雷诺数;q 为旋流强度,为最大切向速度与涡核速度之比。

式中的参数 a 表示自由来流速度。我们已经注意到,轴向速度 v_z 的平移和反转不会影响巴切勒涡流的不稳定性,因此可以设置 $a = 0$。巴切勒发现这种涡流适合描述飞机下游位置的尾涡。我们再次注意到,这是一个涡核不断增长的非定常涡。

7. 伯纳姆－哈洛克涡流

伯纳姆－哈洛克涡流是尾涡应用(包括 LIDAR 观测数据的处理、大涡模拟的初始化和飞机对尾流响应的模拟)中最广泛使用的模型。切向速度场由下式给出:

$$
v_\theta(r) = \frac{\Gamma_0}{2\pi r}\frac{r^2}{r^2 + r_c^2}
\tag{3.21}
$$

式中:r_c 为涡核半径。此外,数值涡格模型通常使用此公式来计算影响系数,如为了避免无限大,尾涡可能与附着涡相交。

3.11 尾 涡 结 构

自第一次世界大战以来,飞行穿过尾翼尾涡绝不是一种新体验,飞行员在飞行器机动时遇到尾部的尾涡,或者有时甚至飞入自身的尾流。[①]

---

① 关于大展弦比机翼尾流的发展和结构,请参见 8.4 节中相应单元问题的讨论。

图 3.10 所示为大展弦比机翼飞机的飞行环境,另见图 8.1 和图 9.25。尾涡危害控制是 9.6 节的主题,该节将进行一些详细的讨论。

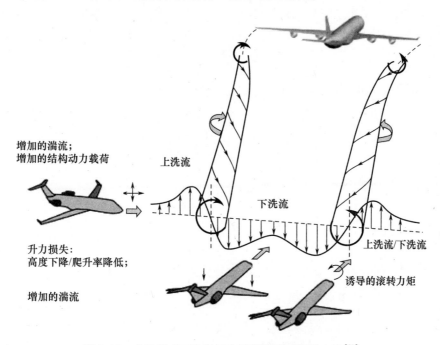

图 3.10   在飞机后面飞行的飞机所遇到的尾涡危险[21]

出于种种原因的考虑,目前该研究课题非常重要。随着机场周围和飞行通道的空中交通量的增加,安全问题也越来越多,从动态飞行特性、结构载荷,到起降时间间隔问题都需要考虑尾涡影响。具有放宽纵向静稳定性的现代战斗机也广泛依赖于主动飞行控制系统。现代民用飞机也出现了这种趋势。所有这些情况加在一起就将该问题上升到了新的层面。

飞行控制系统负责接收加速计、攻角传感器和压力计等传感器提供的信息,并对这些信息作出响应。飞行员也在这个场景中行动、互动和作出反应。由于很难预测这一切在遭遇尾流时会发生什么,以及会有什么反应,因此需要模拟模型。SAAB"鹰狮"战斗机就是一个很好的例子。

3.11.1 SAAB 39 "鹰狮"尾流模型

1999 年,一架 SAAB 39"鹰狮"战斗机在 3000 英尺(1 英尺 =0.3048m)以下进行空战时,因遭遇尾涡而失事。因此,SAAB 公司启动了一个项目,即开发一个尾涡飞行的动态分析和实时模拟模型。

空气动力模型由制造涡的飞机后面的尾流模型和用于估算进入尾流飞机上尾流所诱导的力和力矩增量的计算模型组成。

目前开发了用于尾涡飞行模拟的台式模型和实时模型。用六自由度飞机模型进行模拟验证。该模型已用于飞行控制系统的开发、控制律、飞行安全研究以及尾流相遇的演示。更多详细信息,读者可参见 Sedin 等[24]。

3.11.2 尾涡不稳定性

大型飞机产生的尾涡所带来的危害最近引起了人们的关注,刺激了对自由运动中集中涡量流动的研究。由于这些尾涡的强度和持久性足以对其他飞机造成安全隐患,因此需要预测这些尾涡的结构、位置和持续性,以及了解尾涡消散的机制,另见 8.4 节。

在大多数情况下,尾涡经历了一种自然的正弦不稳定性,即克罗涡不稳定性,这种不稳定性最终使尾涡接触并分裂成一系列涡环。该过程破坏原始尾流结构的速度比单个涡丝的黏性或湍流衰减速度更快。两个反向旋转的涡就是一个具有实际意义的例子。9.6 节讨论了控制尾涡危害的方法。

3.11.3 克罗涡不稳定性

克罗涡模型考虑了无黏线性分层大气中涡对的衰减情况。该模型既考虑了由于密度不均匀在尾流中产生的涡量,也考虑了涡对携带的椭圆形流体与周围流体之间的界面处产生的涡量。

S. C. Crow[25]首次对理想均质流体中涡对的三维不稳定性进行了定量分析。他的分析结果与飞机尾流不稳定性一般特征的观察结果和精细的测量结果非常一致。

正弦扰动涡对的互诱导是造成这种不稳定性的原因。单个正弦扰动涡丝将以角速度 Ω 绕其自身轴线旋转。由于其他涡丝的存在和扰动而在涡丝上产生的速度场抵消了自诱导旋转时,就会发生不稳定性。

然后,扰动在与水平面约呈 45° 角的两个对称倾斜的平面上发散。根据理论预测了反对称和对称模式,但在飞行中只观察到对称模式。在参考文献[11]中讨论了这种模式的一般特征,另见参考文献[22]。自诱导旋转 Ω 取决于涡核中涡量分布的细节。

3.12　涡层和涡

首先来看涡层的卷起过程。大展弦比升力翼的尾涡层,它们卷起后将形成一对尾涡,小展弦比三角翼还形成补给层,从而产生背风涡。我们只对部分内容进行概述,对涡层卷起的理论细节感兴趣的读者可参阅参考文献[1-3]。

一旦建立起尾涡或背风涡,就会发生涡拉伸和涡配对现象。这些现象也很快纳入考虑范围。

3.12.1 脱落涡层的卷起

考虑到涡流难以精确定义,因此,我们重点讨论有限翼展升力翼后尾涡层的发展,这也是我们认为最成熟的。

我们考虑初始涡层产生后飞机尾流的特性:涡片卷起形成集中涡量区(即尾涡)及其运动。图 3.11 所示为整个问题示意图;图(a)显示了贯穿涡片的平面方向上涡片螺旋上升的情况,图(b)显示了下面讨论的螺旋数值模型。

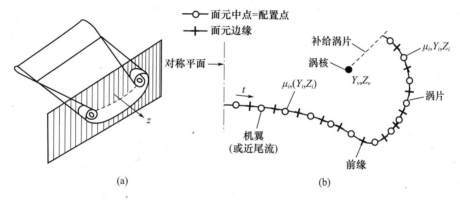

图 3.11　整体涡片卷起

(a)机翼尾涡层的卷起(根据文献[2]所得);(b)数值计算中的尾流或自由涡片(表1.3 的模型4)[26]。

在大多数情况下,脱落涡片会卷起,而且尾流结构会在几个翼展距离内定型。因此,卷起过程的逐步计算是预测初始尾流结构的方法。

对于高雷诺数下的轻载机翼,卷起过程足够缓慢可以应用局部二维尾流模型,但足够快速也可以使用无黏模型。但即使这种简化,也不能完全解决问题。

此外,在1951 年发表的一篇重要论文中,J. R. Spreiter 和 A. H. Sacks[23]研究了前缘涡片中的高运动学动涡含量,并且以弦长为标准来推测这些涡片在小展弦比三角翼后的卷起速度。结果表明,小展弦比三角翼后的卷起速度预计比大展弦比矩形翼快 18 倍,另见 8.4.4 节。因此,小展弦比机翼的问题更加困难。

在整个卷起过程中,尾涡层外形的完整三维测定是一个极其困难的问题,当前只能获得使用模型8和更高模型的计算解。

• 早年涡片卷起的计算模型

在20世纪80年代早期,卷起问题有两种计算方法:即模型4或模型8方法。

高阶面元法的涡片模型可用于模型4方法计算,其涡片模型减少或消除了面元边缘速度场的奇异特性,从而避免因靠近两圈螺旋或近壁面涡片而产生不符合物理现象的扰动。

通常采用的描述方法包括不同强度的线涡,以及一个近似平面的补给涡流单元,而该单元保持了涡片外部有限自由边缘与沿轴线的线涡之间产生的环流连续性。

在这个描述方法中,前缘涡由一个无限延伸的紧密缠绕的螺旋涡片组成。为了模拟该涡流外部的流场,涡片在达到一定角度范围时被切割,而剩余的内部区域由连接到该涡片的独立线涡(补给涡片)进行模拟。这就产生了图3.11(b)所示的自由涡片势流模型,图3.11还显示了机翼(或尾流)和自由涡片是如何通过面元离散的。

线涡和补给单元都受力的影响,但选定的线涡位置应确保该组合各纵向单元上的总横向力为零。利用上述描述法,涡片可在普朗特–格劳厄脱近似法的框架下,以许多不同的方式进行完全离散化。

通过在 S_w(表示机翼和尾涡层)和 S_v(表示从后掠前缘脱落的补给涡层)上采用翼面偶极子分布 $\mu(x)$ 来解决势流问题。由翼面偶极子分布定义的速度场是不可压缩流动方程的一个精确解,并满足远场边界条件。关于模型4计算方法 VORSEP 的更多详细信息,请参见参考文献[27]。

第二种方法(即模型8的方法)是计算不可压缩欧拉方程的数值解,并捕获离散解中的卷起过程。

H. W. M. Hoeijmakers 和本书的第二作者对70°后掠三角翼绕流($Ma_\infty = 0$, $\alpha = 20°$)的两种方法计算的结果进行了比较[26-27]。

图3.12中的对比显示了 VORSEP 中计算的监测涡片的三维视图,以及欧拉方程解中三个中等分辨率网格平面中的涡量等值线。

被监测涡片的计算几何外形(图3.12)非常接近圆锥形,大小达翼根弦的70%。

图3.13所示为展向横流平面 $x/c = 0.6$ 位置,涡片的外形分别和粗网格、细网格下欧拉解的涡量等值线叠加的结果[28]。

涡片外形对应于平面 $x/c =$ 常数的横截面,而涡量等值线是在相应的流向

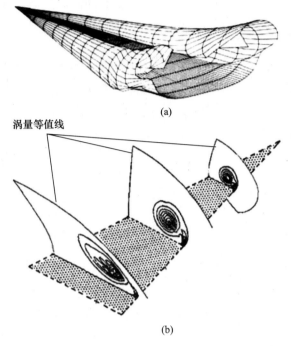

(a)

涡量等值线

(b)

图 3.12 两种方法模拟 70° 后掠角的三角翼绕流涡片, $Ma_\infty = 0, \alpha = 20°$

(a) 模型 4(VORSEP)结果[26];(b) 模型 8 中捕获的涡片[27]。

涡量等值线计算网格为 $80 \times 24 \times 40$ 中等网格。

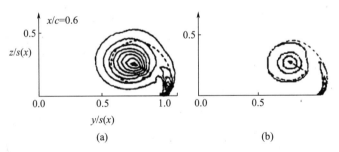

(a)   (b)

图 3.13 展向截面 $x/c = 0.6$:捕获的涡量等值线(实线)[28]

与面元法 VORSEP 解中被监测涡片(虚线)的比较

(a) 具有 $80 \times 24 \times 40$ 个单元格的中网格;(b) 具有 $160 \times 48 \times 80$ 个单元格的细网格。

站位与机翼相交的恒定网格坐标面在这些平面上的投影。由于数值方法中隐含人工黏性,涡片分布在若干网格单元上。正如预期的那样,相比中等粗细网格,涡片在细网格解中分布较少。

这意味着,欧拉方程在中等粗细网格上计算的涡流区通常比 VORSEP 监测的涡片所包围的区域更大。但截断误差和数值黏性因网格尺寸的减小而减少,因此精细网格的一致性更好。

从图 3.13 可知,两种计算模型的涡流强度和位置特征非常一致。

图 3.13 是我们讨论的核心,因为它将两种观点联系起来,模型 4 的观点中自然单元难以定义的涡流概念,以及模型 8 的观点中自然单元是紧凑场中涡量的数学精确概念,并表明在这种情况下,两种观点是等效的。这两个概念之间的联系对于我们在本书中的所有讨论都非常可靠,关于这一点,请参阅第 5 章。

我们的结论是,目前的离散数值计算方法(模型 8 和更高模型)需要具备足够精细的离散化网格,并且这与发生卷起过程的区域无关。相关内容可见 8.4.2 节和图 8.50,在这种情况下,从 $x^* = 9$ 开始,原始网格分辨率显得不足。

3.12.2 涡拉伸

前面 3.6 节提到了涡拉伸。式(3.12)右侧的 $(\boldsymbol{\omega} \cdot \nabla)v$ 项可从物理上解释为涡线的拉伸和扭曲。这种非线性项不会出现在纳维尔 - 斯托克斯方程中,因此它在涡量输运方程中的出现是独一无二的。

例如,如果三维流动中只有 ω_z 分量不为零,即 $\boldsymbol{\omega} = \omega_z \boldsymbol{k}$,则涡量输运方程式(3.12)简化为

$$\frac{D\omega_z}{Dt} = \omega_z \frac{\partial \omega}{\partial z} \qquad (3.22)$$

当 ω 随 z 变化时,涡线被拉长。拉长涡线使流体旋转得更快。

3.12.3 涡配对

奇点处的速度被截断为零,因此单一的涡丝不会在无限流体中运动。然而,两个或多个涡将因其相互作用而移动。本节将简要讨论描述这种相互作用的问题。

单个涡对或涡环在无限无黏流体中以恒定速度运动。事实上,摩擦力会使速度衰减。我们将二维流动中两个旋转方向相反的涡称为涡对。两个涡的强度不必相同,而且涡核可以是单一的(就像点涡或势涡的情况一样),也可以是一团。

两个反向旋转涡流具有实际意义的例证之一为大展弦比飞机机翼后面的尾

涡;另一个例子是三角翼上的前缘涡和后缘涡的组合,我们将在下文中详细介绍。

- 三角翼后方的涡配对

参考文献[29]的作者 Y. Le Moigne 博士在他的博士论文中研究了当$Ma_\infty = 0.2$ 时低亚声速流动中攻角为 $\alpha = 20°$ 的三角翼上方及后方的涡干扰。他求解使用欧拉方程(即模型8),并基于速度梯度张量的特征值分析的涡感应器来自动加密网格,以提高涡区的网格分辨率。

图 3.14 所示为常见的前缘强涡对,以及由后缘脱落的尾涡层卷起形成的第二涡对(即尾涡)。涡用流线表示。从图中可知,尾涡与前缘涡相互作用并绕其旋转,这是涡配对的一种特殊情况。

图 3.14　使用涡自适应加密网格的全翼展数值解的流线可视化效果[29]

值得注意的一点是,尾涡中的流线按前缘涡中流线的相反方向螺旋上升,这证实了 D. Hummel 的观察结果[30],如图 3.15 所示。

机翼上表面的流场由背风涡流重构,由此确保在后缘处的最终总体流向是对称向外的,如图 7.12 中的闭式背风面流场简图所示。当然,开式背风面流场也存在这种效应(图 7.11),但仅限于外缘附近,另见 10.4.2 节中的附图。在机翼的下侧,流场基本不受背风面现象的影响。

所有这些都与大展弦比升力翼上观察到的流场模式形成对比。在 4.3.2 节中,它通过典型示例表明下侧的流动是对称向外的,而上侧的流动是对称向内

图 3.15　背风涡对与尾涡对(源于机翼后缘后方的尾涡层)相互作用示意图[28]

的。因而,由此产生的尾涡层(即尾涡)具有与翼尖涡相同的旋转方向。

图 3.15 中,尾涡片向外旋转的方向与背风涡相反。整幅图像产生了双分支内涡核(标记为"后缘涡")和常见的单分支外涡核(标记为"前缘涡")。

从图 3.14 中我们还可以看到,后缘后面的尾涡与前缘涡相连,形成一个类似的涡对。在更下游的位置,尾涡似乎与前缘涡进一步分离。这些结果是两个涡对相互作用的一个实例。

3.13　涡破裂、涡流重构

H. Werlé 首次在三角翼前缘涡的水洞试验中,发现了一种称为涡破裂或爆发的壮观涡流现象[31],随后得到了 D. H. Peckham 和 S. A. Atkinson[32] 以及 B. J. Elle[33] 的证实。

当一个有序的涡在沿其轴线的某个点突然变得混乱时,就会出现涡破裂,如图 3.16 所示。

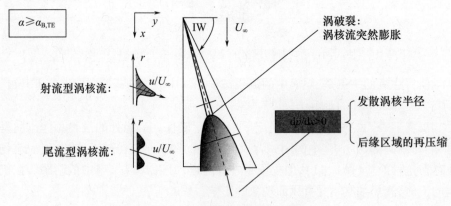

图 3.16　三角翼涡破裂示意图[34]

最初出现的是高动量射流型涡核流。机翼上方的轴向逆压梯度引起了破裂,其特征类似于在涡轴上出现驻点。随后是极大膨胀的流面所包围的轴向回流区域。随之而来的是低动量尾流型涡核流。

试验揭示了涡破裂的两种基本类型:轴对称气泡型破裂和非轴对称螺旋型破裂。大多数试验是用三角翼进行的,但同时也在管道中进行。

三角翼涡破裂的特征如下:

(1)气泡型破裂的特征是涡轴上有一个驻点,然后是一个椭圆形的回流区。气泡为单独空间,里面环状流沿涡轴向上游流动。气泡的长度通常是两个或三个(上游)涡核直径。气泡下游的涡为湍流,并随距离的增加而迅速扩散。

(2)在螺旋型破裂中,涡核会迅速减速。紧靠下游位置的涡核丝突然扭结,并开始绕结构的轴线螺旋上升,形成螺旋形的涡核扭曲。螺旋结构在分解成大规模的湍流前可以持续一到两圈。涡的螺旋缠绕方向与上游涡的旋转方向相反,而缠绕的旋转方向与上游涡的旋转方向相同。

(3)破裂上游的流动是稳定的,而许多研究人员在破裂点的下游观察到了非定常流动。10.5.3节在单元问题的框架内讨论了涡破裂。

最后,我们注意到,若破裂后的涡流结构进入顺压梯度的区域,则会发生涡流重构现象。这是在管道流动中观察到的。目前尚不清楚三角翼是否会出现这种情况。

3.13.1 基础研究

E. Krause 对不可压缩流动进行了大量的基础研究,并得出了关于涡破裂的一些基本结论[35-37]。

1990年,不可压缩纳维尔-斯托克斯方程的非定常数值解描述了独立细长涡的破裂过程[35]。当采用与稳定破裂相适应的侧边界条件时,显示了由气泡型破裂向螺旋型破裂的转变。

在另一项关于细长柱状涡(其轴线平行于迎面而来的轴流)的不可压缩研究中,Krause 表明,在无黏流中,轴附近的方位角速度分量随轴向速度分量一起消失[37]。

轴向流与径向流运动之间的这种紧密耦合(即轴向流消失时开始涡破裂),可由 von Helmholtz 于1858年提出的涡量输运方程中对流加速项与涡拉伸项的平衡来说明,其代表了无黏性不可压缩流的基本结果。它可以表述为:

在轴对称、不可压缩、无黏性柱状涡流(其轴线平行于主流)中,当轴向速度分量消失并形成驻点时,轴线附近的角速度消失。

而在层流中,当黏性力作用于驻点附近时,角速度不一定随等于零的轴向速度一起消失。

但该结果将破裂的发生与驻点的存在联系起来,并且可在更复杂的环境下通过计算检验。

3.13.2 三角翼上计算的涡破裂

参考文献[38]的作者 S. Görtz 在他的博士论文中,使用模型 9 和 10 对三角翼上的涡破裂进行了全面而详尽的研究。第 10 章将详细讨论流过三角翼的背风涡流,包括涡破裂现象。这里展现一个支持 Krause 观点的例子,即三角翼可压缩高雷诺数湍流的实际情况下,也会出现驻点。

图 3.17 所示为使用 Spalart – Allmaras 单方程湍流模型在 35°攻角下进行湍流计算(模型 10)的三维涡破裂视图。

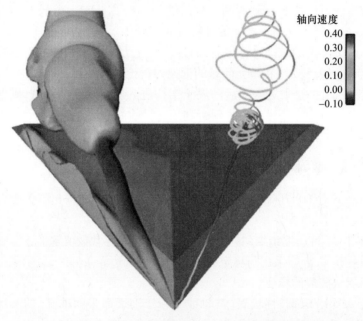

图 3.17　涡破裂:计算的总压等值面和涡核丝[38]

$Ma_\infty = 0.16, Re = 1.97 \times 10^6, \alpha = 35°$,1 方程湍流模型(见彩图)

图 3.17 左侧是总压的等值面,其中不同颜色表示轴向速度的大小。

从图 3.17 中可以看出,补给剪切层由大后掠锐前缘产生。一次涡本身从三角翼顶点产生。它在碰到平直的上翼面时略微向内弯曲,但在更下游的位置会弯曲回来。在轴向速度的大小达到 $Ma = 0.4$ 左右,即自由来流速度的 2.5 倍

68

前,涡核裹挟的流体沿涡核逐渐加速。

注意下面提到的涡核膨胀及前面提到的轴向流减速。

尽管此时很难确定是否完全停滞,但彩色等值线明确显示轴向流分量大幅减少,在螺旋涡核内甚至为负(即反向流),这与 Krause 研究结果一致[37]。

在机翼的右侧可以看到破裂点的下游有一个回流区。回流区背后涡核的螺旋性质表明,已经出现带"螺旋尾流"的气泡型破裂。

3.13.3 涡流重联

重联包括涡丝的合并和分裂,但我们对涡没有一个精确而严格的定义,因此对涡流重联缺乏一个普遍认可的明确定义,而且对相关物理机制也缺乏共识。

但在发生克罗涡不稳定性后,我们从实验室试验和空中飞机凝结轨迹观察到了重联现象。两个尾涡接触、分裂并重新排列成一排形状不规则的涡环,如图 8.1 所示。

涡流重联的研究对于理解湍流中涡结构的发展具有特别重要的意义。

3.14 分离和涡流控制

在现代飞机技术中,边界层分离和涡流的控制是一个重要的工程工具。当今的飞机如果没有这样的控制是不可想象的。分离和涡流控制的好处包括减阻、增升和增强稳定性。控制可以是一种直接的设计手段,也可以是在试飞表明需要进行修正后,作为一种"修复"解决方案。

我们列出并评论了一些重要的控制手段,但并未详细说明。

1. 涡流发生器:控制边界层分离

涡流发生器是一种被动式防止分离而嵌入边界层的装置。它们的大小和形状各不相同,并且可用不同的名称来表示,但它们的工作机制通常是相同的,即产生纵向涡,以减少甚至避免分离。

纵向涡的作用是将高动量流从边界层的外域输运到近壁流动部分,从而增强近壁边界层流动的动量,并降低分离倾向。

近年来,亚边界层涡流发生器(SBLVG)受到了广泛的关注。它们完全没入边界层中。9.2 节对这些发生器做了简要介绍。

例如,关于飞机设计中涡流发生器建模和使用的最新且全面的说明,感兴趣的读者可参阅 A. Jiràsek 博士[39]。关于影响边界层流动(尤其是三维流动)方法的一般讨论,请参见参考文献[40]。

2. 构型的几何外形

翼根整流罩是避免翼根/机身连接处分离的一种被动手段。目前,几乎所有的飞机上都安装了翼根整流罩。若不安装这种整流罩,则分离会以马蹄涡的形式出现,这会导致阻力增加,并在大攻角下产生抖振。我们在8.4.3节中对这个问题做了简短的讨论。

另一个主题是小展弦比三角翼的机翼平面形状和优化。我们在11.2节中对这个主题进行了概述。这种细长机翼的一个特殊问题在于大攻角下的俯仰特性。我们在11.6节中给出了一个设计实例。

3. 吸气和吹气

例如,通过表面吸气控制层流 – 湍流转捩,即混合层流控制,或抑制气动操纵面上的流动分离。在这种情况下,铰链正前方的边界层流动通过抽吸去除,并确保襟翼上的附着流。另一个应用是在超声速和高超声速发动机斜坡进气道,此时通过抽吸控制斜坡拐角处的激波/边界层分离。此外,吸气还可作为虚拟边界层整流栅,相关经典研究结果见参考文献[40]。

吹气用于处理许多分离问题。我们不作详细讨论。但我们注意到在高升力系统上实现无分离流动的一种特殊方法,即在缝翼和富勒襟翼上进行"切向吹气"。其结果是,吹气会产生机翼下(受压)侧和上(吸力)侧之间的压差,防止缝翼后方机翼上侧和富勒襟翼位置的边界层分离(见9.2节)。

就小展弦比三角翼而言,展向吹气是20世纪70年代的一个重要课题。我们在11.5节中介绍了一些这方面的工作。同样值得注意的是横流中的射流,这涉及飞行器的飞行控制问题。

4. 边条

边条是产生涡的装置。例如,它们被用于在机身前部上产生侧向力,并增强三角翼飞机在大攻角甚至过失速攻角下的横航向运动中的稳定性(见11.4节)。短舱整流片就是目前一个很好的例子,当机翼处于高升力状态时,大涵道比发动机短舱后面的整流片会阻止分离。9.4节详细讨论了短舱整流片涡流的问题。

图3.18所示为短舱整流片和涡流发生器的组合,它们重新激发短舱后面的上翼面流动,共同阻止了流动分离。

当襟翼和着陆缝翼展开时,为了避免最大升力系数显著下降,DC – 10可能是首次使用短舱整流片[39]的飞机。它们可以降低进场构型中的失速速度,并缩短起降所需的跑道长度,如DC – 10飞机的跑道长度缩短了6%左右。

图3.18　高升力试验期间的波音707:采用短舱整流片和

涡流发生器进行流动控制[41]。注意可视化的短舱整流片涡流

3.15　涡流和动态结构载荷

湍流边界层、分离区、涡片和涡都具有凹凸不平的边缘与大型子结构,这些子结构不稳定,且可能引起抖振、结构疲劳、副翼嗡鸣(操纵面振动)等。所有这些现象都需要我们对动态结构载荷进行研究。

在大攻角的三角翼上,机翼平面形状上的前缘涡破裂现象特别令人感兴趣。从定常涡核流到非定常涡核流的转变(明显表现为轴向速度剖面随攻角的增大而从射流型快速变为尾流型)使得破裂位置的湍流强度极高,并进一步增加下游的湍流强度。因此,抖振激励能级在超过一定攻角后会强烈增加,而且机翼和垂尾的法向力频谱可能呈现窄频带尖峰分布。

F/A-18飞机垂尾抖振问题如图3.19所示。

非定常空气动力载荷以其固有频率激发垂尾结构甚至机翼结构,导致疲劳载荷增加、使用寿命缩短且维护成本增加。

例如,垂尾抖振问题困扰着F-15和F/A-18等双垂尾飞机,但单垂尾飞机也受到影响。因此,为了了解抖振载荷并降低结构响应,已经开展了综合研究项目。

我们通过缩比模型和全尺寸模型上的风洞试验,加上飞行试验和详细的数值模拟,仔细分析了相关的涡流特征。此外,还建立了设计和分析方法来描述垂

71

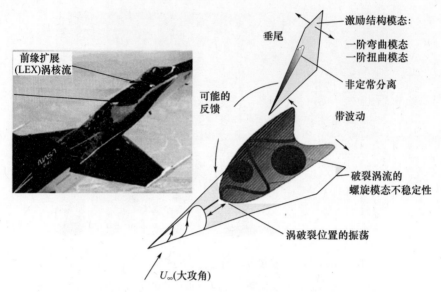

前缘扩展
(LEX)涡核流

垂尾

激励结构模态：

一阶弯曲模态
一阶扭曲模态

非定常分离

可能的
反馈

带波动

破裂涡流的
螺旋模态不稳定性

涡破裂位置的振荡

U_∞(大攻角)

图 3.19　F/A-18 飞机垂尾抖振问题示意图[34]

尾抖振环境,并预测飞机设计中的抖振载荷。

抖振载荷不仅会降低机身的疲劳寿命,还会反过来限制飞机的攻角范围。为了解决抖振问题,我们提出了几种方法。这些方法包含改变结构特性(如刚度和阻尼),或利用涡流轨迹的主被动控制进行气动改进,以避免突发涡流的直接影响。

通过扩大攻角包线,可以减少结构动态载荷,从而延长使用寿命并增强机动性。

与垂尾的相互作用涉及以下现象:

(1)时均涡破裂位置取决于机翼后缘的再压缩和/或垂尾的阻塞所产生的逆压梯度。

(2)破裂涡流螺旋模态不稳定性。

(3)涡破裂位置的准周期振荡,结构动态特性的畸变。

关于 F/A-18 气动结构建模的详细说明,读者可查阅参考文献[42-43]。在这方面,还应提及参考文献[44]中报告的研究工作,以及其他出版物[45-47]。

在本节结束时,我们注意到其他飞机也存在抖振问题,而不仅仅与垂尾有关。例如,起落架伸出时,起落架舱门和起落架舱(作为大舱)暴露在气流中也可能引起抖振。战斗机(如轰炸机)的内埋武器弹舱在武器投放过程中也会造成同样的问题。

在所有情况下,抖振是指备受关注的动态结构载荷。

72

3.16 尾涡流场的基本量

即使势流理论(表1.3的模型4)原则上仅限于低亚声速飞行区域,但有助于获得尾涡流场的基本量和关系。关于应用空气动力学的一般用途,请参见参考文献[4-7]。

沿展向 y 升力 $L(y)$ 与环量 $\Gamma(y)$ 分布之间的关系按库塔–茹科夫斯基定理给出:

$$\mathrm{d}L = \rho_\infty u_\infty \Gamma(y) \mathrm{d}y \tag{3.23}$$

升力系数定义如下:

$$C_L = \frac{L}{q_\infty A} \tag{3.24}$$

式中: A 通常是机翼表面投影到 x–y 平面的参考面积,且

$$q_\infty = \frac{\rho_\infty}{2} u_\infty^2 \tag{3.25}$$

为动压。[1]

机翼载荷 W_s 定义如下:

$$W_s = \frac{Mg}{A} = \frac{L}{A} \left[\mathrm{N/m^2} \right] \tag{3.26}$$

无量纲环量(b 为翼展)如下:

$$\sigma(y) = \frac{\Gamma(y)}{u_\infty b/2} \tag{3.27}$$

图3.20所示为有限翼展机翼的局部弦单元。

通过求沿弦翼段的压力系数 Δ 的积分得到局部法向力系数 C_z:[2]

$$C_z(y) = \frac{1}{c(y)} \int_{c(y)} \Delta c_p \mathrm{d}y \tag{3.28}$$

式中: $\Delta c_p = c_{pu} - c_{pl}$ 是上、下弦侧的压力系数差; $c(y)$ 为局部弦长。

---

① 关于参考面积,我们注意到空客公司使用"空客总面积"定义,而波音公司使用"Wimpress"定义(以波音公司的发明者命名),www. lissys. demon. co. uk/pug/c03. html。

② 局部力和力矩系数用小写字母表示。

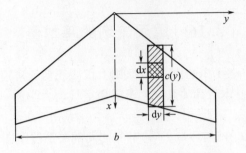

图 3.20　有限翼展机翼的局部弦向单元[4]

在小攻角下 $C_1 \approx C_z$，并且我们发现展向升力分布如下：

$$\frac{dL}{dy} = C_1 c(y) q_\infty \qquad (3.29)$$

局部升力系数 C_1 通常可用式（3.23）表示为

$$C_1(y) = \frac{1}{c(y)q_\infty} \frac{dL}{dy} = \frac{2\Gamma(y)}{u_\infty c(y)} \qquad (3.30)$$

若给出展向位置 y 的局部升力系数 C_1，则环量的局部值为

$$\Gamma(y) = \frac{1}{2} C_1(y) c(y) u_\infty \qquad (3.31)$$

然后，无量纲环量 $\sigma(y)$ 为

$$\sigma(y) = \frac{C_1(y)c(y)}{b} \qquad (3.32)$$

就升力翼而言，展向环量分布 $\Gamma(y)$ 如图 3.21（a）所示。图 3-21（b）以平面图的形式显示了局部强度为 $d\Gamma = (d\Gamma/dy)dy'$ 的涡层，另见 4.4 节中的相容性条件。

然后，机翼的升力 L 表示为

$$L = q_\infty \int_{-b/2}^{b/2} C_1 c(y) dy = \rho_\infty u_\infty \int_{-b/2}^{b/2} \Gamma(y) dy \qquad (3.33)$$

离开升力翼的尾涡层的卷起过程如图 3.22 所示。在扩展的近场末端，$x/b \approx 10$（见 8.1 节），存在完全发展的尾涡。

图 3.22 中机翼处的附着或翼根环量 Γ_0 可用机翼的升力系数 C_L、展向载荷系数 s 和展弦比 $\Lambda = b^2/A$ 表示为

74

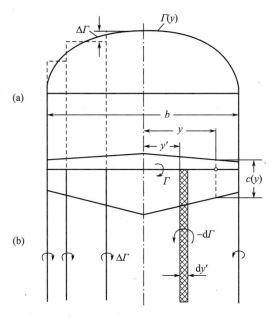

图 3.21　有限翼展升力翼示意图[4]

(a)环量分布；(b)翼后尾涡层。

$$\Gamma_0 = \frac{C_L u_\infty b}{2s\Lambda} = \frac{L}{\rho_\infty u_\infty b_0} \qquad (3.34)$$

载荷系数 s 为

$$s = \frac{1}{b}\int_{-b/2}^{b/2}\frac{\Gamma_y}{\Gamma_0}\mathrm{d}y = \frac{b_0}{b} \qquad (3.35)$$

参量 b_0 表示两个尾涡中心的横向距离。若环量分布为椭圆形，则

$$\Gamma(y) = \Gamma_0\sqrt{1-(2y/b)^2} \qquad (3.36)$$

展向载荷系数 s 为(上标 $*$ 表示椭圆分布)

$$s = s^* = \frac{b_0}{b} = \frac{\pi}{4} \qquad (3.37)$$

结果表明，卷起涡的横向距离 b_0 小于翼展 b。只有展弦比非常大的机翼才能得到 $b_0/b \to 1$[4]。

在椭圆形环量分布下，翼根环量为

$$\Gamma_0^* = \frac{2C_L u_\infty b}{\pi\Lambda} \qquad (3.38)$$

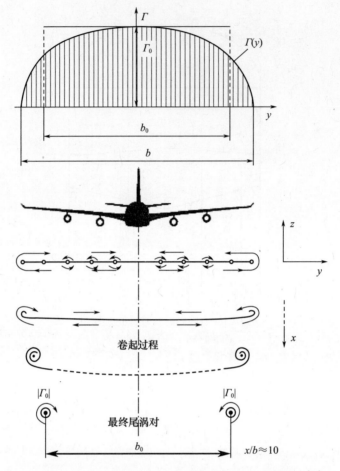

图 3.22 尾涡层的理想环量分布和卷起过程,生成尾涡对[21]

归一化的环量 G 为

$$G = \frac{\Gamma}{\Gamma_0} \tag{3.39}$$

这些联系可帮助对比给定环量分布和椭圆分布引起的尾涡特性。

涡中心的诱导向下速度 w_0(毕奥－萨伐尔定律,见 3.9 节)为

$$w_0 = \frac{\Gamma_0}{2\pi b_0} = \frac{C_L u_\infty}{4\pi \Lambda s^2} \tag{3.40}$$

对于椭圆形环量分布,我们得

$$w_0^* = \frac{4C_L u_\infty}{\pi^3 \Lambda} \tag{3.41}$$

可利用诱导速度 w_0 和横向距离 b_0 来定义时间尺度 t_0：

$$t_0 = \frac{b_0}{w_0} = \frac{2\pi (sb)^2}{\Gamma_0} = 4\pi s^3 \frac{\Lambda b}{C_L u_\infty} \tag{3.42}$$

时间尺度 t_0 是指涡对向下移动的距离等于涡间距 b_0 的时间间隔。对于椭圆形环量分布，其表示为

$$t_0^* = \frac{\pi^4}{16} \frac{\Lambda b}{C_L u_\infty} \tag{3.43}$$

时间尺度可看作尾涡寿命的一种量度。它在很大程度上取决于载荷系数 $s:t_0 \propto s^3$。

与下游位置 $x = u_\infty t$ 相关的无量纲时间尺度(即无量纲 $x^* = x/b = u_\infty t/b$)为

$$\tau = \frac{t}{t_0} = \frac{x}{u_\infty t_0} = x^* \frac{1}{s^3} \frac{C_L}{4\pi\Lambda} \tag{3.44}$$

对于椭圆形环量分布，其表示为

$$\tau^* = \frac{t}{t_0^*} = x^* \frac{16C_L}{\pi^4 \Lambda} \tag{3.45}$$

利用无量纲时间 τ 可以分析 $x^* = x/b$ 位置的尾涡对，其相关参数为载荷系数 s、升力系数 C_L 和展弦比 Λ。对于作为气动参考分布的椭圆形环量分布，C_L 和 Λ 是唯一相关的构型参数。

在大展弦比机翼的设计中，椭圆形环量分布意味着诱导阻力最小，因此通常是目标分布。假设在这种分布中，我们得到升力 L^* 和诱导阻力 D_i^* 的关系为

$$L^* = \frac{\pi}{4} \rho_\infty b u_\infty \Gamma_0^* \tag{3.46}$$

和

$$D_i^* = \frac{\pi}{8} \rho_\infty \Gamma_0^{*\,2} \tag{3.47}$$

即

$$D_i^* = \frac{L^{*\,2}}{\pi q_\infty b^2} \tag{3.48}$$

式中：q_∞为自由来流的动压。

椭圆形环量分布时的诱导阻力系数为

$$C_{D_i}^* = \frac{C_L^{*2}}{\pi\Lambda} \tag{3.49}$$

式中：升力系数 C_L 为

$$C_L^* = \frac{L^*}{q_\infty A} \tag{3.50}$$

在空气动力学设计中，阻力系数通常由零升力阻力系数 C_{D_0} 和诱导阻力系数 C_{D_i} 组成。

因此，后者表示为

$$C_{D_i} = \frac{C_L^{*2}}{\pi e\Lambda} \tag{3.51}$$

对于独立机翼，e 是翼展效率系数；若考虑整个飞机，则 e 是奥斯特瓦尔德效率系数。

不同的参考文献对这个问题的表述似乎有所不同[5-7]。本书所述的大展弦比机翼的亚声速/跨声速飞行器的奥斯瓦尔德效率系数通常为 $0.7 \leqslant e \leqslant 0.85$，而翼展效率系数为 $0.9 \leqslant e \leqslant 1$。

通过这些关系可以快速估计大展弦比机翼的气动特性。我们注意到，在最佳升阻比的巡航飞行中，诱导阻力小于总阻力的一半。

3.17 问 题

问题 3.1 研究图 3.3。升力线模型是环量理论框架中最简单的升力翼模型。(a)它背后是什么流动模型？(b)环量 Γ_0 是否为常数，在 4 个涡流段上是否相同？(c)升力线模型遵循什么涡量定理？(d)二维翼型的情况如何？(e)无限展长后掠翼(ISW)的准三维情况如何？

问题 3.2 考虑马赫数 $Ma_\infty = 0.82$、高度 $H = 10\text{km}$、质量为 $m = 230000\text{kg}$、翼展为 $b = 60\text{m}$、展弦比为 $\Lambda = 9$ 的大型运输机的稳态飞行。在椭圆形环量分布假设下，$x = 50\text{km}$ 的航线长度内，尾涡大约向下移动了多少米？

问题 3.3 现在考虑升力系数 $C_L = 1.4$ 时，这种飞机构型在 $u_\infty = 80\text{m/s}$ 时进场飞行，再次假设椭圆形环量分布。采用兰姆-奥森涡流模型和伯纳姆-哈洛克涡流模型时，哪个最大圆周速度是由尾涡引起的？如何判断差异？此问题中,黏性涡核半径 r_c 预计约为翼展 b 的 3% 。

问题 3.4 对于给定翼展 b 计算抛物线环量分布的卷起尾涡的横向距离 b_0。这将如何影响尾涡衰减场景？展向抛物线环量分布按 $\Gamma(y) = \Gamma_0(1 - (2y/b)^2)$ 给出。

问题 3.5 用弦线上三个等长的恒定强度源分布模拟零攻角下 10% 厚的双凸圆弧翼型周围的不可压缩流动,最上游配置点的压力系数是多少？

问题 3.6 考虑将平板放置在小攻角 α 的气流中,如图 3.23 所示。

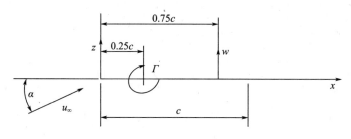

图 3.23 翼型示意图

用 $x/c = 0.25$ 的离散涡模拟流动。涡的强度 Γ 是多少？

问题 3.7 将两个简单翼型串联布置,间距为 ϵ。

采用集结涡法(附录 A.2.2)来确定各翼型上的升力及随间距 ϵ 的变化。

问题 3.8 研究一架以恒定速度飞行的飞机。飞行马赫数为 $Ma_\infty = 0.8$,飞行高度为 $H = 10\text{km}$。翼展为 $b = 60\text{m}$,飞机的质量为 200000kg。假设椭圆形环量分布,奥斯特瓦尔德效率系数 $e = 0.7$,诱导阻力约为总阻力的 1/3,计算升力系数和诱导阻力系数以及升阻比。

参 考 文 献

1. Saffmann, P.G.: Vortex Dynamics. Cambridge University Press (1992)
2. Lugt, H.J.: Introduction to Vortex Theory. Vortex Flow Press, Potomac, Maryland, USA (1996)
3. Wu, J.-Z., Ma, H.-Y., Zhou, M.-D.: Vorticity and Vortex Dynamics. Springer, Berlin Heidelberg New York (2006)
4. Schlichting, H., Truckenbrodt, E.: Aerodynamik des Flugzeuges, Vol. 1 and 2, Springer-Verlag, Berlin/Göttingen/Heidelberg, 1959, also: Aerodynamics of the Aeroplane, 2nd edition (revised). McGraw Hill Higher Education, New York (1979)
5. Anderson Jr., J.D.: Fundamentals of Aerodynamics, 5th edn. McGraw Hill, New York (2011)
6. Drela, M.: Flight Vehicle Aerodynamics. The MIT Press, Cambridge, MA (2014)
7. Rossow, C.-C., Wolf, K., Horst, P. (eds.): Handbuch der Luftfahrzeugtechnik. Carl Hanser Verlag, München, Germany (2014)
8. Anderson Jr., J.D.: The Airplane: A History of Its Technology. AIAA, Reston Va (2002)

9. Hirschel, E.H., Prem, H., Madelung, G. (eds.): Aeronautical Research in Germany–from Lilienthal until Today. Springer-Verlag, Berlin Heidelberg New York (2004)

10. Serrin, J.B.: Mathematical Principles of Classical Fluid Mechanics. In S. Flügge (ed.): Handbuch der Physik, Band VIII/1, Strömungsmechanik 1, Springer-Verlag (1959)

11. Widnall, S.E.: The Structure and Dynamics of Vortex Filaments. Ann. Rev. Fluid Mech. Palo Alto, CA 7, 141–165 (1975)

12. Bloor, D.: The Enigma of the Aerofoil-Rival Theories in Aerodynamics, 1909–1930. The University of Chicago Press, Chicago and London (2011)

13. Rizzi, A.: Damped Euler-Equation Method to Compute Transonic Flow Around Wing-Body Configurations. AIAA J. **20**(10), 1321–1328 (1982)

14. Lighthill, J.: Introduction Boundary-Layer Theory. In: Rosenhead, L. (ed.) Laminar Boundary Layers, pp. 46–113. Clarendon Press, Oxford (1963)

15. Klein, F.: Über die Bildung von Wirbeln in reibungslosen Flüssigkeiten. Zeitschrift für Math. und Physik **59**, 259–62 (1910)

16. Betz, A.: Wie ensteht ein Wirbel in einer wenig zähen Flüssigkeiten? Die Naturwissenschaften **9**, 193–96 (1950)

17. Rizzi, A.: Three-Dimensional Solutions to the Euler Equations with one Million Grid Points. AIAA Journal **23**, 1986–1987 (1985)

18. Weis-Fogh, T.: Quick Estimates of Flight Fitness in Hovering Animals, Including Novel Mechanisms for Lift Production. Journal Exp. Biol **59**, 169–230 (1973)

19. Lighthill, J.: On the Weis-Fogh Mechanism of Lift Generation. Journal Fluid Mech. **60**, 1–17 (1973)

20. Hirschel, E.H.: Basics of Aerothermodynamics. 2nd, revised edition. Springer, Cham Heidelberg New York (2015)

21. Breitsamter, C.: Nachlaufwirbelsysteme großer Transportflugzeuge - Experimentelle Charakterisierung und Beeinflussung (Wake-Vortex Systems of Large Transport Aircraft—Experimental Characterization and Manipulation). Inaugural Thesis, Technische Universität München, 2007, utzverlag, München, Germany (2007)

22. Breitsamter, C.: Wake Vortex Characteristics of Transport Aircraft. Progress in Aerospace Sciences **47**(1), 89–134 (2011)

23. Spreiter, J.R., Sacks, A.H.: The Rolling Up of the Trailing Vortex and its Effect on the Downwash Behind Wings. Journal Aero. Sci. **18**, 21–32 (1951)

24. Sedin, Y.C.J., Grasjo, I., Kullberg, E., Larsson, R.: A Model for Simulation of Flight Passages through Trailing Tip Vortices. Paper ICAS **9**(3), 2002–7 (2002)

25. Crow, S.C.: Stability Theory for a Pair of Trailing Vortices. AIAA Journal **8**(12), 2172–2179 (1970)

26. Hoeijmakers, H.W.M.: Computational Aerodynamics of Ordered Vortex Flows. Doctoral Thesis, TU Delft, Rept. TR diss 1729, Delft, The Netherlands (1989)

27. Hoeijmakers, H.W.M., Rizzi, A.: Vortex-Fitted Potential and Vortex-Captured Euler Solution for Leading-Edge Vortex Flow. AIAA Journal **23**, 1983–1985 (1985)

28. Rizzi, A.: Multi-cell Vortices Computed in Large-Scale Difference Solution to the Incompressible Euler Equations. Journal Comp. Phys. **77**, 207–220 (1988)

29. Le Moigne, Y.: Adaptive Mesh Refinement and Simulations of Unsteady Delta-Wing Aerodynamics. Doctoral Thesis, KTH Royal Institute of Technology, Rep. TRITA-AVE 2004:17, Stockholm, Sweden (2004)

30. Hummel, D.: On the Vortex Formation over a Slender Wing at Large Angles of Incidence. In: High Angle of Attack Aerodynamics, Conference Proceedings AGARD CP-247, 15-1–15-17 (1978)

31. Werlé, H.: Quelques résultats expérimentaux sur les ailes en flèches, aux faibles vitesses, obtenus en tunnel hydrodynamique. La Recherche Aéronautique **41**, (1954)

32. Peckham, D.H., Atkinson, S.A.: Preliminary Results of Low Speed Wind Tunnel Tests on a Gothic Wing of Aspect Ratio 1.0. Report CP-508, Aeronautical Research Council (1957)
33. Elle, B.J.: An Investigation at Low Speed of the Flow Near the Apex of Thin Delta Wings with Sharp Leading Edges. Reports and Memoranda 3176, Aeronautical Research Council (1958)
34. Breitsamter, C.: Unsteady Flow Phenomena Associated with Leading-Edge Vortices. Progress in Aerospace Sciences **44**(1), 48–65 (2008)
35. Krause, E.: The Solution to the Problem of Vortex Breakdown. Lecture Notes in Physics Vol 371, Springer-Verlag, Berlin, 35–50 (1990)
36. Krause, E.: On an Analogy to the Area-Velocity Relation of Gasdynamics in Slender Vortices. Acta Mech. **201**, 23–30 (2008)
37. Krause, E.: Stagnant Vortex Flow. Acta Mech. **209**, 345–351 (2010)
38. Görtz, S.: Realistic Simulations of Delta Wing Aerodynamics Using Novel CFD Methods. Doctoral Thesis, KTH Royal Institute of Technology, Rep TRITA-AVE 2005:01, Stockholm, Sweden (2005)
39. Jiràsek, A.: Vortex Generator Modeling and its Application to Optimal Control of Airflow in Inlet. Doctoral Thesis, KTH Royal Institute of Technology, Rep TRITA-AVE 2006:66, Stockholm, Sweden (2006)
40. Hirschel, E.H., Cousteix, J., Kordulla, W.: Three-Dimensional Attached Viscous Flow. Springer, Berlin Heidelberg (2014)
41. Campbell, J.F., Chambers, J.R.: Patterns in the Sky–Natural Visualizations in Aircraft Flow Fields. NASA SP-514 (1994)
42. Guillaume, M., Gehri, A., Stephani, P., Vos, J.B., Mandanis, G.: F/A-18 Vertical Tail Buffeting Calculation Using Unsteady Fluid Structure Interaction. Aero J., Vol 115, No. 1166 (2011)
43. Vos, J.B., Charbonnier, D., Ludwig, T., Merazzi, S., Gehri, A., Stephani, P.: Recent Developments on Fluid Structure Interaction Using the Navier-Stokes Multi Block (NSMB) CFD Solver. AIAA-Paper **2017–4458**, (2017)
44. Breitsamter, C.: Turbulente Strömungsstrukturen an Flugzeugkonfigurationen mit Vorderkantenwirbeln. (Turbulent Flow Structures at Aircraft Configurations with Leading-Edges Vortices). Doctoral Thesis, Technische Universität München, 1996, utzverlag, München, Germany (1997)
45. Mabey, D.G.: Some Aspects of Dynamic Loads Due to Flow Separation. AGARD-R-750 (1988)
46. Luber, W., Becker, J., Sensburg, O.: The Impact of Dynamic Loads on the Design of Military Aircraft. AGARD-R-815, 8-1–8-27 (1996)
47. Breitsamter, C., Schmid, A.: Airbrake Induced Fin Buffet Loads on Figther Aircraft. Journal of Aircraft **45**(5), 1619–1630 (2008)

第4章　剪切层的局部涡含量

在20世纪80年代中期,计算机速度和存储能力发展到了一定程度,使得欧拉方法(表1.3中的模型8)成为空气动力学设计工作的一种可用工具。当时讨论最多的是锐前缘三角翼在一定攻角和马赫数范围内所产生的背风涡。而问题在于,涡量以及相应的熵增长是从何处产生的?

奇怪的是,这一问题的出现并不会影响大展弦比机翼欧拉解的结果(对于模拟势流(模型4)的解也是如此)。在这些情况下,欧拉方法在升力、俯仰力矩和诱导阻力方面的结果合理。但是在流场中并没有观察到相关尾涡层和涡的出现。

当时,本书的前两位作者认为三角翼上的涡量产生方式与大展弦比机翼上相同。因此,梅塞施密特-伯尔科-布洛姆(MBB)的军用飞机部门提出了剪切层的局部涡含量这一概念,并对这一概念进行试验。这一概念能够说明该问题应该如何理解。

本章对剪切层局部涡含量的概念进行了定义和解释。这一概念能够以一种简单的描述方式将真实的黏性现象(表1.3中模型2的形式)与经典势流理论(模型4)的奇点联系起来,同样,这一概念也能在欧拉解中应用(见第5章)。[1]这意味着黏性现象通常可用势流理论来解释,反之同样成立。特别是升力翼型和有限展长机翼的环量理论可与具有运动学动涡含量或静涡含量的黏性现象联系起来。

任意涡流的奇点均可以由一个单独的涡量赋值。这主要是一个如何得到极限值$Re_{\text{ref}} \to \infty$的问题。在这一问题的背后蕴含着模型2成立的前提条件:高雷诺数、无强相互作用或全局相互作用。

本章中关于剪切层局部涡含量的介绍和讨论详见参考文献[1-6]。

本章前两节介绍了剪切层局部涡含量的概念,第三节将升力和诱导阻力解释为对称性中断,第四节将讨论大展弦比升力翼后缘的流动形态。为此,引入了相容性条件。

---

① 另见1.4节中的介绍性讨论。

第 5 章讨论了升力翼绕流欧拉方程(模型 8)的离散数值解问题。特别讨论了这些解中涡量的出现和熵增长。

关于局部涡含量在大展弦比机翼的不同应用讨论详见第 8 章,小展弦比三角翼的有关讨论详见第 10 章。

4.1　局部涡含量矢量的定义和推导

图 4.1 展示了一个广义的剪切层,其可能为层流边界层也可能为湍流边界层。正交曲线 x,y,z 坐标系将其原点 P_0 放置在剪切层的中央剖面上。x,y 坐标位于该剖面中。坐标 z 呈直线且垂直于该表面。速度分量为 u,v,w。x',y',z' 坐标系为参考坐标系[7]。

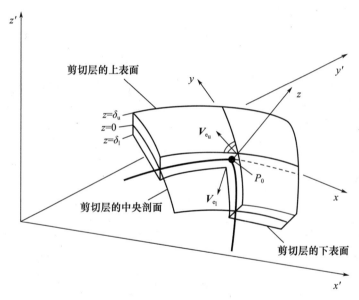

图 4.1　正交曲线坐标下广义剪切层单元[3]。坐标 x 通常表示主流方向

外部无黏速度矢量 V_{e_u} 位于 $z=\delta_u$ 处的剪切层上表面,而矢量 V_{e_l} 位于 $z=\delta_l$ 处的下表面。注意,剪切层的上、下表面通常不是流面[7]。

接下来的讨论假设剪切层的曲率可以忽略不计,因此为了方便起见,可在笛卡儿坐标系中进行讨论。而精确的方法,请参阅参考文献[5]。

我们假设在高雷诺数流动的情况下会形成一个极薄的剪切层,即其在垂直于物体表面的方向(z 向)上范围较小,而且在该方向上的速度 w 较小。因此,我们引入了边界层拓展[7],有

$$\tilde{z} = z\sqrt{Re_{\mathrm{ref}}}, \quad \tilde{w} = w\sqrt{Re_{\mathrm{ref}}} \tag{4.1}$$

式中：$\tilde{z}$ 和 $\tilde{w}$ 为尺度量。参考雷诺数为

$$Re_{\mathrm{ref}} = \frac{u_{\mathrm{ref}}\,\rho_{\mathrm{ref}}L_{\mathrm{ref}}}{\mu_{\mathrm{ref}}} \tag{4.2}$$

与边界层理论一样，现在所有速度和长度分别用 v_{ref} 和 L_{ref} 无量纲化，密度用 ρ_{ref} 无量纲化，而黏性用 μ_{ref} 无量纲化。

笛卡儿坐标中的涡量矢量为

$$\boldsymbol{\omega} = \mathrm{rot}\,\boldsymbol{V} = \left[\,\omega_x\,;\omega_y\,;\omega_z\,\right] = \left[\frac{\partial w}{\partial y} - \frac{\partial v}{\partial z}; \frac{\partial u}{\partial z} - \frac{\partial w}{\partial x}; \frac{\partial v}{\partial x} - \frac{\partial u}{\partial y}\right] \tag{4.3}$$

应用无量纲拉伸可得

$$\boldsymbol{\omega} = Re_{\mathrm{ref}}^{0.5}\left[\frac{1}{Re_{\mathrm{ref}}}\frac{\partial\tilde{w}}{\partial y} - \frac{\partial v}{\partial\tilde{z}}; \frac{\partial u}{\partial\tilde{z}} - \frac{1}{Re_{\mathrm{ref}}}\frac{\partial\tilde{w}}{\partial x}; \frac{1}{Re_{\mathrm{ref}}^{0.5}}\left(\frac{\partial v}{\partial x} - \frac{\partial u}{\partial y}\right)\right] \tag{4.4}$$

我们现在介绍剪切层的局部涡含量，即给定 x 位置上的涡含量矢量 $\boldsymbol{\Omega}$，其为沿 z 方向穿过剪切层的涡量积分[3]：

$$\boldsymbol{\Omega} = \left[\,\Omega_x\,;\Omega_y\,;\Omega_z\,\right] = \int_{\tilde{z}=\tilde{\delta}_1}^{\tilde{z}=\tilde{\delta}_u}\boldsymbol{\omega}\mathrm{d}\tilde{z} \tag{4.5}$$

根据式(4.4)，在高雷诺数极限 $Re_{\mathrm{ref}}\to\infty$ 下，最终可得

$$\boldsymbol{\Omega}\big|_{Re_{\mathrm{ref}}\to\infty} = \left[\,-v\,;u\,;0\,\right]_{\delta_1}^{\delta_u} \tag{4.6}$$

注意，函数 $u(\tilde{z})$ 和 $v(\tilde{z})$ 的形状不起作用。但这些函数必须是连续的，且必须连续地变化到外部无黏流 $u_e(\delta_1)$、$v_e(\delta_1)$、$u_e(\delta_u)$ 和 $v_e(\delta_u)$。

4.2 运动学动和静涡含量：实例

用 $\boldsymbol{\Omega}$ 分量表示的剪切层涡含量可以不为零，也可以为零。在第一种情况下，我们称涡含量为运动学活跃，而在第二种情况下称为运动学不活跃。

运动学动涡含量对流场具有全局影响（涡动力学），而运动学静涡含量可以局部相互抵消。下面用几个例子来阐述这两种涡量。我们对边界层和翼型尾流进行讨论。首先对兰金涡流进行讨论，然后对亚临界和超临界定常运动中的二维边界层、升力翼型及其近尾流进行讨论。之后对有限展长升力翼的三维边界

层和尾涡层进行讨论。本节末尾进行了总结。

4.2.1 兰金涡流

从涡含量概念在兰金涡流中看似微不足道的应用开始,如图4.2所示。实际上,这是斯托克斯定理的应用(见3.3节)。涡为表1.3的模型2中的理想化涡。涡含量矢量(此时不存在高雷诺数极限且在柱坐标中)为

$$2\int_0^{r_0}\int_0^{2\pi}\omega r\mathrm{d}\varphi\mathrm{d}r = 2\int_0^{r_0}\int_0^{2\pi}\frac{1}{2}\frac{1}{r}\frac{\mathrm{d}(rv)}{\mathrm{d}r}r\mathrm{d}\varphi\mathrm{d}r = \Gamma = 2\pi r_0 v_0 \qquad (4.7)$$

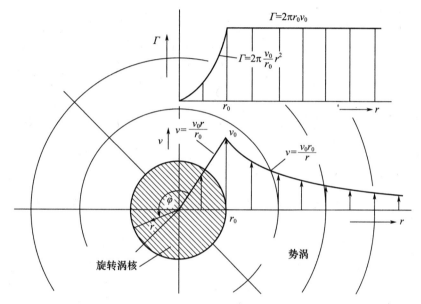

图4.2 兰金涡及其径向速度(v)分布和环量(Γ)分布的示意图[3-4]

因此,涡含量等于环量Γ,即绕涡核的线积分$\Gamma = 2\pi r_0 v_0$。

该结果表明,在给定的环量Γ(即涡核中给定的涡量)下,由于$r_0 v_0 =$常数,所以涡核的直径可以为任何值。

因此,对于模型4中一个给定的具有环量Γ的势流奇点,其含有的涡含量为有限值。虽然奇点的直径为零且$v_0 \to \infty$,但可将上述的涡含量赋予奇点。然而,在真实情况下(模型1),由于扩散效应,直径可能增大,因此涡核的直径可以为任何值(见3.10节),在某些情况下,涡甚至可能破裂(见3.13节)。

我们已经可以假设,涡含量与升力翼型的附着涡存在一定的联系(正如其在势流理论框架中发现的联系)。在讨论4.2.4节所述的情况前,我们来看看边界层(4.2.2节)和翼型尾流(4.2.3节)的涡含量。

4.2.2 二维边界层

图 4.3 所示为二维边界层的剖面 $u(z)$。外部无黏流线沿广义剪切层单元的 x 坐标发展,见图 4.1。

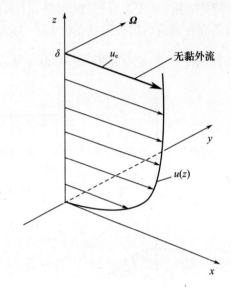

图 4.3　二维边界层切向速度剖面 $u(z)$ 示意图[3-4]

此时,该单元($z=0$)的中心剖面变成了具有无滑移条件 $u(z=0)=0$ 的固体表面。上限 δ_u 为边界层厚度 δ,即 $u(z=\delta)=u_e$。①

涡含量矢量为

$$\Omega\big|_{Re_{\text{ref}}\to\infty}=[0;u_e;0] \qquad (4.8)$$

结果表明,边界层具有有限大小的局部涡含量。局部涡含量矢量点为垂直于二维边界层剖面的 y 方向。

4.2.3 升力翼型的近尾流

图 4.4 所示为两种理想化的翼型近尾流。② 图(a)表示定常亚临界运动中的翼型尾流,图(b)表示定常超临界运动中的翼型尾流,其在上表面(吸力面)有一个超声速流腔和一个激波。在两种情况下,无论翼型是否为升力翼型,后缘位

---

① 关于边界层厚度的定义,请参见附录 A.5.4。
② 第 6 章对真实翼型和机翼后缘的流动进行了讨论。

86

置上下表面的尾流静压都是相同的。这对于$Re_{ref} \to \infty$极限状态下的两个尾流同样成立(即使此时两个尾流略微弯曲)。

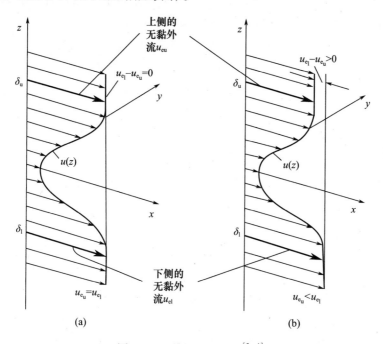

图 4.4　二维尾流示意图[3-4]

(a)定常亚临界运动中的翼型尾流; (b)定常超临界运动中的翼型尾流。

在图 4.4(a)中,相同的压力使尾流上下侧的外部无黏流速度相同。因此,涡量为

$$\left. \boldsymbol{\Omega} \right|_{Re_{ref} \to \infty} = [0;0;0] \tag{4.9}$$

因此,图 4.4(a)的尾流在运动学上被认为是不活跃的,即离开后缘的涡量被抵消掉了。这对于升力翼型和非升力翼型均成立。只有在升力发生变化时,由于攻角或速度的变化,尾流才会承载运动学动涡含量。

对于升力翼型而言,这符合势流理论(模型 4)(非升力翼型很简单)。一旦翼型的流动变为定常状态,翼型的附着涡和翼型后方无穷远处的反向启动涡不再改变其环量强度。尾流并不要求是对称的,只要求两个边界的外部无黏速度是对称的。

在图 4.4(b)中,静压必须相同,因此翼型上表面的激波产生了总压损失,使得尾流上、下两侧的外部无黏速度有所不同。在这种情况下,尾流中存在有限大小的涡含量:

$$\boldsymbol{\Omega}\big|_{Re_{\mathrm{ref}}\to\infty} = [0; u_{e_u} - u_{e_1}; 0] \tag{4.10}$$

因此,在高雷诺数极限下,尾流坍缩为势流理论的二维涡片(滑移线),如图4.5所示。该层(涡片)中含有运动学动涡含量 Ω_y。

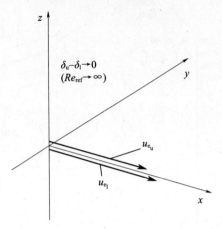

图4.5　图4.4(b)中$Re_{\mathrm{ref}}\to\infty$极限状态的尾流,

此时其为势流理论下的二维涡片(滑移线)[3-4]

对于这种情况,需要更进一步的研究,因为这种情况下,运动学动涡含量并不会通过翼型的尾流离开翼型(定常超临界运动的翼型尾流同样如此)。这必须通过以下方式进行研究。如图4.6所示。翼型的吸力面存在一个超声速流腔。激波会引起总压损失。因此,我们发现在翼型的后缘,上表面尾流的外部无黏速度比下表面更小。其结果即为图4.4(b)所示的尾流情况。

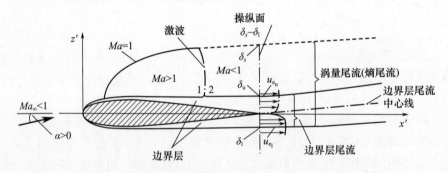

图4.6　定常超临界运动中的升力翼型后缘的流动示意图[5]

若我们只考虑这种尾流,则会得出以下结论,即运动学动涡含量离开了翼型的后缘,但定常流动情况下不允许出现这种现象,因为我们认为(定常流动下)升力不会发生改变。在这种情况下,必须考虑激波的影响。实际上,尾流中不仅

88

要考虑边界层尾流,还要考虑激波尾流。两者共同构成涡量尾流或熵尾流,这两种尾流实际上仅承载运动学静涡含量,见图4.6。

因此,我们假设激波产生的涡量必须抵消离开后缘的边界层运动学动涡含量:[①]

$$\boldsymbol{\Omega}\big|_s = \int_{z=\delta_u}^{z=\delta_s} \mathrm{rot}\boldsymbol{v}\mathrm{d}z = [0; -(u_{e_u} - u_{e_l}); 0] \qquad (4.11)$$

因此,由于运动学的原因,对于跨声速(和超声速)升力翼,尾流必须包括激波尾流。显然,边界层尾流的边界必须进行调整,以在翼型或机翼下游构造出更厚的涡量尾流或熵尾流。产生所需激波以及抵消(运动学动涡含量)激波强度变化的机理目前尚且未知。

在本书第一作者的学生 J. Fischer 关于自适应网格细化的博士论文中,还研究了绕超临界翼型的黏性流[8]。所涉及的翼型即 CAST 7 翼型。这种翼型有大量的试验数据可用[9]。本书选取的参数如表4.1所示。

表 4.1　CAST 7 翼型参数[8]

Ma_∞	$Re_{L\infty}$	L/m	T_∞/K	$x/L\big|_{\mathrm{trans.}}$	$\alpha/(°)$
0.7	4×10^6	1	300	0.07	2

图4.7展示了这种翼型及其上的马赫数等值线(黏性解)。尽管存在边界层,但正如无黏理论所要求的,上表面的激波垂直冲击到翼型的表面上[10]。远离翼型表面时,激波略微弯曲,而且波前马赫数逐渐减少。[②] 最终激波逐渐减弱,并融入声速线中。

我们现在对 CAST 7 翼型后缘的涡量尾流进行讨论,$x = L$,见图4.6。后缘上、下表面外部无黏流之间的速度差很小,因此,参考文献[8]中只考虑了无黏情况下的涡量尾流。然后,研究结果对这种情况进行了非常好的解释。

我们来看一下涡含量矢量 $\boldsymbol{\Omega}$ 的 y 分量。在这种情况下,涡含量积分(式(4.6))的简化形式是不够的,因为简化形式没有将薄边界层考虑在内。相反,必须将涡量的全部 y 分量都考虑在内:

$$\boldsymbol{\Omega}_y = \int_{x=L,z=-0.55L}^{x=L,z=0.55L} \omega_y \mathrm{d}z = \int_{x=L,z=-0.55L}^{x=L,z=0.55L} \left(\frac{\partial u}{\partial z} - \frac{\partial w}{\partial x} \right) \mathrm{d}z \qquad (4.12)$$

涡量积分的上、下限分别位于 $z = -0.55L$ 和 $z = 0.55L$。图4.8所示为积分

①　与各相关边界层的涡量相比,必须抵消的涡量很小,通常只有百分之几。

②　这些特性很重要,因为在波前马赫数恒定的直激波后会产生总压损失,但不会产生涡量。关于这一点,请参见克罗科定理(3.5节)。

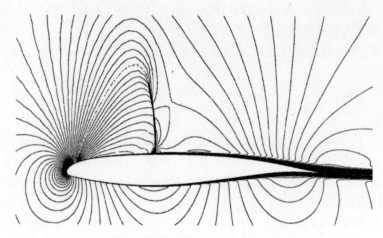

图 4.7　Cast 7 翼型,黏性情况[8]:马赫数等值线,
$Ma_{min} = 0, Ma_{max} = 1.3, \Delta Ma = 0.02$。虚线为声速线 $Ma = 1$

Ω_y 的变化情况。我们只看完全细化的网格上的解(用虚线表示)。在 $z/L = -0.55$ 与后缘($z/L = 0$)之间,积分值为零。在翼型的下表面没有出现激波,因此就没有产生涡量。当 $z/L = 0$ 时,积分值急剧下降至 $\Omega_y \approx -7.5 \mathrm{m/s}$。[①]

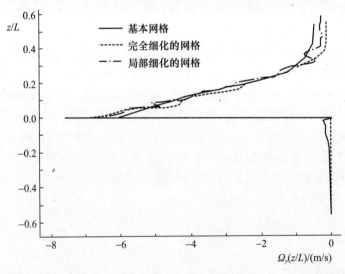

图 4.8　Cast 7 翼型[8]:在翼型后缘 $x = L$ 位置,积分方程(4.12)的变化情况

---

　　① 注意,靠近固体表面的离散(模型 8)欧拉解总是呈现一个薄薄的总压损失层,通常称为欧拉边界层。这是由计算域和流动变量的有限离散化造成的假象。

当 $z/L > 0$ 时,积分上升,并最终达到 $\Omega_y \approx 0$。虽然该解存在一定的波动,并且 Ω_y 值也没有完全达到零,但该结果可以证明涡量尾流在运动学上是不活跃的。利用当今的算法和计算机能力对其进行新的研究似乎是可行的。

总的来说,我们认为对于嵌入式尾流剖面(图4.4(b)),结论依然不会改变。边界层尾流的涡含量 $\Omega_y = u_{e_u} - u_{e_l}$ 由激波尾流的涡含量补偿。整个尾流,即定常超临界流动中的涡量尾流或熵尾流(图4.6),在运动学上是不活跃的。

4.2.4　升力翼型的附着涡

对定常亚临界运动中绕升力翼型的流动情况(图4.9)进行研究。整个流动是二维的。如上所述,二维边界层具有有限的运动学动涡含量,其位置在局部出现的高雷诺数极限下 $\Omega\big|_{Re_{ref}\to\infty} = [0; u_e; 0]$。另外,后缘下游的尾流只承载运动学静涡含量,其变化情况如上一小结所述。因此,不再对其进行说明。

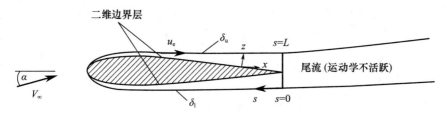

图4.9　定常亚临界运动中升力翼型的边界层和尾流示意图[3]

对于长度为 L 的翼型上两个边界层的运动学动涡含量,我们通过在高雷诺数极限下计算沿边界层厚度方向(z 方向)和边界层/剪切层边缘方向(s 方向)的二重积分得到。这一积分是在模型2的结果中得到的,而不是模型1或9,这是因为积分时没有考虑边界层与外部无黏流动在后缘位置的相互作用及其对上游的影响:

$$\int_{s=0}^{s=L}\int_{z=0}^{z=\delta_l,\delta_u} u(z,s)\,\mathrm{d}s\mathrm{d}z\ \bigg|_{Re_{ref}\to\infty} = \int_{s=0}^{s=L} u_e\mathrm{d}s = \Gamma \tag{4.13}$$

得出的结论是,当 $Re_{ref}\to\infty$ 时,边界层中涡量的二重积分可以简化为边界层外部无黏速度的线积分,从而得到升力翼型附着涡的环量 Γ。

这是通过边界层局部涡含量概念对斯托克斯定理的应用。正如我们在1.4节中提到的,该结果于1986年由 M. J. Lighthill[11] 首次提出。

这一结论可以解释为,从翼型上边界层的涡含量上看,两个边界层构成了附着涡的旋转涡核。实际上,上表面边界层的涡含量超过了下表面边界层的涡含量。从线积分上看,这一现象也很明显。翼型上表面的外部无黏速度大于下表面。这一超出部分被考虑到了实际的环量中。

为了更好地理解这一现象,可以考虑零攻角下的对称翼型,升力为零。此时,翼型下表面的涡含量与上表面的涡含量相同,符号相反。因此,涡含量相互抵消。对于外部无黏速度同样如此。因此,环量和升力都为零。

4.2.5 三维边界层

图 4.10 展示了三维边界层的剖面 $v(z)$。① 该剖面位于由外部无黏流线方向确定的坐标系 (t,n) 中[7](t 坐标与外部无黏流线局部相切,n 坐标与外部无黏流线垂直。该坐标系是三维边界层的一种自然坐标系。当然,也可以采用其他坐标系。以下结果相同)。外部无黏流线(t 方向)沿广义剪切层单元的 x 坐标方向,如图 4.1 所示。

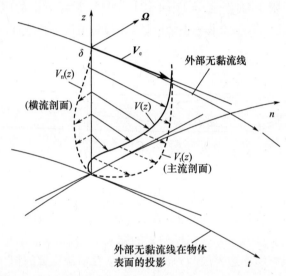

图 4.10 由外部无黏流线确定的坐标系下,三维边界层的剖面示意图[7]

速度剖面 $v(z)$ 可分解为类似于二维边界层剖面的主流剖面(流向),$v_t(z)$ 和具有完全不同形状的横流剖面 $v_n(z)$[7]。在任何情况下,v_n 值在物体表面($z=0$)和边界层外缘($z=\delta$)均为零。

图 4.1($z=0$)中广义剪切层单元的中心剖面以无滑移条件 $v_t(z=0)=0$,v_n $(z=0)=0$ 构成了固体表面。上限 δ_u 为边界层厚度 δ,其中 $v_t(z=\delta)=|V_e|=v_{te}$(主流剖面),$v_n(z=\delta)=0$(横流剖面)。

高雷诺数极限下的涡含量矢量为

---

① 注意,在二维情况下,边界层的流面不在平面内,见图 4.3。甚至可能形成更复杂的流面形式[7]。

$$\boldsymbol{\Omega}\big|_{Re_{\text{ref}}\to\infty} = [0; |\boldsymbol{V}_e| = v_{t_e}; 0] \tag{4.14}$$

结果表明,三维边界层具有有限大小的局部涡含量,即在主流剖面的局部涡含量。横流剖面的涡含量为零。局部涡含量矢量 $\boldsymbol{\Omega}$ 指向 n 方向,即垂直于 $t-z$ 平面的方向。

4.2.6 有限翼展升力翼的近尾流(尾涡层)

对图 1.10(a) 中绕典型升力翼的流动进行研究。直觉告诉我们,由于机翼的展长有限,在下表面的高压和上表面的低压之间会发生泄压现象。这种泄压现象会使机翼下表面的总体流动向翼尖方向偏转,而机翼上表面的流动则向翼根方向偏转(见 4.3.2 节)。该结果表明,无黏机翼的上表面流场和下表面流场产生了剪切。

观察有限翼展的后掠升力翼尾缘定常亚临界状态下的局部流动,如图 4.11 所示($s-t$ 坐标系为局部尾流坐标系。该坐标系可能不在机翼的基准面内。特别是在翼尖附近,必须考虑这一点)。因为我们是在模型 2 的基础上进行讨论的,所以忽略了强相互作用现象和后缘的厚度(如果后缘的厚度很小)(见 6.3 节)。下表面的流动方向通常朝向翼尖,而上侧的流动方向则远离翼尖。我们假设,图中 4.11 所示的速度矢量位于离开后缘的尾涡层的中心剖面中。

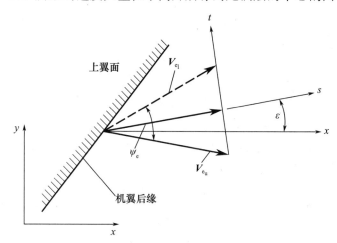

图 4.11 局部尾流(尾涡层)坐标系(上翼面后缘位置附近的俯视图)[7]:
定常亚临界运动中后掠有限展长升力翼后缘流动的理想情况。
y 坐标指向展向方向,x 坐标指向自由来流或弦长方向

因为我们假设了流动为亚临界运动,所以总压力(如静压)在后缘的上表面和下表面是相同的。外部无黏速度矢量的大小在后缘的上表面($\boldsymbol{V}_{e_u}$)和下表面

93

(V_{e_1}) 也是相同的,即 $|V_{e_u}| = |V_{e_1}|$。

我们将两个外部无黏速度矢量 V_{e_u} 和 V_{e_1} 之间的角度定义为(局部的)后缘流动剪切角 ψ_e。在局部位置,剪切角的大小是衡量离开后缘尾涡层强度的一种指标(见4.4节)。

s 方向与弦长方向 x 之间的角度 ε(即(局部)涡线角)很小,但不一定为零。其符号由后缘的局部后掠决定[12]:对于后掠后缘,符号为正(朝向翼尖);而对于前掠后缘,符号为负(朝向翼根)。在给定升力下,ε 值的大小取决于机翼的厚度。① 需要注意的是,在升力翼的势流理论(如升力面理论)中,假设了涡线角 ε 为零,请参阅参考文献[13]。

后缘上、下表面相互剪切的外部无黏流之间的尾涡结构很复杂。其分解方式的示意图如图4.12所示。

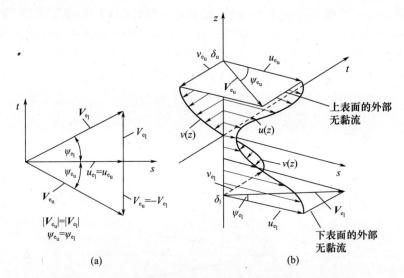

图 4.12　后掠有限展长升力翼的近尾流结构分解示意图[3-4]
(a)局部尾流坐标系;(b)理想现实中的尾流。

外部无黏流的两个矢量 V_{e_u} 和 V_{e_1} 以这样的方式分解:s 方向(平分线方向)上具有分量 $u_{e_u} = u_{e_1}$,而 t 方向(垂直于平分线方向)上具有分量 $v_{e_u} = -v_{e_1}$。角 ψ_{e_u} 和 ψ_{e_1} 从下式得出,即

$$\tan\psi_{e_u} = \frac{v_{e_u}}{u_{e_u}}, \tan\psi_{e_1} = \frac{v_{e_1}}{u_{e_1}} \qquad (4.15)$$

---

① 见第8章中的实例。

94

式中：u_e 为两个速度矢量在 s 方向上的分量；v_e 为两个速度矢量在 n 方向上的分量。注意，$\psi_{e_u} = -\psi_{e_l}$，$\psi_e = \psi_{e_u} + -\psi_{e_l}$（图 4.11）。

s 方向上速度分量 $u(z)$ 的变化类似于定常亚临界运动中升力或非升力翼型的（二维）尾流。我们可将这种二维尾流与黏性阻力局部地联系起来，即将表面摩擦阻力添加到型阻上。

另外，t 方向上的速度分量 $v(z)$ 变化与涡沿着 s 方向的变化类似。我们可将其与诱导阻力联系起来。这是 4.3.2 节的主题之一。

高雷诺数极限下的涡含量矢量为

$$\boldsymbol{\Omega}\big|_{Re_{\text{ref}} \to \infty} = [\Omega_s; \Omega_t; \Omega_z] = [-(v_{e_u} - v_{e_l}); 0; 0] \tag{4.16}$$

由于在平分线方向，有 $v_{e_u} = -v_{e_l}$，则

$$\boldsymbol{\Omega}\big|_{Re_{\text{ref}} \to \infty} = [2v_{e_l}; 0; 0] = [-2v_{e_u}; 0; 0] \tag{4.17}$$

这意味着类似于二维尾流的剖面 $u(z)$ 涡含量确实为零，而类似于涡的剖面 $v(z)$ 则具有有限大小的涡含量。

图 4.13 所示为分解尾流，其在高雷诺数极限下坍缩为势流理论的涡片（图 4.12(b)）。

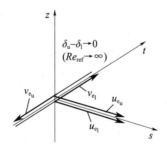

图 4.13　图 4.12(b) 中 $Re_{\text{ref}} \to \infty$ 极限状态下作为势流理论涡片的尾流[3-4]

该层（涡片）中含有运动学动涡含量 Ω_s。作为流线的 s 坐标显然代表了一条涡线[11]，因为当 $u_{e_u}|_{t=0,z=0} = u_{e_l}|_{t=0,z=0}$ 时，涡线就被视为流动矢量 $\boldsymbol{V}_e|_{t=0,z=0}$，有

$$\boldsymbol{\Omega}\big|_{Re_{\text{ref}} \to \infty} \times \boldsymbol{V}_e\big|_{t=0,z=0} = 0 \tag{4.18}$$

4.2.7　结果汇总

我们对研究结果进行了总结：

（1）在模型 2 的框架中，剪切层局部涡含量的概念产生于 $Re_{\text{ref}} \to \infty$ 的极限状态，即在边界层中，其大小等于外部无黏速度，而在尾流中，其大小等于尾流

95

（上、下表面）速度之差。当 $Re_{ref}\to\infty$ 时，剪切层的厚度为零。

（2）剪切层中速度剖面的形状不会产生影响，但前提是剖面形状的二阶导数及其更低阶导数是连续的。

（3）局部涡含量可以分为运动学动涡含量和运动学静涡含量。前者影响周围流场（涡动力学），后者影响可以局部抵消。

（4）定常运动中的升力翼型或非升力翼型的尾流不承载运动学动涡含量。

（5）对于定常超临界运动中的翼型或有限翼展机翼而言，通过局部涡含量的概念，可以得出以下结论：对于超临界流动的尾流特性，必须将激波后的涡量尾流考虑在内（通过对尾流强度进行所需的变化）。

（6）定常运动中的有限展长升力翼的尾流（即尾涡层）可局部分解为运动学活跃部分和非活跃部分。沿主流方向的非活跃部分可视为局部承载了黏性阻力，而横流方向的活跃部分可视为承载了诱导阻力。

（7）局部涡含量的概念能够将势流理论的奇点与奇点中含有的有限涡量联系起来。这适用于涡、边界层和尾流，在高雷诺数极限下，它们分别变成了涡奇点和涡片。

4.3 升力和诱导阻力：两次对称性中断

初步说明：本节中的"对称性"具有两层含义。首先，这意味着表面压力分布使得没有合力作用在翼型或机翼上；其次，这也意味着在几何意义上的对称。

4.3.1 第一对称性中断：升力翼型

1752 年，达朗贝尔证明了物体在不可压缩无黏流体中定常运动时，未受到任何净力的作用。这种情况可用势流理论来描述（表 1.3 中的模型 3）。

在这类势流中的翼型示意图如图 4.14 所示。驻点流线垂直地与翼型表面发生碰撞。在驻点位置有一个半鞍点（S_1'），在后驻点位置也有一个半鞍点（S_2'），流动在该位置同样垂直地离开了物体表面（见第 7 章）。流动绕过锐后缘。在势流（理论）中，这意味着无限大的速度，但在这类流动模型中允许无限大的速度存在。

图 4.14　绕翼型的定常不可压缩、无黏流动示意图。翼型未受到任何净力的作用

96

翼型后方的流动与翼型前方的流动具有相同的流动方向,即动量通量没有向下偏转。这表明翼型上不存在翼型升力。但这并不能表明阻力不存在。若要证明阻力不存在,则需要证明不存在尾流。

我们将图4.14中所示的流动情况认为是对称的。若在翼型的后缘插入库塔条件,则会发生对称性中断,如图4.15所示。1902年,库塔将该特性引入了势流升力理论。库塔条件反映了现实中观察到的情况:流动平稳离开翼型的尖后缘,即溢流分离。

图4.15 绕翼型(具有库塔条件)的定常不可压缩、无黏流动示意图。升力作用在翼型上

物体表面流场的基本拓扑结构见图4.14。但此时后驻点(S_2')位于后缘。若后缘有一个有限大小的开口角度,并且流动以平分线方向离开物体表面,则在势流理论框架下,S_2'处的速度实际上为零。

升力的存在说明翼型后方的流动向下偏转,但不能说明翼型上存在阻力(没有说明尾流是否存在)。

环量理论(表1.3中的模型4)通过将未受扰动的自由来流与势涡(即附着涡)相结合,对具有库塔条件的翼型绕流进行模拟,请参阅参考文献[13]。附着涡具有环量 Γ,且具有一定强度的附着涡能产生诱导速度,并将后驻点 S_2' 从翼型上表面的位置(图4.14)移动到后缘(图4.15)。通过这种方式,迫使后缘发生溢流分离。由此产生的每单位展长 l 的升力为

$$l = \rho_\infty u_\infty \Gamma$$

4.3.2 第二对称性中断:有限翼展升力翼

如图4.16所示,在无黏不可压流动的情况下,对3:1:0.125的类机翼椭球体的表面流线形态进行研究。攻角为 $\alpha = 15°$。①

观察椭球体右半展长($0 \leqslant y \leqslant b/2$)的俯视图。在该视图中,前驻点位于顶点($x = 0, y = 0$)下方的下表面(压力面)。附着线也位于下表面。从该附着线开始,下表面(压力面)的流线几乎沿弦长方向发散开,而上表面前缘附近的流线

---

① 图4.16基于参考文献[14]中的计算案例。流场用精确势流理论计算(表1.3中的模型3)[15-16]。

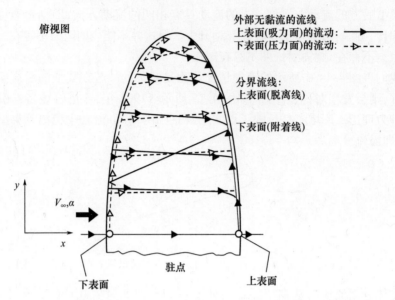

图4.16 无黏不可压缩流动的情况下,绕攻角 $\alpha = 15°$ 的3:1:0.125 的
类机翼椭球体流动的表面流线(模型3)[5]。z 坐标垂直于 x,y 坐标

也几乎沿弦长方向发散开。

可以观察到,在椭球体上表面的后缘位置,流线汇集成分离线(见7.1.3节)。上表面的流线直接汇集成为脱离线,并且来自下表面后缘位置附近的流线同样汇集成脱离线。分离线延伸到后驻点,而后驻点位于该视图中上表面,在底点($x = c(y = 0)$,$y = 0$)的上方。

我们从俯视图中可观察到,流线形态中出现了剪切现象,即机翼上、下表面的流场发生剪切,其后缘表现为椭球体上、下表面流线之间的剪切角 ψ_e。该剪切角在对称平面($y = 0$)中为零,并沿翼尖方向增大。

可以通过以下方法解释剪切产生的原因。我们处理的是线性势流问题,因此将自由来流的分量 $v_{\infty,x} = \cos\alpha v_{\infty}$ 与分量 $v_{\infty,z} = \sin\alpha v_{\infty}$ 进行叠加,得到了图4.16中所示的流线形态(另见7.4.3节)。当攻角为零时,流场中没有出现剪切。当升力存在时,在给定的展长位置 $y > 0$ 处,其剪切随攻角的增大而增加,直到达到一个最大值,而当攻角为90°时,剪切再次为零。

现在我们回到模型1。在几个构型进行的试验和理论/数值流场的研究结果表明了定域性原理的存在(见2.3节)。在本书中,该原理指的是物体形状的局部变化及由此产生的流动分离只影响该位置及其下游的流动。当然,在亚声速流场中,由于其椭圆特性,上游的流动也发生了变化,但这些变化通常很小。

98

然而,若在下游的尾流承载了运动学动含涡量(如在升力翼的位置产生了下洗流和诱导阻力),则这些变化虽然微小但仍不可忽略。

若类机翼椭球体的后缘足够薄,并且流动足够真实,则流动无疑会以一般的溢流分离形式脱离后缘表面。①

由于定域性原理的影响,从后缘流动剪切角 $\psi_e(= \psi_{e_u} + \psi_{e_l})$ 上看,后缘上游的流动存在着总体的剪切(见 4.2.6 节)。然后,这种剪切(即在汇集到图 4.16 所示的势流脱离线前)向下游延伸至机翼的尾流(即尾涡层)中,从而产生图 4.17 所示的流动几何形状。这是第二对称性中断的影响。

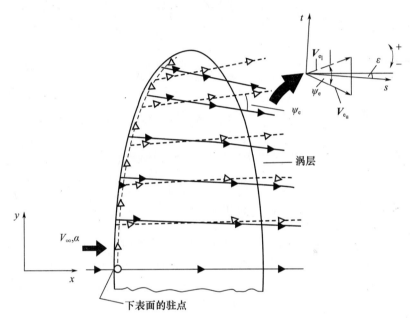

图 4.17　无黏不可压缩流动的情况下,绕攻角 $\alpha = 15°$ 的 3 : 1 : 0.125 类机翼椭球体流动的表面流线:后缘位置及其下游的真实无黏流型 (模型 1)[5]。"涡层"是指机翼的尾涡层。z 坐标垂直于 x,y 坐标

图 4.17 还给出了局部尾流坐标系,见 4.2.6 节的图 4.11。图中所示的(局部)涡线角 ϵ 为负值,因为该位置的后缘为前掠。假设一开始,尾涡层的中心剖面位于机翼剖面,而不是库塔方向(见 6.2 节)。

我们对观察结果进行了总结。虽然结论是通过对类机翼的椭球体进行研究得到的,但其适用于所有定常运动的有限展长升力翼:

————————————

① 第 6 章讨论了后缘特性以及实际的库塔条件。

（1）在无库塔条件的攻角下，在类机翼椭球体表面的无黏流线（模型3）关于 $x \approx 0.5c$ 的 y,z 平面（奇数）对称。这对于真实的机翼形状同样成立，但这种对称性不是严格意义上的几何对称。该构型未受到任何纯力的作用。

（2）若是真实流动（模型1），则流动不会绕后缘旋转，而是脱离后缘（即溢流分离）。这与库塔条件（代表第一对称性中断）相同，进而（翼型/机翼上）产生了升力。同时，无黏流线关于 $x \approx 0.5c$ 的 y,z 平面的（奇数）对称性也被破坏，即第二对称性中断。

（3）然而，第二对称性中断保留了模型1中无黏表面流线形态的一个重要特性，即无黏流线的剪切（机翼上、下流场发生剪切）。从模型1中后缘流动剪切角 ψ_e 上看，这种剪切近似于模型3中的剪切（在流动汇集成图4.16所示的脱离线之前）。

（4）第二对称性中断引起的剪切因溢流分离的影响而将运动学动涡含量引入尾流（见4.2.6节）。其结果是产生诱导的运动学动尾流（即尾涡层），从而在机翼位置产生下洗流和诱导阻力。诱导阻力是绕升力翼无黏流的一种普遍特性，而不是构成尾流的机翼上、下表面的分离三维边界层的特性。因此，只要存在隐式或显式库塔条件，就可以利用任何适当表述的无黏流模型来发现这种特性，尤其是采用势流理论方法（模型4）和离散数值欧拉方法（模型8）。

4.3.3　真实飞机机翼的对称性中断

关于真实情况中的升力翼，我们将进行两个方面的观察研究：

（1）库塔条件非常复杂，详见第6章。第6章介绍了：①沿展向变化的后缘流动剪切角 ψ_e；②涡线角 ϵ（其可能只在一部分后缘上是恒定的）；③弯曲效应；④后缘的有限厚度；⑤三角翼的前掠钝前缘。

（2）升力翼上、下表面无黏流场的剪切不像扁平椭球体那么明显。尤其是小展弦比的三角翼。而在更大攻角下出现的背风涡系（见第10章），则完全改变了这种不明显的流动剪切。另外，在大展弦比升力翼上，我们得到了具备全局效应的翼尖涡系（见8.4.4节），展弦比越小，其影响越大。

4.4　大展弦比升力翼的后缘流型：相容性条件

我们对离开后缘的局部运动学动涡含量与升力展向环量分布的关系进行研究。这种关系可以用相容性条件来描述。我们的目标是将表1.3中模型4与模型2在各个方面联系起来。

在4.2.6节中，我们将后缘的流动局部分解为一个类似二维尾流的剖面

$u(z)$ 和一个涡状剖面 $v(z)$，见图 4.12。通过式 (4.17)，我们发现：

$$\boldsymbol{\Omega}|_{Re_{ref} \to \infty} = [\Omega_s; \Omega_t; \Omega_z] = [2v_{e_i}; 0; 0] = [-2v_{e_u}; 0; 0]$$

涡状剖面具有有限的运动学动涡含量，而二维尾流状剖面的涡含量为零，因此其在运动学上是不活跃的。

图 4.13 展示了图 4.12(b) 中的分解尾流，其在高雷诺数极限下坍塌为势流理论中的涡。该层（涡片）中含有运动学动涡含量 Ω_s。

我们现在要问的是：如何将局部运动学动涡含量 Ω_s 与机翼的展向环量分布 $\Gamma(y)$ 局部联系起来？升力翼的总体情况如图 4.18 所示。此处 Γ_0 即翼根环量。

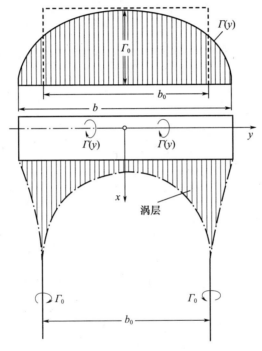

图 4.18　升力翼示意图：绘制了展向环量分布 $\Gamma(y)$、
机翼后面的尾涡层（尾流）以及环量为 Γ_0 的两个反向旋转尾涡[17]

普朗特在其提出的升力线机翼模型中，认为在翼尖的尾涡是充分发展的[18]，详见 3.4 节中关于该问题的讨论。但实际上，见图 4.18 的尾涡层变化，离开后缘的涡片强度沿展向增大。

该涡片卷起形成两个离散尾涡。充分发展的尾涡轴线位置的（初始）水平距离 b_0 小于展长 b。对于展向环量椭圆形分布的机翼，其展向载荷系数（见 3.16 节）为

$$s = \frac{b_0}{b} = \frac{\pi}{4} \qquad\qquad (4.19)$$

只有展弦比非常大的机翼才能使得比值达到 $b_0/b \to 1$。

尾涡完成卷起过程(尾涡层演化为尾涡对)的位置无法精确地定义。该过程是一个渐进的过程,有升力的大小、展向载荷和机翼的展弦比。对于大展弦比后掠翼或非后掠翼,卷起完成的大致位置一般为机翼下游的几个半展长距离[17],对于小展弦比机翼,卷起完成的位置则更加靠近后缘(在机翼下游 1 倍弦长或更短的距离)[19],关于这一点,请参阅 8.4.4 节。

上面我们已经注意到,在尾涡层的局部位置,s 坐标(图 4.13)既是流线又是涡线。因此,离开后缘的运动学动涡含量(即后缘涡量)可视为流向涡量[11]。①

因此,运动学动涡含量 $\varOmega_s$ 与环量 $\varGamma(y)$ 的局部联系显然需要通过环量的展向梯度实现。若涡线角 s 很小,则 y 位置的 $\varOmega_s$ 必须等于机翼展向方向的环量变化:

$$\frac{\mathrm{d}\varGamma}{\mathrm{d}y} = -\varOmega_s = -(v_{e_u} + v_{e_l}) = 2\,|\,\boldsymbol{V}_{e_u}\,|\sin\psi_{e_u} \qquad (4.20)$$

式(4.20)在参考文献[2]中作为相容性条件引入。

原则上,这是以模拟黏性流(模型 2)的角度对势流理论(模型 4)中升力翼不连续面进行讨论。但是,该讨论并不需要如大多数势流机翼理论一样假设 $\epsilon = 0$。

由式(4.20)可知,随着 $\mathrm{d}\varGamma/\mathrm{d}y$ 值的增大,$|\,\boldsymbol{V}_{e_u}\,|$ 值或后缘剪切角 ψ_{e_u} 必然增大。如上所述,第二对称性中断基本上能够使 ψ_{e_u} 值在展长方向上的增量近似保持不变。因此,总地来说,ψ_{e_u} 值的变化使得相容性条件得到了满足。这是定域性原理的另一个方面(见 2.3 节)。

关于相容性条件(请参见式(4.20)),简单地对无限展长后掠翼的升力翼情况进行观察研究。无限展长后掠翼的几何形状可以通过无限展长后掠翼和局部无限展长后掠翼进行简单、方便的局部近似[7]。

在无限展长后掠翼假设中,所有流动参数(特别是环量 $\varGamma$)不会沿着展向变化,因此后缘剪切角 ψ_{e_u} 必须为零。这意味着机翼后缘位置及周围的流场不同于有限展长升力翼假设的流场。没有运动学动涡含量离开后缘。尽管如此,无限展长后掠翼在研究(机翼)前缘位置及其附近的边界层稳定性和层流 - 湍流转捩等方面是非常有用的。

---

① Lighthill 将尾涡量称为残余涡量。

102

4.5 结　论

运动学动涡含量的概念能够将势流理论(模型4)的基本奇点与真实流动(模型1)中的黏性涡流现象联系起来。我们用非常简单的例子进行说明。例如,4.3.2节所述的椭圆形机翼形状与目前的大展弦比机翼形状相差甚远。尽管如此,这一概念能够解释真实机翼形状中会出现的重要流动特性,如第8章所述。

此外,该概念可以评估多个模型计算方法的能力。例如,对于绕具有尖前缘的小展弦比三角翼的流动,通过这一概念可以证明欧拉方程(模型8)的离散数值解确实能够正确表示主背风涡对(见第10章)。

另外,在尖后缘或锐前缘引入溢流分离的概念是一些研究结果的前提条件,尽管在真实情况下这些边缘可能不是准确意义上的锐边(见第6章)。真实的升力翼库塔条件也是一个更为复杂的概念,正如人们通常所理解的那样。在处理升力翼的流动问题时,必须意识到这些事实。

4.6 问　题

问题4.1　在4.1节的开始部分,假设所研究的剪切层非常薄。对边界层流动进行计算。假设一个平直的机翼表面,其弦长 $L = 5\mathrm{m}$,飞行高度 $H = 10\mathrm{km}$,马赫数 $Ma_\infty = 0.8$。假设在翼面的恢复温度情况下,忽略强相互作用,则边界层(a)层流边界层,(b)湍流的边界层在 $x/L = 0.5$ 和 $x/L = 1$ 位置时分别有多厚?这一假设合理吗?

问题4.2　推导兰金涡的涡含量积分(见4.2.1节)。圆柱坐标系中涡量的 z 分量为

$$\omega_z = \frac{1}{r}\frac{\mathrm{d}(rv_\theta)}{\mathrm{d}r}$$

问题4.3　翼型的上表面通常称为吸力面,下表面称为压力面。实际的流动情况如何?上表面是否存在吸力?升力是如何产生的?

问题4.4　证明图4.12所示的 s 方向是一条涡线。

问题4.5　环量理论基本上属于势流理论(模型4),通过环量 Γ 解释翼型的升力。观察4.3节的图4.14和图4.15,如何从物理上解释这一理论。记住,势流理论可叠加不同的流场/解。

问题4.6　见图4.18,展向环量分布如下:$y = 0$ 位置的环量为 Γ_0,左右两侧

的环量 $\Gamma(y)$ 逐渐减小。$\Gamma(y \neq 0)$ 值为什么小于 Γ_0 值？这在数学上反映为后缘处的一个条件中,该条件的名称是什么?

问题4.7 考虑图4.18。假设机翼定常运动,如何在升力线理论的框架下绘制尾涡层？它承载什么类型的涡含量？在运动学上是活跃的还是不活跃的,或者两者皆有？涡含量从何而来?

问题4.8 见图4.18(下侧部分),在对称线 $y = 0$ 的位置,涡层的范围有限。如何解释这一现象?

参 考 文 献

1. Hirschel, E.H.: Considerations of the vorticity field on wings. In: Haase, W. (ed.) Recent Contributions to Fluid Mechanics, pp. 129–137. Springer, Berlin (1982)
2. Hirschel, E.H., Fornasier, L.: Flowfield and vorticity distribution near wing trailing edges. AIAA-Paper, 1984–0421 (1984)
3. Hirschel, E.H.: On the creation of vorticity and entropy in the solution of the Euler equations for lifting wings. MBB-LKE122-AERO-MT-716, Ottobrunn, Germany (1985)
4. Hirschel, E.H., Rizzi, A.: The mechanisms of vorticity creation in Euler solutions for lifting wings. In: Elsenaar, A., Eriksson, G. (eds.) International Vortex-Flow Experiment on Euler Code Validation. FFA, Bromma (1987)
5. Eberle, A., Rizzi, A., Hirschel, E.H.: Numerical Solutions of the Euler Equations for Steady Flow Problems. Notes on Numerical Fluid Mechanics, Vol. 34. Vieweg, Braunschweig Wiesbaden (1992)
6. Hirschel, E.H.: Vortex flows: some general properties, and modelling. Configurational and manipulation aspects. AIAA-Paper, 96–2514 (1996)
7. Hirschel, E.H., Cousteix, J., Kordulla, W.: Three-Dimensional Attached Viscous Flow. Springer, Berlin (2014)
8. Fischer, J.: Selbstadaptive, lokale Netzverfeinerung für die numerische Simulation kompressibler, reibungsbehafteter Strömungen (Self-Adaptive Local Grid Refinement for the Numerical Simulation of Compressible Viscous Flows). Doctoral Thesis, University Stuttgart, Germany (1993)
9. Stanewsky, E., Puffert, W., Müller, R., Batemann, T.E.B.: Supercritical Airfoil CAST 7—Surface Pressure, Wake and Boundary Layer Measurements. AGARD AR-138, A3-1–A3-35 (1979)
10. Zierep, J.: Der senkrechte Verdichtungsstoß am gekrömmten Profil. ZAMP, vol. IXb, pp. 764–776 (1958)
11. Lighthill, J.: An Informal Introduction to Theoretical Fluid Mechanics. Clarendon Press, Oxford (1986)
12. Mangler, K.W., Smith, J.H.B.: Behaviour of the vortex sheet at the trailing edge of a lifting wing. Aeronaut. J. R. Aeronaut. Soc. **74**, 906–908 (1970)
13. Anderson Jr., J.D.: Fundamentals of Aerodynamics, 5th edn. McGraw Hill, New York (2011)
14. Schwamborn, D.: Laminare Grenzschichten in der Nähe der Anlegelinie an Flügeln und flügelänlichen Körpern mit Anstellung (Laminar Boundary Layers in the Vicinity of the Attachment Line at Wings and Wing-Like Bodies at Angle of Attack). Doctoral thesis, RWTH Aachen, Germany, 1981, also DFVLR-FB 81-31 (1981)

104

15. Zahm, A.F.: Flow and force equations for a body revolving in a fluid. NACA Rep. No. **323** (1930)
16. Maruhn, K.: Druckverteilung an elliptischen Rümpfen und in ihrem Außenraum. Deutsche Luftfahrtforchung, Jahrbuch 1941, SI, pp. 135–147 (1941)
17. Schlichting, H., Truckenbrodt, E.: Aerodynamik des Flugzeuges, vol. 1 and 2, Springer, Berlin/Göttingen/Heidelberg, 1959, also: Aerodynamics of the Aeroplane, 2nd edn (revised). McGraw Hill Higher Education, New York (1979)
18. Prandtl, L.: Tragflügeltheorie, I. und II. Mitteilung. Nachrichten der Kgl. Ges. Wiss. Göttingen, Math.-Phys. Klasse, 451–477 (1918) und 107–137 (1919)
19. Spreiter, J.R., Sacks, A.H.: The rolling up of the trailing vortex sheet and its effect on the downwash behind wings. J. Aeronaut. Sci. **18**, 21–32 (1951)

第5章　升力翼的离散欧拉解问题

随着三角翼战斗机的发展,背风涡现象成为空气动力学的一个研究课题(第10章和第11章讨论了与三角翼飞机相关的构型、流动机理和操作问题)。

为了描述背风涡,我们采用了分析法和半经验法,以及面元法(表1.3中的模型4),这就需要对三角翼(锐)前缘出现的涡片(补给层)进行几何建模[1]。这些方法在20世纪80年代初被欧拉方程的离散数值解所取代(表1.3中的模型8)。当然,现在基于模型10和更高阶模型的方法在这个领域里占据主导地位。尽管如此,在面对升力翼扰流模拟的一般问题时,欧拉方法仍合适。

本书研究了欧拉解使用之初就出现的问题,即流场中涡量的产生和熵的增长。5.1~5.3三个小节中使用运动学动涡含量的概念讨论了这些主题。关于大展弦比机翼的例子将在8.3节给出,关于三角翼的例子在10.4节给出。

5.1　升力翼绕流的欧拉解中的涡量产生

升力翼绕流的离散模拟欧拉解(模型8)必须以某一种形式包含真实(模型1)的尾流(尾涡层)。在4.2.6节中,我们借助模型2讨论了高雷诺数的尾流如何简化为势流机翼理论(模型4)中的不连续层或尾涡层。

在这个不连续层中隐藏的是真实的运动学动涡含量。类似于势流机翼理论,理想的欧拉解(模型7)中也应出现这一不连续层。这是欧拉方程(模型8)的一个弱解,如参考文献[2]所示。

在守恒形式的离散模拟欧拉解中,不连续层沿着网格节点传播。这与超声速流动中需要捕捉的激波类似[3]。而在亚临界流动中,情况则如图5.1所示。① 在图(a)中,可以看到4.2.6节中讨论的不连续层。运动学动涡含量 Ω_1 隐藏于这一层。在图5.1(b)中,可以看到由离散欧拉解产生的因扩散输运而加宽的不连续层。

从严格意义上讲,这种扩散输运是一种"伪"扩散输运。尽管如此,"欧拉尾

---

① 以下讨论也适用于超临界流动。必须考虑包括熵层尾流在内的整个尾涡(见4.2.3节)。

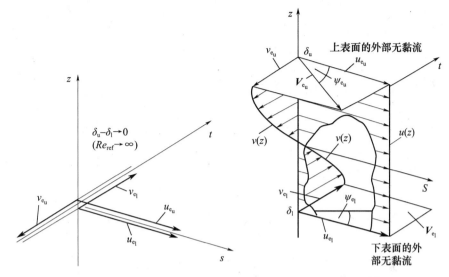

图 5.1 定常亚临界流动中有限翼展升力翼的三维尾流图[4]

(a)作为势流理论中的不连续层,极限 $Re_{ref} \to \infty$ 状态下的尾流(图 4.13);

(b)因涡量的数值扩散输运而加宽的不连续层:欧拉尾流。

流"理论上是正确的。$u(z)$ 剖面目前是均匀的,因为在无黏流模型中,既不存在表面摩擦阻力,也不存在黏性诱导压力或型阻,因此不存在运动学静涡含量。

实际上,由于在翼面上的上游尾流具有欧拉解的特性,图 5.1 中所示的 $u(z)$ 剖面应该是不均匀的。① (翼面的)上、下表面都有我们通常所说的欧拉边界层。这通常被认为是流动沿着物体表面而产生的总压损失以及总温损失[4]。在流动减缓的区域,这种损失可能相当明显。② 然而,只要后缘点的外部无黏速度 u_{e_u} 和 u_{e_l} 相同,则 $u(z)$ 剖面的涡含量在运动学上是不活跃的,这意味着 $u(z)$ 剖面可以选取任何形式。

$v(z)$ 剖面是一个涡状剖面,见图 4.12(b)。这种剖面的精确形式并不重要。重要的是,再次出现的不连续层中隐藏的运动学动涡含量,见图 5.1(b)。这种涡含量"承载"着诱导阻力,其表现与有限翼展升力翼绕流的离散无黏模型(模型 8)相兼容。

若存在库塔条件,则在流过大展弦比或小展弦比(三角翼)的升力翼绕流的欧拉方程的离散数值解中,欧拉尾流的出现是这类解的必要且充分的特性。

———————————————

① 关于这一点,另见参考文献[5]中的讨论。

② 总压损失取决于所选的变量、离散化方案和网格精度。根据现有的模拟问题,必须对此有所认识。

8.3 节(大展弦比机翼)和 10.4 节(带锐前缘的三角翼)中给出的例子证明了模型 8 方法的适用性,这同样可见 3.12.1 节。(模型 8)所出现的涡含量基本上有着正确的数值。这是由于熵的增长或(等价地说)总压损失,其将在下一节中进行讨论。

5.2 涡量及相关的熵增长

欧拉尾流中涡量的出现伴随着熵的增长,即总压损失。我们现在利用克罗科定理来研究这个问题(见 3.5 节)。

定常无黏等焓流动的定律如下:

$$v \times \mathrm{rot}\,v = v \times \boldsymbol{\omega} = -T\mathrm{grad}s \qquad (5.1)$$

式中:v 为速度矢量;$\boldsymbol{\omega}$ 为涡量矢量;T 为温度;s 为熵。

我们在 $Re_{\mathrm{ref}} \to \infty$ 的极限状态下(注意,在这种情况下 $w \to 0$),以拉伸形式引入了 $\boldsymbol{\omega}$(参见式(4.4)),得[①]

$$\frac{1}{2}\frac{\partial(u^2 + v^2)}{\partial z} = -T\frac{\partial s}{\partial z} \qquad (5.2)$$

假设理想气体条件下,我们将温度 T 与总温 T_t 及速度 u 和 v 联系起来:

$$T = T_t - \frac{u^2 + v^2}{2c_p} \qquad (5.3)$$

回到广义剪切层的单元(图 4.1),从下边缘 $z = \delta_1$ 开始对式(5.2)进行积分,得

$$s(z) - s(z = \delta_1) = c_p \ln\frac{-2c_p T_t + u^2(z) + v^2(z)}{-2c_p T_t + u_{e_1}^2 + v_{e_1}^2} \qquad (5.4)$$

下边缘的外部无黏速度可写成

$$u_{e_1}^2 + v_{e_1}^2 = |V_{e_1}|^2 \qquad (5.5)$$

然后,外部无黏流的马赫数 Ma_{e_1} 为

$$Ma_{e_1} = \frac{|V_{e_1}|}{(\gamma R T_{e_1})^{0.5}} \qquad (5.6)$$

---

① z 是拉伸坐标,但我们省略了波浪号。

108

我们将式(5.5)和式(5.6)代入式(5.4),最终得

$$\frac{s(z) - s(z = \delta_1)}{c_p} = \frac{\Delta s(z)}{c_p} = \ln\left[\frac{\gamma - 1}{2}Ma_{e_1}^2\left(1 - \frac{u^2(z) + v^2(z)}{|\boldsymbol{V}_{e_1}|^2}\right) + 1\right] \quad (5.7)$$

等效的总压损失 $\Delta p_t(z)$(请参见参考文献[3])为

$$\Delta p_t(z) = p_{t_{e_1}} - p_t(z) = p_{t_{e_1}}\left(1 - e^{-\frac{\gamma}{\gamma-1}\frac{\Delta s(z)}{c_p}}\right) \quad (5.8)$$

因此,熵增和等效的总压损失是尾流速度 u 和 v 的平方以及尾流边缘速度 $|\boldsymbol{V}_{e_1}|$ 的函数。在零马赫数的热力学奇异状态下的不可压缩流动,没有熵增。不过(这种情况下)会出现总压损失,但这种情况不在我们的考虑范围内。

现在我们来看 4 种尾流情况,其中第三种是欧拉尾流:

(1)二维尾流(图 4.4(a)):式(5.7)简单地简化为

$$\frac{\Delta s(z)}{c_p} = \ln\left[\frac{\gamma - 1}{2}Ma_{e_1}^2\left(1 - \frac{u^2(z)}{u_{e_1}^2}\right) + 1\right] \quad (5.9)$$

虽然尾流在运动学上是不活跃的,但正如预期的那样,我们观察到整个尾流区域出现了熵增,因此产生了总压损失。关于定常超临界运动中出现的尾流(图 4.4(b)),需要记住的是,在这种情况下的熵尾流中包含了激波的尾流,见图 4.6。

(2)三维升力翼尾流(图 4.12(b)):在分解视图中,运动学活跃尾流 $v(z)$ 和运动学不活跃尾流 $u(z)$ 都可能引起熵增,从而产生总压损失。式(5.7)显式地包含这部分尾流。

(3)欧拉尾流(图 5.1(b)):在这种情况下,我们假设 $u(z) = u_{el} =$ 常数,则式(5.7)为

$$\left.\frac{\Delta s(z)}{c_p}\right|_{Re_{ref}\to\infty} = \ln\left[\frac{\gamma - 1}{2}Ma_{e_1}^2\left(1 - \frac{u_{e_1}^2 + v^2(z)}{|\boldsymbol{V}_{e_1}|^2}\right) + 1\right] \quad (5.10)$$

当 $u(z) = u_{el} =$ 常数时,可以观察到与真实尾流相比,欧拉尾流的熵增减小,但由于 $v(z) < v_{el}$,熵增长不会消失。我们注意到在参考文献[5]中提出的关于 $u(z)$ 是均匀性还是不均匀性的观点(另见前文 5.1 节)是有道理的。虽然涡含量的 u 分量仍然为零,但熵的生成受到了影响。

(4)无限展长后掠翼的欧拉尾流:在 4.4 节中,我们已经注意到没有运动学动涡含量离开无限展长后掠翼的后缘。后缘剪切角 ψ_e 为零。这意味着 v_{el} 和 v_{eu} 以及 $v(z)$ 均为零,见图 5.1。因为我们假设欧拉尾流 $u(z) = u_{el} =$ 常数,所以式(5.7)变为

$$\left. \frac{\Delta s(z)}{c_p} \right|_{Re_{\text{ref}} \to \infty} = \ln\left[\frac{\gamma - 1}{2} Ma_{e_1}^2 \left(1 - \frac{u_{e_1}^2}{u_{e_1}^2} \right) + 1 \right] = 0 \qquad (5.11)$$

结果表明,在这种情况下,除上、下表面的欧拉边界层外,流动中没有出现熵增长。

5.3　批判性评价

欧拉(模型的)代码(即模型 8 方法,请参见表 1.3)至今已经被使用了很长时间,最初甚至被用于生成数据集,目前仅用于飞行器形状确定的早期阶段。不过,我们仍应该了解其优势和缺陷并主要遵循参考文献[4]中给出的讨论。

我们在 5.1 节中已经讨论论过,与势流理论(模型 4)类似的是,有限翼展升力翼的欧拉解在后缘的下游区域出现了一个不连续面,这是尾涡层的计算结果。在大后掠的机翼前缘上(这是三角翼的主要几何特性,其具有某一关于"法向攻角 α_N"和"法向前缘马赫数 Ma_N"临界组合)同样有一个不连续面从各个前缘脱落,见 10.1 节。这些不连续面就是背风涡的"补给层"。

我们注意到,这两种机翼上也可能出现二次涡甚至三次涡现象(模型 1)。此外,我们还注意到,类似于大展弦比机翼的情况,三角翼的后缘上也出现了一个尾涡层,见图 1.10(b)。

前面所述的不连续面实际上就是处于 $Re_{\text{ref}} \to \infty$ 的极限状态下的尾涡(模型 1)。用欧拉方法处理的真正不连续面(如势流理论中的涡片)是精确的,但这会对一般机翼和飞行器的求解造成极大的影响。原因是它们(其余部分的解与不连续面的解)必须"装配"(在一起),即能在(同一)坐标面表示,如激波装配。因此,通过类似于激波捕捉格式的方法捕捉到有限厚度的欧拉尾流也是可以接受的。

事实上,捕捉欧拉尾流是唯一可行的方法,这是因为在欧拉尾流中出现的运动学动涡含量在理论上是可以精确描述的。

然而,对数值欧拉解的研究表明,关于"欧拉尾流"现象至少存在两个问题:

(1) 在理想情况下,欧拉尾流(模型 8)的厚度应该是真实尾流(模型 1)的厚度。很明显,若欧拉尾流存在于 4 个网格单元上,则(它的厚度)取决于网格单元的大小,即计算域离散的局部精度有多高,欧拉尾流的厚度就有多大。

在独立的机翼情况下,只要尾流输运的涡含量正确,欧拉尾流的厚度就并不重要。

但在涡片或涡发生相互作用,或者与某些典型构型(如三角翼的背风涡)发生相互作用的情况下,若没有正确表示涡片或涡区域的厚度,则该数值解是错误的。

(2)由于机翼后计算域的离散化,可能导致一部分运动学动涡含量的丢失,尾流中也会损失一定的环量。这一问题通常会存在于这类流动的所有离散数值解中,请参见 8.4 节中的 CRM 机翼尾流情况。

但在面元法(模型 4)和 RANS(模型 10)以及更高阶的模型求解中,机翼后面的流域通常只进行了相当粗糙的离散化。尽管如此,机翼上的力和力矩以及流动特性可以计算到足够的精度。对于欧拉方法,同样也是如此(当然,这需要在模型 8 的适用范围内)。

这一问题(离散化问题)与独立的大展弦比机翼有关。但在尾涡层或涡之间发生相互作用,或与尾翼发生相互作用的情况下,如果离散得不够充分,那么数值解就会存在误差。当然,小展弦比机翼(尤其是三角翼)也存在这个问题。若存在背风涡现象,则合适的背风面离散化或网格自适应是至关重要的。

模型 8 欧拉解的扩散特性与第一个问题有关,在某种程度上也与第二个问题相关。此外,必须保证远场边界条件不会影响远场尾流的环量守恒(在大多数方法中所使用的都是特征边界条件),请参见参考文献[4]。甚至对于某些(欧拉模型的)代码中的升力翼型而言,在计算域的外边界附近,环量也会消失。而上述的所有问题对于模型 10(RANS/URANS)和模型 11(尺度分解)的仿真也是存在的。

5.4 问 题

问题 5.1 为什么只要 $u(\delta_u) = u(\delta_l)$,图 5.1 中的 $u(z)$ 就可以是任何形状。

问题 5.2 为什么欧拉方程(模型 8)的离散数值解在设计工作中具有重要意义? 与模型 4 和模型 10/11 方法相比,应用范围有什么不同?

问题 5.3 在成本方面,本章介绍的方法有什么不同? 考虑不同方法计算的整个过程。

问题 5.4 如果 $u(z)$ 不是常数,那么关于熵增的尾流是什么情况? 为什么说函数 $u(z)$ 很重要?

问题 5.5 为什么在离散数值解中需要适当的网格分辨率? 涉及表 4.1 中的哪些流动模型?

参 考 文 献

1. Rom, J.: High Angle of Attack Aerodynamics. Springer, Heidelberg (1992)
2. Powell, K.G., Murman, E.M., Perez, E.S., Baron, J.R.: Total pressure loss in vortical solutions of the conical Euler equations. AIAA J. **25**, 360–368 (1987)
3. Hirschel, E.H.: Basics of Aerothermodynamics, 2nd edn (revised). Springer, Cham (2015)
4. Eberle, A., Rizzi, A., Hirschel, E.H.: Numerical Solutions of the Euler Equations for Steady Flow Problems. Notes on Numerical Fluid Mechanics, vol. 34. Vieweg, Braunschweig Wiesbaden (1992)
5. Hoeijmakers, H.W.M.: Modelling and numerical simulation of vortex flow in aerodynamics. AGARD-CP-494, 1-1–1-16 (1991)

第6章　关于库塔条件

在1.5节中定义的所有物理和数学流动模型中,库塔条件通常被认为是出现在气动表面尖端的条件。它(尖端)可以是大展弦比机翼的"零厚度"后缘,也可以是三角翼的"尖"前缘。通常假设流动沿平分线方向离开后缘。

然而,现实中需要更细致的观察,因为库塔方向(我们这样称呼它)不一定与平分线方向相同。为了了解相关的流动现象,通常需要更细致的观察。而且这一问题之后会出现在将1.5节中的物理和数学模型应用到实际外形的后缘(和前缘)时,由此也会出现在离散数值方法的网格生成中。因此,我们将在以下小节中讨论两个不同的主题:弯曲现象和库塔条件,以及库塔条件和实际方向的问题。

6.1　弯　曲　现　象

在亚临界情况下(亚声速飞行状态),尖端的无黏溢流分离发生在平分线方向。然而,在真实的升力翼的后缘上,实际溢流方向(即库塔方向)略微向上偏转,从而导致升力减小。这种效应称为弯曲效应。目前,弯曲效应有边界层弯曲和激波弯曲两种基本机制,后者出现在超临界情况下(跨声速和超声速飞行状态)。接下来我们讨论并举例说明在翼型上发生的这种弯曲效应,即在二维条件下。该结果同样适用于三维情况,并且适用于机翼和各种气动配平面、安定面、操纵面以及增升舵面。

6.1.1　边界层弯曲

边界层弯曲效应是边界层位移特性的影响造成的[1]。① 在亚临界运动中,翼型边界层弯曲效应表现为升力线斜率 $dC_L/d\alpha$ 的略微减小(根据(无黏)薄翼理论,升力线斜率 $dC_L/d\alpha = 2\pi$[3])。这一效应(对升力线斜率的减小效果)随雷诺数的增加而减小。

---

① 边界层弯曲的概念似乎是由 M. J. Lighthill[2] 提出的。

为了理解这种效应,我们考虑了对称翼型的情况。首先观察零攻角下的情况。此时翼型上、下两表面的边界层位移厚度(虽然很小,但不可忽略)在翼型的后缘上是相同的①。溢流方向为翼型后缘的平分线方向,与自由来流方向相同,此时并不存在弯曲现象(但对于非对称翼型而言,在名义非零升力(攻角为零)情况下,边界层弯曲效应已经出现)。

在有攻角的条件下,我们观察到后缘上表面(吸力面)的位移厚度比下表面(受压面)更大。因此,发生弯曲现象时,溢流方向略微向上表面移动。不同位移厚度的原因如下:

(1) 当攻角为正时,驻点从前缘点位置移动到翼型的下表面。这意味着上表面的边界层长度增加,因此后缘上表面的边界层更厚,位移厚度更大。

(2) 外部无黏速度较大,因此吸力面的边界层比压力面的边界层能承受更大的逆压梯度。这意味着与下表面边界层相比,后缘上表面边界层的位移厚度进一步增加。

(3) 根据实际表面压力和外部无黏速度分布,上表面和下表面的层流－湍流转捩位置有所不同。若(通常情况下)上表面的转捩位置比下表面的转捩位置更靠前,则会使上表面的湍流边界层的长度更长,从而使后缘上表面位移厚度进一步增加。

关于边界层弯曲效应,我们总结如下:

(1) 在亚临界和超临界情况下均会发生边界层弯曲,在超临界情况下还会同时发生激波弯曲(见6.1.2节)。这是由后缘附近边界层的位移效应造成的。

(2) 位移效应的大小首先取决于翼型的形状和攻角,其次取决于表面压力分布,最后取决于层流－湍流转捩的位置。其主要流动参数为雷诺数。雷诺数越高,位移厚度越小,因此边界层弯曲程度越强。

(3) 这些结论对于翼型和机翼,以及安定面和配平面均成立,见前文。

6.1.2 激波弯曲效应

激波弯曲效应是超临界情况(即跨声速飞行状态)下除边界层弯曲之外出现的另一种效应。为了理解激波弯曲,我们必须观察升力翼型后缘的流动情况。以4.2.3节中图4.6所示的情况为例。在翼型的吸力面上有一个具有终止激波的超声速腔。不过,我们可以一种非常简单的方式来处理无黏情况。

---

① 与普通分离一样,溢流分离的局部特点表现为外部无黏流与边界层流的强相互作用(见2.2节)。不过,我们可以在本书中简单地介绍后缘的边界层。

对于本书考虑的所有定常流动情况,若忽略可能存在的近(壁面)尾流曲率效应,则在后缘上表面和下表面的表面(静)压力是相等的。在亚临界情况下,后缘上下表面的总压 p_t 是相等的,速度 V_u 和 V_1 也是相等的,因此动量通量矢量 $|Q|$ 的绝对值也是相等的。

为了定义后者(动量通量矢量),我们考虑了翼型曲面上与之平行的微元 Δn 上的流动。设 a_x 为指向曲面下游的切线方向的单位矢量[1],则可以近似取得动量通量矢量 $Q = \rho |V^2| \Delta n a_x$。

在亚临界情况下,动量通量矢量的绝对值在后缘的上表面(u)和下表面(l)上是相同的,即 $|Q_u| = |Q_1|$。这种状态会出现在所有的亚临界情况下,超临界情况下的零攻角对称翼型(即零升力状态)也会出现这种状态。

在超临界情况下会出现激波:①要么激波只出现在翼型的吸力面(图4.6);②要么上、下表面均存在激波,吸力面的激波强度较大。

在情况①下,激波后发生的总压损失使吸力面速度降低,从而减小后缘动量通量 $|Q_u|$(这也能够解释情况②): $|Q_u| < |Q_1|$。(在无黏流动中[5],由于激波垂直于物体表面,若已经确定了波前马赫数,则可以得到表面上的总压损失的大小[4]。)

这两种情况所产生的结果都是流动的方向上偏(对比后缘平分线的方向),即激波弯曲,如图6.1所示。

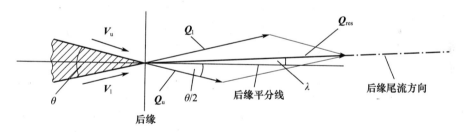

图6.1　吸力面出现激波时超临界翼型后缘的无黏流动:流动(库塔方向)
偏离平分线方向(由于激波弯曲)[4]

激波弯曲的研究出现于 20 世纪 70 年代末、80 年代初,当时发展了基于可压缩全位势方程(表1.3中的模型5)的离散数值方法。这些方法采用位势方程的守恒形式,能够描述流场中出现的激波,但在激波的强度和位置的预测中都存在问题。因此,全位势方法对翼型气动特性的预测是错误的。

全位势方程法的问题在于,尽管捕捉到了激波,但并没有出现真实情况下存在的总压损失(位势方法无法描述总压损失)。因此,模拟的流动沿平分线方向离开后缘,即无法描述激波弯曲。尽管全位势方程法发展了一系列解决这个问题的格式(参见参考文献[6-8]),但最终还是被离散数值欧拉法(模型8)和纳维尔-斯托克斯/RANS方法(模型9/10)所取代,这两种方法能够描述激波弯曲现象。

关于激波弯曲效应,我们总结如下:

(1)超临界情况下会出现激波弯曲。波前马赫数越大,这一效应越强。跨声速翼型可能具有超声速腔,因此上、下表面均可能出现激波。此时激波弯曲效应会变弱,极端情况下甚至会消失。

(2)激波还有另一种影响。在激波根部位置的波前马赫数低于 $Ma_{foot} \approx 1.3 \sim 1.35$ 时,边界层不会分离,而是出现较弱的激波/边界层相互干扰(见9.1节)。如图6.1所示,在无黏状态下,激波与物体表面呈直角。对于所有的超声速状态,单位雷诺数穿过正激波时减小[9]。因此,比起波前的边界层,波后的边界层厚度增加。① 这使得下游边界层进一步增厚。

当 $Ma_{foot} \geqslant 1.3$ 时,激波/边界层与分离气泡发生了强相互作用。这两种情况下都会增大(边界层)位移厚度,进而增强边界层弯曲效应。(在更高的马赫数下,甚至会出现激波失速,即激波根部后方发生完全分离,从而产生跨声速抖振(见9.1节)。此时,我们考虑边界层弯曲效应就变得没有意义了。)

关于边界层和激波弯曲综合作用的例子,请参见6.5节中的图6.8。

6.2 实际库塔条件和库塔方向

现实中的库塔条件和库塔方向(表1.3中的模型1)与模型4和模型7所考虑的库塔条件和库塔方向有所不同。无黏流动会平滑地沿着后缘平分线方向分开后缘,见图4.15。

我们首先考虑了二维情况。在后缘的上表面和下表面都有无黏外流的情况下,无论是在模拟黏性流(模型2)还是纳维尔-斯托克斯流和其衍生流(模型9/10)中,某种程度上都存在着两个库塔方向。并且由于弯曲效应,这两个库塔方向不在平分线方向上。对于真实的库塔方向,可将其定义为近尾流的中心线方向,如4.2.3节中的图4.6所示。

在三维情况下,由于弯曲效应的存在,我们同样也有两个无黏外流的库塔方向。此外,在有限翼展升力机翼上,库塔方向还受到后缘流动剪切角 ψ_e(是展向位置的函数)的剪切影响。两个无黏外流之间的黏性流具有复杂的形态,如

---

① 所有边界层厚度与雷诺数某个幂成反比(见附录A.5.4)。

4.2.6 节中的图 4.12 所示。这里我们同样把近尾流中心线的方向定义为库塔方向,在该图中为 s 坐标方向。这条中心线是一条涡线,其偏离了 x 坐标方向(弦长方向),并与 x 坐标方向存在正的或负的涡线角 ϵ。

从以下章节可以看到,航行飞机的实际情况更加复杂,并且真实机翼后缘是有厚度的。

6.3 实际机翼后缘和前缘的几何特性

一般认为后缘具有锐角或者锐边。实际上,它们不是严格意义上的尖端。① 机翼加工要求会产生一定的钝度,且实际需求也是如此。亚声速和跨声速运输机的前缘都具有相当钝度。如果飞行器上安装了后掠翼,其目的是尽可能提高阻力发散马赫数,那么这种需求(一定程度上的钝度)同样存在。阻力发散马赫数的提高也能通过非后掠的"薄翼"来实现,这种情况下前缘必须是尖锐的。超声速飞机上安装有大后掠的前缘。这种机翼或边条的前缘通常具有非常小的钝度。但一般认为此时的前缘是尖锐的。

我们研究了后缘和前缘的几何特性:①现存飞行器具有哪些机翼后缘特性;②给定的后缘厚度如何影响翼型或机翼的气动特性;③Küchemann 的观点中,什么时候能够将(翼型/机翼的)边缘视为"空气动力学上的"锐边(见 6.4 节)。

相关的文献非常丰富。不过,我们不进行系统的研究。关于翼型和机翼布局,请参见参考文献[11 – 12]。我们注意到,国家航空咨询委员会(NACA)在 1945 年公布了具有后缘厚度的翼型[13]。这些翼型具有以下特性,如"后缘厚度"与"局部弦长"之比为 $h/c = 0.126\%$(NACA 0006 基本厚度表),或 $h/c = 0.252\%$(NACA 0012 基本厚度表)。

此外,还有一个问题是关于超临界翼型的有限后缘角与锐后缘间的矛盾,同样由于现实条件限制,真实的超临界翼型尖后缘具有一定的厚度。关于这一点,读者可参见参考文献[11]。

在以下的讨论中,我们假设机翼是典型的细长翼型或者弦向截面。当然,翼型形状(尤其是后缘角)也起作用。② 本书不考虑具体的翼型和机翼设计参数。

---

① 虽然 D. Küchemann 提出的"空气动力学上的锐边"[10]一词在某种程度上回避了后缘几何特性的话题,但我们认为对其进行进一步的探讨是合理的。

② 大后缘角 θ 甚至可能在小攻角下产生 $-\mathrm{d}C_L/\mathrm{d}\alpha$[14]。

1. 现存飞机的后缘和前缘特性

亚声速运输机上的机翼后缘厚度范围从 $h \approx 0.5\,\mathrm{cm}$ 到 $1\,\mathrm{cm}$ 不等。[①] h/c 比值在 0.1% 到 0.5% 之间。[②] 在跨声速运输机(中前缘后掠角)上,机翼后缘厚度 $h \approx 1 \sim 1.5\,\mathrm{cm}$,局部比 $h/c \approx 0.2\% \sim 0.5\%$。为了降低与有限后缘厚度相关的阻力,计划在未来将其降至 $h \approx 0.5\,\mathrm{cm}$。

我们还注意到了 CRM 数据(见 8.4 节),CRM 是国际美国航空航天学会(AIAA)CFD 阻力预测研讨会的试验构型。在后缘的叶胡迪中断处,厚度为 $h = 1.31\,\mathrm{cm}$,比值为 $h/c \approx 0.15\%$。在 CRM 风洞试验模型靠翼尖位置,比值为 $h/c \approx 0.48\%$。为了放置测量仪器,这一厚度的存在是必需的。

具有大后掠前缘的现代战斗机上也存在类似的情况。后缘厚度从 $h \approx 0.5\,\mathrm{cm}$ 到 $2\,\mathrm{cm}$ 不等。在具有最薄后缘厚度的米格 21 战斗机上,该值为 $h = 0.15\,\mathrm{cm}$。但所有三角翼飞机的局部比值 h/c 都比较小。机翼的翼根区域为 $h/c \approx 0.1\%$,翼尖区域为 $h/c \approx 0.3\% \sim 0.5\%$。

当机翼具有大后掠前缘时,前缘半径 r_{LE} 也是一个很重要的参数。从翼根到翼尖,前缘半径通常有所不同。在翼根区域,可以发现 $r_{LE} \approx 2 \sim 3\,\mathrm{cm}$,而在翼尖区域,$r_{LE} \approx 0.7 \sim 1.5\,\mathrm{cm}$。因此,$r_{LE}/c$ 比值从 0.5% 到 0.1% 不等。

为了解决跨声速飞行状态下出现的阻力发散问题,人们把超临界翼型设计与前缘后掠相结合。另一种方法是使用前面提到的"薄翼"。薄翼例子中唯一可以获得的数据是 F - 104 星际战斗机的梯形翼前缘,其半径 $r_{LE} < 0.1\,\mathrm{cm}$。机翼的"最大机翼厚度"与"弦长"之比为 $d/c = 3.36\%$。后缘厚度为 $h \approx 0.25\,\mathrm{cm}$。当弦长为 $c \approx 3.2\,\mathrm{m}$(翼根)和 $c \approx 1.45\,\mathrm{m}$(翼尖)时,后缘位置比值为 $h/c \approx 0.1\% \sim 0.2\%$。

高超声速飞行器会出现一种特殊的情况,热载荷和结构完整性问题可能需要相当钝的前缘和后缘。虽然 X - 15 的楔形垂直安定面后缘就是一个明显的反例,但这是为了在高超声速下获得必要的航向稳定性。[③]

2. 翼型后缘厚度和空气动力性能

早期翼型钝后缘影响的系统性研究出现于 1927 年[15]。在哥廷根空气动力研究所(AVA)的风洞中,对 508 号非对称翼型和 460 号对称翼型进行了试验。两种翼型弦长均为 $c = 20\,\mathrm{cm}$。翼型以 $2\,\mathrm{cm}$ 的步长被系统地截断,如图 6.2 所示。报告中对升力 - 阻力系数曲线和升力 - 力矩系数曲线进行了测量。

---

① 作者非常感谢慕尼黑德意志博物馆,提供了研究大量飞行器机翼的机会,也感谢处理数据的同事们。

② 钝后缘的实际形状从锐切到圆边不等。虽然详细的形状可能起到局部的作用,但我们不予考虑。

③ 参考文献[3]中可以找到关于这种情况在流体力学方面的详细讨论。

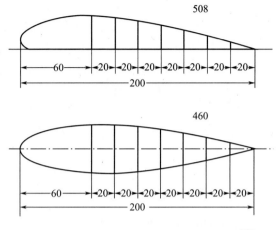

图 6.2 508 号和 460 号翼型的截断示意图[15]

我们讨论了(后缘)首个 2cm 部分被截断后的试验结果。此时 508 号翼型的"后缘厚度"与"局部弦长"之比为 $h/c \approx 2.75\%$，而 460 号翼型为 $h/c \approx 5.5\%$。需要注意的是，这两个值都比前面给出的值大得多。

试验数据表明，当升力 C'_{D0} 为零时，(截断 2cm 后的)508 号翼型的阻力增加了 20% 左右，460 号翼型的阻力增加了 63% 左右。[①] (截断 2cm 后的)508 号翼型的最大升力 $C'_{L_{\max}}$ 降低了 9% 左右，460 号翼型的最大升力降低了 3.5% 左右。压心如预期一般向前移动。关于(截断之后)阻力的增大，对称翼型通常比非对称翼型受到的影响更大。这是由于 460 号翼型的后缘角 θ 较大造成的。

这些测量是在低速风洞中进行的。两个翼型模型的展长均为 1m。报告中未给出雷诺数和边界层的状态，但预计层流－湍流转捩可能发生在翼型最大厚度位置或其下游附近。报告中还给出了与实际缩比翼型长度相关的系数。参考文献[15]中的一些结论是不能接受的，因为报告中考虑的不是力系数，而是实际的力。

无论如何，数据表明若后缘存在有限大小的厚度，则(翼型/机翼的)气动特性会发生一些预期的变化。虽然加工制造的需求和实际需求会要求后缘具有一定的厚度，但这一厚度应尽可能小，以避免(特别是)对阻力的不利影响。

当然，在翼型和机翼设计的总体框架中必须有关于有限大小的后缘厚度的

---

① 这些数字指的是与(未截断 20cm 长度)原始翼型系数的对比。

主题,请参见参考文献[10 – 12,16]。

后缘特性对翼型或机翼气动性能的影响是一个研究课题。而另一个研究课题则是钝后缘位置处及其下游的流动。通常,可以假设,在各个(物体)边缘位置,流出物体表面的两个边界层的厚度远大于(物体)边缘厚度。不过,由于涡脱落的影响,流场中会出现尾流,该尾流具有非定常特性。例如,在二维情况下,有些研究者发现了卡门涡街的存在[17]。在三维升力翼情况(即上、下表面存在外部无黏流动剪切、机翼流场剪切的情况)下,相关数据尚不清楚,请参见图4.17。

钝后缘产生的噪声与涡脱落有关。通常情况下这不是一个非常关键的问题。原因是(噪声的)相关频率非常高。这可以通过考虑斯特劳哈尔数看出。圆柱体后面涡脱落(二维情况)的斯特劳哈尔数(与雷诺数相关),从 $Sr \approx 0.2$($Re \approx 10^4$)至 $Sr \approx 0.3$($Re \approx 10^7$)。这些数值通常是通过观察钝体后面的涡脱落得到的,请参见参考文献[18](雷诺数定义为 $Re = \rho u h / \mu$)。

我们得出

$$Sr = \frac{fh}{u} \tag{6.1}$$

式中:f 为脱落频率;h 为圆柱体的直径(即在本例中,是指后缘的厚度);u 为自由来流速度(即在本例中,是指后缘(上、下表面)的外部无黏速度)。

频率关系为

$$f = \frac{Sr\, u}{h} \tag{6.2}$$

根据典型飞行器的飞行数据,我们发现这一频率在人类听觉范围上限的窄频带内。这种“哔哔声”被机身及其部件和推进系统发出的噪声所掩盖。钝后缘噪声对飞机的巡航构型影响较小,但对起降构型影响较大。低噪声飞机是一个较大的研究课题,而钝后缘噪声正是其中的一部分。关于这种噪声的最新研究以及可能采取的降噪概念,请参见参考文献[19]。

这种情况与风力涡轮机转子、直升机旋翼相似。在转子叶片的最内侧部分可以使用所谓的钝“平底”翼型。其好处是叶片结构更轻、更坚固。平底后缘翼型是通过后缘开口实现的,而不是像飞机机翼后缘的那样简单地截断翼型。但是,这种结构会因为钝后缘的涡脱落而产生额外的噪声,请参见参考文献[20 – 21]。由于平底后缘翼型仅用于转子的内侧部分,所以允许研究使用二维案例。

120

6.4 （翼型/机翼）边缘何时可以视为空气动力学尖端？

这个问题涉及理论/数值和试验工作中的建模问题。可以想象的是，"后缘厚度"与"上、下表面边界层位移厚度"之比 h/δ_1 会产生较大的影响。但作者不了解这方面的具体研究以及标准。

目前的数值空气动力学方法（表 1.3 中的模型 10）允许在钝后缘或前缘位置使用适当的网格解析。当然，其中依然存在湍流建模的问题。在预设计阶段，使用欧拉方法（模型 8）。对于欧拉方法而言，并不需要在后缘位置设置高分辨率的网格。对于大后掠前缘，情况则有所不同，在这种情况下，需要知道的是在给定的工况下，是否可将略微圆形的边缘建模为尖端（见下文）。

在高雷诺数风洞试验中必须真实反映飞机模型后缘和前缘的几何特性。这样才能满足 h/δ_1 的比值。但风洞中的飞机模型通常不很大，因此几何细节的精度不足是一个普遍的问题。在低雷诺数设施中，h/δ_1 比值无法满足，获得的阻力数据存在误差。

关于三角翼后掠钝前缘何时视为空气动力学尖端的问题，VFE - 2 研究工作表明，横流钝度参数 p_b 提供了一个定性的参考（见 10.2.4 节）：

$$p_b(x) = \frac{r_{le}(x)}{b'(x)} \tag{6.3}$$

式中：局部 r_{le} 为前缘半径；$b'(x)$ 为展向宽度，这两个参数都是在机翼 x 位置的横截面中定义的。

为了说明横流钝度参数的用处，我们尝试进行理想实验。我们假设，与线性（模型 4）势流一样，可将流经三角翼的流场分成两个部分：一部分平行于机翼的 x 轴；一部分垂直于 $x - y$ 平面，平行于 z 轴。垂直于机翼（z 方向）的自由来流分量为 $v_n = \sin\alpha u_\infty$，$x$ 方向的自由来流分量为 $v_t = \cos\alpha u_\infty$。因此，我们得到 $Ma_n = \sin\alpha Ma_\infty$ 和 $Ma_t = \cos\alpha Ma_\infty$。

我们考虑用椭圆柱扰流来代替垂直于机翼的流动进行研究，如图 6.3 所示。这个较平的圆柱体代表三角翼的横截面。我们将 $\delta = b/d$ 定义为圆柱体的厚度反比。若 $\delta = 1$，则给出圆柱体；若 δ 值很大，则椭圆形近似于三角翼的横截面。

若流动是不可压缩的，则线性势流理论（请参见参考文献[22]）能给出绕圆柱的流动速度 v_c：

$$v_c = \frac{(1 + \delta) v_n}{\sqrt{1 + \delta^2 \cot^2\varphi}} \tag{6.4}$$

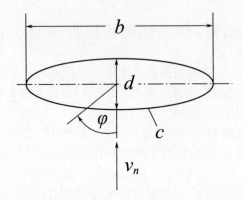

图 6.3 椭圆柱的几何参数。厚度反比 $\delta = b/d$。φ 为极角

表面压力分布如下：

$$c_p = 1 - \left(\frac{v_c}{v_n}\right)^2 \tag{6.5}$$

对于圆柱体 $\delta = 1$。此时我们能在 $\varphi = 90°$ 和 $270°$ 时得到类似的结果，速度为 $v_{cmax} = 2v_n$，压力系数为 $c_{pmin} = -3$。

若椭圆柱越来越平，则在 $\varphi = 90°$ 和 $270°$ 的边缘位置的最大速度相应上升，并且这些位置前面的顺压系数和后面的逆压系数也随之升高。图 6.4(a)（小 δ 数情况下 $\varphi = 90°$ 位置附近的压力系数变化）展示了这一现象。

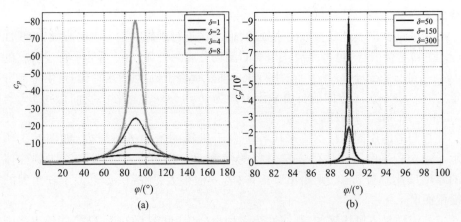

图 6.4 表面压力系数 $c_p(\varphi)$ [23]

(a)小的厚度反比 δ 情况下，c_p 在 $0° \leqslant \varphi \leqslant 180°$ 区间的变化图；

(b)大的厚度反比 δ 情况下，c_p 在 $80° \leqslant \varphi \leqslant 100°$ 区间的变化图。

注意,在$\varphi=90°$和$270°$的"前缘"位置附近,压力分布是对称的。当δ数较大时,我们可以获得非常陡峭的压力峰值,如图6.4(b)所示。

在小的厚度反比下,压力系数的梯度是极角φ的函数,如图6.5所示。我们看到,$\mathrm{d}c_p/\mathrm{d}\varphi$的最大值随$\delta$的增大而增大,并向$\varphi=90°$的前缘位置靠近,如图6.5(a)所示。而我们关注的逆压梯度最大值位置,则位于"前缘"上,即$\varphi>90°$后的部分。

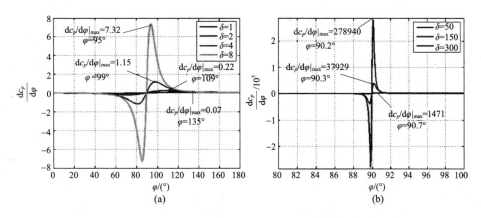

图6.5　表面压力系数的梯度$\mathrm{d}c_p/\mathrm{d}\varphi(\varphi)$[23]（见彩图）

(a)小的厚度反比δ情况下,$\mathrm{d}c_p/\mathrm{d}\varphi$在$0°\leqslant\varphi\leqslant180°$区间的变化图；(b)大的厚度反比$\delta$情况下,$\mathrm{d}c_p/\mathrm{d}\varphi$在$80°\leqslant\varphi\leqslant100°$区间的变化图。图中标记了逆压梯度最大值的位置,并给出了最大值。

当厚度反比较大时,靠近"前缘"位置出现了极大的(压力)梯度,如图6.5(b)所示。这表明至少在$\delta\approx200$时,前缘起空气动力学上的尖端作用。[①]

如果我们现在用厚度反比δ来代表圆边三角翼的钝度参数p_b(沿前缘变化),则

$$p_b\bigg|_{loc}=\frac{r_{le}}{b'}\bigg|_{loc}=\frac{d/2}{b'}\bigg|_{loc}\equiv\frac{1}{2\delta} \tag{6.6}$$

从上述结果给出的标准中,我们可以推导出机翼在什么情况下会发生普通的流动分离,什么情况下前缘被视为空气动力学上的尖端而发生溢流分离。

最后,需要注意的是,关于分离的最具决定性的参数是表面压力的梯度,而不是表面压力系数的梯度。

$$\frac{\mathrm{d}p}{\mathrm{d}\varphi}=\frac{\rho_\infty}{2}\sin^2\alpha u_\infty^2\frac{\mathrm{d}c_p}{\mathrm{d}\varphi} \tag{6.7}$$

---

① 我们非常感谢 C. Weiland 提供了图6.5所示的结果[23]。

同样,我们可以看到,攻角也起到了一定的作用。攻角越大,真实情况下的最大压力梯度就越高。

此时,我们完成了格丹肯试验。为了继续试验,我们必须引入一个分离标准。对于二维流动而言,B. Thwaites(关于层流)和 B. S. Stratford(关于湍流)的经验标准(见 2.1 节)都是合适的标准。但是,我们的流场是高度三维化的,因此不能简单地采用这些标准。

此外,我们必须记住,到目前为止,我们考虑的所有情况都是基于线性势流理论。考虑到流动的真实性,表面压力系数取负值时不能没有限制。这一限制由真空压力系数 c_{pvac} 给定(见附录 A.1)。图 6.6 显示了一般的自由来流情况下,真空压力系数的变化曲线。

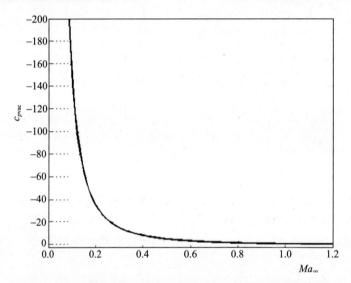

图 6.6 作为自由来流马赫数 Ma_∞ 函数的真空压力系数 c_{pvac}

但在本例中,当 $Ma_n = \sin\alpha Ma_\infty$ 时,真空压力系数可以达到相当大的负值。总之,我们不能过于强调实验的理想性。

6.5 隐式和显式库塔条件、建模和网格生成问题

若在尖端位置出现溢流分离,则存在隐式库塔条件。若流动受逆压梯度的影响离开物体表面,则存在显式库塔条件。

对于带攻角三角翼上的无黏流动,为了实现二次分离,显式库塔条件已被用

在了欧拉解(模型 7 和 8)上,其结果好坏参半,请参见参考文献[24 - 25]。通常不建议采用这种方法。

通过库塔面在翼型后缘施加显式库塔条件,成功在守恒形式全位势方程(模型 5)中模拟激波弯曲现象。在这种方法中,库塔面的目的是使后缘流动的方向与库塔方向相同,见 6.1.2 节中的图 6.1。

有种特殊的方法就是使用自由浮动且可变形的不受力库塔面。通过这种面,可使离散数值方法(模型 8 和 9)的网格局部适应流型。这种方法能够让所有尾流都具有合适的网格方向,并使得使用湍流模型更加方便。

我们展示了两个使用这种面元的例子[26]。但是,这种方法的先决条件是借助适当的传感器进行网格的自适应[27]。

基本情况如图 6.7 所示。图 6.7(a)是典型的 O 型网格,可以是结构的也可以是非结构的。图 6.7(b)展示了对给定库塔方向自组织的网格。这是一个典型的 C 型网格,此时网格为准棱柱形。重要的是网格从翼面到近尾流的平滑过渡。

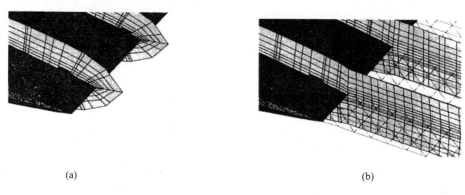

(a)   (b)

图 6.7 通用后缘离散化[26]

(a)O 型网格;(b)自适应 C 型网格。

图 6.8 给出了一个实例。采用的构型是跨声速(超临界)条件下的 RAE - 2822 翼型。翼型的吸力面有一个由激波终止的超声速流腔,见 4.2.3 节中的图 4.6。

该网格是一个混合笛卡儿网格,带有一个准棱柱形网格,用于边界层和尾流的解析[27]。图 6.8(a)是典型的 C 形网格沿翼型后缘的平分线分布。图 6.8(b)通过自由浮动的库塔面的修正,网格的方向沿着尾流的中心分布。在这种情况下,可以更好地解析尾流。

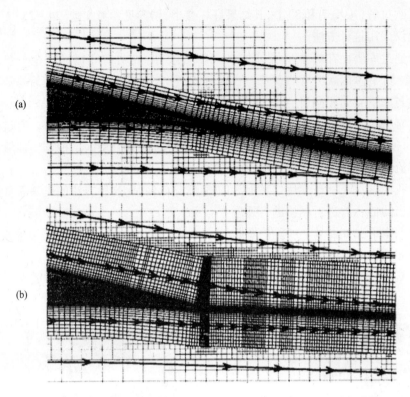

图 6.8　RAE – 2822 翼型绕流($Ma_{\infty} = 0.73, \alpha = 2.79°, Re = 6.5 \times 10^{6}$)[26]

(a)后缘平分线位置的初始网格；(b)自由浮动可变形库塔面板位置的最终网格。

在 6.1 节,我们特别提到了激波弯曲和边界层弯曲的综合影响。激波弯曲效应使库塔方向从后缘的(翼型)平分线方向向外和向上偏转,而边界层弯曲使翼型上表面和尾流上侧的边界层增厚。这一结果反映在图 6.8(b)中,通过更厚的准棱柱形网格实现(自组织)网格解析。

最后一个例子(图 6.9)展示了该方法的多功能性。6.9(a)所示为高升力三段翼型的初始网格。在缝翼和主翼型的锐后缘位置放置直线的、自由浮动、可变形的库塔面,沿后缘的平分线分布。主翼型后缘位置的库塔面较短,以免干扰襟翼上可能出现的边界层分离(见9.2节)。襟翼有一个钝后缘,因此没有布置库塔面。

图 6.9(b)所示为经过三次迭代后的网格和两个库塔面。此时的库塔面指向各尾流的中心线。收敛解的结果与现有的试验数据非常一致。有关详细信息,请参见参考文献[26 – 27]。

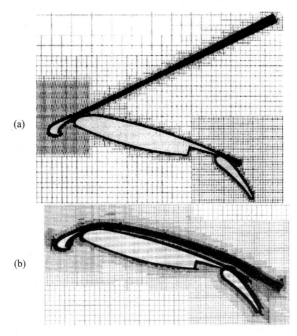

图 6.9 三段翼型绕流 ($Ma_\infty = 0.2, \alpha = 16°, Re = 9 \times 10^6$)[26]

(a) 直线形的、自由浮动、可变形库塔面的初始网格；(b) 三次迭代后的网格。

6.6 问 题

问题 6.1 边界层弯曲和激波弯曲有什么区别？对应的弯曲一般在什么时候出现？出现的原因是什么？请从翼型的角度考虑这一问题。

问题 6.2 考虑一架在 $H = 1\mathrm{km}$ 的高度以 $Ma = 0.1$ 的速度飞行的飞机。假设厚度为 $h = 10\mathrm{mm}$ 的机翼后缘上的速度为 $u = u_\infty$，而且密度和黏性也与自由来流一致。雷诺数和斯特劳哈尔数约有多大？预计的脱落频率是多少？这处于人类听力范围的上限吗？

问题 6.3 为什么攻角 α 是式 (6.7) 中关于 $\mathrm{d}p/\mathrm{d}\varphi$ 的一个系数？

问题 6.4 推导真空压力系数的公式。

问题 6.5 具有自由滑移边界条件的虚拟滑翔翼能够如同具有无滑移边界条件的滑翔翼一样，在机翼上产生升力及启动涡。借助图 6.10 讨论出现这种现象的原因。

问题 6.6 请解释高雷诺数下，图 6.11 所示的圆柱体和球体的尾流产生二次涡的原因。

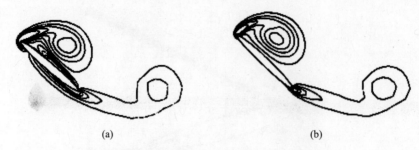

(a)   (b)

图 6.10　具有无滑移边界条件的机翼涡量等值线(a)
与具有自由滑移边界条件的机翼涡量等值线(b)

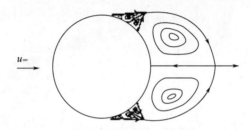

图 6.11　$Re = 550$ 时,突然移动的圆柱体后面脱出二次涡的启动涡对

　　问题 6.7　库塔条件是势流(模型 4)理论中确定翼型环量的必要假设。在黏性流体流动中,这个条件是多余的。请讨论黏性流的启动过程,并与经典翼型理论进行比较。

参 考 文 献

1. Hirschel, E.H., Cousteix, J., Kordulla, W.: Three-Dimensional Attached Viscous Flow. Springer, Berlin (2014)
2. Lighthill, J.: On displacement thickness. J. Fluid Mech. **4**, 383–392 (1958)
3. Anderson Jr., J.D.: Fundamentals of Aerodynamics, 5th edn. McGraw Hill, New York (2011)
4. Hirschel, E.H., Lucchi, C.W.: On the Kutta Condition for Transonic Airfoils. MBB-UFE122-AERO-MT-651, Ottobrunn, Germany (1983)
5. Zierep, J.: Der senkrechte Verdichtungsstoß am gekrümmten Profil. ZAMP, vol. IXb, pp. 764–776 (1958)
6. Lucchi, C.W.: Shock correction and trailing edge pressure jump in two-dimensional transonic potential flows at subsonic uniform Mach numbers. In: 6th Computational Fluid Dynamics Conference, Danvers, MA. Collection of Technical Papers (A83-39351 18-02), AIAA, pp. 23–29 (1983)
7. Lucchi, C.W.: Ein Subdomain-Finite-Element-Verfahren zur Lösung der Konservativen vollen Potentialgleichung für Transonische Profilströmungen (A Sub-Domian Finite-Element Method for the Solution of the Conservative Full Potential Equation for Transonic Airfoil Flow). Doctoral Thesis, Technical University München, Germany (1984)

8. Klopfer, G.H., Nixon, D.: Non-Isentropic Potential Formulation for Transonic Flows. AIAA-Paper 83–0375 (1983)
9. Hirschel, E.H.: Basics of Aerothermodynamics, 2nd, revised edition. Springer, Cham (2015)
10. Küchemann, D.: The Aerodynamic Design of Aircraft. Pergamon Press, Oxford: also AIAA Education Series, p. 2012. Va, AIAA, Reston (1978)
11. Vos, R., Farokhi, S.: Introduction to Transonic Aerodynamics. Springer, Dordrecht (2015)
12. Obert, E.: Aerodynamic Design of Transport Aircraft. IOS Press, Delft (2009)
13. Abbott, I.H., Von Doenhoff, A.E., Stivers, Jr., L.S.: Summary of Airfoil Data. NACA Report No. 824 (1945)
14. Hoerner, S.F., Borst, H.V.: Fluid-Dynamic Lift. Hoerner Fluid Dynamics, Bricktown (1975)
15. Ackeret, J.: Versuche an Profilen mit abgeschnittener Hinterkante. Vorläufige Mitteilungen der Aerodynamischen Versuchsanstalt zu Göttingen, Heft 2, 18ff. (1924), also NACA Technical Meomorandum No. 431 (1927)
16. Henne, P.A.: Innovation with computational aerodynamics: the divergent trailing-edge airfoil. In: Henne, P.A. (ed.), Applied Computational Aerodynamics. AIAA Educational Series. pp. 221–262. AIAA, Washington, D.C. (1990)
17. Lawaczeck, O., Bütefisch, K.A.: Geplante Untersuchungen über v. Kármánsche Wirbelstraßen als eine mögliche Ursache für Buffet-Onset. In: Probleme der experimentellen transsonischen Aerodynamik, W. Lorenz-Meyer (ed.). DFVLR Bericht 251-77 A45, Göttingen, Germany, 6-1–6-8 (1977)
18. Wu, J.-Z., Ma, H.-Y., Zhou, M.-D.: Vorticity and Vortex Dynamics. Springer, Berlin (2006)
19. Herr, M.: Trailing-Edge Noise—Reduction Concepts and Scaling Laws. Doctoral Thesis, Technical University Braunschweig, Germany, also DLR-FB 2013-32 (2013)
20. Berg, D.E., Zayas, J.R.: Aerodynamic and Aeroacustic Properties of Flatback Airfoils. AIAA-Paper 2008–1455 (2008)
21. Bangga, G.S.T.A., Lutz, Th., Krämer, E.: Numerical investigation of unsteady aerodynamic effects on thick flatback airfoils. In: Proceedings of the 12th German Wind Energy Conference DEWEK, May 2015, Bremen (2015)
22. Schlichting, H., Truckenbrodt, E.: Aerodynamik des Flugzeuges, Vol. 1 and 2, Springer, Berlin/ (1959). Also: Aerodynamics of the Aeroplane, 2nd edition (revised). McGraw Hill Higher Education, New York (1979)
23. Weiland, C.: Personal Communication (2018)
24. Newsome, R.W.: A Comparison of Euler and Navier-Stokes Solutions for Supersonic Flow Over a Conical Delta Wing. AIAA-Paper 85–0111 (1985)
25. Eberle, A., Rizzi, A., Hirschel, E.H.: Numerical Solutions of the Euler Equations for Steady Flow Problems. Notes on Numerical Fluid Mechanics, vol. 34. Vieweg, Braunschweig Wiesbaden (1992)
26. Deister, F., Hirschel, E.H.: Self-Organizing Hybrid-Cartesian Grid/Solution System for Arbitrary Geometries. AIAA-Paper 2000–4406 (2000)
27. Deister, F.: Selbstorganisierendes hybrid-kartesisches Netzverfahren zur Berechnung von Strömungen um komplexe Konfigurationen (Self-Organizing Hybrid-Cartesian Grid System for the Computation of Flows Past Complex Configurations). Doctoral Thesis, University Stuttgart, Germany, Fortschrittsberichte VDI, Reihe 7, Strömungstechnik, Nr. 430 (2002)

第7章 表面摩擦和速度场拓扑结构

速度场和表面摩擦场的拓扑分析可能是解释流场和判断流场是否有问题的一个有用工具。但在实际应用中,拓扑分析通常用处不大,这可能是因为通常使用拓扑分析的方式相当形式化。鉴于本书的主题,我们计划强调拓扑学领域的实践方面,而不是理论方面。即便如此,这部分也只能用一种相当粗略的方式进行介绍。

在7.1节的引言部分,我们首先简单回顾一下相关参考文献。之后,对所关注的流动现象进行总体评估(这构成了本书的背景):流动附着和分离(见7.1.2节)以及流动脱离(见7.1.3节)。最后,在7.1.4节中,Lighthill的分离概念将用于处理开式分离和开式附着的概念。

7.2节介绍了表面摩擦场的奇异点。本书不对这一研究课题的传统解决方法进行详细讨论,而是着重于讨论实际问题。此外,这一节还引入了相图(即奇异点附近的流型)和脱体流场图。

7.3节引入了奇异线的话题,即附着线和分离线。传统的流动拓扑方法只关注奇异点及其周围的速度场、表面摩擦场的流型(即相图,请参见7.2节)。关于奇异线,是以更宏观的视角进行研究,并重点关注与附着线和分离线有关的特定流场特性。

7.4节从实际应用的角度再一次讨论了拓扑规则。最后一节(即7.5节)着重讨论流场的结构稳定性。这里我们同样不从传统(流动拓扑)方法的角度对问题进行讨论,而是着重于(用拓扑学)解释实际问题。

在整个章节中,除了少数例子,始终假设流动是定常的。物体表面可以是平整的或弯曲的,流动可以是可压缩或不可压缩的,层流或时均湍流缩的。关于坐标的规定,我们将与曲面平行的坐标记为 x 和 z,相应的速度分量为 u 和 w,曲面法向坐标为 y,曲面法向速度分量为 v。若有例外情况,则会明确指出。

相关章节会讨论绕大展弦比机翼(8章)和绕小展弦比三角翼(见10章)流动的流场仿真结果,我们将利用本章的结论进一步阐明研究成果。

7.1 引　言

7.1.1　概论

经典流动拓扑结构主要用于处理奇异点及其附近的表面摩擦线形态（即相图）。

在研究物体表面的流动分离问题时，还需要考虑流动附着问题。我们虽然以传统方法进行研究，但也会对奇异线（即附着线和分离线）进行处理。

读者需要注意，我们不会像在参考文献中一样深入研究定义和推导的细节。如果想要对流动拓扑结构进行更加深入的研究，可以参考以下工作：D. J. Peake 和 M. Tobak[1] 的经典 NASA 技术备忘录及后来的 AGARDograph、IUTAM – Symposium[2] 的论文集、U. Dallmann[3-4] 的两份报告，以及 J. Délery[5] 的最新书籍。

7.1.2　三维附着和分离

流动附着通常可以理解为无黏自由来流与物体表面的碰撞。物体表面本身就覆盖一层很薄的黏性流（一般流动形态为边界层型），即附着黏性流（会与外部无黏流产生弱相互作用，见 2.2 节）。但在分离区域（与外部无黏流产生强相互作用，见 2.2 节），分离的黏性流也可以再附着于物体表面。分离泡就是一个典型的例子，它能以二维的形式出现，如翼型上出现的分离泡，会使翼型表面出现"多峰"型压力分布，同样分离泡也能以三维形式出现。

我们首先假设整个附着过程均为无黏流动。自由来流以流线的形式与机身的前附着点（即前缘点）发生碰撞。该点处（即主驻点）表面的速度为零。然后，物体表面的流动从该附着点开始，沿着无黏的表面流线从零速度开始发展。除驻点流线外，其他流线不会与物体表面碰撞。①

附着线沿着物体表面分布，并在不与物体表面碰撞的情况下向物体的左右两侧延伸。附着线本身是一条从前驻点或其他位置开始的流线（见 7.1.4 节），同时也是分隔面的一部分，该分隔面将两个扩散流动部分分隔开。

见图 1.10，以有一定攻角的后掠翼前缘和（圆形或近圆形）机身的下对称线为例。通过欧拉方程、位势方程或线性位势方程（面元法）（即表 1.3 中的模型 8、4、5）的解能够很好地描述无黏流动下的附着点和附着线。我们将这种附着

---

① 但请注意，流动可能存在多个主附着点，这取决于飞机的整体形状。

线称为主附着线。

如果物体表面上的流动有黏性，那么与物体表面发生碰撞或到达物体表面的无黏流动会将其压力场和流线型几乎完全地作用在边界层上（弱相互作用）。此时，表面摩擦线取代了无黏流动的物体表面流线的作用（在附着点位置，边界层存在有限厚度[6]）。

一条（主）附着线通常从一个奇异点开始。在带攻角的圆形机身上，只有一条主附着线沿着机身下对称线出现（见7.5节）。但是，这条主附着线可以分裂为两条主附着线。出现这种情况的典型案例是有攻角的平板或近似平板的迎风面流动（这也是三角翼的特性），见7.5节。不过，主附着线不一定要从奇异点开始，此时的主附着线为开式附着线（见7.1.4节）。

附着线也可能出现在物体表面的其他位置，这通常与分离现象有关。因此，我们将这种附着线称为嵌入式附着线或再附线。若附着线有规律地出现，则可以称为二次、三次附着线，依此类推。具体实例见第8章和第10章。这些附着线通常为开式附着线。

三维流动中的分离线出现于黏性流动（实际上是两个相交的边界层）从物体表面分离的位置。这是普通分离的情况。分离线是一个分隔面（分界线）的一部分，这个分隔面（分界线）将相交的边界层两侧分开。① 经典理论假设这种分离线始终从一个奇异点开始（见7.1.4节）。但长期以来，人们认为开式分离才是实际情况。总地来说，在实际情况下，流场可能出现非常复杂的分离形态。与附着线的情况一样，我们可以观察到二次和三次分离线等。

锐边发生的溢流分离情况有些不同。注意，"尖锐的"后缘和后掠前缘实际上都不是准确意义上的锐边。它们的厚度虽然小，但通常大小有限，只能被当作空气动力学锐边（见6.4节）。

一般情况下，可以假设从各个边缘流出物体表面的两个边界层厚度远大于该边缘的厚度。因此，在实际情况中可以假设产生带有薄尾流溢流分离是普通分离导致的。薄尾流甚至可能具有类似于卡门涡街的非定常特性。在离散数值计算方法中，如何对这种后缘的几何外形进行建模，目前还没有令人满意的模型。关于这一点，请参见第6章中库塔条件的讨论。

在考虑物体后一定范围的分离流和涡流时，我们需要关注的是附着点和附着线、脱离点和分离线，以及脱离点和脱离线的情况。后者是一个有用的概念，用于区分离开有限大小物体的流动为黏性流动还是无黏流动（见7.1.3节）。鉴于三维流动分离的定义并不像二维流动那样简单、明确，因此建议采

---

① 参考文献[1]中非常详细地讨论了附着流与分离流之间的区别。

用这种方法(见1.3.3节)。但其他文献中的"脱离"一词可能具有不同的含义。

极限流线的概念是由 W. R. Sears[7] 提出的。我们在书中提到这个概念,是因为它经常在参考文献中使用,请参见参考文献[6]。

7.1.3 脱离点和脱离线

关于脱离点和脱离线,我们发现在(亚临界)无黏流动(黏性流除外)中,流动离开有限大小物体的表面,不会将运动学动涡含量或静涡含量带离机体表面,请参阅参考文献[6]。但是,表面流线形成了类似于黏性流的表面摩擦线的图案。这一现象适用于所有不存在库塔条件(无论是隐式库塔条件还是显式库塔条件)的情况。

参考文献[8]中引入了"脱离线"一词。带攻角类机翼薄椭球体的无黏绕流见图7.1。其流场和流线采用精确的势流理论[9](模型4)来计算。

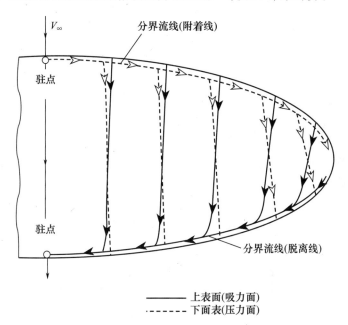

图 7.1　在攻角 $\alpha = 15°$下,绕类机翼的 3:1:0.125 椭球体的无黏速度场流线。俯视视角

我们从上方观察椭球体。① 由于攻角为正,因此前驻点和前分界流线(即

---

① 另见4.3.2节。

附着线)位于椭球体的下表面。流线形态沿着横轴(即主轴)对称。因此,我们可以在椭球体的上表面找到后驻点(即脱离点)和后分界流线(即脱离线)。

在应用空气动力学中,在中小攻角下,不太明显的脱离线通常出现在机身的背风面。此时,黏性层增厚,但流动未分离。这种现象在某些领域可能相当重要,如气动设计研究中。

7.1.4 Lighthill 的分离定义、开式分离和附着

在我们讨论奇异点这个研究课题前,需要注意一个曾受广泛讨论的问题。

在参考文献[10]中,M. J. Lighthill 讨论了分离的定义。他指出,作为分离的必要条件,其他表面摩擦线收敛于一条特定表面摩擦线,而这条特定表面摩擦线必须源于某个奇异点(即鞍点),请参见图 8.26 中的 S_1。附着线同样必须从一个奇异点(即节点)开始,请参见图 8.26 中的 N_2。

考虑图 7.2(a)中绕机翼剖面的二维流动。分离流线从半鞍点出现,然后重新附着,形成一个封闭的分离泡。分离流线将流场分解为气泡流及其上方的流动。因此,分离流线称为分界线或分隔线。它将部分流场分离。分界线开始于物体表面上的半鞍点,也在这类半鞍点结束。

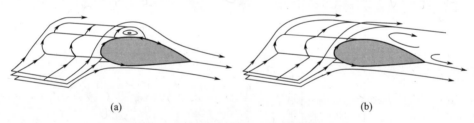

(a)   (b)

图 7.2 在翼段上,二维流动分离的拓扑结构[3]
(a)带封闭分离泡的结构;(b)扰动后的结构。

二维分离在结构上是不稳定的(见 7.5 节)。因此,一个小小的扰动就会形成图 7.2(b)所示的流场。但这并没有违反 Lighthill 的分离条件。

在有分离的三维流场中,分界线是能够分隔不同来源和特性的流动部分的流面。因此,物体表面上的附着线和分离线(即不同来源的表面摩擦线)都是分界线。在 7.3 节中,我们将其视为奇异线。

总之,长期以来 Lighthill 的论点(即 J. Délery 所说的"如果流动的表面流型包含至少一个鞍点,则该流动是分离的"[5])都被认为是有效的定义。

但在 20 世纪 70 年代,K. C. Wang 确实证明了这一观点不一定正确。他描述了"开式分离"的现象[11]。在这种情况下,分离线不是从一个奇异点开始,而

是从表面摩擦场的某个位置开始的,参见图 8.32。Peake 和 Tobak 将这种分离模式称为"局部分离"[1]。

然而,我们不仅可以观察到开式分离,还可以观察到开式附着[6]。这种情况在主附着线和高阶附着线上均会出现。附着线不仅可以在没有奇点(鞍点)的情况下开始(如 8.4.3 节中的图 8.27 所示),也可以在没有奇异点的情况下终止(如 8.4.3 节中的图 8.31 所示)。后者是否适用于分离线,目前尚无定论。在某些情况下,分离线的终止只是被视为简单的消失。

在接下来的章节中,我们将论证和讨论开式附着线和分离线。但我们注意到,到目前为止,我们所知的开式附着仅在流场的数值结果中观察到。由于这一现象可能是由采用的湍流模型引起的,所以对于其是否适用于湍流流动仍持保留意见。对于层流,这一现象则是不成立的。

7.2 奇 异 点

7.2.1 流场延拓和相图

物体表面的表面摩擦线(即无黏流线)形态可看作一个连续的矢量场。与表面摩擦线正交的是表面涡线[10]。① 重要的是,物体表面上的每个点,有且只有一条表面摩擦线经过。

但物体表面上始终存在奇异点和奇异线(附着线和分离线)。② 奇异点是指表面摩擦场中表面摩擦力和表面涡量均为零的位置。通过该点的表面摩擦线的数量通常不止一条。

沿附着线和分离线的表面摩擦力不为零。沿附着线有无数条表面摩擦线从附着线开始发散。与此相反,沿分离线有无数条表面摩擦线向分离线收敛。

我们感兴趣的是在奇异点位置发生的现象,即奇异点附近的流形是什么(奇异线将在 7.3 节中讨论)。

经典方法是从延长曲面点 $P_0(x_0, y_0, z_0)$ 周围的流场开始的。我们并不对这一方法进行详细说明,请读者参考其他相关文献,如参考文献[6],其中对壁面相容性条件进行了非常全面的概述。

基本的假设是流动是定常的,物体表面可以是平直或弯曲的。流动可以是

---

① H. J. Lugt 区分了涡量线和涡线[12]。这里所说的涡线在其术语表中是指涡量线。

② 我们并没有总是提到脱离点和脱离线。在接下来的讨论中,毫无疑问它们都会出现。

135

可压缩的,也可以是不可压缩的,可以是层流,也可以是时均湍流;流动也可能存在热通量,物体表面是无穿透的,而且具有无滑移条件。重要的是,流场延拓采用纳维尔-斯托克斯方程,而不是边界层方程。

不过,为了方便起见,通常在笛卡儿坐标系下推导平板表面的不可压缩流动。这并不影响结果的一般有效性。

坐标系约定如下:x 和 z 为与表面平行的坐标,y 为表面的法向坐标,u 和 w 为表面的平行速度分量,v 为表面的法向速度分量。

壁面剪应力分量为

$$\tau_{w_x} = \mu \left. \frac{\partial u}{\partial y} \right|_{y=0}, \tau_{w_z} = \mu \left. \frac{\partial w}{\partial y} \right|_{y=0} \tag{7.1}$$

我们用泰勒展开式得到了曲面点 $P_0(x_0, y_0, z_0)$ 附近点 $P(x, y, z)$ 的速度分量,即

$$u|_P = \frac{1}{\mu} \left(\tau_{w_x} y + \frac{\partial \tau_{w_x}}{\partial x} xy + \frac{\partial \tau_{w_x}}{\partial z} yz + \frac{1}{2} \frac{\partial p}{\partial x} y^2 + \cdots \right)_{P_0} \tag{7.2}$$

$$w|_P = \frac{1}{\mu} \left(\tau_{w_z} y + \frac{\partial \tau_{w_z}}{\partial x} xy + \frac{\partial \tau_{w_z}}{\partial z} yz + \frac{1}{2} \frac{\partial p}{\partial z} y^2 + \cdots \right)_{P_0} \tag{7.3}$$

$$v|_P = -\frac{1}{2} \frac{1}{\mu} \left(\left[\frac{\partial \tau_{w_x}}{\partial x} + \frac{\partial \tau_{w_z}}{\partial z} \right] y^2 + \cdots \right)_{P_0} = \frac{1}{2} \left[\frac{1}{\mu} \frac{\partial p}{\partial y} \right]_{P_0} y^2 + \cdots \tag{7.4}$$

然后,通过相平面分析对奇异点进行系统辨识[13]。这一分析能够让我们找到奇异点附近可能存在的表面摩擦线或流线形态。①

最终结果是方程一阶项的矢量和矩阵形式,请参见参考文献[3,5,15-16]。

$$\frac{1}{y} \boldsymbol{V}(P) = \frac{1}{\mu} \boldsymbol{A}(P_0) \boldsymbol{X} + \boldsymbol{B}(P_0) \tag{7.5}$$

式中:$\boldsymbol{X} = (x, y, z)^T$ 为 P 点的位置矢量;$\boldsymbol{A}$ 为包含 P_0 点最低阶展开项的雅可比矩阵:

$$\boldsymbol{A} = \begin{pmatrix} \dfrac{\partial \tau_{w_x}}{\partial x} & \dfrac{1}{2} \dfrac{\partial p}{\partial x} & \dfrac{\partial \tau_{w_x}}{\partial z} \\ 0 & \dfrac{1}{2} \dfrac{\partial p}{\partial y} & 0 \\ \dfrac{\partial \tau_{w_z}}{\partial x} & \dfrac{1}{2} \dfrac{\partial p}{\partial z} & \dfrac{\partial \tau_{w_z}}{\partial z} \end{pmatrix}_{P_0} \tag{7.6}$$

---

① 在参考文献[14]中,这些称为表面剪应力矢量场的"相图"。

136

矩阵 **B** 包含高阶的小项。

矩阵 **A** 的特征值为

$$\lambda_{1,3} = \frac{1}{2}\left(\frac{\partial \tau_{w_x}}{\partial x} + \frac{\partial \tau_{w_z}}{\partial z}\right) \pm \frac{1}{2}\sqrt{\left(\frac{\partial \tau_{w_x}}{\partial x} - \frac{\partial \tau_{w_z}}{\partial z}\right)^2 + 4\frac{\partial \tau_{w_x}}{\partial z}\frac{\partial \tau_{w_z}}{\partial x}} \qquad (7.7)$$

$$\lambda_2 = \frac{1}{2}\frac{\partial p}{\partial y} \qquad (7.8)$$

通过研究矩阵的迹 T、雅可比行列式 J 和判别式 Δ，可以进一步分析矩阵 **A**，请参见参考文献[13]。

迹、雅可比行列式和判别式为

$$T = \frac{\partial \tau_{w_x}}{\partial x} + \frac{1}{2}\frac{\partial p}{\partial y} + \frac{\partial \tau_{w_z}}{\partial z} \qquad (7.9)$$

$$J = \frac{\partial \tau_{w_x}}{\partial x}\frac{1}{2}\frac{\partial p}{\partial y}\frac{\partial \tau_{w_z}}{\partial z} - \frac{\partial \tau_{w_z}}{\partial x}\frac{1}{2}\frac{\partial p}{\partial y}\frac{\partial \tau_{w_x}}{\partial z} \qquad (7.10)$$

$$\Delta = T^2 - 4J \qquad (7.11)$$

这些参数的组合和符号决定了奇异点 $P_0(x_0, y_0, z_0)$ 附近的表面摩擦线形态。

由此产生的奇异点如图 7.3 所示。这些是基本的奇异点。同样可能存在其他的奇异点或它们的组合(融合点)。这里不再详细讨论,感兴趣的读者可参阅参考文献[3,5,16]。

需要区分两类奇异点:鞍点 $S(J<0)$ 和节点 $N(J>0, \Delta \geqslant 0)$,在附着流上,即 $T>0$(如图 7.3 的右侧所示)和分离流/脱离流,即 $T<0$(如图 7.3 的左侧所示)均存在。在拓扑规则中,焦点 $F(J>0, \Delta<0)$ 被视为节点。中心点 $C(J>0, T=0)$ 同样被视为节点。

节点是无数条表面摩擦线的公共点,对于附着流(如图 7.3 的右上象限所示)而言,表面摩擦线远离节点,而对于分离/脱离流(如图 7.3 的左上象限所示)而言,表面摩擦线朝向节点。该节点的所有表面摩擦线(与之垂直的表面摩擦线除外)都与给定的表面摩擦线相切,而星形节点则是一个例外。

尽管没有公共的切线,但无数条表面摩擦线也通过焦点联系起来,见图 7.3 的上象限。没有表面摩擦线通过中心点($T=0, J>0$)联系起来。

对于附着流和分离流,两条单独的表面摩擦线通过鞍点相互联系,向着鞍点互相靠近或远离,见图 7.3 的左下象限和右下象限。鞍点附近的所有其他表面

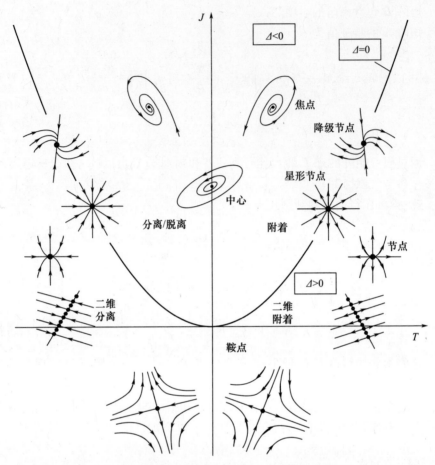

图 7.3 $P_0(x_0, y_0, z_0)$ 附近的表面摩擦线（相图）形态[6]：在由迹 T 和雅可比行列式 J 组成的图表中的基本奇异点，还带有一个参数（雅可比矩阵 A 的判别式 Δ）

摩擦线都从该点开始沿着单独的表面摩擦线的方向偏转。

重要的是，只有 $J > 0, T < 0$ 象限的相图是稳定的，请参见参考文献[17]。对于其他象限的相图，流动或几何参数的微小变化都会改变这些相图。这涉及我们在 7.5 节中要讨论的有关奇异点结构不稳定性的问题。

7.2.2   脱体流场图

我们用"脱体流场图"一词来表示奇异点 $P_0(x_0, y_0, z_0)$ 附近的脱体流型。当然，这涉及附着或分离流型的问题。我们讨论了几种最重要情况的流程图。我们这样做的目的也是证明延长流场方法的多功能性。更多详细的资料，请参见参考文献[5,16,18]。

1. 二维分离

我们需要知道分离线离开表面的角度 λ，即分离角。[①] 若假设流向表面曲率为零或可以忽略不计,则这与平面流动和轴对称流动有关。

壁面剪应力 τ_{w_x} 的消失是明显的分离标准,实际上就是分离点 τ_{w_x} 符号变化,见 1.3.1 节中的图 1.8。[②]

若流动 $(x-)$ 方向的函数 $\tau_{w_x}(x)$ 和 $p_w(x)$ 已知,则可以确定分离流线离开表面的角度 λ。[③] 从图 1.8 可知,这条流线是从分离点(即奇异点 $P_0(x_0, y_0, z_0)$)开始的实线(该点在图中由 $y=0$ 处的圆圈表示)。我们遵循 K. Oswatitsch 于 1957 年给出的推导[18]。

将式(7.2)和式(7.4)简化为二维流动时,我们发现在 $\tau_x = 0$ 的分离点 P_0 处,有

$$\tan\lambda = \frac{y}{x} = \frac{v}{u} \tag{7.12}$$

经过一些变换后,有

$$\tan\lambda = -3 \left. \frac{\dfrac{\partial \tau_{w_x}}{\partial x}}{\dfrac{\partial p}{\partial x}} \right|_{P_0} \tag{7.13}$$

由于此时压力梯度为导致分离的逆压梯度,所以压力梯度 $\partial p/\partial x$ 为正。在这种情况下,壁面剪应力的梯度 $\partial \tau_{w_x}/\partial x$ 为负。因此,λ 为正,与预期一致。

见 1.3.1 节中的图 1.8,从分离点开始的折线(即圆圈)位于分离线下方区域中流线拐弯处。这条线定义为切向速度分量的消失位置: $u(x,y) = 0$。

从式 7.2 可知,这条线的仰角 λ^* 为

$$\tan\lambda^* = \frac{2}{3}\tan\lambda \tag{7.14}$$

接下来的问题是离开物体表面后的分离线会发生什么现象。一般情况下,

---

① 读者应该注意,λ 不是矩阵 A 的特征值之一(请参见式(7.6))。由于参考文献[6]中使用过分离角的名称为 λ,因此,此处同样使用这一名称。

② 试验中,一般是通过壁面压力分布对比有无分离情况下的变化来证明分离的发生。分离时可能会形成压力平台,或者在二维物体尾部的气流再压缩效应会被严重抑制。

③ 我们遵守前述几节的坐标约定。

可以预测分离线会以更强或更弱的形式沿物体表面发展。很明显,采用边界层方程无法得到上述结果。只有借助于纳维尔 – 斯托克斯方程或 RANS 方程(表1.3 中的模型 9 和 10)的解才能获得上述结果。

2. 驻点

我们考虑物体表面的主驻点。在轴对称的情况下,我们发现星形节点会作为附着点出现,见图 7.3 的右上象限。这是一个各向同性节点。在一般的驻点(如有攻角的钝头体)位置,星形节点是各向异性的[5]。过节点且垂直于物体表面的切面,可以给出图 7.8(b)所示的轴对称情况下的图像:节点变成一个半鞍点。

在主附着点的位置存在一个绝对压力最大值,即滞止压力。横向压力梯度为零(只写下 x 正方向的表达式):$\partial p / \partial x = 0$。在附着点的下游位置有一个负的压力梯度:$\partial p / \partial x < 0$,即流动离开驻点后开始加速。

表面摩擦力在主附着点的位置存在一个绝对值最小值:$\tau_x = 0$。此时,横向梯度为零:$\partial \tau_x / \partial x = 0$。在附着点的下游位置存在正的表面摩擦梯度:$\partial \tau_x / \partial x > 0$,即表面摩擦力增加。

我们强调,驻点位置的边界层具有一定厚度 δ[6]。

驻点流线如何与物体表面发生碰撞? 对于这种情况,二维分离点的角度 λ 的关系式(请参见式(7.13))同样成立。接近附着点时,$\partial p / \partial x$ 为负,下游附近的 $\partial \tau_x / \partial x$ 为正,$\tan\lambda$ 接近无穷大。

其结果是,附着流线垂直撞击该点的表面。这与势流理论对于驻点给出的结论相同。总之,我们认为在无黏流和黏性流中,流线都垂直撞击主驻点。

见图 7.3 的左上象限,所示的分离点为星形节点。这样的节点一般会出现在物体的后端,如图 7.8(a)所示。在真实情况下,该位置不会出现这样的节点,因为在黏性流中,物体后方的上游位置会发生流动分离。相反,我们可能看到图 7.9 所示的情况。此时物体的后部有一个附着节点,在切面图中显示为半鞍点。图 7.3 所示的星形分离点通常只出现在无黏流动的图像中(脱离)。

3. 三维分离线

如上所述,流线只在奇异点的位置离开物体表面。那么沿三维分离线,流动会发生什么现象? 实际上,没有一条流线离开这条分离线。我们将根据参考文献[18]的内容说明这一点。

假设在局部位置,分离中的表面摩擦线方向与分离线本身的方向相同,如图 7.4 所示。

流线离开物体表面的角度 λ_2 为

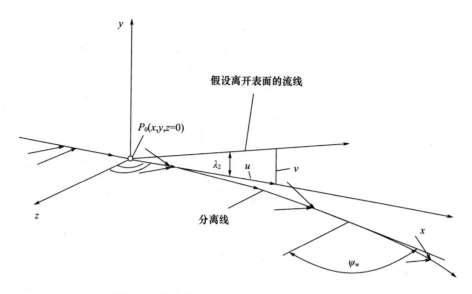

图 7.4　沿分离线离开物体表面的流线示意图[6]

$$\tan\lambda_2 = \frac{y}{x} = \frac{v}{u} \tag{7.15}$$

将式(7.2)和式(7.4)代入式(7.15)时,我们在物体表面($z=0$)上得

$$\tan\lambda_2 = -\frac{1}{2}\frac{\left(\dfrac{\partial\tau_x}{\partial x}+\dfrac{\partial\tau_z}{\partial z}\right)y}{\tau_x + \dfrac{\partial\tau_x}{\partial x}x + \dfrac{1}{2}\dfrac{\partial p}{\partial x}y}\Bigg|_{P_0} \tag{7.16}$$

当 $\tan\lambda_2 \to y/x, y \to 0, x \to 0$ 时,该方程重新排列后可得

$$\tan\lambda_2 = -\frac{3\dfrac{\partial\tau_x}{\partial x}+\dfrac{\partial\tau_z}{\partial z}+2\dfrac{\tau_x}{x}}{\dfrac{\partial p}{\partial x}}\Bigg|_{P_0} \tag{7.17}$$

我们看到,除非 $T_x|_{P_0}=0$,否则无法从 λ_2 的方程中获得有意义的结果。这意味着 P_0 是一个奇异点,因为 P_0 处,$T_z=0$。

其结果是,沿着分离线,没有流线可以离开物体表面。只有在奇异点 P_0 处才可能离开物体表面。在二维情况下 $\partial\tau_z/\partial z \equiv 0$,则回到式(7.13)的结果。

4. 焦点

焦点是一个非常特殊的奇异点,在图7.3的上象限中,显示了分离流和附着

141

流的焦点。在第一种情况下,涡丝离开表面;在另一种情况下,该涡丝与表面碰撞。

图 7.5 所示为通过延长流场得到的涡丝[18]。这既不涉及分离线,也不涉及分离面,而是无数条表面摩擦线和流线向涡丝轴收敛。Oswatitsch 在参考文献[18]中指出,是否称为分离,可能只是一个定义问题。无论如何,我们能够在现实中观察到这类涡丝,如 8.4.3 节中的图 8.29 所示。

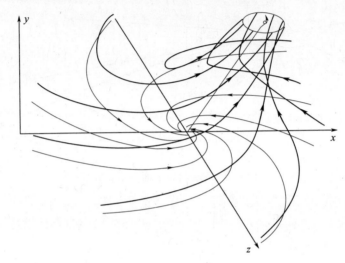

图 7.5 离开某个焦点的物体表面的涡丝示意图[18]。细实线是表面摩擦线,粗实线是流线

5. 溢流分离

在翼型的锐后缘,势流理论(模型 4)出现一个奇点。实际上,黏性流中存在溢流分离。流线从边缘末端离开翼型,构成尾流的中心线。即使这可能违背我们的直觉,但必须将边缘点视为一个奇异点。实际上它是一个半鞍点(见 7.4 节),如翼型前缘的驻点。

在实际的飞行器机翼中,后缘的流动情况很复杂(见第 6 章)。后缘存在有限大小的厚度,因此存在弯曲效应,此外,在升力翼的情况下,上、下表面的流动之间还会发生剪切(见 4.4 节)。这些现象对于三角翼锐前缘的溢流分离也同样成立。

6. 分离流面

现在,我们考虑普通分离,以及两个边界层流之间彼此挤压离开表面的分离流面(见 1.3.3 节)的情况。它们与物体表面通过分离线相互连接,如图 7.6 所示。

根据式(7.3),可以估算分离线上 P_0 点位置的分离面相对于 z 方向的角度

142

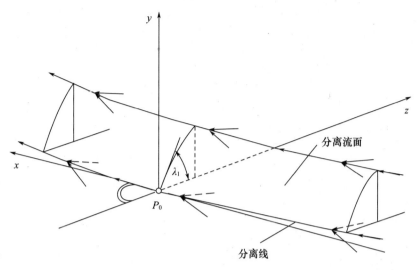

图 7.6　分离线和离开物体表面的分离流面示意图[6]

λ_1。在该点上,分离面通过 $T_z = 0$ 定义。当 $z \geqslant 0$ 时,若表面流动的仰角很小,则 $w \approx 0$。

因此,我们从式(7.3)中得出 $w = 0$ 时的角度 λ_1:

$$\tan\lambda_1 = -2 \left. \frac{\dfrac{\partial \tau_z}{\partial z}}{\dfrac{\partial p}{\partial z}} \right|_{P_0} \tag{7.18}$$

迄今为止,我们得出的结果是流线不会沿分离线向上偏移(见前文提到的"三维分离线")。由此产生的分离流面是由两个边界层流相互挤压离开物体表面而形成的。现在的问题是,附着线上的流动情况是什么样的?

7. 附着流面

类似于分离线的推导方式,可以得到结论:沿着附着线本身,没有流线与其发生碰撞。从式(7.18),我们还可以推导出附着流面与物体表面垂直,若 $\partial \tau_z / \partial z$ 存在有限的大小,则当 $z \to 0$ 时 $\partial p / \partial z \to 0$。

8. 边界层流动是否与物体表面平行?

前面指出并表明,只有在物体表面的几个奇异点上,流线才会真正地撞击或离开机体表面。这意味着在非常靠近无穿透壁面的附着黏性流动中,边界层流动与物体表面平行。

为了证明这一点,我们可以考虑一个二维边界层。该推导结果也适用于三

143

维边界层。

再次根据式(7.2)和式(7.4)使用泰勒展开式的结果。在距离表面较小的距离 y 处,我们发现:

$$u \sim y, v \sim y^2 \tag{7.19}$$

因此,相对于表面的流线仰角 θ,有

$$\tan\theta = \frac{v}{u} \sim y \tag{7.20}$$

结果表明,当在附着边界层流动中接近物体表面时,极限状态下的流动与物体表面平行:

$$y \to 0 : \theta \to 0 \tag{7.21}$$

我们要记住,在边界层中,y 和 v 比 x 和 u 小。实际上,边界层理论的精髓就在于 y 和 v 数量级为 $O(1/\sqrt{Re_{\mathrm{ref}}})$[6]。

因此,上述结果进一步告诉我们,在极限 $Re_{\mathrm{ref}} \to \infty$ 状态下,边界层流动的整体黏性流与表面平行。当然,物体表面的纯无黏流也与之平行。

这一结果对于流体动力稳定性理论也有一定的指导意义。Orr – Sommerfeld 方程的推导中假设流动与(物体)表面完全平行,请参见参考文献[6]。① 当雷诺数不高时,"非平行效应"和"表面曲率效应"开始发挥作用,并且这些效应是稳定性理论的一个研究课题。

7.2.3　脱体速度场中的奇异点

物体表面的奇异点本身特性会发生改变,如在某个通过奇异点且与物体表面垂直的平面上。此时,物体表面上的奇异点变成半节点 N' 或半鞍点 S'(见7.4节)。

远离物体表面时,奇异点周围的流线形态可能有很大不同。这适用于黏性流动和无黏流动(意味着奇异点不一定只与表面摩擦线形态有关)。在某些情况下,我们可以清楚地观察到将物体表面的奇异点与远离表面流场中的奇异点连接起来的流线。这种情况甚至会出现在因涡脱落而产生的非定常流动中。可以在瞬时流型中观察到这一现象。

在其他情况下,需要将这种现象适当地纳入考虑。例如,在考虑垂直于带背

---

① Orr – Sommerfeld 方程描述了当二维层流边界层失稳时,触发的层流 – 湍流转捩现象,请参见参考文献[6]。

风涡的三角翼中心线的表面流型,这种现象也会出现。如上所述,此时流线似乎将物体表面的奇异点与远离表面的奇异点连接起来。但这些流线只是表观流线。实际上,它们是投射到观察平面的流线轨迹,即庞加莱曲面[19]。在参考文献[5]中称为伪流线。

我们会在 7.4 节中再次遇到这些情况,并讨论其拓扑规则。

7.3 奇 异 线

在流场拓扑结构中,附着线和分离线通常不是一个大的研究课题。它们将奇异点连接起来(如 Lighthill 提供的照片所示,见图 7.2),或使流域分离,因此它们也称为分离线(见前文)。

在本书中,我们将这些线称为奇异线,因为与物体表面上主流域的特性相比,沿奇异线周围的某些几何特性和流场特性以奇异的方式表现出来。飞机的表面始终存在附着线和分离线,而且沿这些线观察到的一些流动特性具有相当大的实际意义。

为了避免出现误解,我们需要注意附着线不是滞止线。唯一的例外是在无限展长的非后掠机翼中,即在二维情况下。对于分离线同样如此。沿附着线和分离线的流速和壁面剪应力不为零。

现在,我们严格根据参考文献[6]中给出的结论来研究这些特性。但是,我们只是用一种描述性的方式进行研究,并没有给出证明。对证明感兴趣的读者可参阅该文献。

本节中的奇异线主要是主附着线/主分离线、二次附着线/二次分离线等。主附着线通常也是绕物体无黏流动的附着线。附着线的原点可能在奇异点上,如图 7.8(a)所示。附着线的原点可能是一个节点(即前主驻点)或者一个鞍点。但与开式分离类似,附着线也可能出现开式附着的现象(见 7.1.4 节)。后续章节将举例说明。

在有后掠或无后掠的通用飞机构型中,只有一个主驻点。该驻点位于机身的机头处。① 若飞机安有一个前掠翼,则可以找到三个主附着点。

在 7.2.2 节中,我们知道只有在奇异点(即附着点)上的流线会与物体表面发生碰撞。但沿附着线不会发生这种情况。这一结论对于黏性流和无黏流均适用。该结论同样表明流线永远不会成为表面摩擦线。

分离线(无论作为普通分离线,还是作为溢流分离线)只存在于绕有限大小

---

① 我们忽略了推进装置和天线等位置的前驻点。

物体的黏性流中。只有在奇异点（即分离点）上的流线才会离开物体表面。沿分离线不会发生这种现象。表面摩擦线永远不会变成离开物体表面的流线。在无黏流动中，这种情况类似于脱离线和脱离点。

读者需要仔细考虑这些情况。开式附着线或分离线在其起始位置没有奇异点，其结束位置也没有奇异点。但在这种情况下，流动确实具有奇异性。

上述情况普遍地出现在每种构型及其绕流上。我们的研究结论原则上可以应用到任何类型的附着线和分离线。

附着线和分离/脱离线以两种典型形式出现，如图 7.7 所示。附着线（图 7.7(a)）的典型特征是，无数条表面摩擦线沿附着线开始发散。这种特征同样适用于无黏流动的表面流线。

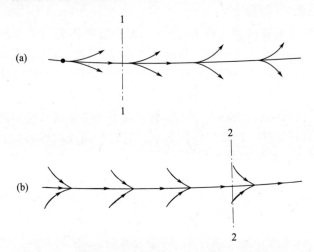

图 7.7　无黏流动和黏性流动中，一般奇异线示意图
(a)附着线；(b)普通分离/脱离线[6]。

然而，无黏附着线和黏性附着线通常并不重合。原因在于三维附着黏性流的表面摩擦线的曲率要大于相应的（外部）无黏流动的表面流线[6]。两条附着线只有在少数情况下才会重合，如在无限展长后掠翼的曲面生成器（生成的物体表面）上。①

普通分离线（图 7.7(b)）的典型特征是，无数条表面摩擦线向其收敛。这一特征同样适用于无黏流动脱离线位置的流线。

现在，我们来查看附着线和普通分离/脱离线的有趣流场特性，并挑出以下 5 项：

---

① 该曲面生成器是一条测地线，而且（生成的）边界层为准二维边界层[6]。

（1）表面压力的相对最大值。在弯曲的无黏附着线位置，表面压力在垂直于无黏附着线的方向上有一个相对最大值，见图7.7（a）中的1-·-1。p_{max}线通常靠近附着线（对于黏性流情况也是如此），并且在无限展长后掠翼的情况下才会在附着线上。相对压力最大值的位置在层流流动控制中很重要。

（2）拐点线。在图7.7所示奇异线的凸面上，流线或表面摩擦线有一个拐点。每个弯曲的附着线或分离线上都有一条拐点线。通常靠近于各自的附着线或分离线。在无限展长后掠翼的情况下，则不存在这种情况。拐点线具有纯粹的几何特性，可以作为三维附着线或分离线的视觉指标。

（3）黏性层的特征厚度。在附着线上，黏性层的特征厚度 Δ_c 在与之正交的方向上有一个相对最小值，见图7.7（a）中的1-·-1。[①] 在分离线上，黏性层的特征厚度 Δ_c 在与之正交的方向上有一个相对最大值，见图7.7（b）中的2-·-2。这种厚度特性是根据特性5确定的。

（4）$|\tau_w|$的相对最小值。沿附着线和分离线的表面摩擦力不为零。在垂直于黏性附着线（见图7.7（a）中的1-·-1）或分离线（见图7.7（b）中的2-·-2）的位置上，表面摩擦矢量的绝对值$|\tau_w|$有一个相对最小值。最小值靠近相应的奇异线。这种特性还可以作为附着线或分离线的一种指标。

（5）表面热状态的极值。沿附着线和分离线的壁温 T_w 及壁面处气体中的热通量q_{gw}不为零。在垂直于附着线（见图7.7（a）中的1-·-1）位置，（表面热状态）存在一个相对最大值，在垂直于分离线（见图7.7（b）中的2-·-2）的位置，（表面热状态）存在一个相对最小值。这些极值靠近相应的奇异线。对于高超声速飞行器而言，热态极值是至关重要的参数。沿附着线存在过热情况，沿分离线存在过冷情况[20]。

需要强调的是，在附着线上，极值线或拐点线到附着线的距离通常非常小。其原因在于附着线通常只是略微弯曲。在给定的无限展长后掠翼情况下，p_{max}线、拐点线和$|\tau_w|$最小线都在附着线上。

在分离线上，情况则有所不同。在普通分离线上，分离线与表面摩擦矢量极值线及表面热状态极值线之间的距离不一定很小。对于拐点线同样如此。原因在于普通分离通常与物体表面的最大曲率没有直接关系。但对于大后掠机翼的锐边（如机翼后缘，见图1.10（a））或锐前缘（图1.10（b））位置的溢流分离，则并非如此。此时，分离线与表面摩擦矢量及表面热态极值线之间的距离可能非常小。

参考文献[6]中给出了前文所列出特性的证明。这些结论原则上适用于不

---

① 关于特征厚度 Δ_c 的含义和定义，请参阅附录A.5.4。

可压缩流动、可压缩流动、层流以及湍流。但为了方便起见,证明往往会被简化。脱离线不作为单独的主题进行讨论。以上5项流场特性的适用条件或多或少是可以自证的。

本节结束时,我们想知道如何识别三维附着线和分离线,尤其是物体表面的分离线。从视觉上看,各种形态都很容易识别,请参阅书中的一些例子。但在 $\tau_w = 0$ 的二维流动中,不存在简单的分离准则。

参考文献[21]中提出了以下指标来检测计算数据中的分离:

(1) 表面摩擦线的局部汇集。

(2) $|\tau_w|$ 最小值线的出现。

(3) 边界层厚度和位移厚度的膨胀。

因此,对于附着线,我们相应地使用以下指标:

(1) 表面摩擦线的局部发散。

(2) $|p_w|$ 最大值线的出现。

(3) $|\tau_w|$ 最小值线的出现。

(4) 边界层厚度和位移厚度的凹陷。

7.4 拓 扑 规 则

7.4.1 引言

拓扑规则给出了物体表面或一般的观测表面上奇异点的关系。我们对奇异点进行了简短的介绍。我们基本遵从参考文献[6]中给出的结论。对于更深入的研究,请参阅参考文献[1]或[5]。

通常假设,流动是稳定的,物体是简单连接的,绕物体的速度场和表面摩擦场是连续的,而且物体浸没在均匀的上游流场中。① 节点和焦点在拓扑上是等效的,因此将焦点视为节点。本节仅给出了部分案例,更多案例详见后续章节。

7.4.2 表面规则

考虑两个基本规则:

1. 规则1

规则1(由 A. Davey[22] 和 M. J. Lighthill[10] 提出),与三维物体上的无黏表面

---

① 通过将这些规则应用于瞬时流场来处理非定常流动[5]。

速度场或表面摩擦场有关。该规则表明,物体表面上的节点 N(焦点算作节点)的数量比鞍点 S 的数量多两个:

$$\sum N - \sum S = 2 \tag{7.22}$$

该规则适用于简单连接的物体表面。对于非简单连接的表面,则通过以下公式考虑复杂性 p:

$$\sum N - \sum S = 2 - 2p \tag{7.23}$$

对于简单连接的表面,我们得到 $p=0$。若表面 $p=1$ 中有一个孔,则曲面 $p=2$ 中有两个孔,依此类推[5]。

2. 规则 2

规则 2(由 J. C. R. Hunt 等[23] 提出),与三维物体的某二维切面中的表面摩擦线和流线有关。节点 N 加上半数的半节点 N' 之和比鞍点 S 加上半数的半鞍点 S' 之和少一个:

$$\left(\sum N + \frac{1}{2} \sum N' \right) - \left(\sum S + \frac{1}{2} \sum S' \right) = -1 \tag{7.24}$$

我们用轴对称体的绕流来解释这两个规则。图 7.8(a)所示为无黏流动中,存在前驻点(附着)和后驻点(脱离)的物体表面流线。这两个点都是节点,由于不存在鞍点,因此满足规则 1。如图 7.8(b)所示,该视图为沿物体轴线切片的二维平面。图 7.8(a)所示的节点现在变成半鞍点,满足规则 2。

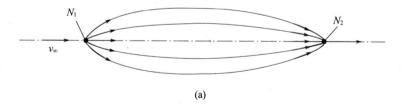

(a)

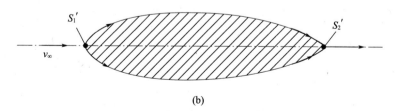

(b)

图 7.8　流经轴对称体的定常无黏流示意图

(a)表面流线:两个节点 N;(b)沿对称轴切面的二维平面上的流线:两个半鞍点 S'。

7.4.3 脱体规则

若物体表面附近的流动是黏性的,则我们能够在物体后端的某个位置观察到分离现象,如图 7.9 所示。我们假设一个定常分离区域。[①] 前驻点和后驻点均为半鞍点。虽然无黏流附着于前驻点 S_1',但前驻点的流动是黏性的,即该点的黏性层或边界层具有有限大小的厚度。

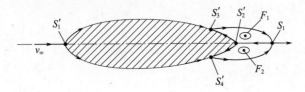

图 7.9　绕轴对称体的定常黏性流示意图。在沿物体轴线切片的二维平面中的
表面摩擦线和流线:1 个鞍点 S、4 个半鞍点 S' 和 2 个焦点 F 均算作节点

请注意,后驻点 S_2' 现在也是一个附着点。从 S_3' 和 S_4' 开始的剪切层在 S_1 中合并和分裂,其中部分以类似尾流的形态向 S_2' 移动。实际上,环形分离线显示在切片平面上,即为两个半鞍点 S_3' 和 S_4'。分离区域是一个圆环面,出现了两个中心点(降级焦点)F_1 和 F_2。分离区域由鞍点 S_1 封闭,满足规则 2。

为了解释三角翼绕流的拓扑结构(与前缘为锐边或钝边无关),参考文献 [25]中引入了 1/4 鞍点。若三角翼或机身的下表面是平直的或是几乎平直的,则两条主附着线位于下表面的侧边缘附近(见 7.5 节)。附着线之间的流动几乎或完全是二维的。

现在考虑图 7.10。机翼下表面的表面摩擦线离开主附着线,如 7.5 节中的图 7.21 所示。在二维切面 $A-A$ 和庞加莱曲面中,只能观察到外向流的轨迹,并且主附着线显示为 1/4 鞍点 S''。[②]

此时,**规则 2** 变成**规则 2'**:

$$\left(\sum N + \frac{1}{2} \sum N' \right) - \left(\sum S + \frac{1}{2} \sum S' + \frac{1}{4} \sum S'' \right) = -1 \tag{7.25}$$

根据我们所设的条件可得

$$4 - \left(1 + \frac{1}{2} \times 7 + \frac{1}{4} \times 2 \right) = -1 \tag{7.26}$$

---

① 实际上,这只针对非常小的雷诺数,请参见图 7.17 和参考文献[24]中的流动可视化。

② 请注意,无黏流动通过附着线(即两条一次线)及两条二次线和三次线附着。但附着线流动本身是黏性的,即这些线的黏性层或边界层厚度有限(见 7.3 节)。

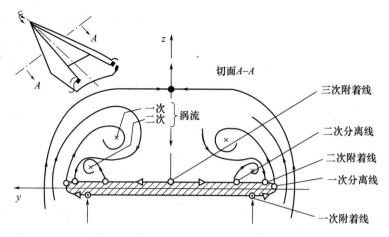

图 7.10　定常黏性流动条件下,存在主背风涡和二次背风涡的三角翼绕流示意图[25]
平面二维截面 $A-A$ 中观察到的表面摩擦线和流线,即庞加莱曲面:1 个鞍点 $S(\cdot)$、
7 个半鞍点 $S'(\bigcirc)$、2 个 1/4 鞍点 $S''(\odot)$、4 个焦点 $F(\times)$,均算作节点

若机身或机翼的下表面为凸形(如 7.5 节中的图 7.20 所示),则附着线位于下表面的顶端。与图 7.10 中三角翼的表面有两个 1/4 鞍点不同,会出现一个半鞍点,满足**规则 2**。

最后,我们观察到,在庞加莱曲面上有两个不同的基本背风面流动拓扑结构。第一个称为开式背风面流场,如图 7.11 所示。

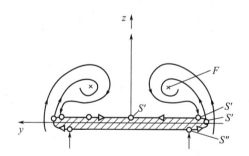

图 7.11　庞加莱曲面上的开式背风面流场示意图。
图中忽略了潜在的二阶和高阶涡结构

它出现在三角翼的背风面,具体形态取决于机翼的外形和攻角(见 7.5 节)。但在大展弦比的机翼上也能观察到这种拓扑结构,其与翼尖涡有关。后续章节将举例说明。

另一个背风面流动拓扑结构就是闭式背风面流场,如图 7.12 所示。这主要是在大攻角的三角翼上方观察到的。

151

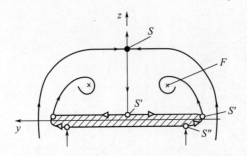

图 7.12 庞加莱曲面上的闭式背风面流场示意图。
图中忽略了潜在的二阶和高阶涡结构

有时在解释特定流型时会出现一个问题。图 7.13 中考虑了细长椭球体上表面的无黏流线(见 7.1.3 节)。此时攻角 $\alpha = 30°$。应用势流理论(势流,模型 3)对流动进行二次求解。[①]

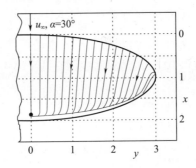

图 7.13 攻角 $\alpha = 30°$ 时 3 : 1 : 0.125 椭球体上表面的流线

我们从上方观察流场,并观察脱离点和脱离线。(没有绘制从下表面开始的流线。)附着点和附着线均位于椭球体的下表面。沿中心线的流动方向几乎完全沿 x 方向。

而我们期望看到的是,在庞加莱曲面中,中心线的轨迹是朝向椭球体下表面且远离上表面的,如图 7.14 所示。这使得图 7.13 中的上表面要有一个明显的朝向中心线方向的流动分量。

这种多少有些隐蔽的流型可以通过考虑位势方程的两个特定解($\alpha = 0°$ 和 $\alpha = 90°$)来可视化,如图 7.15 所示。在参考文献[26]中,其实现方法是第一个算例中设置 $u_\infty = \sin 30°$,第二种算例中设置 $u_\infty = \cos 30°$。因为我们讨论的是势流理论,所以计算出的速度场可以叠加。由此产生的流场如图 7.13 所示。

---

① 我们非常感谢 C. Weiland[26] 提供的以下数据。

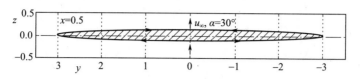

图 7.14　x = 0.5(切面)位置的庞加莱曲面

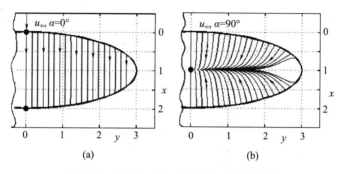

图 7.15　椭球体上表面两种特定解的流线
(a)α = 0°的解；(b)α = 90°的解。

α = 90°的解确实清晰地显示了流向中心线的流动。此外,图 7.15(b)中的点表示流动离开物体表面的上脱离点。

尽管这一观点有待证明,但这是一种可能的解释。当然这一观点可以帮我们处理一个无法被归纳的特殊情况。而在真实的三维可压缩黏性流中,出现这种特殊情况时考虑其他因素可能也有帮助。

7.5　结构稳定性和流场变化

前面我们已经提到,只有图 7.3 中 $J > 0$ 和 $T < 0$ 象限的相图是稳定的。物体绕流流场取决于雷诺数、马赫数、表面热状态等参数(请参见参考文献[20]),以及攻角、侧滑角、物体几何形状及其气动(热)弹性变形。

若其中一个或多个参数发生变化,则绕物体的流场也会发生变化。若流场的拓扑结构(即奇异点的数量与类型及其连接方式)保持不变,则该结构在拓扑上是稳定的。

若上述一个或多个参量的微小变化使流场产生新的拓扑结构,则原始拓扑结构是不稳定的。在这种情况下,①可能出现新的奇异点,而原奇异点可能消失;②奇异点的连接方式可能发生改变。在①中,出现了一个局部分岔,即流场只发生局部变化。在②中,出现了全局分岔,原因是整个流场发生了变化。

若给出了鞍点(即鞍点结构),则全局分岔是可以预料的,见图 7.2(a)。此时的分离泡在半鞍点位置开始与结束。

考虑图 7.16 所示的情况。以雷诺数 Re 为分岔参数,给出了钝体后方流场的示意图(选自本书第一作者的博士生 B. Schulte – Werning 的学位论文[27])。

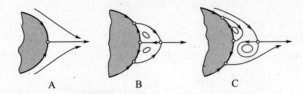

图 7.16　钝体尾部流动的结构变化[27]。局部分岔:A→B,
稳定分离;全局分岔:B→C,周期性分离(涡脱落)

例 A 中,极低的雷诺数下的附着黏性流(有两个半鞍点,其中一个位于前驻点,满足规则 2),流场随着雷诺数的增大而变化,直到例 B 的情况,我们在后驻点处看到一个定常的对称分离形态。这是一种局部分岔。现在,我们有 1 个鞍点、4 个半鞍点和 2 个焦点(节点)。同样满足了**规则 2**,即这也是一个有效的拓扑结构。

若 Re 进一步增加,则全局分岔破坏了原鞍点之间的连接方式,并出现周期性的涡脱落(例 C)。在真实的物体上,雷诺数的进一步增加会导致三维非定常分离和涡脱落。

我们对上述的例子进行解释,特别是针对后者的观察结果(例 C),绕球体的流动是随雷诺数的增加而变化的函数,如图 7.17 所示。

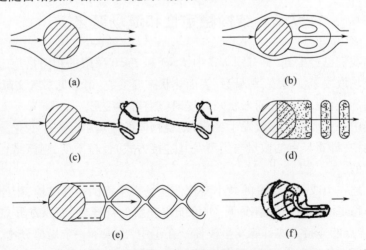

(a)　　　　　　　　　　(b)

(c)　　　　　　　　　　(d)

(e)　　　　　　　　　　(f)

图 7.17　定常运动的球体尾流结构随雷诺数的变化情况[27]

图 7.17 基于参考文献[27]中给出的试验和理论数据汇编而成。我们观察到以下分离和尾流现象随雷诺数 Re 的变化情况：

（1）$Re < 20$（图 7.17(a)）。蠕动流,球体后面没有分离现象。

（2）$20 < Re < 500$（图 7.17(b)）。球体后面形成定常环形涡。当 $Re > 130$ 时,球体后面的自由驻点开始振荡,并且尾流变得不稳定。

（3）$500 < Re < 1.5 \times 10^3$（图 7.17(c)）。环形涡的周期性脱落和"涡链"出现。

（4）$1.5 \times 10^3 < Re < 10^4$（图 7.17(d)）。离散环形涡形成一条"环形涡街",但很快在球体后方解体。出现周期性涡团。

（5）$10^4 < Re < 3.7 \times 10^5$（图 7.17(e)）。球体背面两条涡丝的旋转分离,并形成了螺旋状波形尾流。

（6）$3.7 \times 10^5 < Re$（图 7.17(f)）。球体上的边界层为湍流边界层（图中为一个转捩触发器）。此时,分离发生在远离球体平分线的后端位置。结果是阻力大大减小。在时均条件下,出现了马蹄状涡片分离现象。

必须注意的是,这种分类非常粗略[27],并不明确。尾流的发展是否会出现图 7.17 的三维非定常现象和流动拓扑结构变化,这在很大程度上取决于试验或数值研究中的设置。因此,不同的试验和理论/数值研究可能产生不同的流场情况。

球体在几何上是一个非常简单的物体。正如我们刚刚看到的,其绕流可能非常复杂,并伴随多种结构性变化。然而,在半球形圆柱构型（能够代表飞行器机身最简单的形式）上,也可以观察到分离拓扑的结构性变化普遍存在。在参考文献[28]中,感兴趣的读者会发现这种构型的一系列试验结果,包括在亚声速和跨声速状态、层流、强制转捩湍流和自然湍流、攻角从 $\alpha = 0°$ 到 $\alpha = 40°$。我们分析了流动拓扑结构,并确定了开式分离情况。关于这些试验数据的进一步讨论,请参见参考文献[3-4]。

结构性变化不一定即时发生。如图 7.18 所示,针对不同的攻角范围,绘制了三角翼上表面的表面摩擦线和庞加莱曲面的伪时间流线拓扑图[29]。

首先,我们研究背风面的图像,观察机翼的左侧,请参阅 10.2.2 节中图 10.15 的讨论。

1. 背风面

在讨论开始时,我们会发现,一般情况下细长三角翼的前缘分离现象起始于机翼的尾部。随着攻角的增加,分离现象的起始位置向翼尖方向移动。

（1）小攻角。当攻角较小时,沿前缘有一个很小的三维分离泡。我们可以观察到中心区域存在一种带平行流或锥形流的开式背风面流场。

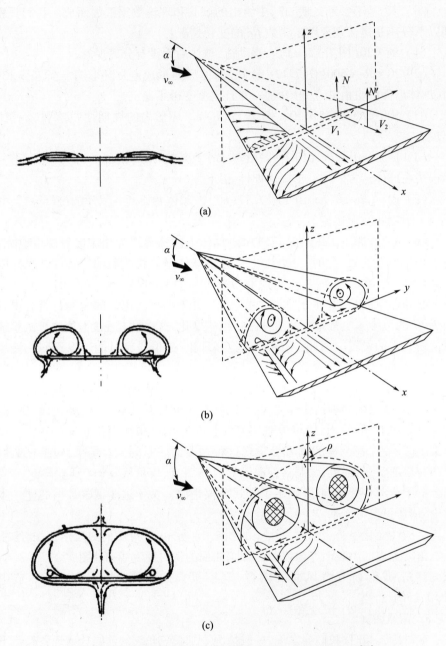

图 7.18 带锐前缘的细长三角翼上可能存在的流动结构[29]

(a) 小攻角,因此沿前缘只有一个小小的分离泡,开式背风面流场; (b) 中等攻角,
背风涡、二次涡、开式背风面流场; (c) 大攻角,背风涡、二次涡、闭式背风面流场。

156

（2）中等攻角。存在一个充分发展的存在二次涡的背风涡系。流场为开式背风面流场。中心区域再次出现平行流或锥形流。

（3）大攻角。流场为闭式背风面流场。涡系类似于中等攻角下的涡系。此时，沿中心线有一条附着线。表面摩擦线从附着线向两侧发散。

从一种结构到另一种结构的变化是如何发生的，这是一个尚无定论的问题。本书的作者并不知道这两种流动结构的出现标准。决定性参数包括机翼外形、前缘外形、攻角、自由来流的马赫数和雷诺数。结构性变化基本上也出现在钝前缘的三角翼上。在跨声速和超声速自由来流下，存在横流激波。

此外，我们还注意到，在非常细长的机翼（一般为细长构型）上，随攻角的增加而变化的背风涡系变得不对称，并对力和力矩产生了强烈的影响（图 7.19），另见 10.2.5 节。参考文献[1]从结构稳定性/不稳定性的角度详细讨论了这种现象。

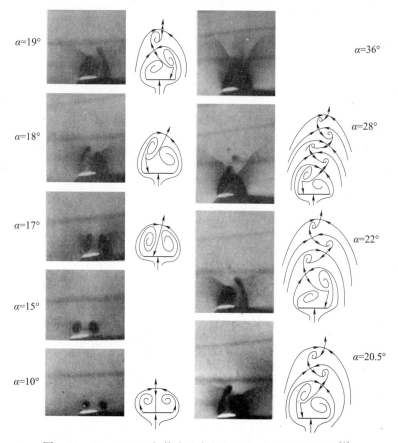

图 7.19　$Ma_\infty = 2.8$ 时，绕大攻角细长三角翼的不对称流动[1]。
右边的示意图来自 D. J. Peake[1]，左侧的蒸汽屏照片来自 M. Tobak[30] 的文献

157

2. 迎风面

虽然背风面流场及其涡流现象得到了广泛的关注,但迎风面流场则几乎没有受到关注。见 7.4.3 节所述,我们可以区分两类构型:①相对圆润的机身;②机翼或机身的平直或接近平直的下表面,尤其是带钝前缘或锐前缘的三角翼。

对于第①类构型,我们得到图 7.20 所示的图片:在有攻角的条件下,主附着线位于前机身的迎风面中心线上。这一现象随着攻角的增加保持不变,直到在极大攻角的情况下才发生改变,此时整体流场变得不对称甚至不稳定。

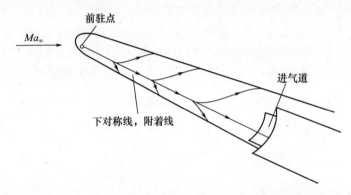

图 7.20　有一定攻角的圆形机身前端下表面的表面摩擦线形态示意图[31]

但如果我们不断压平机身,直至形成三角翼的形状,会发生什么呢? 很明显,在该过程的某个阶段会发生分岔,并且出现平板三角翼的两条典型附着线。

在第②类构型中,情况完全不同。理想试验表明,当对称钝前缘三角翼的攻角为零时,主附着线位于前缘的母线上。这正是我们在零攻角的大展弦比机翼上观察到的情况。若攻角增加,则附着线朝母线下方移动一小段距离。即使在大攻角下,这个距离也很小。在极大的攻角下,两条附着线可能在机翼中心线的位置合并为一条附着线,这可被认为是一个逆向分岔。

我们在图 7.18 最下方部分看到的情况,实际上可能只有在已经存在不对称背风涡排列的情况下才会发生。

所有这些现象都在一定程度上取决于迎风面的实际形状,对于锐前缘也是同样如此。在本书所讨论的攻角范围内,主附着线不会位于下表面的中心线上,见图 7.18。在本书所考虑的所有攻角下,得到的图像如图 7.21 所示。

重要的是,两条主附着线之间的流动或多或少具有二维性,具体程度取决于表面的平整度。二维性是一种非常受欢迎的流动特性,因为它会产生有利的起始流动,如接近发动机进气道或气动操纵面的流动[31]。到目前为止,第②类构型在流动拓扑领域很少受到关注,所以 10.2.2 节中图 10.15 所讨论的精确攻角范围尚未明确。

158

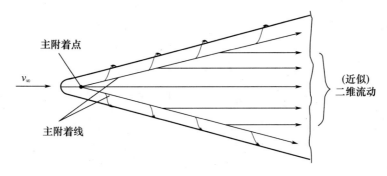

图 7.21　攻角下前机身平直下侧的表面摩擦线形态示意图[31]

3. 结束语

我们通过观察球体和细长三角翼的绕流,讨论了结构稳定性和流场变化。我们已经观察到许多可能演化出的拓扑结构,具体的拓扑结构取决于流动参数的范围和几何特性,但几乎没有涉及实际飞行器飞行过程中可能遇到的各种实际流动和几何参数。

我们的目的是定性地展示飞行器设计者可能面对的高度复杂性。但实际上,还没有统一理论和标准来预测其拓扑结构。当然,基本流的结构及其变化可以通过拓扑研究、结构稳定性和分岔理论来描述,如 U. Dallmann[4] 在德国航空航天中心(DLR)报告中就进行了非常详细的说明。

但在设计工作和问题诊断中,必须意识到多种现象共存的可能性,这些现象或多或少对绕飞行器后方的分离流场和涡流场有较大的影响,从而对飞行器的状态和性能产生较大的影响。这种意识有助于研究,如在早期风险投资、试验和理论/数值研究、调查和载具外形开发发现问题(实际上是必要的)。即便如此,不利或有利的意外状况的出现依然无法避免。

7.6　问　　题

问题 7.1　8.4 节的一些图像出现了开式附着线和分离线。对这些图像进行辨识并作出简短的描述。

问题 7.2　哪些拓扑规则适用于图 7.2 所示的两个流场?

问题 7.3　考虑图 7.20 所示绕圆形机身前端的流动。观察进气道前截面上的流动,若流动是无黏的,则会出现什么样的拓扑结构?

问题 7.4　用 $\Delta(A - \lambda I)$ 求出矩阵 A 的特征值(请参见式(7.6)),式中 I 为 $n \times n$ 单位矩阵,$\lambda(n=1,2,3)$ 为特征值。推导出矩阵 A 的特征值。

问题7.5 对称平面流动的先决条件是什么？请给出口头定义。

问题7.6 假设一条弯曲的无黏附着线。拐点出现在靠近附着线一侧的流线中。则它们会出现在哪一边？为什么？

问题7.7 什么是脱体流动图？请给出口头说明。

问题7.8 7.3节讨论了与奇异线（即附着线和分离线）相关的几种流动特性，对这些特性进行总结。

问题7.9 二维流动中的分离是如何定义的？三维流动中的分离指标是什么？

参 考 文 献

1. Peake, D.J., Tobak, M.: Three-dimensional interaction and vortical flows with emphasis on high speeds. NASA TM 81169 (1980) and AGARDograph 252 (1980)
2. Moffat, H.K., Tsinober, A. (eds.): Topological Fluid Mechanics. Proceedings of the IUTAM Symposium, Cambridge, GB, 1989. Cambridge University Press (1990)
3. Dallmann, U.: Topological structures of three-dimensional flow separations. DLR Rep. 221-82 A 07 (1983)
4. Dallmann, U.: On the formation of three-dimensional vortex flow structures. DLR Rep. 221-85 A 13 (1985)
5. Délery, J.: Three-Dimensional Separated Flow Topology. ISTE, London and Wiley, Hoboken (2013)
6. Hirschel, E.H., Cousteix, J., Kordulla, W.: Three-Dimensional Attached Viscous Flow. Springer, Berlin (2014)
7. Sears, W.R.: The boundary layer of yawed cylinders. J. Aeronat. Sci **15**, 49–52 (1948)
8. Hirschel, E.H., Fornasier, L.: Flowfield and Vorticity Distribution Near Wing Trailing Edges. AIAA-Paper 84–0421 (1984)
9. Schwamborn, D.: Boundary layers on finite wings and related bodies with consideration of the attachment-line region. In: Viviand, H. (ed.) Proceedings of the 4th GAMM-Conference on Numerical Methods in Fluid Mechanics, Paris, France, October 7 - 9, 1981. Notes on Numerical Fluid Mechanics, vol. 5, pp. 291–300. Vieweg, Braunschweig Wiesbaden (1982)
10. Lighthill, M.J.: Attachment and separation in three-dimensional flow. In: Rosenhead, L. (ed.), Laminar Boundary Layers, pp. 72–82. Oxford University Press, Oxford (1963)
11. Wang, K.C.: Boundary layer over a blunt body at high incidence with an open type of separation. Proc. R. Soc., Lond. A **340**, 33–55 (1974)
12. Lugt, H.J.: Introduction to Vortex Theory. Vortex Flow Press, Potomac (1996)
13. Kaplan, W.: Ordinary Differential Equations. Addison-Wesley Publishing Company, Reading (1958)
14. Andronov, A.A., Leontovich, E.A., Gordon, I.I., Maier, A.G.: Qualitative Theory of Second-Order Dynamic Systems. Wiley, New York (1973)
15. Hornung, H., Perry, A.E.: Some Aspects of Three-Dimensional Separation, Part I: Streamsurface Bifurcations. Z. Flugwiss. und Weltraumforsch. (ZFW) **8**, 77–87 (1984)
16. Bakker, P.G., de Winkel, M.E.M.: On the Topology of Three-Dimensional Separated Flow Structures and Local Solutions of the Navier-Stokes Equations. In: Moffat, H.K., Tsinober, A. (eds.), Topological Fluid Mechanics. Proceedings of the IUTAM Symposium, Cambridge, GB, 1989, pp. 384–394. Cambridge University Press, Cambridge (1990)

17. Tobak, M., Peake, D.J.: Topology of three-dimensional separated flows. Ann. Rev. Fluid Mech., Palo Alto **14**, 61–85 (1982)
18. Oswatitsch, K.: Die Ablösebedingungen von Grenzschichten. In: H. Görtler (ed.), Proceedings of the IUTAM Symposium on Boundary Layer Research, Freiburg, Germany, 1957, pp. 357–367. Springer, Berlin (1958). Also: The Conditions for the Separation of Boundary Layers. In: Schneider, W., Platzer, M. (eds.) Contributions to the Development of Gasdynamics, pp. 6–18. Vieweg, Braunschweig Wiesbaden, Germany (1980)
19. Dallmann, U., Hilgenstock, A., Riedelbauch, S., Schulte-Werning, B., Vollmers, H.: On the footprints of three-dimensional separated vortex flows around blunt bodies. In: Attempts of Defining and Analyzing Complex Vortex Structures. AGARD-CP-494, 9-1–9-13 (1991)
20. Hirschel, E.H.: Basics of Aerothermodynamics. 2nd, revised edn. Springer, Cham (2015)
21. Hirschel, E.H.: Evaluation of Results of Boundary-Layer Calculations with Regard to Design Aerodynamics. AGARD R-741, 5-1–5-29 (1986)
22. Davey, A.: Boundary-layer flow at a saddle point of attachment. J. Fluid Mech. **10**, 593–610 (1961)
23. Hunt, J.C.R., Abell, C.J., Peterka, J.A., Woo, H.: Kinematical studies of the flows around free or surface-mounted obstacles; applying topology to flow visualization. J. Fluid Mech. **86**, 179–200 (1978)
24. Van Dyke, M.: An Album of Fluid Motion. The Parabolic Press, Stanford (1982)
25. Hirschel, E.H.: Viscous Effects. Space Course 1991, RWTH Aachen, Germany, 12-1 to 12-35 (1991)
26. Weiland, C.: Personal Communication (2017)
27. Schulte-Werning, B.: Numerische Simulation und topologische Analyse der abgelösten Strömung an einer Kugel (Numerical Simulation and Topological Analysis of the Separated Flow Past a Sphere). Doctoral Thesis, Technical University München, Germany (1990)
28. Bippes, H., Turk, M.: Oil flow patterns of separated flow on a hemisphere cylinder at incidence. DLR Rep. 222-83 A 07 (1983)
29. Werlé, H.: Apercu sur les Possibilités Expérimentales du Tunnel Hydrodynamique a Visualization de l'O.N.E.R.A. ONERA Tech. Note 48 (1958)
30. Fellows, K.A., Carter, E.C.: Results and Analysis of Pressure Measurements on Two Isolated Slender Wings and Slender Wing-Body Configurations at Supersonic Speeds. Vol. 1, Analysis, ARA Rep. 12 (1969)
31. Hirschel, E.H., Weiland C.: Selected Aerothermodynamic Design Problems of Hypersonic Flight Vehicles. In: Progress in Astronautics and Aeronautics, AIAA, Reston, Va., vol. 229. Springer, Heidelberg (2009)

第 8 章　大展弦比机翼绕流

本章主要针对第 4 章中获得的结果和观点,讨论大展弦比升力翼动(主要是尾涡层和尾涡对)。本章只考虑干净机翼情况,真实机翼情况(高升力系统、一体式发动机等)的讨论则在第 9 章。

在引言部分中,我们首先介绍关于机翼尾流特性、机翼外形及其对机翼绕流的影响等一般问题。

单元问题将在以下三个小节讨论。8.2 节介绍了升力翼绕流面元法解(表 1.3 中的模型 4)中存在的流动 – 涡量特性以及它是如何出现的。8.3 节对欧拉解(模型 8)以同样的方式进行了说明。第 8.4 节借助 RANS/URANS 解(模型 10),研究了 CRM 的流动。除了尾流及其涡量特性,还考虑了翼根和翼尖的流动问题。

8.1　引　言

8.1.1　升力翼及其后方的 5 个流域

本章的主题是绕大展弦比干净升力翼的分离流和涡流。[①] 考虑通用机翼形态以及现代跨声速运输机构型的机翼。

我们首先了解在巡航状态下真实飞机上方及后方出现的分离和涡流现象,以及飞机在定常纵向稳定和配平状态下的直线平飞。

尾流的 4 个流域如图 8.1 所示[1]。这些流域之间没有明显的界限。如果采用的视角不同,就会出现相当大的重叠区域。我们的目标是对飞机上方及后方的分离流和涡流进行定性描述。我们增加了第 5 个区域(即区域 0),从而处理机翼上方(尤其是机翼后缘)的流动现象。

(1) 流域 0 机翼:机翼的上、下表面存在流场剪切。机翼上表面的流动通常略微偏向翼根,机翼下表面的流动通常略微偏向翼尖。发动机和襟翼导轨装置

---

① 关于大展弦比和小展弦比机翼的差异方面,请参见 8.4.4 节。

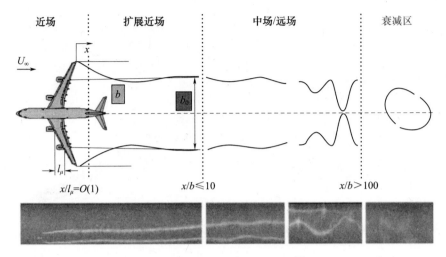

图 8.1　巡航飞行中大展弦比飞机尾流系统发展示意图[1]。5 个流域如下。流域 0：
机翼绕流（未显示），流域 1：近场，流域 2：扩展近场，流域 3：中场/远场，流域 4：衰减区

会对流场造成局部影响。后缘为后掠（偏折处除外），①因此整体流动方向是向外的，从而产生正涡线角 $\epsilon(y)$，见图 4.11。后缘流动剪切角 $\psi_e(y)$ 从翼根向翼尖方向增大。但由于受到后缘实际形状的影响（通常具有有限的厚度），因此产生的近尾流结构有些变形（见 6.3 节）。

$\psi_e(y)$ 在 y 方向上的变化与环量 $\Gamma(y)$ 的展向分布有关，其关系式由 4.4 节中的相容性条件方程（4.20）表示。因此，尾流（即尾涡层）承载了运动学动涡含量 Ω_s，其强度沿翼尖方向增加。运动学静涡含量 Ω_t 反映了局部弦向边界层特性。

流动以溢流分离的形式离开机翼的后缘。图 8.2 中增加了真实飞行器飞行时会出现三种进一步的普通分离现象。

翼尖涡在任何情况下都会出现，它是由翼尖周围的流动及分离形成的。其旋转方向就是尾涡的旋转方向，最终合并到尾涡中。二次分离通常出现在翼尖，从而产生额外的微弱、且反向旋转的二次涡，也有可能出现三次涡。因此，存在一个翼尖涡系。

发动机挂架和短舱位置的分离现象可能产生与近尾流直接或间接相互作用的离散涡。襟翼导轨不会产生这类涡。

若没有安装适当的翼根整流罩，则翼根位置最终会出现马蹄涡。②飞机通

---

① 靠近翼根的这种偏折称为"叶胡迪断裂处"，以波音公司的发明者命名[2]。

② 这些涡旋有时称为环形涡。

163

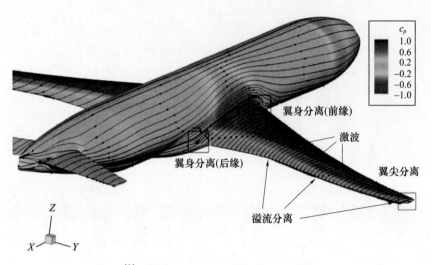

图 8.2　CRM 构型[3]的普通分离和溢流分离示意图,请参见 8.4 节的主题

常安装有翼根整流罩,而且翼根的上、下表面具有不同的布局。

(2) 流域 1 **近场**:在流域 1 的开始位置,近尾流是由一个包含运动学动涡含量和静涡含量的尾涡层组成的。流域 1 从机翼的后缘向下游延伸,延伸距离约为机翼 l_μ 的参考弦长或半翼展 $b/2$。通常认为其延伸至机身后端的起始位置。尾涡层的卷起过程从流域的起始位置开始,最终在该流域的结束位置出现一对反向旋转的尾涡(图 4.18)。流域 1 中除了尾涡层的卷起,也会出现其他现象,特别是翼尖涡系以及可能存在的翼根涡。

(3) 流域 2 **扩展近场**:由于自诱导效应(见 3.12.1 节),尾涡层开始卷成一对反向旋转的尾涡。在卷起过程中,翼尖涡系和其他涡合并到涡层中。

由于飞机在配平状态下飞行,因此一个正负与主涡相反、较弱的尾涡层会离开水平安定面。它还卷成一对与主尾涡对反向旋转的尾涡,然后它们最终合并到主尾涡对,但合并过程具有特定的机理。

从机身和垂直安定面来看,主要是运动学静涡含量加入了飞机的尾流。推进射流的影响几乎被限制在扩展近场中,不会造成进一步的影响。扩展近场中的飞机尾流如图 8.3 所示。

(4) 流域 3 **中场/远场**:从远场观察,完全形成的尾涡对在长达 100 个展长的范围内几乎保持不变。由于扩散的影响,涡直径略有增大。当然,在相互诱导过程中,涡间距与涡长度之比缩小,且不稳定性增强。

(5) 流域 4 **衰变区**:在衰变区,由于克罗不稳定性,涡对最终破裂(见 3.11.3 节)。大气扰动的强度决定了衰减过程的范围。

164

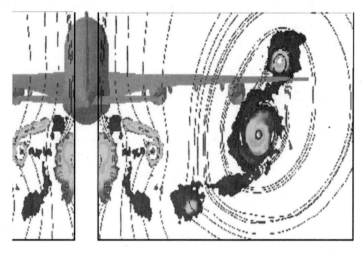

图 8.3　飞机飞行中的尾流[4]

8.1.2　尾涡层和涡对机翼性能的影响

现在重要的是尾涡层/涡对对机翼升力和阻力的影响。L. Prandtl 利用升力线模型(图 3.3)描述了现在被称为环量理论(模型 4)的框架内这种影响的效果[5]。基本结论是,尾涡层(即尾涡)中的运动学动涡含量会产生额外的机翼阻力,即诱导阻力。

除表面摩擦阻力和形状阻力外,诱导阻力是总阻力的第三部分,其可以成为阻力的最主要部分。在跨声速和超声速状态下,还出现了波阻和干扰阻力(见2.4 节)。

我们并不重新推导普朗特理论,而是给出了相关参考文献[6]。我们只说明在亚声速飞行速度下无气动扭转或几何扭转的有限翼展升力翼的三个重要结论,此时可以认为流动是不可压缩的。

(1) 若机翼的平面形状为椭圆形,则环量分布 $\Gamma(y)$ 为椭圆形,其诱导阻力 D_i 最小。

(2) 若环量分布为椭圆形,则机翼上的诱导下洗速度 w_i 沿展向为常数,而诱导攻角 α_i 也为常数。

(3) 若给出椭圆形环量分布,则诱导阻力系数与展弦比 Λ 成反比(见 3.16 节):

$$C_{D_i} = \frac{C_L^2}{\pi \Lambda} \tag{8.1}$$

根据这一结论,可在势流理论(模型 4)框架内比较相同升力 $L_2 = L_1$、相同参

165

考面积 $A_{ref2} = A_{ref1}$，但展弦比 Λ 不同的两个机翼诱导阻力 D_i 的大小。因此，忽略黏性力和压缩性效应时，我们根据力系数可以得

$$C_{D_{i2}} - C_{D_{i1}} = \frac{C_L^2}{\pi}\left(\frac{1}{\Lambda_2} - \frac{1}{\Lambda_1}\right) \tag{8.2}$$

飞机机翼设计总会应用这些结论，即便在跨声速飞行状态也是如此。但并不完全遵循这些结论。实际上，只有少数飞机的机翼为椭圆形平面形状。这种平面形状的机翼比直前缘和直后缘的机翼制造成本更高。例如，机翼最初为椭圆形平面形状，一旦需要批量生产时，就变成了梯形平面形状。

机翼的梯形化在一定程度上可以视为椭圆形平面形状。机翼的梢根比为 $\lambda_t = c_t/c_r$，其中 c_t 为翼尖弦长，c_r 为翼根弦长。

展弦比 Λ（参考文献中也用 AR 表示）始终是一个重要参数，因为它影响着升阻比 L/D（即机翼的空气动力效率），从而影响飞行性能。展弦比的范围从小型通用航空飞机的 $\Lambda \approx 6$ 到高性能滑翔机 $\Lambda \approx 50$。

一般来说，展弦比应尽可能大。其限制因素包括气动外形要求、结构问题、重量、机动性、子系统问题和机场限制。

当飞行速度超过亚声速时，特殊的气动外形需求出现了。关于跨声速飞机，我们在 2.4 节中看到，由于阻力问题，必须使用后掠翼或薄翼。由于结构和携带燃料的需求，跨声速运输机不会采用薄翼概念。虽然原则上机翼也可以为前掠，但目前的设计准则是使用具有超临界翼型的后掠翼。现代后掠翼飞机（如空客 A350 和波音 787）的展弦比为 $\Lambda = 9.5$。

在超声速飞行状态下（见第 10 章），我们通常会发现飞机采用小展弦比的机翼，如 $\Lambda = 2.45$ 的非后掠（但呈梯形）薄翼 F - 104 星际战斗机、$\Lambda = 1.55$ 的三角翼（拱形机翼）协和式飞机、$\Lambda = 2.205$ 的台风战斗机、$\Lambda = 2.663$ 的 F - 35A 战斗机，而在高超声速飞行状态中，航天飞机轨道器采用的是边条 - 三角翼，$\Lambda = 2.265$。

机翼设计仍追求展向椭圆环量分布。当然，沿翼型的环量并不是速度的沿流线的线积分。见图 7.1，椭圆翼上的无黏流线的方向并不沿着弦长方向。通常不考虑环量的展向分布，而是考虑等效局部升力系数 C_L 的展向分布（见 3.16 节）。

通过机翼根梢比、静态几何扭曲分布和弯度分布的变化，找到所需的局部升力分布（在机翼的给定设计升力下）。[①] 由于机翼在载荷作用下的弹性变形，尤其是机翼为后掠翼时，气动扭转也起到了重要作用，请参见参考文献[7]。

---

① 由于碳纤维结构的潜力，几十年前关于飞行中进行弯度变化的概念目前正在被实现。

在本书的框架内,我们不会深入探讨机翼设计的细节。请参阅 D. Küchemann (1978/2012 年)[8]、H. Schlichting 和 E. Truckenbrodt(1959/1979 年)[9]、E. Obert (2009 年)[2]、R. Rudnik《航空器技术手册》(德语)2014 年[10]、R. Vos 和 S. Farokhi (2015 年)[7]、A. Rizzi 和 J. Oppelstrup(2020 年)[11]的出版物。

在下面章节中,我们将用几个单元问题来演示表 1.3 中三种计算流体模型的能力。在 8.2 节中,我们使用绕升力翼的流动计算结果(流域 0)检验了几种面元法(模型 4)。结果表明,总体结果基本一致。但就机翼后缘附近的流场而言,大多数方法得到的结果都不正确。只有满足后缘的相容性条件方程(4.20)的高阶公式才能得出正确的结果。

在 8.3 节中,欧拉解被用于大展弦比机翼(流域 0 和 1)。我们通过模型 8 方法验证了其近尾流特性的计算是正确的。后缘符合相容性条件。

8.4 节研究了 CRM 机翼的绕流(流域 0、1 和 2)。采用的是模型 10 方法,即建模水平最高的方法。所有精心设计的大展弦比升力翼的尾涡层一般都是从机翼后缘卷起的。翼尖涡系也有一定的影响。本节的内容仅针对 CRM 情况。此时还会发生主涡系与水平尾翼(HTP)的尾涡层相互作用。

我们的目的是提供或促进读者对尾涡系基本特性及行为的理解。进一步,我们想说明数值模拟方法对该类流动的模拟能力,并从流体力学的角度解释模拟结果。一般情况下,我们不会对大展弦比飞机的具体构型问题进行讨论。我们将在下一章(即第 9 章)对一些实际问题进行概述。

8.2 面元法(模型 4)解——流域 0 中的正确和错误结果

本节简要介绍势流理论对于流域 0 中两种不同升力翼的结果。结果展示了相关的后缘流动剪切角 ψ_{eu}、运动学动涡含量 Ω_s、涡线角 s、环量 Γ 及其沿展向的导数 $d\Gamma/dy$,以及边界层的表面摩擦线形态(其中一个机翼的计算结果包含了边界层计算)。

我们还讨论了通过面元法(即模型 4 方法)计算的流动算例。机翼为 Kolbe 翼[12]和前掠翼[13]。

研究结果首次发表于参考文献[14]。本节中的所有图片均选自该论文,其中还讨论了面元法的特性,当考虑使用模型 4 方法时,了解这些特性非常重要。在本节的图中,我们引用了面元法 1 和其他面元法(2、3 等)。

面元法 1 是指 L. Fornasier[15]提出的 HISSS 法。① 这种高阶面元法在弦向和

---

① HISSS 是指高阶亚声速 - 超声速奇异点。

167

展向方向上都具有线性源点分布和二次偶极子分布。我们观察到,只有这种方法才能产生正确的后缘流动结果。

其他方法都是低阶方法。它们在弦向和展向上都具有阶梯式常数偶极子分布或等效分布。这种方法会给出错误的机翼后缘附近的速度矢量的 v 分量。参考文献[16]中也提到了类似的问题,即这种低阶面元法无法计算薄翼绕流的原因在于弦向上的偶极子分布不足。早期的边界层研究基于这类不正确的无黏流场计算结果,其甚至导致研究者得出结论:后掠翼上的边界层流动主要是二维的。当然,这一结论并不正确。

8.2.1 Kolbe 翼

Kolbe 翼为前缘后掠角 φ_0 较大的后掠翼[12]。后掠角、展弦比 Λ、梢根比 λ_t、自由来流马赫数 Ma_∞、攻角 α、雷诺数 Re_{c_m}、参考(平均)弦长 c_m 和边界层状态(关于边界层计算结果)如表 8.1 所示。Kolbe 翼的平面形状如图 8.4 所示。垂直于前缘的翼型为 NACA 64 – 010 翼型。①

表 8.1　Kolbe 翼的几何和流动参数[14]

$\varphi_0/(°)$	Λ	λ_t	Ma_∞	$\alpha/(°)$	Re_{c_m}	c_m/m	边界层状态
45	3	0.5	0.25	8.5	18×10^6	1	充分湍流

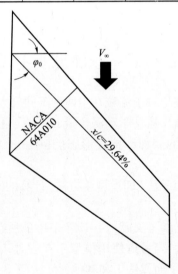

图 8.4　Kolbe 翼的平面形状[14]

---

① 机翼的大前缘后掠角加上大攻角(见下文),使得有必要研究是否会出现前缘分离。

现在考虑图 8.5。图中显示了无量纲展向环量分布 $\Gamma/(c_{\mathrm{m}}u_{\infty})$ 及其导数 $\mathrm{d}\Gamma/\mathrm{d}y$,以及运动学动涡含量 $\Omega\equiv\Omega_{\mathrm{s}}$ 的分布(均采用面元法 1 和 2 计算)。

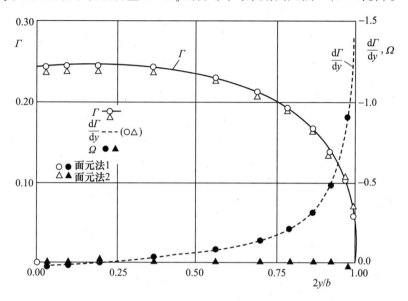

图 8.5   Kolbe 翼[14]:面元法 1 和 2 的结果比较:随半展长坐标 $2y/b$
变化的环量分布 Γ 及其导数 $\mathrm{d}\Gamma/\mathrm{d}y$,以及涡含量 $\Omega=\Omega_{\mathrm{s}}/u_{\infty}$

方法 1 和低阶方法 2 的 $\Gamma(y)$ 结果差别不大,对于升力和诱导阻力的结果 (此处未显示)同样如此。用式(4.20)对后缘位置的速度分量进行逐点计算,得 出 $\Omega(=\Omega_{\mathrm{s}}/u_{\infty})$ 的值,对于高阶方法 1,结果与 $\mathrm{d}\Gamma/\mathrm{d}y$ 曲线非常匹配,这意味着 方法 1 的结果满足了相容性条件(见 4.4 节)。但对于方法 2,有 $\Omega\approx0$ 的,其结 果均是错误的。

图 8.6 所示的后缘流动剪切角 ψ 反映了这一结果。面元法 1 显示,剪切角 $\psi_l(=\psi_e/2)$ 向翼尖方向增大(与实际结果的预期相同),面元法 2 产生的剪切角 几乎为零。① 相比之下,两种方法的涡线角 ε 都是相同的。后掠翼后缘的涡线 沿翼尖方向偏折了 $\varepsilon\approx5.0°$,而翼根和翼尖位置的 ε 值近似为零。

关于无黏速度场正确或不正确的计算及基于它们的边界层计算结果的讨 论,我们在图 8.7 进行了研究。图中显示了三维边界层的计算结果,它们是通过 面元法 1 和 2 得到的外部无黏流场进行计算的。边界层方法是指 MBB 版本中 Cousteix – Aupoix 的积分方法[17]。

_____

① 关于后缘流动剪切角 ψ_e 和涡线角 ε 的定义,请参阅图 4.11。

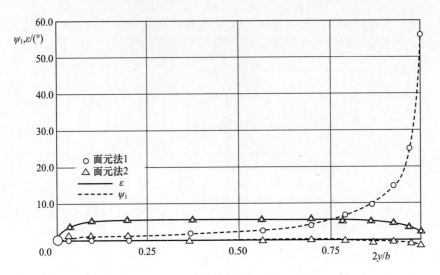

图 8.6　Kolbe 翼[14]:面元法 1 和 2 的结果比较:
随半展长坐标 $2y/b$ 变化的后缘流动剪切角 ψ_1 和涡线角 ε

　　我们可以在机翼的吸力面(即上表面)和压力面(即下表面)观察到外部无黏流的流线和全湍流边界层的表面摩擦线。在上、下表面的后缘末端的上游位置,由面元法 1 得到的无黏流线,其方向是根据图 8.6 所示的涡线角 ε 和剪切角 ψ_1 确定的。而由面元法 2 得到的无黏流线几乎顺着弦长方向向后缘靠近,尤其是在压力面上。

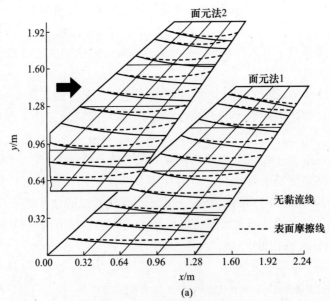

(a)

170

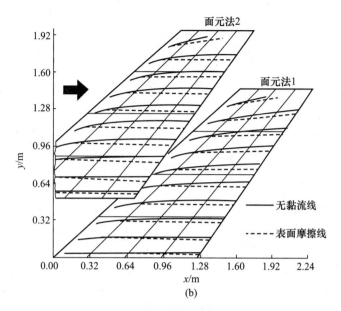

图 8.7　Kolbe 翼:面元法 1 和 2 及其三维边界层方法的对比结果[14]。
湍流边界层的外部无黏流流线和表面摩擦线。
(a)机翼的吸力面;(b)机翼的压力面。

请注意,只有面元法 1 使得无黏流线在几乎整个压力面的 75% 弦长附近产生拐点,见图 8.7(b)。采用面元法 2 求解的无黏流场和基于该方法获得的边界层解的结果,其存在错误的范围从机翼后缘一直到后缘上游约 50% 弦长处。

8.2.2　前掠翼

将高阶面元法 1 和一些低阶面元法运用于参考文献[13]中研究的前掠翼可以得到与上述类似的结果。表 8.2 给出了机翼前缘后掠角 φ_0、展弦比 Λ、梢根比 λ_t、自由来流马赫数 Ma_∞(不可压缩流动)和攻角 α。前掠翼的平面形状如图 8.8 所示。

表 8.2　前掠翼的几何和流动参数[14]

$\varphi_0/(°)$	Λ	λ_t	Ma_∞	$\alpha/(°)$
-35.1	4.5	0.35	0	4

所有方法在展向环量分布 $\Gamma(y)$ 方面都与试验结果一致。但只有面元法 1 中的导数 $\mathrm{d}\Gamma/\mathrm{d}y(y)$ 和涡含量 $\Omega_s(y)$ 是相容的,如图 8.9 所示。

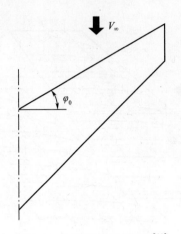

图 8.8　前掠翼的平面形状[14]

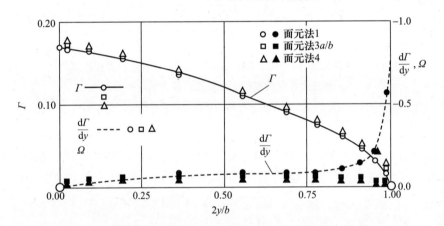

图 8.9　前掠翼：几种面元法的结果比较[14]。环量分布 Γ 及其
导数 $\mathrm{d}\Gamma/\mathrm{d}y$，以及涡含量 Ω 随半展长坐标 $2y/b$ 的变化情况

图 8.10 所示的后缘流动剪切角 $\psi_1\ (=\psi/2)$ 再次表明了只有面元法 1 能够出现期望的变化趋势。

$\varepsilon\approx-7°$ 时，涡线角为负，即涡线沿翼根方向偏转。实际上是机翼上、下表面的整体流场向翼根方向偏移。[1] 低阶方法的结果具有很大的分散性，具体取决于运动学流动条件的施加位置是在机翼的投影平面还是真实机翼表面。

―――――――――――――

　① 这种偏移是由前掠翼翼根和机身处能够被清晰观察到的边界层不利累积所致。这可能引发不利的分离现象，并且在机身后端安装了后置发动机的情况下，必须对发动机的安装位置进行特殊处理。当然，流动的总体偏移也是离开机翼后缘尾涡层的一个特性。

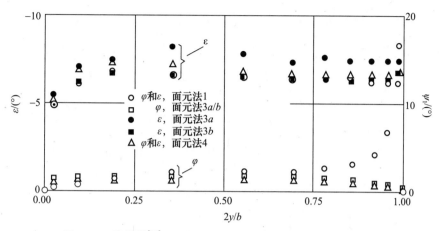

图 8.10 前掠翼[14]:几种面元法的结果比较。后缘流动剪切角
ψ_1 和涡线角 ε 随半展长坐标 $2y/b$ 的变化情况

8.3 大展弦比升力翼欧拉解(模型 8)中升力的产生: 流域 0 和 1 中的概念验证

本书所讨论的大展弦比、中展弦比机翼为前缘后掠角 $\varphi_0 = 25°$ 的梯形翼,如图 8.11 所示。这些材料首次在 1986 年瑞典布罗马瑞典国家航空航天研究中心(FFA)举行的关于欧拉模型代码(表 1.3 中的模型 8)验证的国际涡流试验研讨会上公布[18]。本节的所有图片均选自该报告。其结果证明了模型 8 在求解大展弦比升力翼方面的可行性。

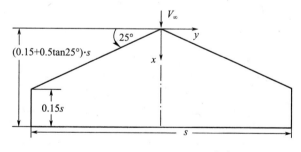

图 8.11 梯形翼的平面形状[18]

8.3.1 算例和积分结果

机翼前缘后掠角 φ_0、展弦比 Λ、梢根比 λ_1、自由来流马赫数 Ma_∞(压缩性较

173

弱的可压缩流动)和攻角 α 如表 8.3 所示。机翼的厚度为 12%,翼型为 NACA 64 -012 翼型。采用参考文献[19]所述的欧拉方法的代码进行计算。

表 8.3 梯形翼的几何和流动参数[18]

$\varphi_0/(°)$	Λ	λ_t	Ma_∞	$\alpha/(°)$
25	3.75	0.3	0.3	5

计算的升力(C_L)、诱导阻力(C_{Di})和俯仰力矩(C_M)系数如表 8.4 所示。将这些系数与线性方法(模型 4)的结果进行比较。因为薄翼理论并未考虑机翼的厚度,而且是在 $Ma_\infty =0.01$ 时进行计算的,所以升力和诱导阻力降低了 10% 左右。这是可以接受的数量级。该结果进一步证明,欧拉方法(模型 8)是可行的设计工具。

表 8.4 梯形翼计算的力和力矩系数[18]

$\alpha = 5°$	欧拉解(厚翼),$Ma_\infty = 0.3$	线性理论(薄翼),$Ma_\infty = 0.01$
C_L	0.342	0.315
C_{Di}	0.0103	0.0085
C_M	-0.155	-0.187

8.3.2 流域 0 和 1 的计算流场详情

在翼面上及近尾流中计算的无黏流线如图 8.12 所示。翼面上的流线形态非常符合所期望的形态,见图 4.17。从靠近机翼对称面位置到 90% 半展长位置左右,后缘流动剪切角 ψ_e 从几乎 0° 增加到约 25°。图 8.19 中的 Ω_s 和 $d\Gamma/dy$ 分布反映了这种特性。

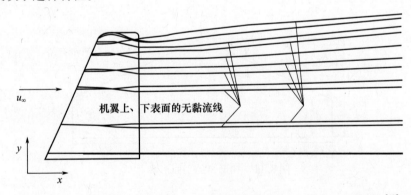

图 8.12 显示计算得出的无黏表面流线的机翼右侧及其近尾流(俯视图)[18]

由于后缘为非后掠后缘,因此涡线角 s 几乎为零。后缘下游位置的流线位于尾流的投影平面上,因此无法观察到剪切现象。后缘涡层的卷起趋势也

174

不明显。翼尖的两条流线显示流动绕边缘从下表面到上表面。我们无法确定欧拉解是否能近似表示翼尖涡。在后缘位置,上述的流线位置远离翼尖区域。

在5.1节中,关于机翼尾流的讨论中,我们认为由于数值扩散输运的影响,势流理论的不连续层在欧拉解中有所加宽(这也是我们的主要观点)。因此,欧拉尾流代表机翼的尾涡层。该欧拉尾流见图5.1(b)。

采用当前方法求解出的流场中的欧拉边界层和欧拉尾流如图8.13所示,其显示了40%的半展长位置的速度矢量图。翼面上几乎看不到欧拉边界层(但使用较粗网格的计算结果具有明显的欧拉边界层)。欧拉尾流中同样看不到运动学不活跃部分,见图5.1。

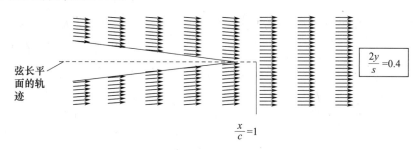

图 8.13　40% 半展长位置机翼后端和近尾流中的流动矢量图[18]

在机翼后方 $x/c = 1.05$(即非后掠后缘后方 5% 弦长)处,欧拉尾流的运动学活跃部分沿 z 方向延伸了约 4 个网格,如图8.14所示。图中尾流的具体细节并不清晰。无论如何,在速度剖面上,出现了欧拉尾流所需的特征。

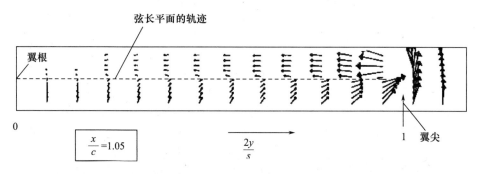

图 8.14　机翼右半部分的下游平面 $x/c = 1.05$ 位置的横流矢量图(c 为中翼弦长)[18]

在总压损失方面,欧拉尾流更为明显,如图8.15所示。图中显示了 $1 - p_t/p_{t\infty}$ 沿着 z 方向在翼弦连线上下侧的变化图像,在机翼右侧部分的中翼弦 $x/c = 1.05$ 位置选取了机翼后缘之后的 4 个站位,分别为 0.25、0.5、0.75 和 0.9 半翼展位

175

置。图中无法解释的是,在三个内侧站位,欧拉尾流下方出现了明显的总压增加。在外侧站位(0.9倍半展长处),由于存在明显的网格分辨率问题,尾流外侧出现了巨大的总压损失。

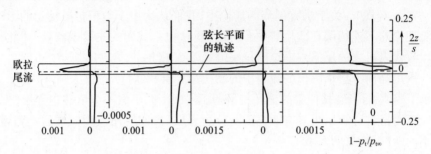

图 8.15　$x/c = 1.05$ 时机翼后缘下游 4 个展向站位的总压损失 $1 - p_\text{t}/p_{\text{t}\infty}(z)$ 分布[18]

图 8.16 ~ 图 8.18 给出了 $x/c = 1.05$ 时 4 个展向站位的无量纲速度分量 $u(z)$、$v(z)$ 和 $w(z)$。在局部尾流坐标系中,分量 $u(z)$ 和 $v(z)$ 不是图 5.1 的分量。所有展向站位的涡线角 ϵ 几乎为零,因此为了方便起见,速度分量由图 4.17 左下侧所示的笛卡儿 x、y、z 参考坐标系中的分量近似表示。

如图 8.16 所示,欧拉尾流 $u(z)$ 的运动学不活跃部分几乎是均匀的。

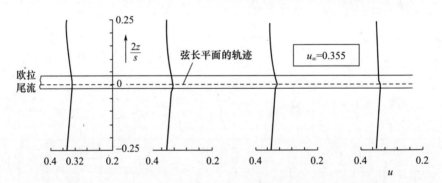

图 8.16　$x/c = 1.05$ 时机翼后缘下游 4 个展向站位的速度分量 $u(z)$ 分布[18]

如图 8.17 所示,欧拉尾流上、下侧之间的流动剪切非常明显。随着图 8.12 所示的后缘流动剪切角 ψ_e 的增大,流动剪切沿翼根向翼尖方向增加。在内侧站位,运动学活跃部分 v 的剖面出现了不对称,这是由于涡线角 ϵ 存在较小的负值造成的。同样可以看到图中网格分辨率问题是很明显的。

欧拉尾流下方的 w 分量的绝对值比上方更大,如图 8.18 所示。与预期结果相同,欧拉尾流位置的 w 分量几乎为零。

176

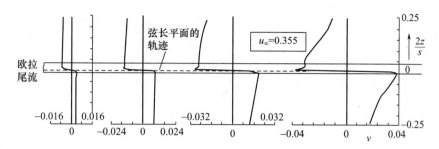

图 8.17 $x/c = 1.05$ 时机翼后缘下游 4 个展向站位的速度分量 $v(z)$ 分布[18]

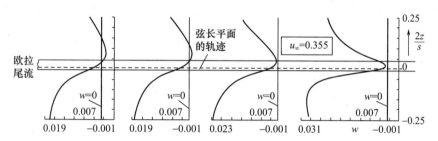

图 8.18 $x/c = 1.05$ 时机翼后缘下游 4 个展向站位的速度分量 $w(z)$ 分布[18]

8.3.3   环量和运动学动涡含量

图 8.19 显示了欧拉解中环量 Γ 沿展向的分布,①并与线性模型 4 方法的结果进行了比较。

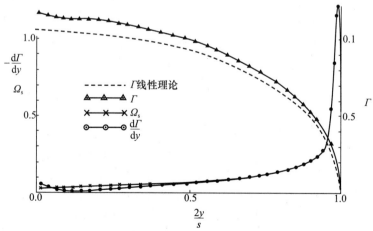

图 8.19   欧拉解和线性理论环量 Γ 的展向分布及其展向导数 $\mathrm{d}\Gamma/\mathrm{d}y$ 和局部涡含量 Ω_s[18]

---

①   在机翼的中段,欧拉解具有不规则性,这可能是由机翼的顶点连线为锐边导致的。

图 8.19 还对相容性条件(见 4.4 节)进行了评估。在约 30% 展长到约 95% 展长的范围内,展向导数 $d\Gamma/dy$ 和局部运动学动涡含量 Ω_s 之间非常一致。因此,在该区间内,相容性条件得到了很好的满足(请参见式(4.20))。但在机翼展向的中部位置,情况并非如此,就像在翼尖附近,其周围的流动会对图像结果造成干扰。

最后,图 8.20 中绘制了 4 个展向站位的涡量 $\omega(z)$ 大小。实际上它就是与欧拉尾流的运动学活跃部分相关的涡量分量 ω_x。其分布结构与本书提出的假设一致。

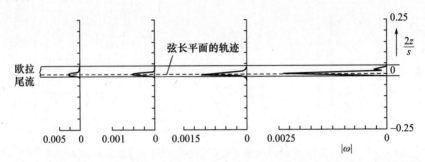

图 8.20　$x/c = 1.05$ 时机翼后缘下游 4 个展向站位的涡量绝对值 $\omega(z)$($= \omega x$)大小分布[18]

8.4　CRM 情况的 RANS/URANS 解 (模型 10):流域 0、1 和 2

8.4.1　引言

我们在流域 0、1 和 2 中研究了运输机构型的尾涡层和尾涡系统。本节的内容基于本书第三作者的学生 S. Pfnür[3] 的硕士论文,大部分数据选自于此。

本节所述飞机构型是 NASA/波音 CRM[20],该模型是 AIAA CFD 阻力预测研讨会的试验构型,请参阅参考文献[21-22]。

CRM 外形为通用机翼/机身/水平尾翼构型,机翼采用了跨声速超临界设计,见图 8.2。翼型剖面和机翼扭转与巡航条件下的 1-g 机翼外形相对应。①

CRM 形状是针对 CFD 验证目的而设计的,因此未安装推进装置。此外,机翼在整个展长上具有恒定的后缘厚度。干净机翼未安装翼身整流罩。其后缘有一个偏折,即 8.1 节中提到的叶胡迪断裂处。CRM 平面形状如图 8.21 所示。

---

① 1-g 形状是指由于标称水平飞行时气动受荷而形成的弹性机翼形状,请参见参考文献[7]。

178

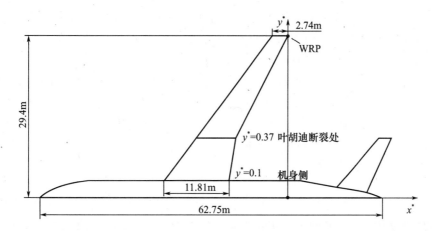

图 8.21　通用研究模型的平面形状[3]。WRP 是指翼尖参考点$(x^* = 0, y^* = 1, z^* = 0)$

图 8.21 中显示了翼尖参考点(WRP)和 x^*, y^*, z^* 参考坐标系,z^* 垂直于 $x^* - y^*$ 平面。WRP 位置为 $x^* = x/b = 0, y^* = y/(b/2) = 1, z^* = z/(b/2) = 0$。

CRM 计算案例的几何参数如表 8.5 所列。请注意,参考面积 A_{ref} 为波音公司引入的 Wimpress 面积(见 3.16 节)。

表 8.5　CRM 算例的几何参数[3]

$\varphi_{\text{LE}}/(°)$	$\varphi_{25}/(°)$	λ_t	b/m	l_μ/m	Λ	$A_{\text{ref}}/\text{m}^2$
37.5	35	0.275	58.763	7.00532	9	383.69

飞行参数(表 8.6)与研讨会上"案例 1b"的飞行参数相一致,水平尾翼的安装角为 $\alpha_{\text{HTP}} = 0°$。虽然 $\alpha_{\text{HTP}} = 0°$,但由于升力翼引起的下洗流,水平尾翼上存在负升力,相当于配平力。因此,水平尾翼上先有尾涡层,后有尾涡对。

表 8.6　CRM 算例的飞行参数[3]

Ma_∞	Re_{l_μ}	T_∞/K	T_w/K	$\alpha/(°)$	$\beta/(°)$	黏性流动部分
0.85	5×10^6	310.93	310.93	2	0	完全湍流

这一案例下的纵向运动力系数和力矩系数为 $C_L = 0.43$、$C_D = 0.0245$ 和 $C_M = 6.8 \times 10^{-5}$,基准点距离机身前端 33.67m。

8.4.2　计算方法和网格特性

本节采用的计算方法是雷诺平均纳维尔 – 斯托克斯方法 TAU(模型 10),即 DLR 开发的非结构化网格代码[23]。作为非定常 RANS(URANS)的代码,该代码还允许采用非定常计算。

本节采用了两种湍流模型,即 SA – neg 版的 Spalart – AllmarasSA/$k – \omega$ 模型

(原版[24])和 Menter – SST 模型(原版[25],SST 代表剪应力输运)。在 RANS 模式下,用两种湍流模型进行了初始湍流模型和网格研究,并在 URANS 模式下,用 Menter – SST 模型进行了最后的研究。这样做的原因是要求解特定的非定常现象。

当然,在有较强普通分离区域中获得的所有结果都必须有所存疑。这是因为在某些算例中,我们观察到该区域的流动对局部离散化特性具有强烈的依赖性。

基本网格为非结构化网格,按照参考文献[20]中给出的网格划分准则确定。经过一些调整后,最终的非结构化网格有 30.17×10^6 个节点和 132.3×10^6 个单元。

尽管最终解决了这一问题,但为了正确捕捉尾流特性,还需要插入部分的结构化网格(PS 网格)。它从中翼弦位置向下游延伸至 $x^* = 9$,并再次进行一些调整。最终的中等大小的 PS 网格有 45.2×10^6 个节点和 114.2×10^6 个单元。图 8.22 显示了截面 $x^* = 4$ 处 PS 网格的单元分布,该位置大概在扩展近场的中间位置。

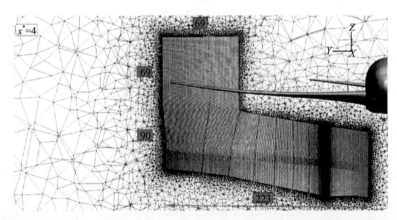

图 8.22　$x^* = 4$ 时插入的 PS 网格[3]。图中标识出的数字为网格单元的展向和垂向数量

我们展示了一系列结果,其中突出了分离和涡流现象。为了涵盖 CRM 机翼上分离流和涡流各个方面的情况,我们对这些结果进行了详细讨论。对于该算例的表面摩擦线拓扑结构方面的详细研究,请参阅参考文献[26]。

参照引言部分(见 8.1 节和图 8.1),我们讨论在流域 0、1 和 2(即从机翼上方到扩展近场)中的流动特性。

8.4.3　流域0:绕机翼的流动

我们首先研究翼根位置的流动现象,然后研究翼尖位置以及机翼后缘的流动现象。

1. 翼根

若将机翼固定在未安装翼根整流罩的机身上,则流动在机翼前缘的上游分离,并产生马蹄涡,如图 8.23 所示。[①]

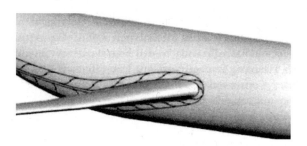

图 8.23　翼身连接处的马蹄涡示意图[10]

马蹄涡会造成阻力的增加,并会在大攻角时引发抖振。Th. von Kármán 及其同事在 20 世纪 30 年代从事的研究工作中引入了光滑的翼根整流罩(圆角)[28]。这种整流罩有效地消除了这些马蹄涡。翼根整流罩是目前大型运输机(LTA)的标配。下面我们将举例说明。

在 CRM 构型中并未引入翼根整流罩。因此,翼根区域能够进行分离和涡流现象的研究。

图 8.24 所示为翼根区域的俯视图。

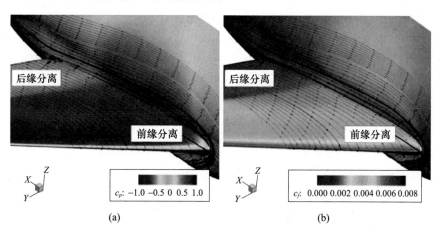

(a)　　　　　　　　　(b)

图 8.24　翼根区域俯视图(机翼吸力面)[3](见彩图)

(a)表面摩擦线形态和表面压力系数 c_p 分布;(b)表面摩擦线形态和表面摩擦系数 $c_f \equiv |c_f|$ 的绝对值分布。

---

① 在参考文献[27]中,这种情况称为流动障碍物,但此处的后掠障碍不是一个研究课题。

我们在图 8.24(a)中可以看到机翼前缘上有很大的压力系数 c_p，这造成了翼根分离。机翼上的流动沿着弦长方向明显加速，使得静压减小(蓝色)，这同样会对机身一侧造成影响。马蹄涡的横截面部分范围较小。

图 8.24(b)中表面摩擦系数 $|c_f|$ 的绝对值显示了流动在翼根区域上游的机身侧发生了分离。流动沿前缘在弦长方向明显加速表现为较大的表面摩擦力。朝后缘方向，可以发现表面摩擦力的绝对值有所减小。

图 8.25 所示为翼根区域的仰视图。图 8.25(a)中 c_p 分布说明翼根区域沿弦长方向的流动加速比机翼上表面的流动加速小得多。此时，马蹄涡的展向分布范围比在机翼上表面时大得多。这种情况也会出现在后缘及其附近位置。

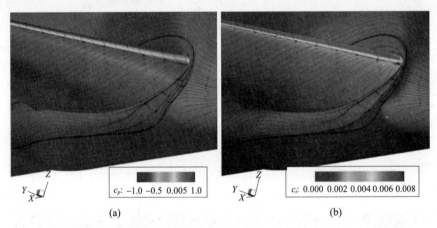

(a)   (b)

图 8.25　翼根区域仰视图(机翼压力面)[3]

(a)表面摩擦线形态和表面压力系数 c_p 分布；(b)表面摩擦线形态和表面摩擦系数 $c_f \equiv |c_f|$ 的绝对值分布。

表面摩擦系数 $|c_f|$ 的大小表明翼根下方的分离区域较大。机身上的表面摩擦力通常较低。

与机身连接处附近的机翼前缘的详细流动情况如图 8.26 所示。翼根的存在使得来自机身的上游流动被迫分离。然后，我们可以观察到一系列奇异点和相关的奇异线。

奇异线首先出现在鞍点 S_1 位置，主分离线从该点开始向左(机翼下侧)和向右(机翼上侧)延伸。然后奇异线出现在节点 N_1 位置。从该点开始，我们看到左侧(机翼下侧)有一条附着线(二次附着线)，它经过一小段距离后逐渐变细(开式终止)。向右侧发展的附着线并没有充分发展，而是很快受到主分离线和二次分离线的挤压。

接下来是鞍点 S_2。二次分离线从该点开始延伸。向左侧发展的二次分离线清晰可见，直至机翼下方更远的位置，此时无法将其与主分离线区分开来，见

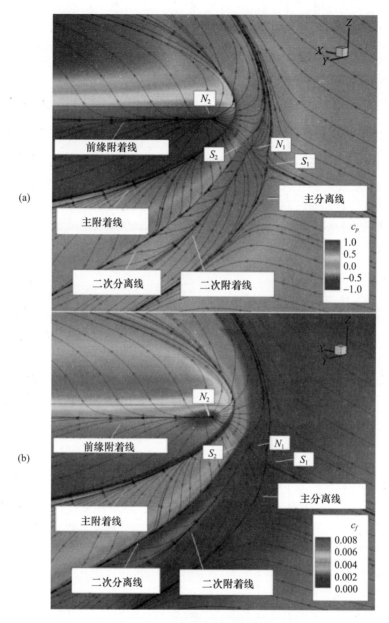

图 8.26　翼根拓扑详图[3]

(a)表面摩擦线形态和表面压力系数 c_p 分布；(b)表面摩擦线形态和表面摩擦系数 $c_f \equiv |c_f|$ 的绝对值分布。

图 8.25。向右侧发展的二次分离线情况类似。机翼上方的二次分离线似乎也与主分离线融合，见图 8.24。

最后是节点 N_2，它是一个很典型的星型节点。图 8.26 中机翼前缘的附着线清晰可见。与预期情况相同，沿附着线的表面摩擦力为有限值。其沿展向的大小直到靠近翼尖位置仍保持不变或几乎不变。

奇怪的是，N_2 下方的左侧区域有一条开式附着线。这可能只是因为表面摩擦线在机翼与机身的切割线集中分布。

参考文献[26]中讨论的翼根奇异点的形态要简单得多。只存在鞍点 S_1 和节点 N_2。我们注意到，这一仿真结果并没有指定具体采用了哪种 SA 湍流模型。Pfnür 在其网格细化研究中发现，使用粗 PS 网格的算例具有类似的形态。该结果是通过 SA – neg 湍流模型得到的[3]。总而言之，仿真结果的不同说明其中存在隐性问题。目前，还没有能够清晰证明这种情况的实验数据。即便如此，作出结论时也应谨慎，因为在一定的相似参数范围内，结果会受到影响。

若使用合适的翼根整流罩，则所有这些问题都会消失，如图 8.27 所示。

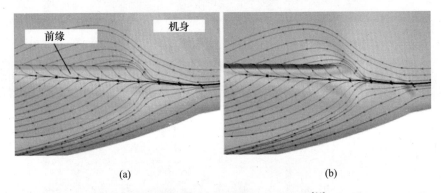

(a)   (b)

图 8.27　安有翼根整流罩的 LTA 前缘[26]

(a)表面摩擦线形态和表面压力系数 c_p 分布；(b)表面摩擦线形态和表面摩擦系数 $|c_f|$的绝对值分布。

图 8.27 来自参考文献[26]，图片展示的是在具有相似几何参数和流动参数的 LTA 上，从机身到机翼前缘流动发生的平滑转捩现象。机翼的附着线作为开式附着线开始发展！

再来看看目前的 CRM 例子：图 8.28 绘制了翼根区域几个下游位置的无量纲化轴向涡量分量：

$$\zeta = \frac{\omega_x b}{2u_\infty} \tag{8.3}$$

图 8.28(a)显示，在机翼吸力面(上表面)的前缘区域，涡的横截面(比下表面区域)明显较小。蓝色表示涡以顺时针方向旋转。图中没有迹象表明存在二次涡。

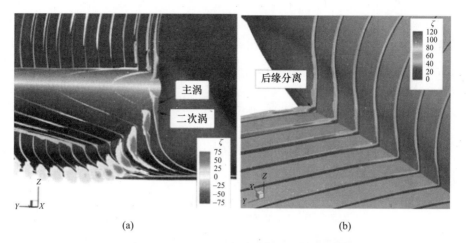

(a)   (b)

图 8.28   翼身连接处附近的无量纲化轴向涡量分量 ζ[3]（见彩图）

（a）（机翼）前缘区域；（b）（机翼）上表面的后缘区域。

压力面（下表面）存在逆时针旋转的涡。横截面（比上表面）更大，而且二次涡清晰可见。

在吸力面的后缘区域，除了存在流动分离的最后一个站位之外，没有发现流场中存在涡，见图 8.28（b）。在机翼和机身表面上，可以看到边界层沿流向增厚。

在靠近后缘的机翼上表面，表面摩擦线的形态以焦点 F 的形式表明流场中出现较大的分离现象，如图 8.29 所示。

图 8.29   位于机翼后缘区域上表面（存在一个焦点分离）的表面摩擦线形态[3]。
这类节点还存在于机身的侧面

在该焦点位置,涡丝离开机翼表面(见7.2.2节)。此时,可以预料的是在机身一侧会存在一条反向旋转的涡丝离开机身表面。表面摩擦线形态很好地展示了这一现象。但实验研究尚未发现这两种现象。

2. 翼尖

在 CRM 构型的圆形翼尖位置,表面摩擦线的形态表明,从机翼的下表面到上表面有一个绕翼尖的平滑流动,如图 8.30 所示。

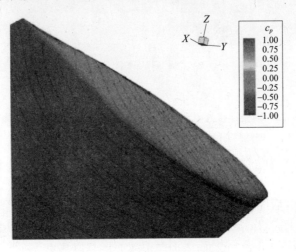

图 8.30　翼尖区域仰视图:表面摩擦线的形态和表面压力系数 c_p 分布[3]

附着线的终止方式为开式,如图 8.31 所示。这条线呈简单的扇形散开。在图 8.31(a)部分,我们观察到如预期相同的压力分布:相对压力最大值沿附着线分布(见7.3节),流动在吸力面的弦长方向快速膨胀,而压力面的膨胀则不是很强烈,沿前缘只有很小的梯度甚至零梯度。但在前缘的外侧末端,我们还看到向翼尖外侧的强烈膨胀现象。

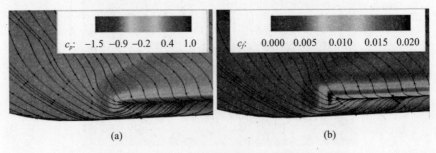

图 8.31　无奇异点的翼尖附着线末端(开式)[3]

(a)表面摩擦线形态和表面压力系数 c_p 分布;(b)表面摩擦线形态和表面摩擦系数 $c_f \equiv |c_f|$ 的绝对值分布。

图 8.31(b)表面摩擦线形态显示了 $|c_f|$ 的相对最小值沿附着线分布。最小值的位置非常靠近附着线,这是因为 x 方向的所有梯度都很小。在朝向机翼上表面和翼尖的位置,我们所看见的 $|c_f|$ 最大值是由于流动加速造成的。

从翼尖到机翼上表面(吸力面)的流动如图 8.32 所示。

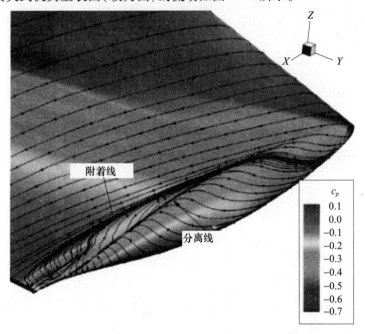

图 8.32　翼尖区域俯视图:表面摩擦形态和表面压力系数 c_p 分布[3](见彩图)

压力首先绕翼尖下降,之后流动向机翼上表面区域加速。流动的总压沿后缘增大。其结果就是,在中弦线的下游位置,一条开式分离线沿着翼尖的上表面开始发展。

圆形翼尖沿机翼的后缘变得尖锐,但仍具有有限大小的厚度。翼尖锐边部分使尖锐尖端区域及其上游位置的局部表面压力(蓝色)大幅下降,如图 8.33(a)所示。显然,这会使得大量的运动学动涡含量向翼尖涡输运。翼尖涡下方的流场会发生变化,这类似于具有攻角的三角翼背风面发生的现象(见第 10 章)。

压力场使机翼上表面后缘附近的表面摩擦线向外强烈弯曲(此处的表面压力也非常低)。这一弯曲随着压力的上升而终止,并形成了开式二次分离线。这些现象都显示在图 8.33(b)的表面摩擦力场中。

二次涡刚好形成于翼尖内侧。拓扑的研究已经明确指出两条分离线之间必须存在一条附着线。这条二次附着线也是开式的。此外,我们还看到一条三次分离线与对应在拓扑学上必须存在的三次附着线同时形成。我们的结论是,主

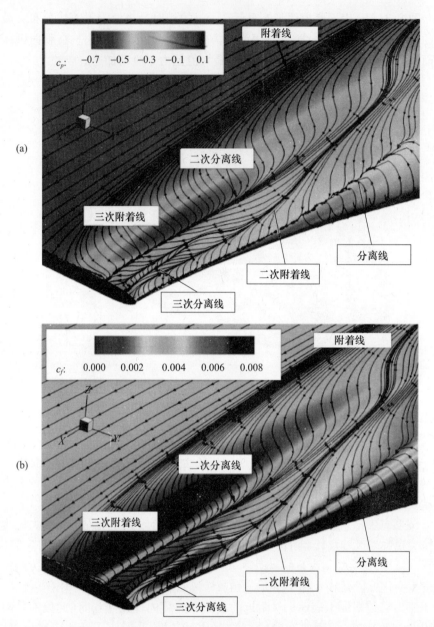

图 8.33　翼尖表面摩擦线拓扑结构细节图[3]（见彩图）

（a）表面摩擦线形态和表面压力系数 c_p 分布；（b）表面摩擦线形态和表面摩擦系数 $c_f \equiv |c_f|$ 的绝对值分布。

翼尖涡的下方有一个二次涡和一个三次涡，这意味着流场中存在一个翼尖涡系。

无量纲化轴向涡量分量 ζ 的云图反映出了翼尖涡系，如图 8.34 所示。注意,$\zeta > 0$ 意味着从正 x 方向观察右侧机翼时,主翼尖涡顺时针旋转。这与飞机右侧机翼后方的尾涡旋转方向相同。$\zeta < 0$ 意味着二次涡逆时针旋转。三次涡再次顺时针旋转。净涡量是指整个翼尖涡系的净涡含量。

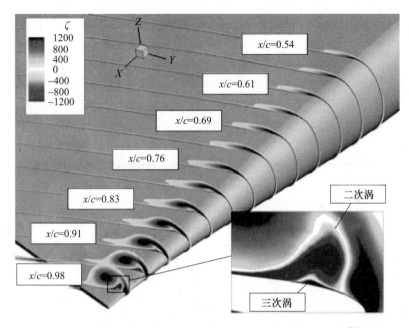

图 8.34　翼尖涡系区域中无量纲化轴向涡量分量 ζ 的云图[3]

从图 8.35 的开式背风面流场示意图可以看出庞加莱曲面上的涡流现象分布形态。此时机翼的云图是高度简化的,并且完全省略了机身。

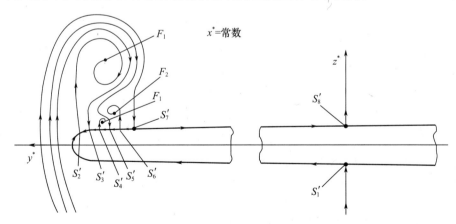

图 8.35　在庞加莱曲面上的开式背风面流场拓扑示意图(右侧机翼后缘略靠上游位置)。视图为右侧机翼 x 正方向的前视图

表8.7 收集了图8.35 所示的奇异点及其类型和含义。

表 8.7　图 8.35：奇异点及其含义

奇异点	类型	流动种类
F_1, F_2, F_3	焦点	涡中心
S_1', S_3', S_5', S_7'	半鞍点	附着线
S_2', S_4', S_6', S_8'	半鞍点	分离线

为了将拓扑规则应用于庞加莱曲面(请参见 7.4 节的规则 2),我们必须观察整个机翼,即包括左侧机翼。因此,考虑到机翼一侧的奇异点,我们得

$$\left(\sum N_* + \frac{1}{2} \sum N' \right) - \left(\sum S + \frac{1}{2} \sum S' \right) = (6+0) - \left(0 + \frac{14}{2} \right) = -1 \quad (8.4)$$

结果满足规则 2 证明该拓扑结构是有效的。当然,这是一个必要条件,但不是充分条件。图 8.33 所示的表面摩擦线形态说明了观察结果有效。但对于所使用的湍流模型是否正确仍应持有保留意见。

翼尖涡系的两个一般特性变化情况如图 8.36 所示:平均轴向速度 u/u_∞(图(a))和湍流强度 Tu(图(b))沿下游方向的发展。

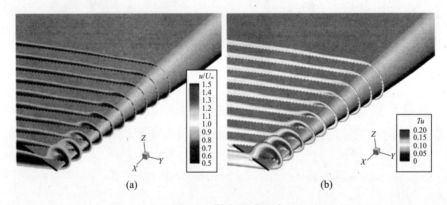

图 8.36　翼尖涡系区域
(a)轴向速度 u/u_∞;(b)湍流强度 Tu 沿下游的发展情况[3]。

对于轴向速度,首先可以观察其在边界层内出现与预期相同的下降。在逐渐发展的主翼尖涡中仍然存在速度亏损,但 u/u_∞ 值在涡核中明显增加,而涡内则没有达到 $u/u_\infty = 1$ 的自由来流速度。

由于采用了湍流模型,因此湍流动能 k 是求解过程中的一个确定参量。各向同性湍流强度 Tu 为

$$Tu = \frac{\sqrt{2k}}{u_\infty} \quad (8.5)$$

在图 8.36(b)中,我们观察到充分发展的湍流强度。在逐渐发展的主翼尖涡中,Tu 值明显增加,且几乎是边界层的两倍。

8.4.4 偏移:翼尖涡系和非线性升力

到目前为止,我们讨论了出现在翼尖或机翼侧边缘的流动现象,产生了三个问题:①翼尖涡系对机翼的性能有什么影响? ②与 CRM 构型的大展弦比机翼相比,其他机翼构型的绕流是否有相似之处? ③近场/扩展近场如何受到影响? 我们只考虑右侧机翼的情况。

(1)翼尖涡系作为一个整体与尾涡的旋转方向相同,并在翼尖后缘的下游位置与尾涡合并。在这个过程中,尾涡增加了额外的环量,至于环量增加的数值,请参见下文。当然,这会导致诱导阻力的增加。在观察翼尖涡范围内的表面压力时(图 8.32),我们看到一个明显的低压区(蓝色)。与升力翼势流理论(模型 4)中的"线性"升力相比,这种现象产生了"非线性升力"。当然,与整个翼面相比,(翼尖涡区域)对应的表面积是非常小的,而机翼的升力和俯仰力矩会有一个增量。但对于大展弦比机翼而言,这种非线性升力的贡献可以忽略不计,因此通常不会作为一个研究课题。

当然,非线性升力的增量会增加翼根弯矩,也会增加机翼的局部扭矩(本例中为机头向下)。

(2)当机翼的构型是大展弦比机翼外的其他构型时,上述翼尖涡系带来的诱导阻力、升力、俯仰力矩、结构力和力矩的增量在其他方面有着重要影响。

① 由于翼尖涡系下方的低压区产生的非线性升力最早发现于小展弦比机翼上。L. Prandtl 于 1921 年给出了矩形翼的实验数据,该数据显示了 $\Lambda < 3$ 时升力系数的非线性特性,关于这一点,请参见参考文献[6,9]中的讨论。非线性升力的强度还取决于机翼边缘的形状、后掠角及其为锐边还是钝边。

② 这种效应同样能够在气动配平面、操纵面,以及缝翼、富勒襟翼等增升翼面上观察到。据推测,在这类翼面上,当翼面具有较低的展弦比时,侧边(翼尖)涡流现象也会产生关于力和力矩的一阶效应。早期的讨论详见 B. Göthert 于 1940 年发表的博士论文[29]。

③ 非线性升力最突出的例子出现在有攻角的三角翼中,此时,三角翼会出现背风涡(见第 10 章)。当超过法向攻角 α_N 和法向前缘马赫数 Ma_N 的某一临界组合时,这些涡出现在前缘后掠位置(见 10.2.6 节)。① 此时,前缘后掠上的效应类似于机翼的侧边缘。

---

① 注意,前缘涡分离的起始位置从(三角翼的)后侧开始,然后随着攻角的增大而向前移动。

无论前缘是锐边还是钝边,出现在三角翼上的这种流体力学机制与我们在大展弦比机翼的侧边发现的机制都基本相同。从机翼表面和庞加莱曲面上的表面摩擦线形态上看,两者的流场拓扑结构也基本相同,见图 8.35。

(3) 翼尖涡系对尾涡层的卷起过程有明显的影响。对于大展弦比机翼,这种影响很小。翼尖涡或机翼侧边涡系越强,越能主导卷起过程。

这种影响反映在卷起过程的长度上。我们在 4.4 节中已经指出,大展弦比后掠翼或非后掠翼的卷起过程,实际上是在机翼下游几个半翼展距离内完成的。而对于小展弦比机翼,卷起过程则可能早在机翼下游一个弦长甚至更短的距离内就完成了。

因此,翼尖涡系的强度会影响近场和扩展近场的范围及流动特性。尤其是机翼下游的下洗流强度在一定程度上取决于尾涡层是否卷起,而下洗流则会影响水平位移的有效性[9]。

我们总结如下:非线性升力会出现在每个有限展长升力翼(无论其展弦比如何)中。展弦比越小,对总升力的影响越大。在大展弦比机翼上,其作用量可以忽略不计。在气动配平面、操纵面和升力增强面上(这些翼面通常展弦比较小),绕翼面侧边的流动与绕机翼翼尖的流动相似。因此,可以预见,在这些翼面上会出现较大的非线性效应。对于三角翼和边条翼构型来说,它们的非线性升力效应是一个重要的气动特性,其不仅会对总体升力造成影响,还会对飞行器的机动性和灵活度造成影响。

8.4.5 流域 0(续):后缘流动和相容性条件

机翼上表面(吸力面)的流形如图 8.37 所示。前文已知,若外部无黏流线局部弯曲,则其下方的表面摩擦线弯曲程度更大[26]。当然,外部流线中的拐点会相应地改变表面摩擦线形态。

图 8.37 还显示在中弦线附件,展向 $y^* \approx 0.25$ 和 $y^* \approx 0.7$ 之间,机翼上出现了激波(用彩色条纹表示)。机翼的外形是针对名义 $1-g$ 巡航情况(存在弯矩和扭矩)而设计的,外侧翼型为超临界翼型。当 $y^* \leqslant 0.25$ 且 $y^* \leqslant 0.7$ 时,翼型的厚度与弦长之比足够小,因此不存在激波。①

图 8.37 所示的激波会产生什么影响?首先,一般来说,波前的所有边界层边缘的马赫数均低于 $Ma_e \leqslant 1.35$。若满足这一条件,则边界层不会因激波的存

---

① 注意,沿附着线的流速变化不大。沿附着线的压力分布也说明了这一点,详见图 8.31(a)中所示的附着线末端。因此,考虑局部弦长特性而不考虑其所处的展向位置是可行的,尽管这在定量上并不精确。

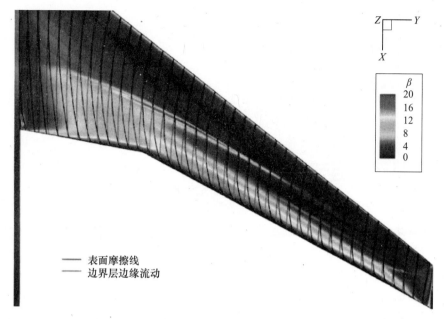

图 8.37　计算得出的机翼上表面的表面摩擦线(黑色)和外部边界层边缘流线(红色)[3]。
对投影到机翼表面两条线的夹角 β 绘制云图(见彩图)

在而分离,激波只会增大边界层的厚度(见 6.1.2 节)。

局部激波显然与上游流动不垂直。因此,外部无黏流线和边界层中的所有流线(包括表面摩擦线)都发生了偏折。图 8.37 中外部无黏流线的偏折程度较小,表面摩擦线的偏折程度较大(用黑色表示)。

在靠近机翼的后缘位置,可以观察到两条线间的局部夹角 β 普遍增大。激波对于其形态的影响一般都很小。总的来说,夹角 β 沿后缘有一个最大值,但其沿翼尖方向减小。

然而,从后缘的相容性条件来看,必须考虑激波的存在(见 4.4 节)。无黏流场中的激波会引起速度亏损,并使外部流线发生偏折(虽然只是轻微偏折)。(速度亏损还表现为激波弯曲效应,见 6.1.2 节)从下文可以看出,这两种影响一般都很小。

如图 8.38 所示,机翼的上、下表面外部无黏流线的重叠图案具有特别的意义。在后缘位置,无黏流线之间的夹角(即局部后缘流动剪切角 ψ_e,请参见 4.2.6 节)是后缘相容性条件的决定性参数。若后缘的外部无黏速度沿展向是恒定的或接近恒定的(图中所示的就是这种情况),则 ψ_e 值可以唯一确定相容性条件。

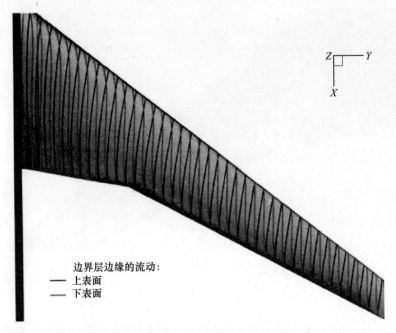

边界层边缘的流动：
—— 上表面
—— 下表面

图 8.38　机翼上、下表面的无黏外部流线[3]

观察后缘流线形态可知，局部后缘流动剪切角 ψ_e 沿翼尖方向减小，满足相容性条件要求（见 4.4 节）。

近尾流（即机翼后缘正下游 $x/c = 1.005$ 位置的尾涡层）重要特性的变化情况如图 8.39 所示。图中的 $y^* = y/(b/2)$ 在某种意义上与机翼后缘类似，即其分布并不是 $x^* =$ 常数的函数。尾涡层特性是在图 4.11 所示的局部尾流坐标系（后缘流动剪切角 ψ_e 和涡线角 ε 都是在这一坐标系定义）中进行计算的。未考虑沿后缘的库塔方向。

该术语表与图 4.12 中使用的术语表略有不同。此时，侧边速度分量 v_{e_u} 和 v_{e_1} 现在是 $v_{e_u}^2$ 和 $v_{e_1}^2$，厚度 δ_u 和 δ_1 是 $z_{e_u}^*$ 和 $z_{e_1}^*$，上侧后缘流动剪切角 ψ_{e_u} 是 ψ_u。[①]

3.16 节定义了无量纲环量 $\sigma(\psi)$ 和 $\sigma(C_l)$，及其导数 $\mathrm{d}\sigma(C_l)/\mathrm{d}y^*$，4.2.6 节定义了涡含量 Ω_1。

图 8.39(a) 中机翼上表面的横向速度分量 $v_e^2(y^*) = v_{e_u}\cos\psi_u = v_{e_1}\cos\psi_1$ 为负，即指向翼根方向。而在机翼的下表面，其指向翼尖方向。与预期相同的是，这两个

---

① 注意，速度分量上指数"2"并不表示它们就是速度的平方。它们只是表示在局部尾流坐标系中的横向方向，见图 4.11 中的 t。

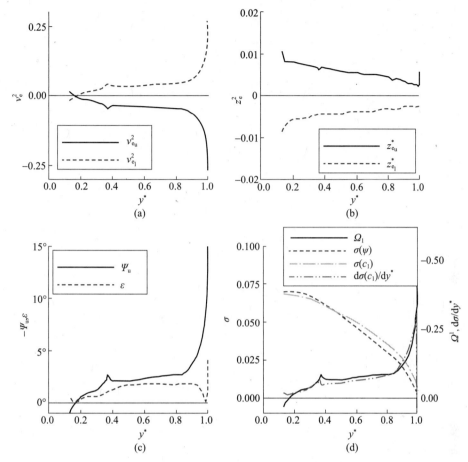

图 8.39　后缘正下游 $x/c = 1.005$ 位置的尾涡层特性和相容性条件[3]（见彩图）

（a）上、下表面的横向速度分量 $v_e^2(y^*)$；（b）上、下表面的尾流厚度 $z_e^*(y^*)$；（c）上表面后缘流动剪切角 $\psi_u(y^*)$ 和涡线角 $\varepsilon(y^*)$；（d）无量纲环量 $\sigma(y^*)$ 及其在 y^* 方向的导数以及局部涡含量 $\Omega(y^*)$。

分量都沿翼尖方向增大，但它们之间也存在差异。当 $y^* = 0.37$ 时，两条曲线上的偏折表示位于叶胡迪断裂处的位置。在翼根附近，两条曲线都改变了正负符号。

图 8.39（b）中的曲线图显示了上、下表面尾流厚度的展向分布。机翼的弦长从翼根到翼尖逐渐减小。因此，边界层的长度也有所减小。这就是上、下表面的尾流厚度向翼尖方向减小的原因。① 翼尖上表面尾流厚度的急剧增加是由翼

---

① 这一结论假设了机翼边界层几乎都具有一定的二维特性。理由有两个：①沿附着线的边界层厚度基本不变，因此弦向流动的初始条件也基本不变；②只有在很靠近附着线的区域流动才具有较大的三维特性。因此，出于定性考虑和粗略估计，允许假设具有二维特性。

尖涡系引起的。离开上表面的尾流厚度略微增大,这反映了上表面存在更大范围的逆压梯度。上述现象证明了早期对这类流动的研究结果[30]。

图8.39(c)所示的上表面后缘流动剪切角 $\psi_\mathrm{u}(y^*)$ 和涡线角 $\varepsilon(y^*)$ 特性与预期相同。剪切角 ψ_u(机翼上表面为负)从翼根向翼尖方向增大,这表明尾流的运动学动涡含量在该方向上强度有所增加。在曲线图的左侧,机身和叶胡迪断裂处的影响很明显。由于机翼后缘是后掠的,所以涡线角 ε 为正(见4.2.6节)。从翼根到叶胡迪断裂处的后掠角较小(图8.21),但很快变大。因此,从该断裂处开始,在接近翼尖前, ε 几乎是恒定的。

图8.39(d)给出了通过后缘位置流动特性计算得出的涡含量 Ω_1(黑色实线),以及通过环量分布计算得出的无量纲环量分布 $\mathrm{d}\sigma(C_1)/\mathrm{d}y^*$(蓝色虚线)。两个参数通过相容性条件(见式(4.20))联系起来(见4.4节)。

因为我们讨论的是机翼的右侧部分,所以这两个量都为负。为了帮助读者理解研究结果,我们用 $|\Omega_1|$ 和 $|\mathrm{d}\sigma(C_1)/\mathrm{d}y^*|$ 两个量值进行讨论。

翼根位置的 Ω_1 值为正,并在 $y^* \approx 0.15$ 处正负符号发生改变。之后 $|\Omega_1|$ 值增加,并在叶胡迪断裂处达到局部最大值 $|\Omega_1| \approx 0.08$。直到 $y^* \approx 0.8$ 位置, $|\Omega_1|$ 值都在略微增大。而该位置之后, $|\Omega_1|$ 值出现剧增,达到 $|\Omega_1| \approx 0.35$。

Ω_1 值沿翼尖开始的展向积分产生了环量分布,图8.39(d)中给出的是无量纲环量分布 $\sigma(\psi)$(蓝色虚线)。该值从 $\sigma(\psi)=0$(翼尖位置)增大到最大值 $\sigma(\psi) \approx 0.071$($y^* \approx 0.2$ 位置)。翼根环量($y^*=0.13$ 位置)为 $\sigma_0(\psi)=0.0697$。

到目前为止,我们已经讨论了从机翼后缘的流动特性中的涡含量 Ω_1,并从中推导出了环量分布 $\sigma(\psi)$。现在,我们用库塔-茹科夫斯基定理来检验这些结果。其方法是通过式(3.31)将局部环量 $\Gamma(y)$ 与计算得到的压力分布以及对应的局部升力系数 $C_1(y)$ 联系起来。

得到的无量纲环量 $\sigma(C_1)$(绿色虚线)与 $\sigma(\psi)$ 值在大部分范围内吻合。无量纲环量 $\sigma(C_1)$ 在外侧比 $\sigma(\psi)$ 略高,在内侧比 $\sigma(\psi)$ 略低。翼根环量几乎相等。同样,环量的微分 $\mathrm{d}\sigma(C_1)/\mathrm{d}y^*$ 与 Ω_1 值也在大部分范围内吻合。两者在叶胡迪断裂处差异较大,在翼根处的差异甚至更大。

如图8.40所示,将两个计算得到的环量分布与椭圆形环量分布 σ^* 进行了对比(见3.16节)。当 $y^*>0.6$ 时, $\sigma(C_1)$ 和 σ^* 吻合得较好,而 $\sigma(\psi)$ 值在该区间相对较小,最小差异达15%。当 $y^*<0.6$ 时,椭圆环量分布相对较小,而除翼根区域外,其他两个分布则相当吻合(见前文)。

翼根环量为 $\sigma_0^*=0.061$, $\sigma_0(\psi)=0.0697$ 和 $\sigma_0(C_1)=0.068$。这两个计算值远高于椭圆环量分布的值,并且它们之间的差异只有2.5%。

我们的结论是,运动学动涡含量和运动学静涡含量的概念是可行的,最终形

196

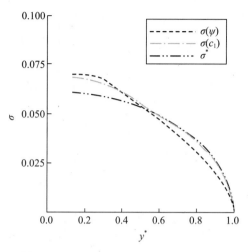

图 8.40 通过相容性条件 $\sigma(\psi)$ 和库塔 – 茹科夫斯基定理 $\sigma(C_1)$

得到的展向环量分布，并与椭圆分布 σ^* 对比[3]

成了相容性条件。展向环量分布的差异是由于机翼上、下表面流场的某些特性造成的。这些特性包括机翼上表面的激波引起的（无黏）流动偏折和速度亏损，以及后缘存在有限大小的厚度造成的局部分离效应。

此外，我们必须记住，涡量概念假设 $Re \to \infty$，而这里的雷诺数是有限量级的。

8.4.6 流域 1：近场中的尾涡层

对图 8.1 所示的后缘下游的近场（流域 1）尾流剖面及其在 $x^* = 0.5$ 位置的尾流特性进行研究。

1. 靠近后缘的尾涡层剖面

我们首先对机翼后缘正下游的尾流剖面（图 8.41）进行研究。除 v^3 外，三个无量纲速度分量 v^i 见图 4.12。[1] 该坐标系位于垂直于 $z^* = 0$ 的后缘位置。在展长方向上，$y^* = 0.13$ 位置靠近翼根，$y^* = 0.4$ 正好在叶胡迪断裂处的外侧，$y^* = 0.99$ 位置非常靠近翼尖。x/c 位置与局部弦长有关，其中 $x/c = 1.03$ 非常靠近后缘，而其他两个位置分别为 $x/c = 1.17$ 和 $x/c = 3.35$。

流向 v^1/u_∞ 剖面表示离开机翼后缘的边界层剖面（含运动学静涡含量）。像其他剖面一样，从翼根到翼尖的剖面范围沿 z^* 方向下降，因为弦长沿该方向上

---

① 上标指标符号并不意味着速度分量是如参考文献[26]中所定义的逆变分量。

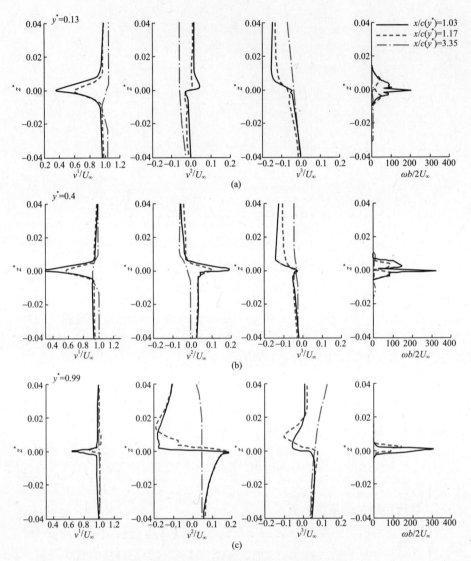

图 8.41　三个不同展向和轴向位置的尾流剖面[3]。
局部尾流坐标系中给出了无量纲速度分量,见图 4.11

逐渐减小,请参阅图 8.39 的讨论。尽管机翼上表面有激波,但上、下表面的速度几乎相同。v^1/u_∞ 剖面沿流向迅速恢复。当 $x/c(y) = 3.35$ 时,速度亏损几乎消失。与此同时,尾流正在下沉。这在 $y^* = 0.13$ 时最为明显。

横向 v^2/u_∞ 剖面是指含运动学动涡含量的尾流剖面。此时剪切作用明显,局部剪切角 ψ 沿翼尖方向增大。由于翼身干扰影响,只有当 $y^* = 0.13$ 时,ψ 才为负值,同样可以在图 8.40 的展向环量分布图中看到这一现象。

机翼上表面的下洗流(用 v^3/u_∞ 表示)强度高于下表面。当 $y^* = 0.99$ 时,下洗流在下表面为正,即为上洗流。这似乎是由不断发展的尾涡和翼尖涡系的综合作用导致的。

无量纲涡量 $\omega b/2u_\infty$ 的最大值沿翼尖方向增加。其剖面也反映了尾流厚度沿该方向减小,这类似于 v^1/u_∞ 剖面。

从定量角度上看,以上所有结果都与 8.3 节中的欧拉模拟结果相吻合。当然,$u(z)$ 剖面(相当于 v^1/u_∞)始终是一致的,见图 8.16。读者还需要研究参考文献[30]中的结果。

2. $x^* = 0.5$ 位置的尾涡层特性

接下来,我们要研究 $x^* = 0.5$ 位置的近场尾流特性。该位置的可视化效果如图 8.50 所示。我们考虑了流场的右侧部分($y^* > 0$)。在 $x^* = 0.5$ 的位置,尾涡层的卷起过程产生了明显的尾涡,如图 8.42 所示。

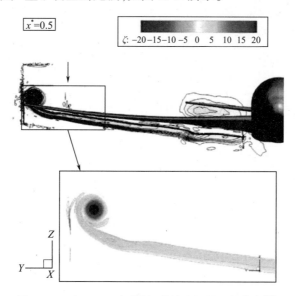

图 8.42 $x^* = 0.5$ 时无量纲的轴向涡量 ζ 的分布[3]

在尾涡层中,无量纲轴向涡量 ζ(请参见式(8.3))从翼根附近的 $\zeta \approx 2$ 增加至翼尖附近的 $\zeta \approx 6$。在尾涡层中可见,叶胡迪断裂处的影响较小。图 8.42 中的插图展示了尾涡的更多细节。在尾涡涡核处,$\zeta \approx 25$。

图 8.42 中尾涡层出现的一些摆动是由于网格特性造成的,略微可见翼尖涡系和尾涡的合并趋势。

从图 8.42 中还可以看出,在水平安定面处及其下方,有一个较小的负涡量区域。这是由于安定面上存在向下的力,相当于配平力。尾涡层离开安定面后缘,卷起形成一对尾涡,与机翼的尾涡反向旋转。

虽然安定面的攻角名义上为零,但仍存在向下的力。因为机翼的尾涡层和翼尖涡会诱发下洗流速度分量 w(参见 8.1 节),所以安定面实际上有一个负攻角。

图 8.43 显示了机翼后方及水平安定面上($y^* = 0.15$ 位置)的下洗流速度分量 w/u_∞。注意,安定面本身会诱导出一个上洗速度。

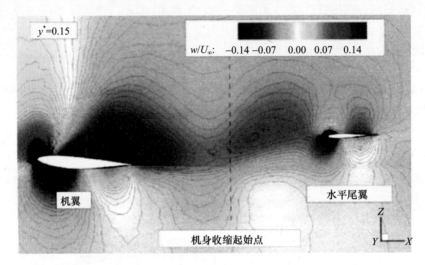

图 8.43　机翼下游($y^* = 0.15$ 位置)的无量纲垂直速度 w/u_∞ 分布[3]

尾涡层中的速度分布和湍流强度同样重要。尤其是轴向速度 u/u_∞,如图 8.44 所示。我们可以观察到尾涡层和翼尖涡上明显的轴向速度亏损。涡层中的最小速度为 $u/u_\infty \approx 0.93$,涡核中最小速度为 $u/u_\infty \approx 0.97$。

在 $x^* = 0.5$ 位置,尾涡层的卷起过程尚未完成,而且尾涡尚未充分发展(尾涡的涡龄较小,其涡龄为 $\tau^* = 0.0039$)。在图 8.45 中,我们将该位置的涡流发展与两个解析涡模型进行了对比。

后者(尾涡模型)需要两个参数,即黏性涡核半径 r_c 和翼根环量 Γ_0。第一个参数由数值解确定(图 3.9),第二个参数采用图 8.40 中的无量纲形式确定。

图 8.45 表明,在 r_c 位置,通过数值方法得到的周向速度值远低于解析值。而解析解之间的差异也很大。在涡核内($r < r_c$),速度分布呈良好的线性;在涡核外,周向速度分布的吻合性相对较好。

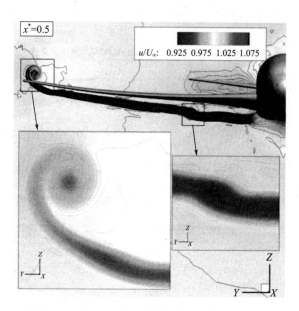

图 8.44 $x^* = 0.5$ 位置的无量纲速度 u/u_∞ 分布

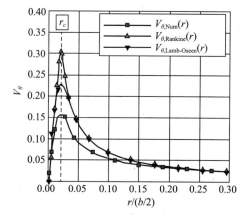

图 8.45 $x^* = 0.5$ 时数值解和解析解的周向速度 $v_\theta(r/(b/2))$ 比较。涡龄为 $\tau^* = 0.0039$[3] 计算得到的圆周速度 $v_{\theta num}$（红色符号）与模型的解析速度进行对比,后者代表充分发展的尾涡;3.10 节中所述的兰金涡模型 $v_{\theta Rankine}$（绿色符号）（见式(3.16)）和兰姆 - 奥森涡模型 $v_{\theta Lamb-Oseen}$（蓝色符号）（见式(3.17)）（见彩图）

8.4.7 流域 2：出现尾涡

我们观察了尾流的卷起过程和流域 2 中的机翼环量,见图 8.1。

1. 用无量纲轴向涡量 ζ 表示的卷起过程

在扩展近场中,我们可以观察尾涡的发展过程。首先,我们从轴向涡量的角度对尾涡与水平尾翼尾涡相互作用进行研究。水平尾翼位于 $x^* = 0.15$ 与 0.30 之间。我们只考虑右侧机翼下游的情况。

尾涡的直径增大并向内移动。尾涡层减弱,厚度增加,且下沉速度比尾涡快。(参考文献[3]的作者指出,湍流模型的选择对这种发展有影响)在 $x^* = 5$ 位置,我们看到一部分尾涡层与水平尾翼相互作用,如图 8.46 所示。这部分最终不会被吸入尾涡。

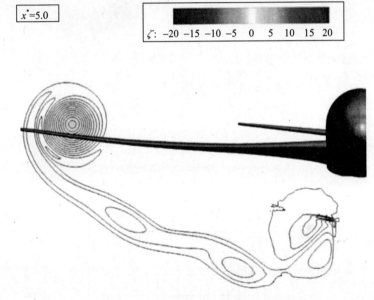

图8.46　$x^* = 5$ 位置无量纲轴向涡量 ζ 分布情况[3]

在 $x^* = 9$ 位置,卷起过程没有完成,如图 8.47 所示。在尾涡与水平尾翼(用于配平)的尾涡进行配对的过程中,尾涡层的分离部分与机翼的尾涡反向旋转。尾涡的涡龄($\tau^* = 0.071$)仍然较低。参考文献[31]中说明了对于高升力运输机,卷起过程在 $\tau^* = 0.25 \sim 0.3$ 时完成。

现在,与图8.45($x^* = 0.5$ 位置)的做法相同,我们再次对比周向速度 $v_\theta(r/(b/2))$ 数值解的值和解析解的值。此时,数值数据和兰姆－奥森涡模型数据非常吻合,如图 8.48 所示。当然,兰金涡模型仅在远离 $r/(b/2) = 0.1$ 位置和小于 $r/(b/2) = 0.05$ 位置才与数值解周向速度接近。然而,可以预见的是,由于解析模型的假设,它们在更下游位置的吻合度会变得更差。

尚未充分发展的尾涡运动由涡轨迹表示,如图 8.49 所示。

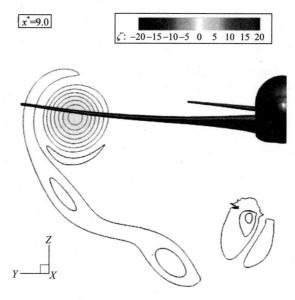

图 8.47 $x^* = 9$ 位置无量纲轴向涡量 ζ 分布情况[3]

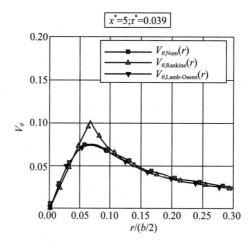

图 8.48 $x^* = 9$ 位置数值解和解析解周向速度 $v_\theta(r/(b/2))$ 对比[3]

在 4.4 节中,我们已经注意到,充分发展的尾涡对之间的距离 b_0 随展弦比的增大而增加。对于椭圆形环量分布的机翼尾涡,其比值 b_0/b 在 3.16 节也称为载荷系数 s:

$$s = s^* = \frac{b_0}{b} = \frac{\pi}{4} \approx 0.7854 \tag{8.6}$$

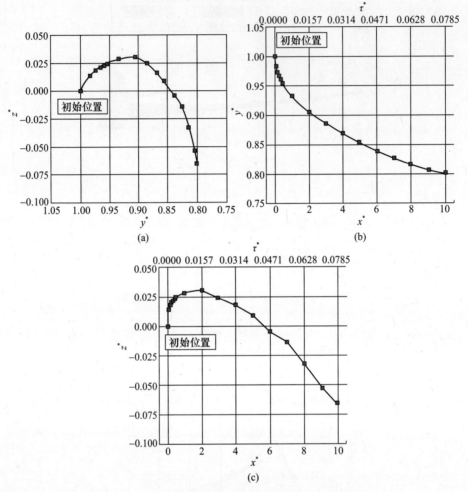

图 8.49　右侧部分的尾涡轨迹[3]

(a)y^*-z^*平面；(b)x^*-y^*平面；(c)x^*-z^*平面。

展弦比极大的机翼，$s \rightarrow 1$。

　　在 y^*-z^* 平面上（图 8.49），可以看见涡心由初始位置（位于图 8.21 所示的 WRP 位置）向翼根位置移动，（而在 z^* 方向）涡心首先上升，之后剧烈下降。[①]
在 x^*-y^* 平面上，涡心位置一般会在 $x^* > 10$，$y^* = s < 0.8$ 位置达到展向位置的终点。

---

　　①　选择 WRP 作为初始位置，但该位置是一个临时位置，因为该位置的实际流动情况非常复杂，见图 8.33。

我们总结如下:①涡在 $x^* = 10$ 位置仍处于早期阶段(卷起过程尚未完成);②当 $x^* > 9$ 时,数值解结果存在错误(请参阅 $z^* - x^*$ 平面及下方图表);③总环量为初始环量减去与之反向旋转的水平尾翼尾涡环量,如图8.50所示。若参考文献[3]中的载荷系数最终值为 $s = 0.715 < s^* \approx 0.7854$,则以上三个结论可能是该值较小的原因。

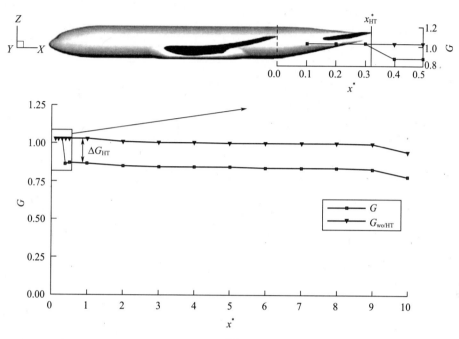

图8.50 扩展近场中的无量纲环量 $G(x^*)$ [3]。上方的蓝色曲线代表单独机翼的 G 值,下方的黑色曲线代表考虑水平尾翼反向环量的机翼无量纲环量 G 值(见彩图)

2. 流域 2 中的机翼环量

扩展近场中的无量纲环量 $G(x^*) = \Gamma(x^*)/\Gamma_0$ 见图8.50。上方的蓝色曲线表示单独机翼环量。在达到 $x^* = 9$ 位置前,独立机翼环量几乎是恒定的。该位置有一个嵌入式 PS 网格(见8.4.2节)。在 $x^* = 10$ 位置,计算数据显示此处的网格分辨率不足(请参见5.3节中的备注)。

在达到 $x^* \approx 3$ 前,独立机翼的环量略大于 $G = 1$。这可能是由于机翼/机身干扰使翼根环量的测定不准确所致。下面的曲线表示净环量。在 $x^* = 0.4$ 位置确定一次水平尾翼的反向涡量,然后假设其为定值。尽管该方法的准确性并不能完全令人满意,但结果仍表明了水平尾翼(实际上作为一个配平面)对尾涡的影响极大。这说明一个事实,即为了尽量减少配平阻力,需要注意飞机的配平情况。

单独尾涡在 x 方向卷起过程中的发展变化情况如图 8.51 所示。该尾涡的发展变化情况以无量纲环量 $G(x^*) = \Gamma(x^*)/\Gamma_0$ 形式表示。尾涡层连续地被尾涡吸收,因此 G 沿下游方向增大。

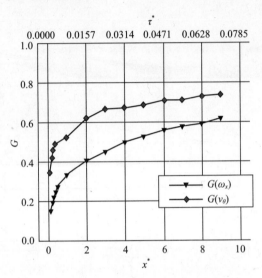

图 8.51　尾涡无量纲环量 $G(x^*)$ 的发展变化情况[3]

图 8.51 包含 $G(\omega_x)$ 和 $G(v_\theta)$ 两条曲线,这两条曲线都随 x^* 变化。第一条曲线是通过斯托克斯定理将 ω_x 在涡的截面上积分得到(见 3.3 节),第二条曲线是由涡附近的 v_θ 线积分得到。

积分的区域很难定义,因此该结果在某种意义上是定性的。尾涡并非圆形,而且与尾涡层相连。一开始,两条曲线在 x^* 方向上以较大的梯度增大,直到 $x^* \geqslant 3$ 处(增大的梯度)逐渐变小。而在 $x^* = 9$ 位置的值清楚地表明,此时尾涡的卷起过程尚未完成。

我们感兴趣的是靠近 WRP 的 $G(\omega_x)$ 值。此时,$G(\omega_x)$ 值代表翼尖涡系所包含的净环量。该环量为 $G(x^* = 0) = 0.068$。这意味着翼尖涡系的净环量约为尾涡环量的 7%。

在本节结束时,我们对演化中尾涡的一些特性进行讨论。我们必须注意,所获数据的量级在一定程度上取决于仿真所使用的湍流模型。所有参数在后缘下游两倍展长区域($x^* \leqslant 2$)内出现剧烈变化,之后参数的变化才变得平缓。

在图 8.52 中,黏性涡的涡核半径 r_v(见 3.16 节)在整个区域内都在快速增大(图 8.52(a))。而最大周向速度在一开始就具有极大的量级 $v_{\theta \max} \approx 0.27$，之后快速衰减到 $v_{\theta \max} \approx 0.07$（图 8.52(b)）。这种快速的衰减可以视为是黏性涡的涡核半径快速增大的结果(超过 $x^* = 9$ 位置，由于网格分辨率不足，因此所有计算结果都存在误差(见前文))。

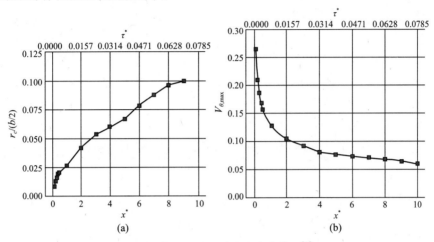

图 8.52 尾涡特性的发展变化情况[3]

(a)黏性涡的涡核半径 $r_c(x^*)$；(b)最大周向速度分量 $v_\theta(x^*)$。

如图 8.53 所示，最开始，轴向速度亏损 $(u_\infty - u_{\min})/u_\infty(x^*)$ 值约为 10%，但随后迅速下降至 1% 左右(图 8.53(a))。无量纲涡量轴向分量 $\zeta = \omega_x b/2u_\infty$ 的最大值变化情况也存在类似的下降趋势(图 8.53(b))。

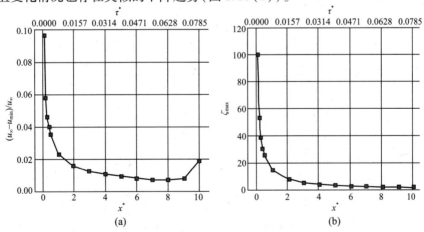

图 8.53 尾涡特性的发展变化情况[3]

(a)轴向速度亏损 $(u_\infty - u_{\min})/u_\infty(x^*)$；(b)无量纲涡量的轴向分量最大值 $\zeta_{\max}(x^*)$。

8.5 结束语

我们已经通过"单元问题"讨论了三种数学模型在模拟和分析绕大展弦比升力翼的涡流和分离流方面的能力。

在 8.2 节中，为了研究流域 0 中几种面元法（模型 4）的能力，我们使用了局部涡含量的概念。结果表明，即使整体结果吻合度较好，大多数方法也无法精确计算所研究机翼后缘附近的流场。这涉及方法的低阶奇异公式。其数值解不符合后缘相容性条件（请参见式(4.20)）。只有高阶公式才能给出正确的结果。总地来说，涡线角 ϵ 的计算是正确的。

将欧拉方程（模型 8）的离散数值解运用于 8.3 节中大展弦比机翼绕流，从而在流域 0 和 1 中获得了令人满意的结果。这种仿真结果通常只考虑力和力矩。本节研究了欧拉尾流和部分欧拉边界层的特性。我们发现近尾流特性在定性上是恰当的。后缘上符合相容性条件。

在 8.4 节中，我们用 RANS/URANS 方法（模型 10）对通用研究模型的机翼绕流进行了研究，并考虑了流域 0、1 和 2 中的流动和尾流特性。

在流域 0 中，还研究了翼根、前缘和翼尖位置的流动。CRM 未安装翼根/机身整流罩，因此存在一种复杂的分离形态，这与翼尖位置分离形态相似。由于湍流模型和离散方法的选择会影响结果，因此对得出的结论必须有所保留[3]。表面摩擦线形态表明，其存在典型分离和开式分离两种（见 7.1.4 节）。

我们发现，翼尖附近的附着线终止方式是开式的。翼尖完全分离发生在机翼上表面的后侧。除了主涡，还发现了二次涡甚至三次涡。因此，我们称之为翼尖涡系。

翼尖分离始终是开式的。表面压力系数的分布表明，翼尖后缘附近存在一个明显的低压区。该区域就是造成非线性升力的原因。因此，这种非线性升力也会出现在大展弦比机翼上。但由于这种情况下的非线性升力的量级较小，并不会造成明显影响。

我们还研究了后缘相容性条件。研究发现，运动学动涡含量的概念可以很好地解释升力翼后缘的流动情况。

我们看到了机翼尾涡层在流域 1 和 2 中卷起形成一对尾涡的过程。研究发现，翼尖涡系对尾流的环量有很大贡献。

我们还看到了机翼尾流与水平尾翼(作为配平面)尾流的相互作用。进一步的研究表明,在超出嵌入式 PS 网格的区域时,由于原始网格为粗网格,所以下游的尾流/尾涡系环量并没有很好地守恒。这是一个一直需要被注意的重要问题。

8.6 问 题

问题 8.1 根据图 10.23 中给出的关系,考虑 $\alpha = 8.2°$ 时 Kolbe 翼存在前缘分离和背风涡的可能性。如果机翼配备一个锐前缘,情况会怎么样?

问题 8.2 同样考虑前掠翼前缘分离和背风涡的可能性。假设 $Ma_\infty = 0.25$。

问题 8.3 在表 8.4 中,将欧拉解求出的升力($Ma_\infty = 0.3$)与线性理论求出的升力($Ma_\infty = 0.01$)进行比较。应用普朗特 – 格劳厄脱法则($Ma_\infty = 0.3$)修正线性理论结果。修正之后对比结果如何?

问题 8.4 CRM 算例的升力系数为 $C_L = 0.445$。

假设(机翼的)环量分布为椭圆分布,并以此计算其诱导阻力系数 C_{D_i}。相对于总阻力系数 $C_D = 0.025$,诱导阻力所占百分比有多大?

问题 8.5 针对 CRM 算例,有三个翼根环量值(见 8.4 节)。假设它们都是椭圆形环量分布,计算 C_L^* 和 $C_{D_i}^*$。将 8.4 节中给出的数据与问题 8.4 中给出的数据进行对比。奥斯瓦尔德系数为 $e = 0.8$。

问题 8.6 从图 8.50 可以得出结论,由于水平尾翼翼面的影响,总体环量减少了多少? 升力和诱导阻力受到怎样的影响?

问题 8.7 考虑一架处于巡航阶段的长航程飞行器(图 1.3),以恒定的速度飞行。翼展为 $b = 60\text{m}$(不考虑机身),展弦比为 $\Lambda = 9$。飞机质量为 250000kg,飞行速度为 $u_\infty = 800\text{km/h}$,飞行高度为 $H = 10\text{km}$。

假设模型 4 成立,且展向环量分布为椭圆形。(a)尾涡的环量 Γ_0 有多大? (b)若展长只有 $b = 30\text{m}$,且展弦比为 $\Gamma = 4.5$,则环量 Γ_0 有多大? (c)在这两种情况下,机翼载荷 W_s 分别有多大? (d)从尾涡强度的角度看,这些结果意味着什么? (e)升力系数和诱导阻力系数受到怎样的影响?

问题 8.8 展弦比为 $\Lambda = 10$ 的椭圆翼以 Ma_∞ 数 0.8 的速度飞行。升力线斜率是多少? 使用附录 A.4 中的升力线模型(低速),并对该值进行修正。

参 考 文 献

1. Breitsamter, C.: Wake vortex characteristics of transport aircraft. Prog. Aerosp. Sci. **47**(1), 89–134 (2011)
2. Obert, E.: Aerodynamic Design of Transport Aircraft. IOS Press, Delft (2009)
3. Pfnür, S.: Numerical Analysis of the Trailing-Edge Vortex Layer and the Wake-Vortex System of a Generic Transport-Aircraft Configuration. Master's Thesis, Institut für Luft- und Raumfahrt, Technical University München, Germany (2015)
4. Schrauf, G., Laporte, F.: AWIATOR—wake-vortex characterization methodology. In: KATnet Conference on Key Aerodynamic Technologies, Bremen, Germany (2005). Accessed 20–22 June 2005
5. Prandtl, L.: Tragflügeltheorie, I. und II. Mitteilung. Nachrichten der Kgl. Ges. Wiss. Göttingen, Math.-Phys. Klasse, 451–477 (1918) and 107–137 (1919)
6. Anderson Jr., J.D.: Fundamentals of Aerodynamics, 5th edn. McGraw Hill, New York (2011)
7. Vos, R., Farokhi, S.: Introduction to Transonic Aerodynamics. Springer Science+Business Media, Dordrecht (2015)
8. Küchemann, D.: The Aerodynamic Design of Aircraft. Pergamon Press, Oxford. Also AIAA Education Series, p. 2012. AIAA, Reston, V (1978)
9. Schlichting, H., Truckenbrodt, E.: Aerodynamik des Flugzeuges, Vol. 1 and 2, Springer-Verlag, Berlin/Göttingen/Heidelberg (1959), also: Aerodynamics of the Aeroplane, 2nd edition (revised). McGraw Hill Higher Education, New York (1979)
10. Rudnik, R.: Transportflugzeuge. In: Rossow, C.-C., Wolf, K., Horst, P. (eds.) Handbuch der Luftfahrzeugtechnik, pp. 83–113. Carl Hanser Verlag, München, Germany (2014)
11. Rizzi, A., Oppelstrup, J.: Aircraft Aerodynamik Design with Computational Software. Cambridge University Press (2020)
12. Kolbe, D.C., Boltz, F.W.: The Forces and Pressure Distributions at Subsonic Speeds on a Plane Wing Having 45° of Sweepback, an Aspect Ratio of 3, and a Taper Ratio of 0.5. NACA RM A51G31 (1951)
13. Hirschel, E.H., Sacher, P.: A Comparative Theoretical Study of the Boundary-Layer Development on Forward Swept Wings. In: R.K. Nangia (ed.), Proceedings of International Conference on Forward Swept Wings, Bristol, 1982. University of Bristol, U.K. (1983)
14. Hirschel, E.H., Fornasier, L.: Flowfield and Vorticity Distribution Near Wing Trailing Edges. AIAA-Paper **1984–0421** (1984)
15. Fornasier, L.: HISSS–A Higher-Order Subsonic/Supersonic Singularity Method for Calculating Linearized Potential Flow. AIAA-Paper **1984–1646** (1984)
16. Sytsma, H.S., Hewitt, B.L., Rubbert, P.E.: A Comparison of Panel Methods for Subsonic Flow Computation. AGARD-AG-241 (1979)
17. Hirschel, E.H.: Das Verfahren von Cousteix-Aupoix zur Berechnung von turbulenten, dreidimensionalen Grenzschichten. MBB-UFE122-AERO-MT-484, Ottobrunn, Germany (1983)
18. Hirschel, E.H., Rizzi, A.: The Mechanism of Vorticity Creation in Euler Solutions for Lifting Wings. In: A. Elsenaar, G. Eriksson (eds.), Proceedings Symposium on the International Vortex-Flow Experiment on Euler Code Validation, FFA Bromma, Sweden, pp. 127–162 (1987). Accessed 1–3 Oct 1986
19. Rizzi, A., Eriksson, L.-E.: Computation of flow around wings based on the Euler equations. J. Fluid Mech. **148**, 45–71 (1984)
20. Vassberg, J.C., DeHaan, M.A., Rivers, S.M., Wahls, R.A.: Development of a Common Research Model for Applied CFD Validation Studies. AIAA-Paper **2008–6919** (2008)

21. Vassberg, J.C., Tinoco, E.N., Mani, M., Rider, B., Zickuhr, T., Levy, D.W., Brodersen, O.P., Eisfeld, B., Crippa, S., Wahls, R.A., Morrison, J.H., Mavriplis, D.J., Murayama, M.: Summary of the fourth AIAA computational fluid dynamics drag prediction workshop. J. Aircr. **51**(4), 1070–1089 (2014)

22. Levy, D.W., Laflin, K.R., Tinoco, E.N., Vassberg, J.C., Mani, M., Rider, B., Rumsey, C.L., Wahls, R.A., Morrison, J.H., Brodersen, O.P., Crippa, S., Mavriplis, D.J., Murayama, M.: Summary of data from the fifth computational fluid dynamics drag prediction workshop. J. Aircr. **51**(4), 1194–1213 (2014)

23. Gerhold, T.: Overview of the Hybrid RANS Code TAU. In Kroll, N., Fassbender, J. (eds.) MEGAFLOW—Numerical Flow Simulation for Aircraft Design. Notes on Numerical Fluid Mechanics and Multidisciplinary Design, NNFM 89, pp. 81–92. Springer, Berlin (2005)

24. Spalart, P.R., Allmaras, S.R.: A One-Equation Turbulence Model for Aerodynamic Flows. AIAA-Paper **1992–0439** (1992)

25. Menter, F.R.: Two-equation eddy-viscosity turbulence models for engineering applications. AIAA J. **32**(8), 1598–1605 (1994)

26. Hirschel, E.H., Cousteix, J., Kordulla, W.: Three-Dimensional Attached Viscous Flow. Springer, Berlin (2014)

27. Délery, J.: Three-Dimensional Separated Flow Topology. ISTE, London and Wiley (2013)

28. Kármán, Th, von.: Aerodynamics-Selected Topics in the Light of their Historical Development. Cornell University Press, Ithaca, New York (1954)

29. Göthert, B.: Systematische Untersuchungen an Flügeln mit Klappen und Hilfsklappen (Systematic Investigations at Wings with Flaps and Servo-Flaps). Doctoral Thesis, Technical University Braunschweig, Germany (1940), also Jahrbuch 1940 der Luftfahrtforschung, pp. 278–307 (1940)

30. Wanie, K.M., Hirschel, E.H., Schmatz, M.A.: Analysis of Numerical Solutions for Three-Dimensional Lifting Wing Flows. Z. f. Flugwissenschaften und Weltraumforschung (ZFW) **15**, 107–118 (1991)

31. Breitsamter, C.: Nachlaufwirbelsysteme großer Transportflugzeuge - Experimentelle Charakterisierung und Beeinflussung (Wake-Vortex Systems of Large Transport Aircraft—Experimental Characterization and Manipulation). Inaugural Thesis, Technische Universität München, 2007, utzverlag, München, Germany (2007)

第9章　大展弦比机翼的特殊流动问题

本书的主题是飞机机翼空气动力学中的分离流和涡流的基本原理与单元问题。本章是着重对应用方面的问题进行简要讨论。我们不打算对文献进行完整的回顾,而是对选取的主题进行简要的介绍,并为进一步的阅研提供参考文献。

在9.1节中,对超临界翼型上发生的激波/边界层相互干扰进行了讨论。在9.2节中,对高升力系统中的流动和分离现象进行了概述。9.3节的主题为高升力构型中的机翼。9.4节讨论了短舱整流片涡流的影响。9.5节对翼尖装置问题进行了讨论。在第9.6节中对飞机尾流控制问题进行了讨论。

9.1　超临界翼型激波/边界层相互干扰

本节的主题是跨声速激波/边界层相互干扰,请参阅参考文献[1]。为什么跨声速激波/边界层相互干扰这一问题很重要? Breguet 航程公式以简单的方式将航程 R 与飞行速度 v_∞、气动性能(升阻比)C_L/C_D、比冲量 I_{sp} 等参数,以及空载质量 m_e、有效载荷质量 m_P 和燃料质量 m_F 等结构参数联系起来[1]:

$$R = v_\infty \frac{C_L}{C_D} I_{sp} \ln\left(1 + \frac{m_F}{m_e + m_P}\right) \tag{9.1}$$

式(9.1)也可以写成

$$R = Ma_\infty a_\infty \frac{C_L}{C_D} I_{sp} \ln\left(1 + \frac{m_F}{m_e + m_P}\right) \tag{9.2}$$

其中,最重要的是以下参数项的组合:

$$Ma_\infty \frac{C_L}{C_D}$$

这告诉我们,飞行马赫数应该尽可能高,同时气动性能(即升阻比)也应该尽可能高。在2.4.2节中说明了阻力发散现象的存在,一旦达到某一飞行马赫

---

① 比冲量 I_{sp} 与推进系统燃油消耗率 $b[\mathrm{kg}/(\mathrm{s \cdot N})]$ 的关系为 $I_{sp} = 1/(\mathrm{bg})$。

数(即阻力发散马赫数 Ma_{dd}),其表现为阻力剧增。翼型越薄,Ma_{dd}值越高。

　　跨声速运输机的机翼为后掠翼,且采用超临界翼型(见 2.4.2 节)。本节简要讨论并阐述了与超临界翼型阻力发散马赫数有关的流动和分离以及跨声速抖振。事实上,尽管绕后掠翼的流动是三维的,但二维情况也相当接近实际情况,见图 8.37 的例子。

　　对图 9.1 进行分析。比起图 4.6,该图中给出了绕跨声速升力翼型流场的更多细节。在翼型吸力面超声速流腔下方的边界层中也出现了声速线(虚线)。与预测情况相同,激波略微弯曲,并与翼型表面垂直(无黏情况下)。有关这两个结论,请参阅 4.2.3 节。

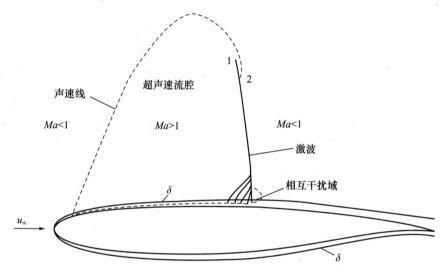

图 9.1　超临界翼型的流场示意图(根据参考文献[2]所得)。
边界层厚度 δ 的实际大小与图中所示的比例无关

　　图 9.1 中,声速线沿激波的尖端 1 弯曲,并在 2 位置与激波相连。这种现象的含义是:位于 2 上方的激波朝流动的局部方向偏移。因此,波后流动状态为超声速,然后等熵地减速为声速和亚声速流动。

　　在相互干扰域内,激波与边界层发生相互干扰。在我们给出的关于湍流流动的例子中,需要区分弱激波/边界层相互干扰和强激波/边界层相互干扰两种情况。

　　若边界层不因激波而分离,则认为出现了弱相互干扰;若边界层因激波而分离,则认为出现了强相互干扰。波脚处的临界波前马赫数为 $Ma_{foot} = 1.3 \sim 1.35$ (请参见参考文献[1]),另见 2.2 节。

213

1. 弱激波/边界层相互干扰

我们首先考虑弱相互干扰的情况,如图9.2所示。外部无黏流呈超声速状态。当然,在离壁面一定距离处,边界层内的流动也呈超声速状态,这取决于边界层的整体流动特性。在边界层的亚声速部分,外部压力场信息可向上游传播。扇形的等熵压缩波产生于声速线上方,并抹平激波导致的压力剧增。因此,边界层没有出现分离现象,只是厚度增大了。

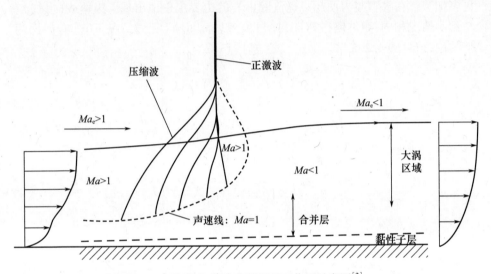

图9.2 弱激波/湍流边界层相互作用示意图[2]

边界层正上方激波的上侧部分沿流动方向略微偏斜。这时的波后出现等熵再压缩,存在一个较弱的超声速流动。其结果是,在波后产生了"超声速流腔",在图中用 $Ma>1$ 标记出来。

在相互干扰域的下游位置,边界层呈亚声速状态,而且壁面剪应力减小。总的来说,边界层在机翼后端有提前分离的风险。这时可能导致原本的溢流分离变为一个复杂的后缘分离形态。

2. 强激波/边界层相互干扰

一旦波前马赫数足够大,激波就会使得边界分离。如图9.3所示,流动中形成了分离泡。此时,边界层亚声速部分的上游位移效应具有较大强度,使得边界层外部的激波分裂为两个斜激波,即lambda激波。在上游激波的波脚位置存在扇形的等熵压缩。此时,超声速流腔区域比弱相互干扰的情况要大得多。通过图中的三个节点可以确定一条滑移线,其以涡片的形式出现,与图4.5所示情况类似。

在相互干扰较弱的情况下,相互干扰域下游的边界层厚度大幅增大。壁面

214

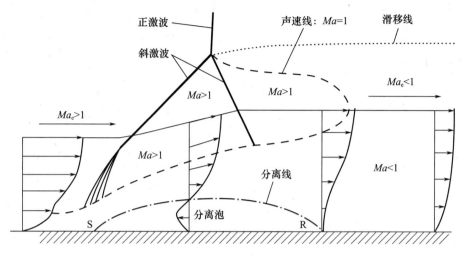

图 9.3 强激波/湍流边界层相互作用示意图[2]

剪应力的减小幅度也更大,边界层也更趋于在翼型后端出现流动分离,即后缘分离。波前马赫数的增大会使这种分离的位置向前缘推进,直至流动直接从相互干扰域就开始分离。

关于相互干扰域下游边界层的增厚情况,我们注意到其中存在另一个有趣的效应。所有的边界层厚度均与雷诺数的某个幂成反比:$\delta_i \propto Re^{-n}$,请参阅附录 A.5.4。在参考文献[3]中,研究结果表明,穿过正激波,单位雷诺数总是减小。而在相互干扰域的下游,这种效应的存在则会使得边界层厚度增大。在本书所举的例子中,这种效应是否存在以及其如何产生影响仍是未知的。

综上所述,我们注意到激波/边界层的相互干扰会产生一些不利的影响。这些影响包括:一方面,由于形阻和波阻的增大而导致阻力增大;另一方面,由于边界层和激波弯曲而造成升力减小(见6.1节)。

若流动中存在后缘分离(即激波后面的完全分离),则会出现阻力发散的现象(见2.4.2节)。对于层流机翼,相互干扰的强、弱尤为重要,因为层流边界层所能承受的逆压梯度远不如湍流边界层。

图9.4给出了升力系数在不同马赫数范围内是如何受影响的示意图①。在亚声速区,升力曲线在完全分离或机翼失速的位置达到最大升力系数点。在跨声速区,首先是升力减小,而且波后一旦发生完全分离,就会出现跨声速凹坑现象,这种现象的出现与流场的不稳定性有关:跨声速抖振。因此,流动与机翼的

---

① 该图由 F. Thomas[4] 提供。

气动弹性效应的相互干扰产生了跨声速抖振。在真实飞机飞行中,跨声速抖振(尤其是跨声速抖振过程)限制了飞行马赫数。图中的抖振起始边界用设计点表示。

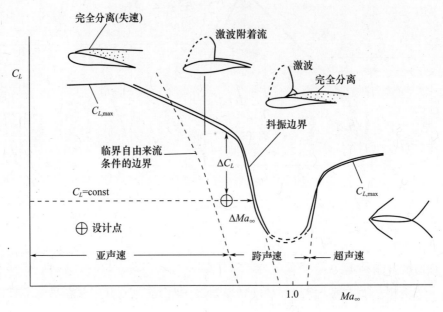

图9.4 升力系数 C_L:随飞行马赫数 Ma_∞ 变化而产生的分离和相互干扰效应示意图[2]

超临界翼型是通过限制机翼吸力面加速作用(即超过自由来流速度的速度增量)来减弱激波/边界层的相互干扰效应。因此,在这种设计的作用下,产生强、弱相互干扰效应的飞行马赫数变得更高。关于相互干扰效应的基本原理,请参阅参考文献[1],关于跨声速机翼设计的含义,请参阅参考文献[2]。对德国早期是如何发展超临界翼型感兴趣的读者可在参考文献[5]中找到大量的相关信息。

激波/边界层相互干扰和跨声速抖振的试验与数值模拟的要求都很高。试验研究需要同时满足马赫数相似和雷诺数相似,并且需要克服风洞试验段产生的影响。

数值模拟面临的问题是,非定常流动和激波中的湍流建模问题①。数值模拟研究,尤其是抖振起始边界的数值模拟研究表明,基于 RANS 或 URANS 方程(表1.3 中的模型10)的仿真明显与实际情况不符。参考文献[6]证明了分区分

————————————
① 若流动中还包含层流 - 湍流转捩,则数值模拟会变得更有难度。

离涡模拟(模型 11)能够重现翼型上的自激振动,而 RANS 和 URANS 以及标准分离涡模拟则无法做到。

参考文献[7]给出了跨声速抖振的延迟分离涡模拟(DDES)(模型 11)和 URANS 模拟的结果。前者成功地模拟了非定常激波/边界层的相互干扰。流场中出现了交替的涡脱落和展向波动。在靠近后缘位置,流动的不稳定性被高估了。

为数值模拟方法提供实验算例的试验研究结果展示在参考文献[8]中。试验结果表明,尽管跨声速抖振中存在三维效应,但其实质上仍是一种二维平均流动现象。

参考文献[9]中给出了跨声速抖振在不同机翼外形上的 URANS 模拟。参考文献在二维无限展长后掠翼和有限展长机翼构型上研究了这一现象。在较小的机翼后掠角下,跨声速抖振的作用机制与二维流动的情况下类似。在中等后掠角下,出现了横向压力扰动的传播现象,这在二维中是不存在的。在大后掠翼上,当机翼失速时,激波抖振也消失了。翼尖效应在小展弦比机翼上表现出较大的影响。

过去和现在都对影响与抑制超临界机翼上激波/边界层相互干扰效应的方法和装置投入了大量的精力。例如,20 世纪 90 年代末,欧盟的 EUROSHOCK 项目对层流机翼的被动和主动控制方法进行了研究[10-11]。

当减阻是主要设计驱动因素时,鼓包(即通过激波区域表面外形的局部膨胀使得激波强度降低)是最有效的装置。鼓包同样对于改善跨声速抖振特性有好处。但当鼓包被要求适应不同的飞行条件时,就会出现设计上的难点。湍流减阻的可能性有待探索。层流机翼仍然是一个重要的研究课题。日益增长生态压力使我们在减阻的研究和工业应用方面投入了更多精力。

具备降低波阻和抖振控制功能的湍流自适应鼓包的研究也是一个具有挑战性的课题。在参考文献[12]中,使用 URANS 方法对自适应二维鼓包和三维鼓包形式的"智能涡流发生器"的影响进行研究。在超临界非后掠机翼剖面上,从抖振特性和整体性能的角度分析了鼓包流动条件、波峰高度以及二维和三维的激波控制鼓包流向位置的影响。

研究发现,二维激波控制鼓包可以改善抖振特性,这是由于激波强度的降低对流动分离产生了正面效应。三维鼓包也能产生相同的抖振影响机制。有限展长会使得这种机制的影响变弱。结果还表明,通过适当改变鼓包形状可以调整三维鼓包产生的涡流强度。调整后的涡流强度与鼓包推迟的抖振边界呈正相关。

层流和湍流流动控制都需要使用智能结构和材料。同时,共性的减阻问题需要被解决:亚边界层装置、零质量空气射流、涡流发生器,以及用于控制后缘流动(后缘厚度总是有限的)的逆流襟翼和微型襟翼,请参见6.3节。

从实际应用角度上看,还需要权衡安装设备带来的亏损与收益。为了在研究工作中选择正确的方向,这一权衡非常重要,请参阅参考文献[13]。

9.2　高升力系统的绕流

增升翼面形式的高升力系统是运输机机翼上必不可少的设备。这些系统可以达到所需机场性能要求,即着陆和起飞所需的高升力性能。起飞着陆性能的总体要求是低进近速度、低起飞阻力,而这两个要求可以通过一个总体上小且简单的系统来实现,该系统具有重量轻且复杂度较低等特性,如参考文献[14 – 15]所示。目前,投入应用的各种前缘和后缘装置,请参阅参考文献[16 – 18]。

高升力系统前方通常有一个缝翼,而后方有一个单开缝甚至双开缝或三开缝的富勒襟翼。展开的襟翼增大了机翼弯度,因此在降低升阻比的同时增大了升力。对于除缝翼外的其他前缘装置包括克鲁格襟翼和铰链式前缘垂鼻装置(DND),请参阅参考文献[14 – 15]。

我们对带缝翼高升力构型上出现的流动和分离现象感兴趣。图9.5显示了二维高升力翼型的基本构型及其产生的流动现象。缝翼与主翼以及主翼与富勒襟翼之间的间隙和缝道都是使该系统产生效果的装置。由下表面(压力侧)和上表面(吸力面)之间压力差引起的流动阻碍了主翼和富勒襟翼上表面的边界层分离。

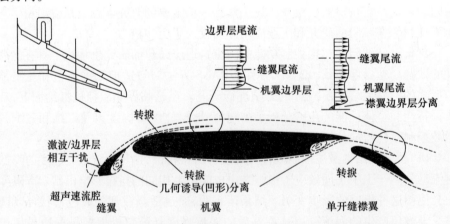

图9.5　高升力构型及其流动现象的示意图(根据参考文献[14]所得)。
层流 – 湍流边界层转捩并没有全部在图上标记出来,但这些转捩始终是存在的

218

启动高升力系统时,即便是在一个较低的自由来流/飞行马赫数下,由于强烈的流动加速作用,在缝翼上表面会形成超声速流腔。超声速流腔终止于一道近似正激波的激波,该激波上存在激波/边界层相互干扰。

缝翼下表面存在一种几何诱导(凹形)分离。缝翼后缘的剪切层或尾流(带运动学静涡含量)通过溢流分离产生。主翼后缘发生的流动分离也是相同情况,都存在凹形分离。

由于气流流经后侧的缝道,绕富勒襟翼后端的流动变得更加复杂。襟翼后端的上表面存在着一个临界位置,在该位置上流动容易出现普通分离,即由逆压梯度引起的分离。无论如何,不同边界层汇集在一起都会引发复杂的流动情况①。

图9.5所示的二维流动在真实机翼上会发生变化(图9.6)。因有限的机翼展长、机翼的后掠角、机翼的展向分段以及机翼与短舱相互干扰引起的三维效应降低了二维高升力系统的名义效率。

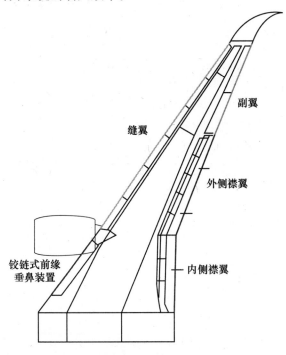

图9.6　A350 XWB-900 的可动机翼[15]

我们用数值模拟结果对高升力系统中出现的一些流动和分离现象进行解释[19]。模拟结果是在欧盟的一个研究项目框架内获得的[20]。该项目的研究主题

①　由于边缘存在有限大小厚度,离开高升力系统所有构件后缘的剪切层也是噪声源(见6.3节)。

是混合 RANS - LES(模型11)方法的准确性和可靠性,尤其是在两者的混合区域。

试验算例为一个三段式翼型,其流动条件为 $Ma_\infty = 0.15$, $Re_c = 2.094 \times 10^6$, 其中 $c = 0.6\text{m}$ 是缝翼和襟翼收起的翼型长度。攻角为 $\alpha = 6°$。图9.7说明了(高升力系统)可能出现的复杂分离现象及模拟这些现象时要面临的挑战。

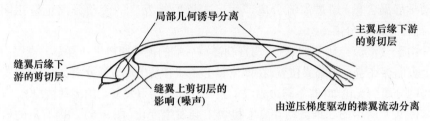

图9.7 三段翼型的几何形状和主要流动特征[19]

该算例还具有相关实验数据。但由于流动的三维性、侧壁效应、层流 - 湍流转捩以及攻角修正等因素的影响,获得的试验数据具有不确定性,不能作为严格的验证数据进行对照。该试验数据更多作为演示数据。

5个欧洲合作伙伴将分区或嵌入式混合 RANS - LES(模型11)方法运用于试验算例中①。为了阐述获得的结果,本书给出了几幅图。

平均流场数据是进行时均和沿展向各向同性空间平均取值获得的。图9.8显示了通过不同模拟方法得到的绕该构型的流线。

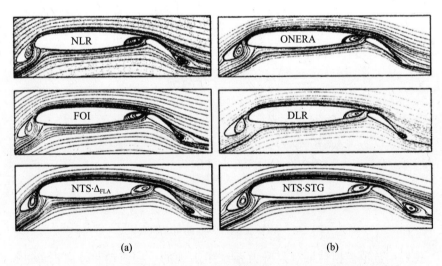

图9.8 通过非分区(a)和嵌入式(b)数值模拟获得的平均流场流线[19]

---

① 我们不提供该数值方法的详细信息。请感兴趣的读者查阅原参考文献[19]。

流线拓扑结构具有相同的全局特性。在三个机翼构件中,每个机翼构件都有其自身的外部无黏流附着点(我们注意到边界层在附着点的厚度是有限的[21])。机翼构件下方的边界层呈附着状态,缝翼和主翼上表面也是如此。

在富勒襟翼上表面,所有数值模拟结果均显示存在流动分离现象,并存在范围不同的回流区。这里需要注意,流动形态只代表时均数据,真实情况下襟翼上表面存在涡脱落。

图9.9给出了表面的压力系数分布(同样是时间和展向空间平均分布)。图中包含了试验结果。由于试验数据存在前面提到的不确定性,对比的结果受到一定影响。无论如何,每种数值模拟产生的结果都在可接受的范围内。

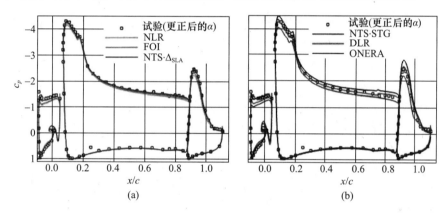

图9.9　通过非分区(a)和嵌入式(b)数值模拟获得的
平均表面压力系数分布[19](见彩图)

所有机翼构件的压力面,计算得到的压力分布相互吻合,并与试验结果一致。一般来说,在上表面位置,非分区方法得到的结果似乎彼此更加接近,并且与试验值更接近。而嵌入式方法的模拟结果则并非如此,虽然它们的差异并不大。事实上,这些数据中并没有反映出富勒襟翼上表面预计出现的周期性涡脱落。

值得关注的问题是,襟翼分离是如何受到影响的,以及一般情况下如何提升高升力系统性能。针对这一问题,欧盟的研究和技术项目使用先进技术操作的飞机机翼(AWIATOR)与德国航空航天研究计划的研究项目创新型高升力构型(IHK)对几种主动和被动的流动控制方法进行了研究[22]。

纯被动的流动控制方法是使用亚边界层涡流发生器(SBLVG)。其高度为边界层厚度δ的0.8~0.9,即位于湍流边界层的"外层"或"湍流层"。因此,其高度小于普通的涡流发生器。其安装位置位于富勒襟翼最大厚度的正前方,如

图 9.10 所示。当襟翼收起时,它们位于机翼凹部的下方。

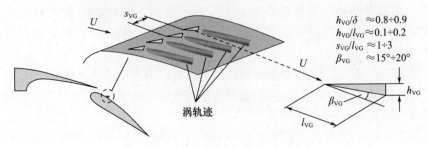

$$h_{VG}/\delta \approx 0.8 \div 0.9$$
$$h_{VG}/l_{VG} \approx 0.1 \div 0.2$$
$$s_{VG}/l_{VG} \approx 1 \div 3$$
$$\beta_{VG} \approx 15° \div 20°$$

图 9.10　亚边界层涡流发生器示意图[22]

SBLVG 基本上是细长三角形。典型的尺寸、间距和方向如图 9.10 所示。与普通涡流发生器一样(特征阻力较小),它们产生了小尺度的流向相干涡。通过这种方式,动量较大的外层流体向壁面输运,从而有效抑制了边界层的分离趋势。

SBLVG 是一种复杂性低、重量轻和负面效益低的设备,它已经在风洞中进行了试验验证,并在空客 A340 上进行了全尺寸飞行试验。飞行试验表明,襟翼角度从 32°增大至 35°,升力相应增加,起飞时没有发生流动分离,空气动力效率 L/D 也没有下降。若襟翼的角度更大,则不仅会出现流动分离,还会出现水平尾翼上的抖振。

对于给定的性能不佳的襟翼系统,这些装置可以作为附加装置进行安装,从而提高系统的性能。另外,SBLVG 具有制造尺寸小、重量轻的富勒襟翼系统的潜力。SBLVG 装置还被作为发动机进气道流动控制的方法进行了研究,请参阅参考文献[23]。

起飞构型增升的有效方法是采用自适应微型后缘装置(TED),如图 9.11 所示。这些装置以 2% 的干净机翼弦长被安装在 A340 上进行试验[22]。

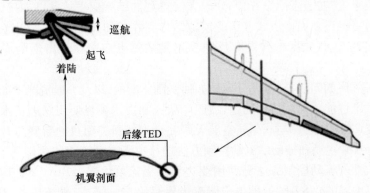

图 9.11　富勒襟翼上自适应微型 TED 装置示意图[22]

222

以 90% 偏转角安装于后缘位置的微型 TED 实际上就是一个格尼襟翼。这种襟翼增大了翼型或机翼的弯度。在参考文献[22]的研究中,自适应微型 TED 可以改善大展弦比机翼高升力构型的性能,并减少巡航条件下的阻力,改善抖振起始边界。

微型 TED 可用于调整巡航中的机翼扭转,并根据其安装的展向位置,用于滚转和展向荷载控制。风洞试验表明,在低速时微型 TED 还可以提高鸭式三角翼战斗机构型的升力和升阻比[22]。

自适应构件和装置(如微型 TED 自适应下垂式铰链襟翼、脉冲射流(也在机翼前缘))已被证明是改善高升力系统性能的有效装置,也是载荷控制和其他有价值应用的有效手段。但与被动的 SBLVG 相比,这些装置的系统复杂性更高,而且质量、体积和能量增量也更高。因此,除了产生的实际效果,它们在飞机上的应用还会受到许多限制。

9.3　高升力状态下的机翼

接下来,我们对 R. Rudnik 在参考文献[24]中的研究进行一个非常简短的论述,并据此对高升力构型中,下置发动机大展弦比后掠翼中出现的主要涡流现象进行研究。该构型是针对跨声速飞行而设计的现代运输机的典型构型,如图 9.12 所示。

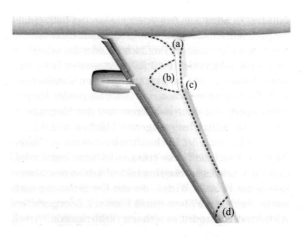

图 9.12　运输机:趋于发生普通分离的位置[24]

第 8 章讨论了干净大展弦比升力翼上出现的分离和涡流现象。绕独立高升力系统的流动是 9.2 节的主题。现在,我们来讨论具有后掠、根梢比、下置发动机短舱状态下,高升力构型出现的流动现象。

在图9.12所示的高升力构型中,标记了4个区域,这些区域会出现流动分离和涡流现象:(a)翼根区域;(b)发动机周围区域;(c)富勒襟翼系统后缘;(d)翼尖。

这一小节讨论的主题:后掠梯形翼的失速特性。机翼的后掠使外翼剖面上表面边界层额外增厚,从而使得流动更趋于分离。这种趋势是由于机翼上、下表面流场的剪切作用造成的,并且随机翼根梢比的增大而增大。若机翼上的等压线形态是平行的,或者几乎是平行的(请参阅参考文献[25]),则局部弦长越小,表面压力梯度越大(顺压梯度和逆压梯度均变大)。这主要与容易发生边界层分离的机翼上表面有关。若失速从外翼开始,则通过副翼进行滚转控制就不再可行。

后掠翼的失速特性及其起降性能的气动要求,催生了目前使用的高升力系统,高升力系统能够让飞机进行安全、可控的低速飞行。典型的高升力系统包括沿机翼前缘的缝翼或克鲁格襟翼和沿机翼后缘的单开缝或多开缝富勒襟翼系统。高升力系统的原理见图9.5[1]。

现在,我们对完整机翼构型上产生的效应进行研究,这些效应会对飞行器的高升力性能产生明显影响。高升力性能是指飞行器可达到的最大升力系数及其失速特性,这两个参数都会受到发动机安装位置的明显影响。高升力性能同样会受翼根和翼尖位置流动现象的影响,尤其是高升力系统构件横向边缘的流动现象。

普通分离和溢流分离都会产生涡片和涡流,这些涡片和涡流会在其起始点及其下游位置对流型产生影响,请参见2.2节中的讨论内容。

我们现在对图9.13所示机翼上分离和涡流现象的产生及其效应进行研究。

假设高升力系统由前缘襟翼和后缘襟翼组成,前者是一个缝翼,后者是一个富勒襟翼。沿展向上的高升力构件又可以细分为几个构件,见图9.6[2]。构件在展向的间隙较小,因此可以认为这些构件是连续的。但这种假设不适用于发动机位置的缝翼。此时涵道式发动机安装于靠近机翼的位置(请参阅9.4节),因此缝翼在挂架位置开口。

对于后缘襟翼系统,目前的飞行器通常不会在发动机后方开口。这可以通过单开缝襟翼系统实现,该系统确实取代了旧的双开缝襟翼系统。前者并不像

---

① 在没有后掠角或只有小后掠角的螺旋桨式亚声速飞行器上,通常不使用前缘装置。但前缘装置同样能在螺旋桨尾流和机翼扰流间产生正向效应。

② 在我们的讨论中,假设除垂鼻装置(DND)外,发动机的内、外侧也有一个缝翼。

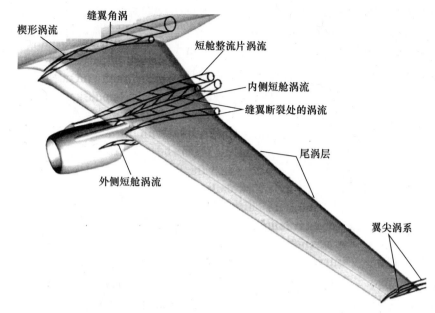

图 9.13　高升力构型中大展弦比机翼上出现的涡流现象示意图[24]

后者那样向下延伸那么长。当然,富勒襟翼系统的末端连接处在叶胡迪断裂处有一个分隔点。见图9.6,这区分了内侧襟翼和外侧襟翼。

关于后缘襟翼系统设计的重要方面就是其不会受到发动机喷流的影响。这要求发动机的安装位置必须在机翼正下方足够大的距离,并且发动机与水平面必须具有合适的安装角。

我们讨论了4个区域存在的流动现象,并从图9.12所示的翼根区域(即位置(a))开始。如8.4.3节所示,在干净的翼根位置出现流动分离,并形成马蹄涡。只有当机翼与未安装整流罩的机身相连时,才会出现这种情况。采用设计合理的整流罩,流动就不会在机翼前缘分离,也不会出现马蹄涡(图8.27)。

在高升力构型中,情况有所不同(图9.13)。在翼根位置,展开的缝翼破坏了前缘轮廓的连续性,因此存在两个涡流,顺时针旋转的缝翼角涡和强度较弱的反向旋转楔形涡流。缝翼角的目的是产生一个较强的缝翼末端涡流。这两种涡流都抑制了边界层沿翼根方向的分离倾向。

当攻角较大时,机翼后端(图9.12的位置(a))开始出现大规模流动分离。与从外翼开始的分离相比,这种分离影响较小。此时诱导滚转力矩较小,而且相应的俯仰力矩会使得攻角减小。这是一种有利的失速特性,但失速不应过早发生。否则,最大升力性能会受到限制。

图9.12位置(b)的复杂流动情况是由于高升力构型中短舱流动对机翼绕

225

流的干扰造成的。在缝翼开口的边缘位置有两个反向旋转的涡。在图9.13所示的左侧机翼上,内侧缝翼边缘的涡逆时针旋转,而在外侧缝翼边缘的涡流顺时针旋转。缝翼断开导致机翼最大升力减小。由于短舱绕流的影响,这部分的升力减小只能由升力增量进行部分补偿。短舱扰流产生了短舱涡流,这些涡流也是反向旋转的,它们是由于短舱两侧的边界层分离而形成的。

对于大攻角下的紧密耦合式发动机,只有内侧短舱涡流流经机翼上表面,而其余涡流则流经机翼下方。内侧短舱涡流在机翼上方诱导产生了逆风,因此增强了分离趋势。分离区的起始位置在缝翼开口的后方,沿横向扩展并向下游内侧偏移,见图9.13。

图9.13还显示了短舱整流片涡流。它流经缝翼的开口,是一种消除高耦合式大涵道比发动机所造成升力损失的有效方法。在9.4节中,我们将对短舱整流片的机制进行讨论,并将其可视化。

图9.12位置(c)表示富勒襟翼上可能发生的分离现象。若高升力系统工作正常,则襟翼的后缘就会发生溢流分离。如9.2节所述,在高载荷襟翼位置,可能在襟翼后缘上游位置就发生了普通分离。在这种情况下,高升力系统产生的增升效应会减弱。在9.2节还对抑制襟翼分离方法进行了概述。

最后,图9.12位置(d)表示翼尖流动分离区。8.4.3节对大展弦比升力翼的翼尖涡系进行了讨论,翼尖装置是9.5节的主题。位置(d)的流动分离现象是真实情况下,缝翼受到机翼结构约束,终止于在翼尖部分略微往前的位置。因此,该位置并不存在缝翼产生的效应,并且分离会在小攻角就提前出现(比机翼的主要部分出现得更早)。在展开的缝翼外缘有一个涡,该涡影响分离流动的形态,并会与翼尖涡系进一步相互干扰。

我们仅对高升力状态下出现在机翼位置的分离现象进行了总体讨论。机翼发生流动分离的具体攻角和位置取决于高升力系统的布局,是否考虑飞行器发动机的装配以及飞行器所需的失速特性[24]。

9.4 VHBR发动机和短舱整流片涡流

喷气式发动机的涵道比不断增大,导致短舱直径也不断增大①。发动机的翼下布局受到最小离地高度的限制。为了避免起落架的伸展达到临界长度,喷气式发动机越来越靠近机翼并与之耦合在一起,请参见参考文献[26]和图3.18。

---

① 涵道比越高,油耗和噪声排放越低。

考虑图9.14(a)。图中给出了耦合安装于机翼下方的大涵道比发动机的示意图(8≤VHBR≤12)。图中标注了离地高度。这种情况下,缝翼的垂向位置变得更低,而且由于发动机靠近机翼,短舱上方的缝翼有一个开口。如图9.14(b)所示,开口处产生了短舱-尾流分离,请参阅参考文献[27]。这种分离是由于短舱和缝翼开口位置之间发生的复杂相互干扰所致的。其造成的结果就是机翼局部失速,这使得高升力效应减弱,并且会导致高升力系统的尺寸过大。目前,对于超高燃速(VHBR)发动机所产生的负面效应的补偿措施是安装一种结构相当简单的装置,即短舱整流片,这一装置能够诱导出短舱整流片涡流,请参阅参考文献[28]。

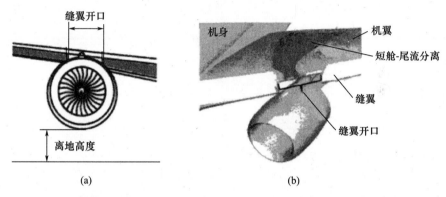

(a)   (b)

图9.14　缝翼安装位置较低的翼吊发动机布局示意图(根据参考文献[29]所得)
(a)VHBR 发动机和缝翼开口;(b)主翼部分产生的短舱-尾流分离。

短舱整流片是一个几何尺寸较小的装置,安装在短舱的内侧,而短舱的内侧位于机翼的下方,机身与短舱之间会出现一种管道效应。当安装位置合适时,整流片能够在一定攻角及以上诱导出短舱整流片涡流,而短舱整流片涡流位于缝翼开口之后及机翼的上方。此时,涡流诱导出的压力场产生的吸力,其效果类似于背风涡(或更一般的说法,侧边涡),涡流会反过来抑制短舱-尾流分离。在正确安装短舱整流片的情况下,诱导涡流会恢复因发动机安装造成的大部分升力损失。

短舱/挂架/短舱整流片流动与高升力系统(尤其是缝翼)的相互干扰是一个非常重要的研究课题。例如,在欧盟 EUROLIFT II 项目的框架内就对该课题进行了讨论。参考文献[27]证明了在大攻角的条件下,目前的 RANS(模型 10)模拟非常适合处理现有的流动问题。推动机翼和短舱的失速模拟研究,需要适当的数学模型、精确的数值解和全面的试验数据[30]。

图9.15 展示了存在短舱整流片涡流的紧密耦合式通气短舱的流动状况。

227

涡流的旋转通过涡量分量 ω_x 的量值来表现涡强度:红色表示顺时针方向,蓝色表示逆时针方向,如图左上角所示。缝翼开口处有几个流向涡。它们与机翼上表面的流动相互干扰,这一流动在机翼前缘及其下游位置具有高度三维特性。短舱内侧的短舱整流片涡流清晰可见。

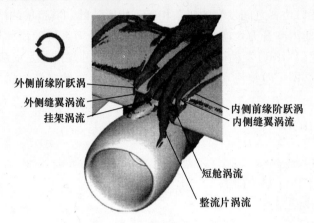

外侧前缘阶跃涡
外侧缝翼涡流
挂架涡流
内侧前缘阶跃涡
内侧缝翼涡流
短舱涡流
整流片涡流

图 9.15　在接近失速条件下紧密耦合式通气短舱的涡流[29](见彩图)

EUROLIFT II 项目研究了代表现代运输机的 KH3Y 构型的绕流[27],另见参考文献[31]。从阶段 1 到阶段 3,构型复杂性分步增大,如图 9.16 所示。

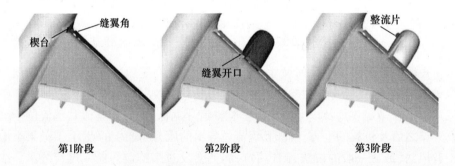

缝翼角
楔台
缝翼开口
整流片

第1阶段　　　　　　第2阶段　　　　　　第3阶段

图 9.16　KH3Y 构型(右翼)从基准高升力构型(阶段 1)扩展到真实的全机构型(阶段 3)[27]

阶段 1 的构型为带楔台和缝翼角,但不带发动机的基准高升力构型。缝翼偏转角为 $\delta_s = 26.5°$,富勒襟翼角度为 $\delta_F = 32°$。阶段 2 增加了通气短舱和缝翼开口。这里的短舱代表现代的大涵道比发动机。阶段 3 则包括短舱整流片。

本节针对低雷诺数和高雷诺数的案例进行了 RANS 模拟和风洞测量。我们首先讨论低雷诺数案例的结果。自由来流马赫数为 $Ma_\infty = 0.176$,雷诺数为 $Re_1 = 1.33 \times 10^6$。

228

图 9.17 展示了阶段 2 和阶段 3 构型在三个不同攻角下计算得到的表面摩擦线和壁面剪应力分量 c_{fx} 的分布情况。当 c_{fx} 为负时(图中用红色表示),可认为流动是分离的。

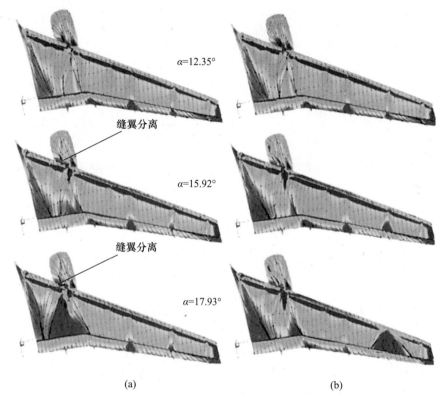

(a)   (b)

图 9.17　低雷诺数案例(右翼):通过数值方法预测的阶段 2(图(a))和
阶段 3(图(b))构型在三个不同攻角下的壁面剪应力分布和表面
摩擦线形态[27]:$\leqslant 0.00$(红色)$\leqslant c_{fx} \leqslant 0.011$(蓝色)(见彩图)

在最小攻角下,构型的流动没有出现大分离现象。当 $\alpha = 15.92°$ 时,靠近挂架的内侧翼缝位置产生分离。随着攻角的增大,这种分离最终沿展长方向发展,并向下延伸至主翼的末端。当(构型中)安装了短舱整流片时(阶段 3),在三个攻角及构型达到最大升力之前不会出现缝翼分离。之后,第 6 个缝翼滑轨处出现的分离使得升力开始下降。这些 RANS 仿真结果与风洞试验结果相吻合。

现在,来看看高雷诺数案例的一些结果。自由来流马赫数为 $Ma_\infty = 0.204$,雷诺数为 $Re_1 = 25 \times 10^6$,攻角为 $\alpha = 17.5°$。缝翼偏转角和富勒襟翼角与低雷诺数案例的设置相同。

图 9.18 通过阶段 2 和阶段 3 的表面摩擦线形态和 c_{fx} 分布展示了短舱整流片涡流效应。我们对右侧机翼的短舱进行讨论。对 c_{fx} 分布用云图表示,用红色代表负值,意味着流动分离。蓝色则代表较大的壁面剪应力。

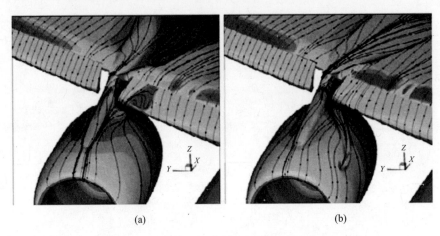

(a)   (b)

图 9.18　高雷诺数下,短舱整流片涡流对右侧机翼表面摩擦线形态和 c_{fx}

分布情况的影响[27]: $\leqslant 0.00$(红色) $\leqslant c_{fx} \leqslant 0.011$(蓝色)(见彩图)

(a)阶段 2(不带短舱整流片);(b)阶段 3(带短舱整流片)。

相关涡流现象的可视化效果如图 9.19 所示。颜色表示涡量分量 ω_x 的量值。红色表示涡流顺时针旋转,蓝色表示涡流逆时针旋转,请参见图 9.15。

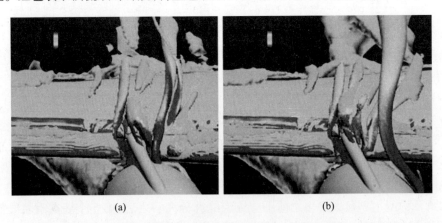

(a)   (b)

图 9.19　高雷诺数情况下,右侧机翼涡流可视化效果图[27](见彩图)

(a)阶段 2(不带短舱整流片);(b)阶段 3(带短舱整流片)。

结合第 2 阶段的两幅图可以看出,表面摩擦线和逆时针方向旋转的强涡在短舱的内侧汇集在一起。顺时针旋转的涡丝出现于内侧整流片上表面。在外侧

230

缝翼的右侧末端,存在一个逆时针旋转涡流。

图9.19中所示的主翼段上,从左到右的表面摩擦线形态显示,其中一条分离线离开左侧后开始向一条附着线弯曲,并很快变细,而红色区域可以代表涡丝离开机翼表面。红色区域表示大分离区域,其较高的表面压力抑制了高升力效应。这种情况同样出现在挂架上表面,此时其上表面会出现一条较短的分离线,并在挂架上方产生一个较小的逆时针旋转的涡。

在阶段3,逆时针旋转的强整流片涡流已经改变了短舱内侧的表面摩擦线形态。内侧缝翼上表面的涡丝分离已经消失。只有外侧缝翼右端出现了微小的变化。图9.19中显示,挂架涡流依然存在。由于短舱整流片涡流的存在,主翼表面摩擦线形态已经完全改变。结合图中c_{fx}分布来看,流动基本上呈附着状态。图中从左到右分别是一条分离线、一条附着线和一条二次分离线。在不同算例下,c_{fx}分布云图都定性地证实了以下事实,即沿分离线的值较低,沿附着线的值较高,此时还存在壁压的相对最大值(未显示)①。不幸的是,由于没有表面压力分布图,无法说明短舱整流片涡流对表面压力分布的影响。

对于目前的VHBR发动机,短舱整流片涡流足以抑制短舱-尾流分离。这种被动控制方法对目前正开始投入使用的超高涵道比发动机(UHBR≥12)不再有效。为了达到所需的离地高度,这类发动机甚至比VHBR发动机更靠近机翼。然而,由于缝翼开口过大,导致被动的短舱整流片无法起效。目前,正在研究或引入主动控制方法,如密封构件、连续或脉冲的缝翼射流等,请参阅参考文献[29]中的讨论和报告。当然,从飞机设计角度来看,这种主动控制的方法会产生系统复杂性问题,而被动控制方法不会产生这种问题。

9.5 翼尖装置

在第8章的引言部分,我们讨论了诱导阻力问题。机翼的展弦比Λ越大,诱导阻力D_i越小。诱导阻力是飞机总阻力的一部分。其大小取决于所给定的飞行阶段,在巡航飞行$C_L/C_D|_{opt}$状态,诱导阻力可达到总阻力的50%[32]。

运输机机翼的展长和展弦比受到多种因素的限制,如机场跑道或停机坪尺寸限制,如60m×60m。这就促使人们使用翼尖装置来补偿受限的展长。另外,通过增加翼尖装置来提高给定飞机的气动性能。

最早的翼尖装置是安装在机翼或水平尾翼翼尖处的端板。安装这一端板的想法基于文献中发现的现象——该装置抑制了机翼下表面的高压气流沿翼尖向

---

① 附着线和分离线均为奇异线,关于相关流动特性,请参见7.3节[21]。

机翼上表面的低压区流动。在这种情况下，翼尖周围的相应流动是"翼尖涡"产生的原因，而"翼尖涡"则是产生诱导阻力的原因。

在这一背景下，普朗特升力线模型较为适用。即使在今天，人们也可以在普遍使用的教科书中发现，尾涡与翼尖涡之间并无明显的区别。尾涡由于机翼上、下表面流场的剪切作用而不断发展（见 4.3.2 节）。在大展弦比升力翼上，尾涡产生于机翼后缘的尾涡层中，而完整的尾涡层仅存在机翼后缘下游几个半展长距离内（见图 4.18），这一情况与势流（模型 4）理论框架中出现的情况相同。

正如我们在 8.4.3 节中看到的，翼尖涡或翼尖涡系是由于翼尖区上表面的普通分离形成的。当然，流动从机翼的下表面绕翼尖流向机翼的上表面。此时，根据给定的压力场，翼尖处发生了流动分离。翼尖装置确实会影响该过程以及机翼下游的尾涡层。

如上所述，机翼的诱导阻力随展弦比的增大而减小。地面运行的需求限制了翼展展长。翼梢小翼或鲨鳍小翼形式的翼尖装置是补偿展长限制的一种手段①。而翼尖装置在其他方面的应用则是对给定机翼进行调整/扩展，以提高其气动性能。

因此，翼梢小翼或鲨鳍小翼的外形设计是为了减少诱导阻力，同时改变翼尖涡或翼尖涡系的强度。在 8.4 节中，从所给出的研究案例可以看出，翼尖涡的环量约占总尾流环量的 7%。因此，翼尖装置确实能够降低翼尖涡系的强度，但在较大范围的飞行条件下，翼尖装置产生的效应是正面效应还是负面效应尚不明确。

当然，翼尖装置会使机翼的黏性阻力增大，即表面摩擦阻力和形状阻力增大。若这一扩展装置造成了拐角流动，则在跨声速飞行状态下，会出现干扰效应和激波阻力。该装置进一步增大了机翼的质量。因此，翼尖装置所产生的预期效果因这些不利效应的影响而降低（见下文）。

本节的目的是向读者介绍一些与翼尖装置相关的飞行器问题。本节不打算对翼尖装置设计方法和相关的大量参考文献进行回顾。目前，还没有对这类装置流体力学机理的深入研究（如 8.4.3 节中关于翼尖涡系及其与尾涡层相互干扰的 CRM 机翼等研究）。

翼尖装置不仅能够减小诱导阻力，对飞机还有其他影响。为了进一步理解翼尖装置的总体效果，A. Büscher 在其博士论文中使用了与机翼平板翼尖相关的"等效减阻"概念[34-35]。

---

① 传统的翼梢小翼是翼尖上的一个垂直面，而现在翼尖延展部分从机翼表面平滑地延伸出来。所谓的鲨鳍小翼，是指只应用在空客 A320 系列飞机上的翼梢小翼，请参阅参考文献[33]。

作为设计工作的目标函数,等效减阻系数 $\Delta C_{D_{equiv}}$ 有 5 项:

$$\Delta C_{D_{equiv}} = \Delta C_{D_{aero}} + \omega \cdot \Delta C_{D_{wrbm}} + \Delta C_{D_{mass}} + \Delta C_{D_{trim}} + \Delta C_{D_{mech}} \tag{9.3}$$

式中:$\Delta C_{D_{equiv}}$ 为负表示等效阻力减小。

假设对于给定的飞机,在其对应的机翼构型上,增加了翼尖装置。翼尖的参考构型为 Küchemann 翼尖,上述几项参数由此得出。下面对这 5 项参数进行简要介绍。

(1) $\Delta C_{D_{aero}}$:表示翼尖装置本身的效应,即净气动阻力减小。它由 3 个或 4 个部分组成:因翼尖装置的影响而减小的诱导阻力(负号),因翼尖装置翼面、后缘、所占空间所导致的表面摩擦力、形状阻力、跨声速飞行波阻的增大(这三项都带正号)。

(2) $\omega \cdot \Delta C_{D_{wrbm}}$:若(机翼上)增加了翼尖装置,则会增大展向弯矩,从而增大翼根弯矩(WRBM)。这使得机翼结构需要进行必要的调整,并使机翼质量增加。因此,飞机的空载质量增加。如果要保持最大起飞重量不变,尽管降低了所需燃料要求,但仍会对飞机的可动载荷或航程造成限制。ω 项则综合考虑了质量增加效应,后面会深入讨论。

(3) $\Delta C_{D_{mass}}$:是由于翼尖装置质量,以及翼尖装置与机翼连接件的额外质量产生的阻力。

(4) $\Delta C_{D_{trim}}$:是由于飞机俯仰力矩变化而产生的配平阻力增量,它由两个部分组成:一个表示由于翼尖装置引起的俯仰力矩变化,另一个表示由于诱导阻力变化引起的俯仰力矩变化。

(5) $\Delta C_{D_{mech}}$:是翼尖采用可动构件所带来的额外质量,这一可动构件用于在低速状态下提高翼尖装置的增升性能。

系数 $\omega(0 \leqslant \omega \leqslant 1)$ 是飞机空载质量与阻力之间的一个加权系数,称为"翼根弯矩加权系数"。其值取决于选定的飞机布局设计目标:①直接运营成本(DOC);②最大起飞重量(MTOW);③航程(RANGE)。因此,可以考虑三种情况,其中两个参数是固定的,而第三个参数是可变的。飞机的决定性部件就是机翼。机翼是飞机上唯一一个设计上的修改会直接对阻力和质量变化同时产生影响的构件。

在第一种情况下,航程是可变参数。若 MTOW 保持不变,则只需略微减阻就能减少大量的燃油消耗,且 DOC 不会增加。因此,此时 $\omega = \omega_{RANGE}$ 较小。最终的设计布局具有较高的气动性能。

在第二种情况下,若 MTOW 是由于空载质量的增加而增加,则情况有所不同。因为在固定 RANGE 的情况下,MTOW 与 DOC 直接耦合,要限制 MWOW 的增长,只有当减阻程度比第一种情况更大时才能实现。因此,在这种情况下,$\omega = \omega_{\text{mtow}}$(相对第一种情况)更大。

第三种需要减阻的情况是固定 MTOW 和 RANGE。为了达到这一目标,想要再增加空载质量,则需要大幅减少燃油消耗,这只能通过大幅减阻来实现。

在较高的 $\omega = \omega_{\text{DOC}}$ 条件下实现 DOC 降低,可以使得减重设计效果更好。

Büscher 论文中考虑的翼尖装置是基于高 ω 值。因此,该系数称为 ω_{DOC}。部分参数研究采用较小的系数 ω_{MTOW}。该系数的变化意味着翼根弯矩减少了40% 左右。

现在,我们来观察总体结果。这项研究是针对带有 Küchemann 翼尖但在高速条件下不带短舱的长航程研究构型,以及带有短舱、缝翼、襟翼和副翼均展开的高升力起飞构型。长航程飞机基准构型如图 9.20 所示。飞行马赫数为 $Ma_\infty = 0.85$,雷诺数为 $Re_L = 54.2 \times 10^6$,$L = 11.5\text{m}$,升力系数为 $C_L = 0.5$(相当于巡航飞行)。

图 9.20 长航程飞机基准构型[34]

这项研究是基于升力线方法 LIDCA(模型 4),其中包括适用于翼型数据的数据库模块。通过 RANS(模型 10)的计算结果验证了该方法的有效性。LIDCA 构型如图 9.21 所示。

机翼的展弦比为 $\Lambda = 8$,半展长为 39.5m。由翼尖装置引起的机翼几何外形的变化仅限于机翼半展长 95% 以外的位置。该位置见图 9.21(c)。机翼的最终半展长被限制在 42.5m 位置,上反角装置向下延伸至 2.75m 位置(从连接位置上测量得到)。

以下结果是应用 LIDCA 方法找到的 4 种效果最好的翼尖装置(针对长航程构型):设计 1、设计 2、设计 4 和设计 5[34]。RANS 计算的目的是检验这些结果。图 9.22 所示为设计 1、设计 2 和设计 5,最后一个是鲨鳍小翼设计。设计 4 与设计 1 相同,但 25% 弦线位置的后掠角更小(40°,而非 45°),而且翼尖面积减小。两者的上反角均为 $v = -20°$。设计 2 的上反角为 $v = 10°$。图 9.22 还展示了研究中考虑的 Küchemann 翼尖(其为参考设计)以及大型翼梢小翼。

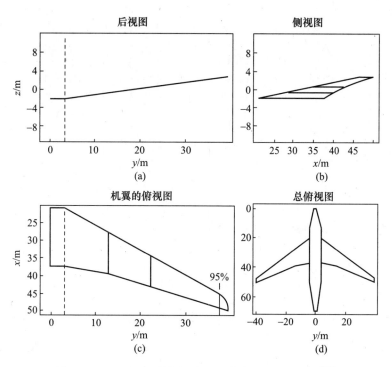

图 9.21 LIDCA 中,长航程构型及其展向分布示意图[34]

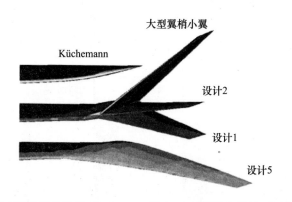

图 9.22 最有效的翼尖装置、Küchemann 翼尖、大型翼梢小翼的可视化效果图[34]

图 9.23 给出了 4 种设计的等效减阻结果。需要注意的是,所有设计的结果都是采用高翼根弯矩加权系数 ω_{DOC} 得出的。该图包含两种基本结果:①设计 4 产生了最大的等效减阻效果;②RANS 解证明了所有 LIDCA 结果的有效性,尤其是设计 4 的结果。RANS 解的结果显示所有的设计都产生了较高的减阻效果,阻力减少了约 3% 。

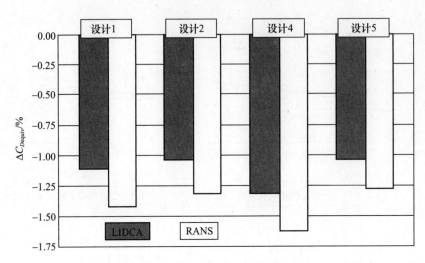

图 9.23　4 种最有效翼尖设计的等效减阻系数 ΔC_{Dequiv}[34]

由图 9.24 所示的 LIDCA 分解结果得出以下结论：①对于设计 1 和设计 2，$\Delta C_{D_{\text{aero}}}$、$\Delta C_{D_{\text{wrbm}}}$ 和 $\Delta C_{D_{\text{mass}}}$ 的增量大小几乎相同。设计 1 中气动增量略高的原因是 v 的绝对值更大且有效展长更大。②设计 4 是所有概念中增量最小的。相对较小的气动增量被较小的翼根弯矩增量和较小的质量增量补偿了。③设计 5 的气动增量最大，但翼根弯矩增量和装置质量增量也最大，因此其等效减阻系数最小，与设计 2 相近。

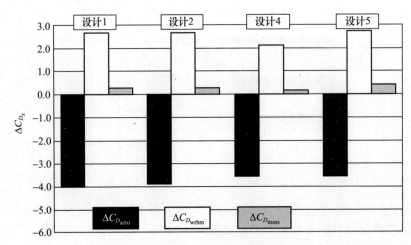

图 9.24　4 种设计的 $\Delta C_{D_{\text{equiv}}}$ 分解[34]

这些结论以高度浓缩的方式呈现了参考文献[34]的全部研究成果，并说明

236

了翼尖装置作为非平面翼尖外形的优点。其优点在于简单的几何外形以及可以相当可靠地集成到新机翼或现有机翼上(能够在不降低飞机其他条件下的性能实现机翼改型)。

若展长不受限制,则翼尖装置与单纯平面机翼进行延伸相比通常不具优势。但若展长受到限制,或者想要提高某个给定机翼的性能,则非平面翼尖形状明确能对飞行器的气动性能有利。翼尖装置的上反角可以是正的也可以是负的,即这两种情况都能达到所需的效果。目前,一般情况下翼尖的上反角为正,因为正的上反角不会对离地高度造成限制。

目前,还没有其他可用的方法解决机场跑道尺寸对翼展的限制。但现在波音公司的777×系列推出了向上折叠的伸展机翼[①]。地面飞行时,飞机的展长为64.8m,在飞行状态时则为71.8m。当然,带有致动器的折叠机构有其自身的质量,这会抵消一部分伸展构件所带来的好处。虽然折叠机构的能源需求确实较小,但会增加飞机的整体系统复杂性。

9.6 尾涡危害:问题和控制方法

正如在第8章所展示和讨论的内容,升力翼的尾涡层向上卷起形成一对尾涡。在这个过程中,尾涡吸收了两个翼尖涡系,即源自机身、尾翼、发动机、襟翼导轨等的涡片和涡,以及(最后但同样重要的)源自配平翼面的反向旋转尾涡层。由此产生的流场统称为飞机尾流。这种尾流会对其他飞机和后机造成危害[36-37]。

可以通过势流理论(表1.3中的模型4)形成获得对这种危害的基本认知。该理论得出结论:对于一个椭圆形环量分布的机翼,尾涡的强度 Γ_0 与机翼的升力成正比(见3.16节),因此也与飞机质量成正比。这一结论即使在势流理论的适用范围外也基本成立。

飞机下游的流动情况如图9.25所示。尾流由两个尾涡组成,它们之间存在一个下洗流,而其外侧则存在上洗流。当另一架飞机进入飞机尾流或在尾流中飞行时,会遭遇尾涡危害。这种危害表现为空气扰动增加,从而导致动结构载荷增加,并引起乘客不适。尾涡危害还会进一步导致升力损失,并且可能会诱导出滚转力矩。这种危害可能会出现在飞行航线的任何位置,尤其是在跑道上起飞、进近和降落的过程中出现。

在20世纪70年代初,当波音747投入使用时,尾涡危害就成为一个较大的

---

① 空客公司研究了这类解决方案和其他可折叠的解决方案。

237

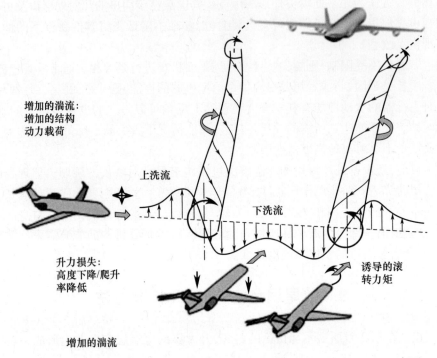

增加的湍流:
增加的结构
动力载荷

上洗流

下洗流

升力损失:
高度下降/爬升
率降低

诱导的滚
转力矩

增加的湍流

图9.25　飞机尾流与带尾涡对的飞机尾流及其相关下洗流和上洗流的示意图[37]

研究课题。波音747的最大起飞质量(MTOM)高达448t,比MTOM为142t的波音707要重得多。约35年后,当MTOM约为570t的空客A380投入使用时,尾涡危害再次引起人们的关注。

尾涡危害的全面研究早在20世纪70年代初就开始了,研究目的是通过降低尾流场对后机的影响来减少尾涡危害,尤其是减少尾涡诱导出的滚转力矩。

减少尾涡危害的策略可分为两类[38]。第一类的重点是低涡量涡(LVV)旋翼设计,该设计是通过增强涡量场的分散性来降低尾涡危害。在尾涡层的卷起过程完成后,由此产生的尾涡应具有较大的涡核尺寸和较小的涡流速度(涡核半径处),如图9.26所示[39]。此时,尾涡诱导出的滚转力矩减小。

第二类的重点是快速衰减涡(QDV)。通过被动或主动装置来促进尾涡的三维不稳定性,从而加快尾涡的衰减。例如,通过多涡系的相互干扰或者主动机理,显著增大长波"克罗"不稳定性(请参阅参考文献[40])增长率,从而加快尾涡的衰减(图9.27),如通过多涡系的相互干扰或主动机理。克罗不稳定性是指由初始扰动引起的正弦涡对不稳定性(见3.11.3节)。涡轨迹横向偏移并最终相连形成一系列涡环,这通常发生在飞机下游的流域4(图8.1)。

238

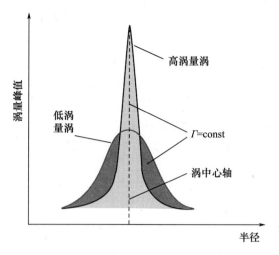

图 9.26　尾流衰减概念[39]：从高涡量涡到低涡量涡的变化

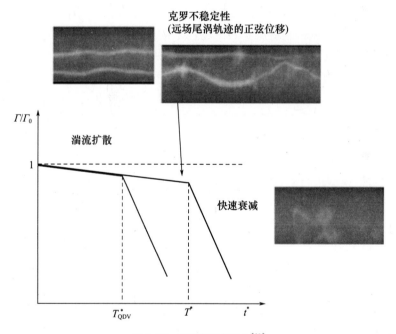

图 9.27　尾流衰减概念[39]

T_{QDV}^{*} 快速衰减涡。$t*$：无量纲时间；$T*$：涡连接前的无量纲时间

　　为了将这些概念转化为实际应用，研究者对各种构型方法进行了研究[39]。对于 LVV 策略，可以采用机翼操纵面（如扰流板）以及对构件进行修正（如襟翼边缘构件）的方法，创造出高度湍流度区域，从而使得尾涡的涡核尺寸增大[41]。

此外,修正后的机翼载荷分布可减小后机受到的诱导滚转力矩。例如,通过设置差动襟翼或扰流板,改变机翼的环量分布,从而使机翼产生的尾流发生变化。研究结果表明,机翼的外侧襟翼部分偏转而内侧襟翼完全偏转,至少在扩展近场能够产生比标准襟翼设置情况下要小的诱导滚转力矩[39]。

QDV 方法也可以采用不同的措施。多涡系统会出现不稳定性,而且不稳定性增长更快,因此被动装置方法的目的就是通过故意产生不同的涡(除了源自翼尖和襟翼边缘的涡),从而促进这种不稳定性。

通过差动襟翼设置也可以产生明显的额外涡流。这些设计的效率取决于此类附加涡流的持续性,而涡流持续性则取决于飞机的构型细节。主动装置被认为是增强尾涡不稳定性的一种强有力的手段。然而,实际应用中会遇到系统复杂性增加的问题。

现在对缓解尾涡危害的被动手段和主动方法进行详细说明。通常要注意的是,缓解尾涡危害方法在应用中,会受到与其相关系统复杂性的阻碍。

1. 被动手段

利用黏性和对流机制将尾涡涡量场在空间上分布得更广,从而降低轴向涡量和周向速度峰值(图 9.26)。

涡量的径向输运和涡核的膨胀是通过增加卷起涡层和/或尾涡汇集形成处的湍流强度实现的。利用襟翼边缘装置、扰流板构件和机翼安定面来产生湍流尾流,从而增强尾涡近场特定区域的湍流混合[42-43]。

对照表 1.1 的第一个案例,对高升力进近构型四发动机大型运输机模型(比例 1:20)上的三角形扰流板构件的影响进行研究。如图 9.28(a)和(b)所示[39,44],对该模型进行了风洞和水洞试验。对于该模型的全尺寸构型情况,其被归类到重型飞机的类别中。

利用扰流板构件在外侧襟翼涡脱落区域产生较高的湍流度,并促进外侧襟翼涡流和外侧短舱涡流合并。这些涡对于最终卷起形成的尾涡有着重大影响。三角形扰流板会破坏前缘涡流并在扰流板后缘产生湍流尾流,从而形成高湍流度汇集区,这一汇集区会对外侧襟翼和外侧短舱涡流的合并区域造成影响。扰流板的目的是扩大径向涡量分布,同时影响自由环量中心区域。

在卷起过程中,随着外侧襟翼和外侧短舱的涡流合并,高湍流度的流动输运到主涡涡核区域。与参考案例(无扰流板偏转)相比,涡量场在尾涡的扩展近流场(图 8.1)中明显更分散,从而使得轴向涡量峰值降低。

黏性涡核明显膨胀了 50%~90%,同时最大诱导速度降低了 50% 左右。作用在轻型(起飞重量小于 7000kg)后机上的最大诱导滚转力矩减少了 30% 左右。

240

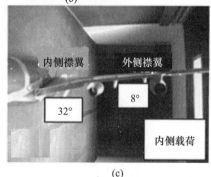

图 9.28　涡流被动控制方法（扰流板和襟翼构件）的案例[39]

（a）进近构型的四发动机运输机；（b）外侧短舱站位处机翼上表面的三角形扰流板；（c）差动襟翼设置。

这种效应在一定程度上也会对尾涡的远场产生影响。三角形扰流板的使用对整体飞行性能仅有很小的影响。

　　被动方法的第二个案例是通过内、外侧后缘襟翼以不同的角度展开来影响尾流，称为差动襟翼设置，见图 9.28（c）。增加近场主导涡流的数量也会增加整个卷起过程中的（涡流）合并次数，从而扩大主涡核并降低峰值横流速度。相关研究已在高升力进近构型的四发动机大型运输机模型上进行了验证[39]。

　　内、外侧后缘襟翼差动设置产生了内侧或外侧机翼载荷。一般情况下，为了保持与参考案例中升力系数相同，必须增大攻角。差动襟翼设置与额外涡（即分别位于内侧襟翼外侧边缘和外侧襟翼内侧边缘的涡）脱落有关。这些涡相互反向旋转，强度取决于各自的襟翼展开角。

　　这种涡会影响扩展近场中涡合并的顺序，从而使得多涡系能够维持到下游更远的距离。内侧机翼载荷使得产生的主涡强度变小，并加快其与翼尖涡的合并。在扩展近场中，轻型后机最大诱导滚转力矩减少了 48%。外侧载荷产生的涡拓扑结构与参考案例类似。由于额外涡流的相互干扰，扩展近场中

241

最大诱导滚转力矩减少了 44% 左右。这种效应也会对远场产生影响(影响程度较轻)。

2. 主动方法

在 20 世纪 70 年代中期,科学家就对正弦运动襟翼对尾涡特性的影响进行了理论和试验研究,并预测尾流寿命将缩短 3 倍[45]。在过去的几年里,这类主动控制方法又重新被深入研究。

J. D. Crouch 等基于操纵面(如副翼和襟副翼)的周期性振荡提出了一种主动系统[46]。这些扰动会影响尾涡,触发尾涡本身的不稳定性,在充分放大后,可能使尾涡提前破裂为涡环,从而造成快速衰减(QDV 概念)。振荡装置可能包括内外副翼[46]、后缘襟翼[45]和翼尖小翼襟翼[47],如图 9.29 所示。

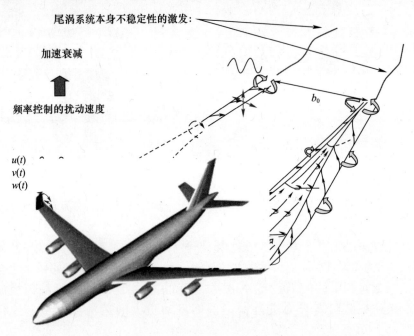

图 9.29　涡流控制的主动方法案例:进行简谐振荡的小翼襟翼[47]

沿尾流流向传播的不稳定性机制可能使得尾涡对发生相对变形,加速尾流的衰减和扩散。由湍流或主动控制方法引入尾涡中的速度脉动代表稳定性理论中的各向异性力项。

S. C. Crow 和 E. J. Bate 研究了湍流度对尾涡寿命的影响[48]。根据线性稳定性理论,尾涡涡核位置的速度脉动由相互诱导产生的分量和与脉动叠加相关的分量组成。引入与尾涡本身不稳定性频率相同的速度脉动可以极大地缩短涡连接时间,见图 9.27。

242

此时,与无扰动情况相比,尾涡快速衰减阶段会在更短的尾涡发展距离内开始。强迫振动频率必须与所研究的不稳定性振幅最大的波数对应。通过线性稳定性分析获得的克罗不稳定性波长为 $\lambda_{\text{Crow}} \approx 8b_0$[40]。

参量 b_0 是尾涡对的横向间隔,对于典型运输机,$b_0 = (0.76 \sim 0.78)b$,另参阅 4.4 节。因此,波长 λ_{Crow} 对应的衰减频率 $k_{\text{Crow}} \approx 0.08$,$k = f(b/2)/U_\infty$ 且 $f = u_\infty/\lambda_{\text{Crow}}$。然后,用特征衰减频率 k_{Crow} 来确定振荡装置的激励频率,从而进行小尺寸或全尺寸试验。

模型研究已经证明,通过主动方法,尾涡的连接时间可能会减半,随后通过对称面进行环量交换,且尾涡开始衰减。参考文献[47]中研究了带两个一体式后缘襟翼的大型翼梢小翼在加速尾涡衰减方面的潜力。

以 180° 相位差进行简谐振动的两个小翼襟翼确保了整体气动系数的时间稳定性。在尾涡扩展近场,这种方法的结果(振动频率为克罗不稳定性对应的衰减频率)使得速度脉动能谱密度增大了 2 ~ 5 倍。速度脉动能谱的增大使得尾涡本身不稳定性程度显著增大,所产生的不稳定扰动振幅增大。

9.7 问 题

问题 9.1 Breguet 航程方程:升阻比乘以马赫数应尽可能的大。请讨论极限情况下的流动现象。

问题 9.2 要使 $Ma_\infty L/D$ 尽可能大,有什么构型上的方法:(a)对于机翼;(b)对于整架飞机?

问题 9.3 涡流发生器会产生什么? 它能在层流中工作吗?

问题 9.4 亚边界层涡流发生器在层流边界层中是否比在湍流边界层中更有效? 考虑图 2.1 的情况。

问题 9.5 翼根/机身整流罩的作用是什么?

问题 9.6 零升阻力系数 C_{D0} 降低 3%,且诱导阻力系数 C_{Di} 降低 2%,可以节省多少百分比的燃油质量 $\Delta m_F = (m_{F2} - m_{F1})/m_{F1}$? 零升阻力系数为总阻力系数 C_D 的 80%。假设飞机处于定常平飞的巡航状态,其中航程 R、飞行速度 u_∞、燃油消耗率 b 和起飞重量 m_{TOW} 保持不变。飞机起飞重量为 $m_{\text{TOW}} = 310000\text{kg}$,基准情况的燃油质量为 $m_{F1} = 113000\text{kg}$(索引 1:基准情况;索引 2:阻力系数减小的情况)。

问题 9.7 根据最佳环量分布,绘制带垂直翼梢小翼机翼的展向环量分布 $\Gamma(y)$ 图。

问题 9.8 为什么安装的翼尖装置既可以向上(上反)也可以向下(下反)?

问题 9.9 不同情况下主动系统的激励频率(如后缘襟翼的振动)有多大?
(a) $u_\infty = 80\text{m/s}$ 且展长为 $b = 60\text{m}$ 的全尺寸飞行器; (b)风洞中采用 1∶25 缩比
模型且试验段速度为 $u_\infty = 25\text{m/s}$。

参 考 文 献

1. Délery, J.: Transonic shock-wave boundary-layer interactions. In: Babinsky, H., Harvey, J.K. (eds.) Shock-Wave Boundary-Layer Interactions, pp. 5–86. Cambridge University Press, Cambridge (2011)

2. Vos, R., Farokhi, S.: Introduction to Transonic Aerodynamics. Springer Science+Business Media, Dordrecht (2015)

3. Hirschel, E.H.: Basics of Aerothermodynamics, 2nd edn (revised). Springer, Cham (2015)

4. Thomas, F.: Entwurfsgerechte Tragflügelaerodynamik. In: Bericht uber die Sitzung des WGLR-Fachausschusses fur Aerodynamik, - Entwurfsaerodynamik. Deutsche Luft- und Raumfahrt, Mittellung 67-24 (1967)

5. Meier, H.U. (ed.): German Development of the Swept Wing–1935-1945. Library of Flight, AIAA, Reston (2010)

6. Deck, S.: Numerical simulation of transonic buffet over a supercritical airfoil. AIAA J. **43**(7), 1556–1566 (2005)

7. Grossi, F., Braza, M., Hoarau, Y.: Prediction of transonic buffet by Delayed Detached-Eddy simulation. AIAA J. **52**(10), 2300–2312 (2014)

8. Jacquin, L., Molton, P., Deck, S., Maury, B., Soulevant, D.: Experimental study of shock oscillation over a transonic supercritical profile. AIAA J. **47**(9), 1985–1994 (2009)

9. Iovnovich, M., Raveh, D.E.: Numerical study of shock buffet on three-dimensional wings. AIAA J. **53**(2), 449–463 (2015)

10. Stanewsky, E., Délery, J., Fulker, J., Geissler, W. (eds.): EUROSHOCK—Drag Reduction by Passive Shock Control. Results of the Project EUROSHOCK, AER2-CT92-0049, supported by the European Union, 1993–1995. Notes on Numerical Fluid Mechanics, Vol. 56. Vieweg, Braunschweig Wiesbaden (1997)

11. Stanewsky, E., Délery, J., Fulker, J., Matteis, P. de (eds.): Drag Reduction by Shock and Boundary Layer Control. Results of the Project EUROSHOCK II, supported by the European Union, 1996–1999. Notes on Numerical Fluid Mechanics and Multidisciplinary Design, NNFM80. Springer, Berlin (2002)

12. Mayer, R., Lutz, Th, Krämer, E.: Numerical study on the ability of shock control bumps for buffet control. AIAA J. **56**(5), 1978–1987 (2018)

13. Thiede, P. (ed.): Aerodynamic drag reduction technologies. In: Proceedings of the CEAS/DragNet European Drag Reduction Conference, 19–21 June 2000, Potsdam, Germany. Notes on Numerical Fluid Mechanics, NNFM76. Springer, Berlin (2001)

14. Flaig, A., Hilbig, R.: High-lift design for large civil aircraft. AGARD-CP-515, 31.1–31.12 (1993)

15. Strüber, H.: The aerodynamic design of the A350 XWB-900 high lift system. Paper presented at the 29th Congress of the International Council of the Aeronautical Sciences, St. Petersburg, Russia, 7–12 Sept 2014 (2014)

16. Rudolph, P.K.C.: High-lift systems on commercial airliners. NASA Contractor Rep. **4746** (1996)

17. Wild, J.: Hochauftrieb. In: Rossow, C.-C., Wolf, K., Horst, P. (eds.) Handbuch der Luftfahrzeugtechnik, pp. 184–192. Carl Hanser Verlag, München (2014)

18. Reckzeh, D.: Multifunctional wing moveables: design of the A350 XWB and the way to future concepts. Paper presented at the 29th Congress of the International Council of the Aeronautical Sciences, St. Petersburg, Russia, 7–12 Sept 2014 (2014)

19. Probst, A., Probst, S., Schwamborn, D.: 3-Element Airfoil. In: C. Mockett, W. Haase, D. Schwamborn (eds.): Go4Hybrid—Grey area mitigation for hybrid RANS-LES methods. Results of the 7th Framework Research Project Go4Hybrid, funded by the European Union, 2013–2015. Notes on Numerical Fluid Mechanics and Multidisciplinary Design, NNFM134, Springer, Cham, pp. 155–171 (2018)

20. Mockett, C., Haase, W., Schwamborn, D. (eds.): Go4Hybrid: grey area mitigation for hybrid RANS-LES methods. Results of the 7th Framework Res. Project Go4Hybrid, funded by the European Union, 2013–2015. Notes on Numerical Fluid Mechanics and Multidisciplinary Design, NNFM134, Springer, Cham (2018)

21. Hirschel, E.H., Cousteix, J., Kordulla, W.: Three-Dimensional Attached Viscous Flow. Springer, Berlin (2013)

22. Breitsamter, C.: Innovative High-Lift Concepts of the Integrated Research Programs AWIATOR and IHK. LTH-AD 04 02 004 (2009)

23. Jiràsek, A.: Vortex Generator Modeling and its Application to Optimal Control of Airflow in Inlet. Doctoral Thesis, KTH Royal Institute of Technology, Rep TRITA-AVE 2006:66, Stockholm, Sweden (2006)

24. Rudnik, R.: Transportflugzeuge. In: Rossow, C.-C., Wolf, K., Horst, P. (eds.) Handbuch der Luftfahrzeugtechnik, pp. 83–113. Carl Hanser Verlag, München (2014)

25. Küchemann, D.: The Aerodynamic Design of Aircraft. Pergamon Press, Oxford, : also AIAA Education Series, p. 2012. Va, AIAA, Reston (1978)

26. Lengers, M.: Industrial assessment of overall aircraft driven local active flow control. Paper presented at the 29th Congress of the Internatioal Council of the Aeronautical Sciences, St. Petersburg, Russia, 7–12 Sept 2014 (2014)

27. von Geyr, H., Schade, N., van der Burg, J.W., Eliasson, P., Esquieu, S.: CFD Prediction of maximum lift effects on realistic high-lift commercial-aircraft configurations within the european project EUROLIFT II. AIAA-Paper, 2007–4299 (2007)

28. Haines A.B.: Scale effects on aircraft and weapon aerodynamics. AGARD-AG-323 (1994)

29. Fricke, S., Ciobaca, V., Wild, J., Norman, D.: Numerical studies of active flow control applied at the engine-wing junction. In: R. Radespiel, R. Niehuis, N. Kroll, K. Behrends (eds.): Advances in Simulation of Wing and Nacelle Stall. Closing Symposium of DGLR Research Unit FOR 1066, 1–2 Dec 2014, Braunschweig, Germany. Notes on Numerical Fluid Mechanics and Multidisciplinary Design, NNFM131, Springer, Cham, pp. 397–411 (2016)

30. Radespiel, R., Niehuis, R., Kroll, N., Behrends, K. (eds.): Advances in Simulation of Wing and Nacelle Stall. Closing Symp. of DGLR Research Unit FOR 1066, Dec. 1–2, 2014, Braunschweig, Germany. Notes on Numerical Fluid Mechanics and Multidisciplinary Design, NNFM131, Springer-Verlag Cham Heidelberg (2016)

31. Wichmann, G.: Maximum lift effects on realistic high-lift transport aircraft configurations with nacelle strakes. LTH-AD 04 01 013 (2011)

32. Nicolai, L.M.: Fundamentals of Aircraft Design. METS, Inc., San Jose (1975)

33. Heller, G., Kreuzer, P., Dirmeier, S.: Development and integration of a new high performance wingtip device for transonic aircraft. ICAS 2002 Congress, pp. 122.1–122.7 (2002)

34. Büscher, A.: Flügelendformen zur Leistungssteigerung eines Langstreckenflugzeuges (Wing-Tip Devices for the Performance Enhancement of a Long-Range Transport Aircraft). Doctoral Thesis, Technical University Braunschweig, Germany. Shaker Verlag, Aachen, ZLR-Forschungsbericht 2008-06 (2008)

35. Büscher, A., Radespiel, R., Streit, T.: Modeling and design of wing tip devices at various flight conditions using a databased aerodynamic prediction tool. Aerospace Sci. Technol. **10**,

245

668–678 (2006)

36. Rossow, V.J.: Lift-generated vortex wakes of subsonic transport aircraft. Prog. Aerosp. Sci. **35**(6), 507–660 (1999)

37. Breitsamter, C.: Nachlaufwirbelsysteme großer Transportflugzeuge - Experimentelle Charakterisierung und Beeinflussung (Wake-Vortex Systems of Large Transport Aircraft—Experimental Characterization and Manipulation). Inaugural Thesis, Technische Universität München, 2007, utzverlag, München, Germany (2007)

38. Gerz, T., Holzäpfel, F., Darracq, D.: Commercial aircraft wake vortices. Prog. Aerosp. Sci. **38**(3), 181–208 (2002)

39. Breitsamter, C.: Wake vortex characteristics of transport aircraft. Prog. Aerosp. Sci. **47**(1), 89–134 (2011)

40. Crow, S.C.: Stability theory for a pair of trailing vortices. AIAA J. **8**(12), 2172–2179 (1970)

41. Coustols, E., Stumpf, E., Jacquin, L., Moens, F., Vollmers, H., Gerz, T.: "Minimised Wake": A Collaborative Research Programme on Aircraft Wake Vortices. AIAA-Paper, 2003–0938 (2003)

42. Croom, D.R.: The development and use of spoilers as vortex attenuators. In: Proceedings of the NASA Symposium on Wake Vortex Minimization. NASA SP-409, pp. 339–368 (1976)

43. Schell, I., Özger, E., Jacob, D.: Influence of different flap settings on the wake vortex structure of a rectangular wing with flaps and means of alleviation. Aerosp. Sci. Technol. **4**(2), 79–90 (2000)

44. Hünecke, K.: From formation to decay–extended-time wake vortex characteristics of transport-type aircraft. AIAA Paper, 2002–3265 (2002)

45. Donaldson, C.duP., Bilanin, A.J.: Vortex wakes of conventional aircraft. AGARDograph No. 204 (1975)

46. Crouch, J.D., Miller, G., Spalart, P.R.: Active control system for breakup of airplane trailing vortices. AIAA J. **39**(12), 2374–2381 (2001)

47. Breitsamter, C., Allen, A.: Transport aircraft wake influenced by oscillating winglet flaps. J. Aircraft **46**(1), 175–188 (2009)

48. Crow, S.C., Bate, E.J.: Lifespan of trailing vortices in a turbulent atmosphere. J. Aircraft **13**(7), 476–482 (1976)

第10章　小展弦比三角翼绕流

本章研究的是产生非线性升力现象的小展弦比三角翼背风涡系。小展弦比三角翼包括通常与鸭翼和混合翼相结合的三角翼,即与边条相结合的梯形翼。

背风涡系的出现取决于几个几何参数和流动参数。该主题比第8章"大展弦比机翼绕流"的主题涉及更多方面。

大展弦比机翼是亚声速(非后掠翼)和跨声速(后掠翼)飞行状态下的首选机翼,而小展弦比三角翼(细长机翼)则是超声速/高超声速飞行状态下的首选机翼。请注意,Lockheed F-104 星际战斗机的纯"薄翼"通常不是后一种飞行状态的首选机翼[①]。

在10.1节的引言部分中,我们区分了5种不同类型的小展弦比三角翼飞机,并对其进行了描述。然后,对三角翼的发展历史进行了简要回顾。

本章的其余部分主要涉及与基本三角翼有关的现象和单元问题。10.2节介绍了这种机翼背风面流场的基本原理。

在10.3节中,我们讨论了通过不同物理和数学流动模型获得的结果,这些模型适用于流经涡流试验1(VFE-1)构型的流场。该机翼是一个带锐前缘的机翼。在10.4节中,我们证明了欧拉方程(模型8)的离散数值解确实是可行的解,但前提是机翼具有锐前缘。就VFE-1构型而言,研究结果表明,满足沿前缘相容性条件,而且涡量产生和熵产生都遵循与大展弦比机翼相同的机制。这在相当长的一段时间里都只是一种猜测和推测。通过1996年开展的研究工作解决了这个问题。

10.5节讨论了具有钝前缘的VFE-2构型的结果,并考虑了亚声速和跨声速以及涡破裂情况。10.6节讨论了前缘轮廓展向变化的SAGITTA机翼绕流。10.7节讨论了高超声速情况。$Ma_\infty = 7.15$ 的钝三角翼(BDW)有一个发展良好的背风涡系,但几乎没有非线性升力,因为背风涡位于高超声速阴影中。

---

① 但值得注意的是,Aerion 和 Lockheed 都在配有薄梯形层流机翼的马赫数1.4 的 AS2 公务机上进行了研究。

10.1 引　言

10.1.1　飞行器类别

5种截然不同的小展弦比三角翼飞机包括：①超声速运输机；②有翼再入飞行器；③高超声速吸气式飞行器；④现代战斗机，其本身是一种具有多种不同构型设计的飞行器；⑤相应的无人机系统，也称为无人机。

我们掌握了许多与流经飞行器的分离流和涡流相关的资料，因此我们通常将重点放在第④类和第⑤类飞行器上。

1. 超声速运输机

超声速运输机首先必须在跨声速状态下穿过阻力发散区（见2.4.2节），然后以较小马赫数进行超声速飞行。在超声速状态下，阻力系数减小，但实际阻力随动压的增加而增大，与飞行速度平方成正比。

所有这些都需要一个细长构型，此外还需要锐利的机头和较小的机翼前缘半径，以及空气动力配平面和稳定面。除了这些要求，该构型还必须考虑足够的低速空气动力特性（起飞、爬升、降落和着陆）。大后掠机翼的长细比（半翼展/长度比）不应小于 $(b/2)/L \approx 0.3$ [1]。否则，低速特性将变坏：$\mathrm{d}c_L/\mathrm{d}\alpha$ 过低，大攻角时的荷兰滚特性和横向/方向稳定性将出现问题。这种类型的第一架作战飞机（现已退役）是Soviet Tupolev Tu-144和英法协和式飞机。特别是总长度为61.66m的协和式飞机（图10.1）配有一个尖拱形机翼，但未配备升降装置。拱形机翼或S形前缘机翼[1]是一种双三角翼，从第一个三角翼到第二个三角翼有一个模糊的过渡和一个圆形的翼尖①。第一个三角翼也可以看成边条翼。

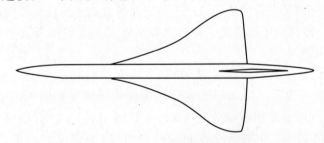

图10.1　协和式飞机构型的平面图

----

① 对于双三角翼类型，我们考虑了真正的双三角翼、拱形机翼或S形前缘机翼、边条三角翼和边条-梯形翼（也称为"混合翼"）。

超声速飞机机翼必须满足两个相互矛盾的要求:①低波阻;②足够好的低速性能。第一个要求是需要一种非常细长的机翼,以确保前缘是名义上的亚声速前缘。第二个要求是需要足够大的展弦比,以实现所需的低速性能。当然,这与超声速声范围内的波阻增量有关。

双三角翼的内侧部分满足第一个要求,外侧部分满足第二个要求。此外,它们的结合还有一个可喜的效果,即在从亚声速飞行到超声速飞行的过渡期间,中性点会产生小幅度移动,从而有效减小了配平阻力。

当然,飞机机翼外形总是反映空气动力学与许多其他要求之间需求的平衡。在以下章节中,我们将讨论细长机翼绕流,以及机翼外形对相关涡流的影响。

再回来看我们的实例:协和式飞机机翼前缘在超声速飞行时大致可以认为是名义上的亚声速状态(约半翼根弦位置),然后在外侧三角翼上视为名义上的超声速状态。最后,随着翼尖后掠角的增大,视为亚声速状态。

最新的超声速运输机和公务机项目旨在提高空气动力性能,同时大幅降低音爆。后者可以飞越人口稠密的地区,这是协和式飞机所不允许的。

2. 有翼再入飞行器

有翼再入飞行器是一种滑翔机,主要执行再入减速任务[2]。为了达到目标,只需区分三个主要的轨迹部分:①下降约50km的上部分;②中间部分;③进近和着陆部分。

轨迹的第1部分是主要的制动阶段,也是热负荷最大的阶段。在第2部分中,滑翔机必须具备足够高的横向航程和顺向航程能力,其目的主要是应对大气特性的不确定性,请参见参考文献[2]。第3部分需要足够低的着陆速度。

我们来看一下现在退役的美国航天飞机轨道器(32.8m 长)构型,如图10.2所示。它配有一个大前缘半径的双三角翼,还配有一个大半径的钝型机头部分。

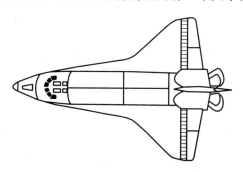

图 10.2 航天飞机轨道器构型的平面图

为了应对热负荷(尤其是轨迹第1部分的热负荷),需要采用较大的半径。

第一个三角翼（或边条）的前缘角为 $\varphi_{LE1} = 81°$，第二个三角翼为 $\varphi_{LE2} = 45°$。[①]

第1部分在大攻角下飞行，开始时为 $\alpha \approx 40°$。升阻比方面的空气动力性能为 $L/D \approx 1$。通过这种方式，实现了所需的减速目的。第2部分以较小的攻角飞行，$L/D = 2 \sim 3$。第3部分以 $\alpha \approx 10°$ 的攻角飞行，$L/D \geqslant 4$。

3. 高超声速吸气式飞行器

G. Cayley 的设计规范认为，应向相应的子系统（如机翼、推进系统等）明确分配升力、推进等功能，请参见参考文献[3]。这些子系统及其功能只能进行线性弱耦合。然而，我们从图 10.3 可以看到，随着飞行马赫数的增加，升力系统和推进系统外部的耦合明显增加，也就是说，越来越多的飞行器下表面布局与这两个功能相关[②]。

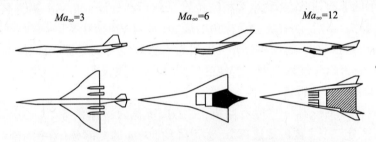

图 10.3　巡航马赫数为 Ma_∞ 时吸气式飞行器的推进系统外部
（前体、进气道）和外部喷嘴区域（阴影）的增长情况[4]

耦合增加的原因是对动压 $q_\infty = 0.5\rho_\infty u_\infty^2$ 的限制，请参见参考文献[2]。动压是机身和推进系统结构上机械载荷的一种衡量指标。此外，所有气动力和力矩都与它成正比。文献中发现的 q_∞ 值范围较大，50kPa 是经常引用的一个值。若同时采用冲压发动机和超燃冲压发动机模式，则建议的范围为 $25\text{kPa} \leqslant q_\infty \leqslant 95\text{kPa}$。

在任何情况下，动压约束意味着飞行速度越快，飞行高度就必须越高。但由于空气密度随高度的升高而降低，所以进气道捕获面积越大，推进系统组件也就越大，采用前机身预压缩技术会有效缓解这两种趋势需求，请参见参考文献[2]。这是图 10.3 和图 10.4 所示构型模式背后的原理。

---

① 升力体是另一种再入飞行器构型。20 世纪 90 年代，对载人返入舱进行了研究（X-38）。内华达山脉公司航天系统部的"追梦者"航天飞机也是这种类型。然而，波音公司的 Phantom Express（XS-1）航天飞机选择了双三角翼构型。

② 涡轮喷气推进的飞行马赫数范围为 $Ma_\infty \approx 3.5$，冲压发动机推进的飞行马赫数范围为 $Ma_\infty = 6 \sim 7$，而超燃冲压发动机推进的飞行马赫数范围为 $Ma_\infty = 10 \sim 12$，请参见参考文献[2]。

我们以两级入轨航天运输系统 SÄNGER(前德国高超声速技术计划的基准概念)平面图(图 10.4)为例[2,5]。下一级(82.40m 长)将上一级运送至约 32km 的高度,并在飞行马赫数 $Ma_\infty \approx 6.8$ 时释放。

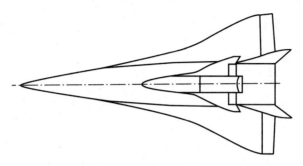

图 10.4　SÄNGER TSTO 航天运输系统平面图[5]

平面图显示了下一级的双三角翼形状。第一个三角翼采用亚声速前缘。第二部分涉及前面所述的超声速运输机的几个目的。设计的 Lockheed Martin SR - 72(一架 30m 长的 $Ma_\infty = 6$ 无人机)具有类似的机翼布局。

除实验飞行器外,高超声速超燃冲压发动机的吸气式飞行器最终会是什么样子,这是一个悬而未决的问题。纯乘波体(如"尖脊翼")或密切锥面不是可行的方法。推进系统的集成、气动配平面和操纵面(直铰合线)的集成、应对热负荷的圆钝前缘,以及非设计和低速性能是必须满足的要求[2]。

4. 现代战斗机

虽然亚声速和跨声速运输机的外形已经在一定程度上收敛到被认为是最佳的构型(见 8.1 节),但对于现代战斗机来说,情况并非如此,尤其是它们在跨声速和(低)超声速飞行状态下运行时更是如此。这种飞机的许多不同需求产生了完全不同的飞行器外形,其中雷达、红外等特征也发挥了很大的作用。

如图 10.5 所示,主翼平面形状为后掠翼(前后翼)、纯三角翼、鸭式三角翼和混合翼(即带边条的梯形翼)。在我们对这些机翼的简短描述中,遵循了 E. Krämer 的深入讨论[6]。

传统后掠翼(即梯形翼)不能满足对所述飞机提出的要求。我们简短地讨论了两种正在运行的主要构型:鸭式三角翼和混合翼(即梯形翼与边条的结合)。

(1)带非后掠后缘和大前缘后掠角($\varphi_{LE} = 50° \sim 60°$)的三角翼有很大的优势。与鸭翼一起,适用于不稳定构型,如"台风"战斗机、达索"阵风"战斗机和萨博 JAS - 39"鹰狮"战斗机。

鸭翼通常不用于飞机的配平或控制。这是机翼后缘相应操纵面的任务。鸭

251

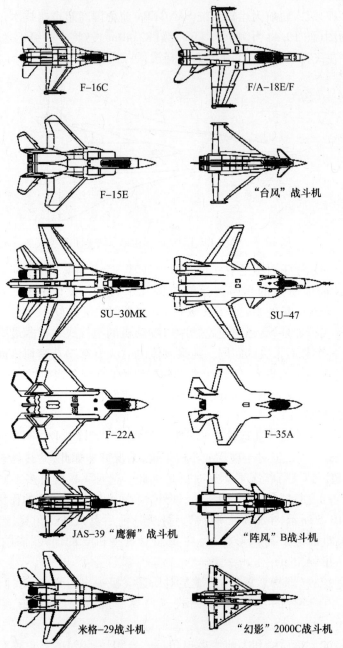

F-16C   F/A-18E/F

F-15E   "台风"战斗机

SU-30MK   SU-47

F-22A   F-35A

JAS-39"鹰狮"战斗机   "阵风"B战斗机

米格-29战斗机   "幻影"2000C战斗机

图 10.5　标准现役战斗机(Suchoi SU-47 只是一个验证机)平面图[6]

翼的主要目的是使中性点向前移动,以达到所需纵向不稳定性。这样就可以优化飞机的阻力和飞行特性。

252

辅助任务是支撑后缘操纵面并缩短着陆距离。读者可能注意到,在给定的例子中,鸭翼相对于三角翼的位置是完全不同的:"鹰狮"战斗机和"阵风"战斗机是紧密耦合的,而"台风"战斗机是弱耦合的。当然垂直位置也是不同的,但是我们没有将其显示出来。

（2）混合翼是梯形翼与边条翼（前缘延伸段）的结合。梯形翼通常配有一个后掠角非常小（$\varphi_{LE} = 25° \sim 45°$）的钝前缘。边条翼是一个具有大后掠角和小前缘半径的细长前伸内翼。前缘可以是直的,也可以略微弯曲。

在大攻角下,大后掠角产生了一个强大的涡系,该涡系一方面引起非线性升力增量,另一方面稳定梯形翼的绕流。因此,在大攻角情况下,不受控制的分离首先发生在梯形翼的外侧,但分离面积比梯形翼上的分离面积小得多。

混合翼有利地结合了低速和高速飞行特性。目前,美国和俄罗斯的许多战斗机都配有一个混合翼,见图 10.5。我们对可变后掠翼构型不作讨论。

带箭形三角翼的 F－16XL（F－16"战隼"的衍生型号）是一个特例。它是双三角翼和混合翼的一种混合机型。

鸭式三角翼和混合翼各有优点。在某些情况下,一个比另一个更有优势。这取决于任务要求和对各任务要素的评估,最终选择哪种类型。这方面包括 K. E. Modin 和 U. Clareus 关于"鹰狮"战斗机构型的演变情况所撰写的论文[7],以及 Clareus 关于空气动力学重要内容的论文[8]。值得注意的是,对候选布局的优点进行公平的比较评估是一项复杂的任务。最后,设计团队的经验,甚至制造公司的产品理念都可能发挥作用[6]。

5. 无人机系统

这里值得一提的是图 10.6 所示的具有平面形状的无人系统。这种系统属于敏捷性非常高的作战飞行器,也就是说,它们可以承载非常高的 g 载荷,这是有人驾驶飞机无法达到的。同时,它们的雷达和红外线信号非常低。研究、验证机和项目实例包括雷声无人战斗机（UCAV）验证机、达索神经元、BAE 雷神、波音 X－45、诺斯罗普·格鲁曼 X－47。

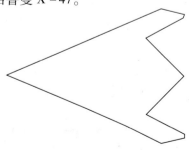

图 10.6 雷声 UCAV 验证机的平面图

例如,在大攻角下实现高 g 载荷,然后根据飞行器的平面形状和前缘特性,产生复杂背风涡系。

研究的所有细长构型在相应攻角下都有一个共同点,即拥有不同类型的背风涡系、不同涡对的相互干扰(如鸭式三角翼的情况),以及涡流与其他流动部分的相互干扰。涡流特性本身(如涡破裂)也很重要。

飞机设计师必须对背风涡系的影响和特性具备相应的知识与经验。在确定飞机外形的过程中,设计师必须能够提供并放置必要的构形要素。最后,他必须在试验和数值模拟中解释由此产生的流场及其对飞机的影响。

我们的目标是提供和促进对相应涡系的基本特性及其行为的理解。我们还想进一步证明这种流动的数值模拟方法的能力,以及从流体力学角度对模拟结果进行解释的能力。

我们通常不会讨论飞机的结构问题。在第 11 章中,将讨论小展弦比三角翼的选定流动问题。

10.1.2　历史注解

在飞机的特性和流动现象得到充分了解和科学证实之前,小展弦比三角翼就已经设计好并实际飞行了。这有时会产生严重后果①。

这种机翼的发展历史可追溯到 1935 年,当时 H. Winter 报告了细长机翼(细长,但不一定是三角形)的试验工作[11]。A. Busemann 于 1935 年提出的后掠翼概念(请参见参考文献[12])很快就引发了对这种机翼的试验工作:H. Ludwieg,1939 年[13]②。

1939 年,W. Bollay 发表了第一个关于矩形翼的非线性理论[15]。22 年后,K. Gersten 针对任意平面形状的机翼提出了非线性理论[16]。

20 世纪 30 年代末,法国的 N. R. Payen 设计了一种串翼构型飞机[17]。Pa 22 将参加飞行比赛。最初设想的发动机是冲压发动机的早期形式。后来安装了活塞式发动机。梯形前翼(即鸭翼)的前缘后掠角几乎为零,而三角翼的后掠角为 67°,其翼展只有前翼的 85% 。

在德国占领法国期间,启动了一项飞行试验计划,对其进行了必要修改。1943 年,这架飞机在盟军的一次空袭中被摧毁。该设计的基本理念尚不清楚,而且无法追溯对后来法国飞机设计的潜在影响。

---

① 这些注释都基于本书第四作者的博士论文[9],但也可以参见参考文献[10]。

② 参考文献[14]中对德国于 20 世纪 40 年代上半叶就该主题所做的研究工作进行了非常详细的描述,还介绍了关于面积律和现在所称的超临界翼型的研究工作,另见本书 2.4 节。

在第二次世界大战期间的德国,A. Lippisch 研发了一种带细长三角翼的试验飞行器,即 DM-1 滑翔机,请参见参考文献[18]。机翼钝前缘后掠角为 60°。Lippisch 首次针对未来超声速飞机的发展深入研究低速速域特性。

在第二次世界大战后的 1945 年,该滑翔机被运往美国。当时 R. T. Jones 已经发表了经典的 NACA 863 号报告[19]。Jones 研究工作的一个基本结果是垂直于前缘的速度分量的重要性:跨声速速域中压缩性效应的降低和超声速飞行范围中"亚声速前缘"的优点。

1946 年,H. A. Wilson 和 J. C. Lovell 在 NASA 兰利研究中心大型亚声速风洞中对原来的 DM-1 滑翔机进行了试验[20]。最初无法解释的结果是,该构型最大升力比之前小规模试验中获得的最大升力要小得多。Wilson 和 Lovell 正确地推测,最大升力较小的原因是小规模试验中未发现强烈的层流前缘分离。他们决定通过增加一个锐利的加长型前缘前端来获得这种效果,从而有效地提高升力曲线,如图 10.7 所示。

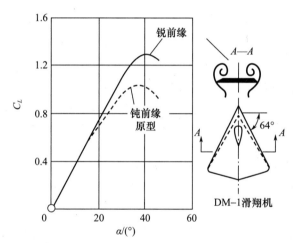

图 10.7　DM-1:前缘操纵和结果[9]

Wilson 和 Lovell 的优势是:①他们认识到雷诺数和机头半径对形成前缘涡系的重要性;②他们设计并测试了操纵手段。他们似乎不知不觉地抑制了增大前缘后掠角(最初为 60°,后来为 64°)的影响。

无论如何,他们在美国的研究工作促进了 XF-92A(第一架超声速飞行的三角翼飞机,如图 10.8 所示)的发展,以及后来的 F-102"三角剑"截击机和 F-106"三角标枪"战斗机的发展。继不太成功的 B-58 Hustler 和 B-70 Valkyrie 飞机后,美国对三角翼构型的兴趣有所减弱,但没有完全消失。

有趣的是,Lippisch 早在 1939 年就加入了梅塞施密特公司,并根据 DSF 194

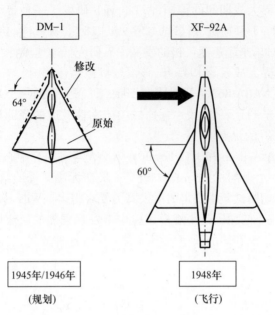

图 10.8 从试验构型 DM–1 到试验超声速战斗机构型 XF–92A[9]

试验飞机研发了梅塞施密特 Me 163 拦截机,如图 10.9 所示。

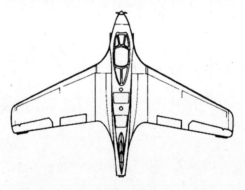

图 10.9 梅塞施密特 Me 163 的平面图[21]

这种火箭推进式飞机于 1943 年投入使用。当前缘后掠角为 25°时,其亚声速前缘可达到马赫数 $Ma_\infty = 1.1$。因此,它不像 DM–1 那样是超声速构型的蓝图。

然而,到第二次世界大战结束时,每家德国飞机公司都有一个或多个三角翼项目(在任何情况下都采用涡轮喷气推进)处于设计阶段或已经在风洞中进行试验,请参见参考文献[21–22],尤其是参见参考文献[14]。

256

图 10.10 给出了这类项目的范围,尽管也包含了后掠翼构型。

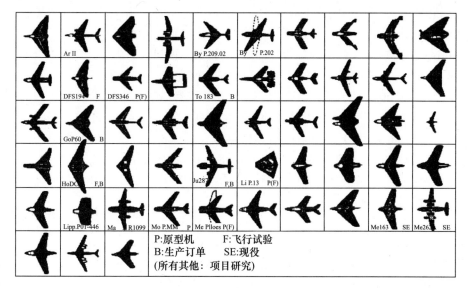

图 10.10　1945 年前德国带后掠翼和三角翼的喷气式飞机实例[23]

第二次世界大战后,德国禁止飞机研发。值得注意的是,德国的许多飞机专家前往战胜国,并继续从事他们的研究工作[24]。尤其值得一提的是,德国的设计团队很快又活跃起来。20 世纪 50 年代上半叶,Kurt Tank 与最初的 Focke - Wulf 团队在阿根廷研发了 Ma_∞ =1.1 战斗机 FMA IAe 33 Pulqui II。该飞机配有一个大前缘后掠角的后掠翼。20 世纪 50 年代下半叶,印度研发出 Ma_∞ = 1.2 三角翼战斗轰炸机 HAL HF - 24 Marut。20 世纪 60 年代期间,Willy Messerschmitt 及其设计团队从西班牙搬到埃及,研发出 Ma_∞ = 2 三角翼拦截机 Helwan HA - 300。

虽然美国对三角形构型的兴趣有所减弱,但该研究课题在欧洲被再次提起①。Robert Legendre、Hermann Behrbohm 和 Dietrich Küchenmann 等都与这些飞机的成功发展有关②。法国"幻影"系列(达索)、瑞典飞机族"龙""雷"和"鹰狮"战斗机(萨博)、英法协和式飞机和"台风"战斗机就是证明。

三角翼"台风"战斗机的起源可以追溯到 20 世纪 60 年代末,当时德国空军

---

① 关于该课题在美国的发展情况,请参见参考文献[25]。

② 我们注意到,第二次世界大战结束后,Hermann Behrbohm 离开梅塞施密特公司,加入瑞典的萨博集团,而 Dietrich Küchemann 离开哥廷根空气动力研究所(AVA),加入英国的皇家航空研究院(RAE),但未作进一步评论。Robert Legendre 自 1950 年以来一直在法国国家航空航天研究中心(ONERA)工作。

已经确定 F－104 后继机型的需求。20 世纪 70 年代末,德国、英国和意大利(西班牙后来加入)于 1988 年开始研发"台风"战斗机。在参考文献[26]中,从德国的观点来看,这种方式是通过不同的过渡飞行器研究和设计,包括 MBB/Rockwell 试验机 X－31A 的研究和设计而实现的,其中两架飞行器已经建造并飞行。

显然,三角翼应用方面的优点引起了科学研究方面的兴趣。

20 世纪 50 年代开始了简单翼形、三角形和类似三角形的平面形状的试验研究。瑞典的 T. Örnberg(请参见参考文献[27])、英国的 D. J. Marsden、R. W. Simpson 和 W. J. Rainbird(请参见参考文献[28])、法国的 H. Werlé(请参见参考文献[29])、德国的 D. Hummel 和 G. Redeker(请参见参考文献[30－32])等研究人员提供了关于锐边细长机翼上的力和力矩、压力分布和流场观测的基本数据。

前面提到了 W. Bollay 和 K. Gersten 开展的理论工作[15－16]。在接下来的几年里,为了克服 Bollay 拟设的缺点,开发了局限于前缘区域的涡线方法。我们建议读者参阅 R. Legendre(请参见参考文献[33])、C. E. Brown 和 W. H. Michael(请参见参考文献[34])、D. Küchemann(请参见参考文献[35])、K. W. Mangler 和 J. H. B. Smith(请参见参考文献[36])开展的工作。

其研究工作的共同点是使用锥形流细长体理论,从而违背了机翼后缘的溢流条件。获得了部分有用的总力,但后缘不切实际的压力分布产生了错误的俯仰力矩。需要强调的是 E. C. Polhamus 于 1966 年提出的前缘吸力比拟概念,该概念允许用线性势流理论来描述非线性升力特性[37]。

早些时候,理论物理学家还处理了试验中观察到的涡破裂现象。M. G. Hall 采用了二维边界层流动的类比法[38－39],H. Ludwieg 根据稳定性理论推导出了无黏涡流的判据[40],而 T. B. Benjamin 则从波传播理论开始研究[41]。这些理论的共同点是,假设涡(即涡核)为圆柱形结构。这与试验结果形成了对比。

对细长翼研究早期发展史感兴趣的读者可参阅 E. C. Polhamus[25,42]在 20 世纪 80 年代上半叶发表的评论文章,以及 J. H. B. Smith[43] 和 H. W. M. Hoeijmakers[44] 所发表的理论方面的文章。

当时,流体力学和空气动力学的第二次数学化浪潮(请参见参考文献[3])势头强劲。驱动因素包括由于芯片性能的提高而不断增强的计算机能力、新的计算机体系结构(矢量计算机、大规模并行计算机)、飞速发展的算法和计算机科学,尤其是学术界和工业界对求解流体流动控制方程的离散数值方法的日益认可,请参见参考文献[45]的引言部分。

计算细长翼绕流中非线性效应的分析和半经验方法被非线性面元法(表 1.3 中的模型 4),然后是欧拉方程(模型 8)的离散数值解,最后是纳维尔－

斯托克斯方程和 RANS 方程(模型 9 和 10)所取代。关于模型 4 方法的概述可参阅参考文献[46],关于欧洲开发的模型 10 方法的概述可参阅参考文献[47]。

模型 8～10 的数值解是离散数值单域方法。这种方法的魅力在于,除离散化外,整个流场都可在无任何预处理的情况下进行处理:分离(无论是锐前缘上的溢流分离,还是普通钝前缘分离)、分离涡片(即补给层)卷起进入一次涡(二次涡也进入一次涡)、后缘上的溢流分离、尾涡层的卷起过程及其与背风涡的相互干扰(图 10.11)。

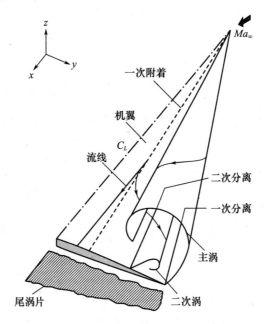

图 10.11　三角翼绕流的一般特征[48]

起初,当时计算能力相当弱,因此对于亚声速和跨声速速域内的细长翼而言,只能实现欧拉(模型 8)解,世界上第一个解是 L.－E. Eriksson 和 A. Rizzi 于 1981 年提出的[48]。例如,当时美国的研究课题就是超声速飞行情况的空间推进欧拉解。

Eriksson 和 Rizzi 研究工作的重要性在于,他们证明了可以"捕获"流场中的涡结构(图 10.11),而不是用涡片和涡作为奇点来"拟合"它们。关于拟合涡结构的方法,请参见参考文献[46,49]。这种捕获类似于激波捕获(见 5.3 节)。因此,Eriksson 和 Rizzi 在处理流经小展弦比三角翼涡流场的方法和范式上引发了一场巨变。

离散数值欧拉(模型 8)解,即无黏解。

（1）要求存在锐前缘，以确定分离位置（溢流分离）。

（2）它们无法产生二阶涡和高阶涡。

（3）关于涡破裂，如果黏性效应发挥主要作用，它们就会失效。

当然，涡片、卷起过程以及由此产生的涡都需要有运动学动涡量。在模型4的数值解中，这都隐藏在奇点涡片和涡核中。在模型8的数值解中，这种涡量本身与相关的总压损失或熵升一起出现（参见第5章）。

这种涡量的出现从一开始就引起了种种猜测。本书的前两位作者假设三角翼前缘的情况与大展弦比机翼后缘的情况相同。由此产生了剪切层运动学动涡含量和运动学静涡含量的概念（见第4章），并对离散（模型8）欧拉解中运动学动涡含量的出现进行了解释（见第5章）。在1986年举行的关于欧拉准则验证的国际涡流试验研讨会（见下文）上，他们介绍了大展弦比机翼的情况（见8.3节）。

尽管如此，辩论仍在继续。例如，1993年，S. M. Hitzel在其博士论文中提到了背风面流场中横流激波涡量的起源[50]。当然，这些都不会出现在纯亚声速流场中。本书第一作者的博士生R. Hentschel[51]在1996年通过运用运动学动涡含量的概念（见第4章），最终证明了锐边三角翼。10.4节中以单元问题的形式对他的工作内容进行了概述。

欧拉解的出现确实提高了对专用试验数据的需求。之前获取的资料不太适合。1982年，在FFA工作时，本书的第二作者需要专门的试验数据来检查三角翼绕流的欧拉模拟情况（见前文）。

这引发了一系列事件，最终于1984—1986年期间与欧美合作伙伴开展了"关于欧拉准则验证的国际涡流实验（VFE-1）"。该构型是一个前缘后掠角为65°的切角锐边三角翼。1986年10月1—3日，在瑞典斯德哥尔摩举行了一次研讨会，会上介绍了这些研究成果[52]。建模和计算主要是在欧拉（模型8）层面上进行的，只有一次是在纳维尔-斯托克斯（模型9）层面上进行的。关于VFE-1的报告，请参见参考文献[53-54]。

与此同时，1983年在鹿特丹举行了AGARD关于三维涡流动空气动力学的研讨会。会议记录（AGARD-CP-342）表明，建模和计算最多是在欧拉（模型8）层面上进行的。然后，于1988年在哥廷根举行的Transsonicum Ⅲ研讨会上已经出现了几种有关细长构型绕流的RANS（模型10）方法。

A. Eberle在梅塞施密特-伯尔科-布洛姆军用飞机分部开展的关于欧拉方程（模型8）离散数值解法的研究工作产生了EUFLEX代码（请参见参考文献[55]）。完成了在通用三角翼构型上的应用，如产生了图10.12所示的通用三角翼/鸭翼构型涡流场[56]。

向前迈出的一大步可能是首次应用于全战斗机构型[57]。当时的计算域有

260

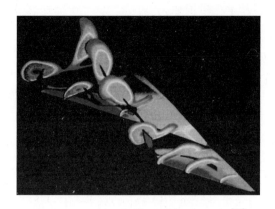

图 10.12　通用三角翼/鸭翼构型涡流场[56]

52 万个单元。图 10.13 所示为 $Ma_{\infty} = 0.85$、攻角为 $\alpha = 7.5°$ 且侧滑角为 $\beta = 5°$ 的计算表面压力场。

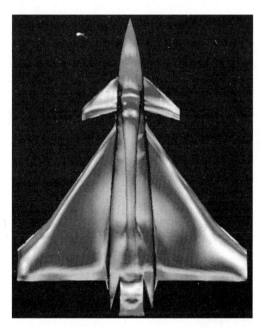

图 10.13　一定攻角和侧滑角下战斗机构型的欧拉解:表面压力场[57]

　　计算机和算法的进一步发展可在 RANS 基础(模型 10)上全面解决黏性流的问题,从而能够处理带钝前缘的构型,并解决二阶和高阶背风涡的问题。因此,2001 年,D. Hummel 和 G. Redeker 提出了第二个涡流试验(VFE - 2)[58]。该构型(即 NASA 构型[59])具有可交换的锐前缘和钝前缘,其后掠角同样为 65°。

2003—2008 年期间,在工作组框架内进行了"第二次国际涡流试验"[60-61]。①

2001 年,研究与技术组织(RTO)成立了涡破裂 AVT – 80 工作组(应用飞行器技术小组(AVT))。自 2003 年以来,AVT – 113 的目标是"了解和模拟涡流,以提高军用飞机的技术成熟度"。其他 AVT 工作就是继续执行 STO – TR – AVT – 183"可靠预测空中和海上飞行器分离流的发生和发展"的后续工作。AVT – 113 研究的构型为 F – 16XL 和 VFE – 2,AVT – 161 研究的构型为 X – 31 和稳定性和控制构型(SACCON),而 AVT – 183 研究的构型为菱形三角翼。

目前,空气动力学离散数值方法的实用性已经达到了很高的水平。层流 – 湍流转捩模拟和普通湍流分离方面存在局限性。应用范围从预设计工作中的欧拉解到设计工作中的完整 RANS/URANS 解,这适用于实际的复杂飞机构型,反映在 STO – TR – AVT – 201"北约飞行器稳定性和控制预测方法的扩展评估"中。

在最近的兰彻斯特讲座(2017 年)中,J. M. Luckring 全面介绍了涡流空气动力学领域的发展情况[62]。本书的第二作者与 J. M. Luckring 在参考文献[63]中讨论了与军用飞机相关的分离流的离散数值方法(即 CFD)的演变和使用情况。

10.2　以简单三角翼为例的非线性升力

本节将简要介绍问题识别的要素。我们通过最简单构型(即简单三角翼)的绕流,研究了背风涡现象。这是图 1. 12 中给出的单元问题。

首先,我们来看相关机翼的几何参数和流动参数,其次再观察视为一种空气动力学现象的非线性升力。注意锐前缘和钝前缘的基本影响,以及由于涡破裂和涡流叠加造成的局限性。再次给出了观察到的背风面流动现象的相关性,这主要是基于试验的结果。最后简要介绍了影响背风面流场的方法(关于该研究课题的深入讨论,请参见第 11 章)。

10.2.1　几何参数和流动参数

本节列出了简单三角翼的几何参数以及相关流动参数。

1. 机翼几何形状的参数

(1) 平面形状:①翼展 b;②前缘后掠角 φ_0;③展弦比 $\Lambda = b^2/A$,A 为机翼的参考面积;④梢根比 $\lambda = c_t/c_r$。

---

① 1996 年,北约航空航天研究与发展咨询组与北约国防研究小组(DRG)合并成北约研究与技术组织,即现在的北约科技组织(STO)。

(2) 翼弦几何形状(L 为机翼长度)：①机头半径 r_0；②厚度比 t/L；③弯度比 f/L。

2. 自由来流参数和机翼姿态

(1) 马赫数 $Ma_\infty = u_\infty/a_\infty$，雷诺数 $Re_L = \rho_\infty u_\infty L/\mu_\infty$，自由来流温度 T_∞，其中 a_∞、ρ_∞ 和 μ_∞ 为自由来流声速、密度和黏度；

(2) 攻角 α；

(3) 侧滑角 β。

3. 涡流特征

(1) 分离类型(无论是锐边的溢流分离，还是所有其他情况下的普通分离)；

(2) 层流、转捩流、湍流；

(3) 流动拓扑结构和流场结构变化；

(4) 涡破裂行为。

4. 涡流的几何特性

(1) 以角度表示的一次涡轴位置：①相对于自由来流方向：α_V，或相对于机翼平面：$\bar{\alpha}_V$；②相对于机翼中心线：$\bar{\varphi}_V$。

(2) 涡破裂位置 $x_{\rm bd}/L$。

10.2.2 作为空气动力学现象的非线性升力

非线性升力产生的原因是流动绕升力翼的侧边旋转，并出现在机翼上侧产生吸入压力的背风涡，请参见 8.4.3 节中的讨论。非线性升力效应的示意图如图 10.14 所示。在大展弦比机翼的情况下，升力系数 $C_L(\alpha)$ 的曲线是直的，这意味着非线性升力的增量很小，可以忽略不计。势流梯度为

$$\frac{dC_L}{d\alpha} = \frac{dC_L}{d\alpha}\Big|_{2D} \Big/ \left(1 + \frac{dC_L/d\alpha\,|_{2D}}{\pi\Lambda}\right) \qquad (10.1)$$

根据 $dC_L/d\alpha\,|_{2D} = 2\pi$，我们得

$$\frac{dC_L}{d\alpha} = \frac{2\pi\Lambda}{\Lambda + 2} \qquad (10.2)$$

在小展弦比机翼的情况下，梯度随攻角的增大而非线性地增加。对于 R. T. Jones[64] 提出的线性细长体理论(图 10.14 中的下虚线)，该值为

$$\frac{dC_L}{d\alpha} = \frac{\pi}{2}\Lambda \qquad (10.3)$$

小展弦比($\Lambda < 1$)下的值并不取决于马赫数。

现在来看选自参考文献[9]的图 10.15。庞加莱曲面上描绘的是细长三角翼上观察到的典型背风涡流拓扑结构(关于这一点，另见图 7.18)。

263

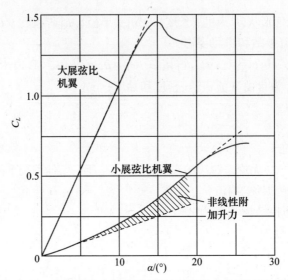

图 10.14　非线性升力特性示意图（根据参考文献[6]所得）

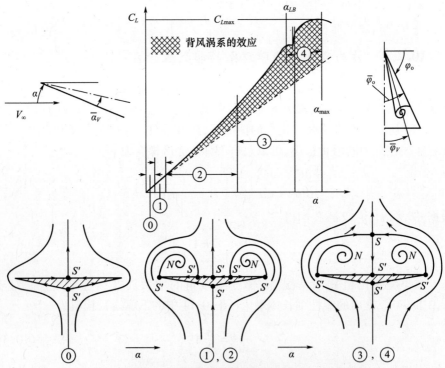

图 10.15　平板三角翼：背风涡系（图下侧的庞加莱曲面）和
不同攻角范围升力特性的相关性[9]。为简便起见，省略了二次涡对和潜在高阶涡对。
图中也未说明迎风侧是否有两条一次附着线（见 7.5 节）

图 10.15 中仅显示了一次涡系统。拓扑结构与随攻角 α 变化的升力系数 C_L 有关：

（1）⓪在小攻角下，未观察到任何背风涡，展现线性升力特性。

（2）①背风涡开始出现。它们在机翼后缘开始向外形成。随着攻角 α 的增大，它们在前缘向前爬行，直至到达翼尖。升力系数 C_L 仍表现出线性特性。

（3）②背风涡系已经充分发展。存在开式背风面流场。升力系数的斜率为非线性。涡轴穿过翼尖。随着攻角 α 的增大，涡轴向内、向上移动：$\bar{\varphi}_V$ 和 $\bar{\alpha}_V$ 是可变的。

（4）③背风面流场为闭式流场。背风涡停止向内运动：$\bar{\varphi}_V =$ 常数，$\bar{\alpha}_V$ 仍然增加，即一次涡轴线在某种意义上适应自由来流方向。

（5）④翼后的涡破裂到达机翼的后缘（升力下降如 α_{LB} 处的 $C_{L\alpha}$ 所示），并向翼尖移动，直到在 α_{max} 处达到最大升力。

图 10.16 生动地显示了水洞中流经战斗机模型的背风涡流。图（c）所示为小攻角时开始出现背风涡且非线性升力较弱的情况。图（b）所示为充分发展的背风涡流和非线性升力。图（a）所示为存在涡破裂（即完全分离流）的过失速模型。

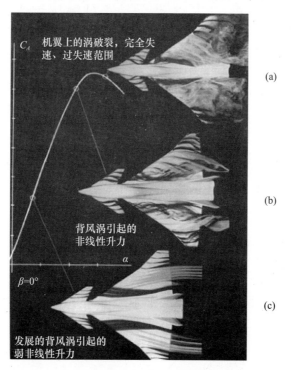

图 10.16　水洞中的战斗机模型[65]。升力曲线与背风涡现象的示意图

265

关于机翼迎风侧流场，请参见图 7.18 的讨论。

10.2.3　二阶和高阶背风涡对问题

在 7.4.3 节中，我们已经在三角翼的庞加莱曲面上遇到了二次背风涡对（图 7.10）。图 10.11 中也显示了这种现象。

这些涡流还影响机翼的背风面压力分布，从而影响非线性升力。D. Hummel 在 1978 年发表的论文中对这方面进行了概述[66]。背风涡对如图 10.17（a）所示。在这种情况下，一次涡补给层是通过锐前缘溢流分离而产生的。反向旋转的二次涡补给层是通过一次涡下方由一次涡对造成的压力场引起的普通分离而产生的。

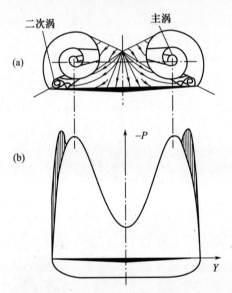

图 10.17　三角翼背风涡流的基本特征[66]。具有以下特征的闭式背风面流场
（a）一次和二次背风涡对；（b）诱导背风面吸力峰值。

图 10.17（b）所示为 1978 年在参考文献 [66] 时的诱导吸力①峰值示意图。但若建立了背风面流场，则主要吸力峰值通常更明显，而次要吸力峰值更小（如以下章节中的示例所示）。

在图 8.35 中，我们展示了大展弦比翼尖处庞加莱曲面的拓扑示意图。该图是基于图 10.17 所示的表面摩擦线形态，显示了三次涡的存在。例如，早在 1954 年 T. Örnberg 就报道了三角翼上出现的三次背风涡对[27]。

---

① 吸入压力表示负表面压力系数 c_p，而吸力峰值表示 c_p 的相对最小值。

在查看 Örnberg 数据前,我们需要研究一下术语表。Örnberg 谈到了后向涡流和前向涡流,如图 10.18(a)所示。或者,他将一次涡称为"边缘涡流",将二次涡称为"表面涡流",如图 10.18(b)所示。

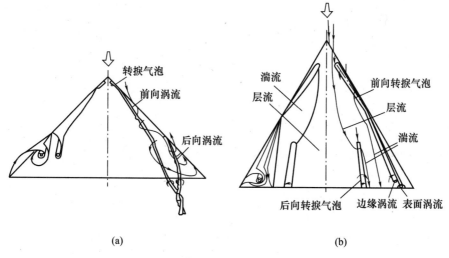

(a)   (b)

图 10.18 $\alpha \approx 25°$时 $\varphi_0 = 58°$三角翼(a)和 $\alpha \approx 15°$时

$\varphi_0 = 70°$三角翼(b)上的建议背风流示意图[27]

从一次涡对的角度来看,三次涡对是一对同向旋转涡流。VFE - 2 工作组选择谈论三角翼背风面上的两个一次涡对,即"双主"涡系。当然,我们也可以谈论一次涡对、二次涡对和三次涡对。但在讨论 10.5.2 节中的这种现象时,我们保留了 VFE - 2 术语表。

10.2.4 锐前缘和钝前缘的基本影响

1946 年,H. A. Wilson 和 J. C. Lovell 在研究 DM - 1 滑翔机(见 10.1.2 节)时似乎发现了小展弦比三角翼锐前缘和钝前缘在非线性升力方面的差异。

关于与前缘形状相关的一次背风涡的形成,J. M. Luckring 进行了系统性说明[67],如图 10.19 所示。

在干净的锐边机翼上,一次涡通过溢流分离(一次分离)沿锐前缘产生。新出现的涡片(即补给层)携带运动学动涡含量和运动学静涡含量,然后卷起进入一次涡。这反过来又通过普通分离引起二次涡(见前文)。图 10.19 表明,涡源固定在翼尖位置①。

---

① 风洞试验的观察结果表明,情况并非如此。关于这一点,请参见图 7.18。

267

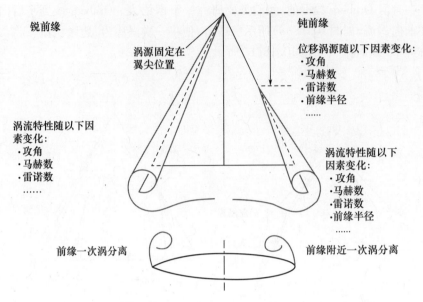

锐前缘　　　　　　　　　　　　钝前缘

涡源固定在
翼尖位置

位移涡源随以下因素变化：
·攻角
·马赫数
·雷诺数
·前缘半径
……

涡流特性随以下因
素变化：
·攻角
·马赫数
·雷诺数
……

涡流特性随以下
因素变化：
·攻角
·马赫数
·雷诺数
·前缘半径
……

前缘一次涡分离　　　　　　　　　前缘附近一次涡分离

图 10.19　一次背风涡对的形成：锐前缘和钝前缘的基本影响[67]

一次涡的特性取决于攻角和马赫数，即通过法线到前缘攻角 α_N 和法向前缘马赫数 Ma_N，见 10.2.6 节。雷诺数、侧滑角、机翼横截面通常不会发挥太大的作用。

圆边机翼的情况有所不同。一次分离的发生和发展不仅取决于流动条件（与锐边机翼的情况一样），还取决于前缘的几何形状，包括雷诺数的突出影响。

在 VFE-2 文献中，横流钝度参数

$$p_b(x) = \frac{r_{le}(x)}{b'(x)} \tag{10.4}$$

用于定性考虑[67]。该参数中的项是前缘半径 r_{le} 和机翼横截面中定义的局部翼展宽度 $b'(x)$。局部翼展宽度随 x 方向的位置变化，而前缘半径 r_{le} 可以是恒定的，这与 VFE-2 构型的情况一样。在 6.4 节中，我们展示了如何以简单的方式支持参数 p_b 的方法。

如图 10.19 中的距离 x_v 所示，涡源从一开始就不在翼尖位置。涡片通过普通分离在前缘的某个位置（通常在前缘的上侧）出现。出现的方式基本上见图 10.15 中锐边三角翼。随着攻角的增大，涡源从机翼后侧向前移动。当然，马赫数、雷诺数、前缘半径和其他因素也起到了决定性的作用。

现在的问题是，什么是锐前缘，什么是钝前缘？在试验或离散数值模拟

268

中,前缘在某种意义上可以是锐边,根据需要也可以是圆边。正如 6.3 节所述,飞机的实际情况有所不同。除 F - 104 星际战斗机的薄梯形翼外,过去和现在都没有"锐"前缘。原因是操纵不够稳健,以及天气条件(雨、冰雹)的影响。

事实上,我们需要知道,钝前缘在多大的半径下像空气动力学锐边一样发挥作用(见 6.4 节)。关于欧拉(模型 8)解,后缘倒圆对翼型隐式库塔条件的影响在参考文献[55]的第 327 页进行了讨论。本书的作者并未对这个问题开展广泛研究。

6.4 节中的理想试验没有直接的帮助。但要注意,在任何情况下,当厚度反比 δ 的系数为 2 时(如 $\delta = 150$ 到 $\delta = 300$,相当于 $p_b = 0.0033$ 到 $p_b = 0.00167$),则 $c_{p\max}$ 的系数约为 4,$\mathrm{d}c_p/\mathrm{d}\varphi|_{\max}$ 的系数约为 7。这些最大值的位置非常接近前缘上侧($\varphi = 90°$)。

关于圆边三角翼的模型 9 和模型 10 数值解,我们并不关心钝前缘或锐前缘的问题。

10.2.5 限制:涡破裂和涡流叠加

机翼的细长度(前缘后掠角)和攻角都有上限,原因是可能出现两种现象,而且都需要处理甚至避免:涡破裂(见 3.13 节)和涡流叠加(涡流配对,见 3.12.3 节),这两种现象通常只与一次背风涡有关。

通常始于机翼后部的涡破裂会导致升力损失和上仰现象。因此,对于小展弦比三角翼来说,这是一个极其重要的现象。

在本书中,我们用参考文献[9]中的相关性展示了带锐前缘平板三角翼涡破裂和涡流叠加的稳定性边界。在许多出版物中都可以找到图 10.20 中给出的全局数据。然而,这些数据可以追溯到参考文献[68],因此主要与低速飞行范围有关。

注意,前缘后掠角的范围如下:纯三角翼为 $\varphi_0 = 45° \sim 70°$,边条翼为 $\varphi_0 = 70° \sim 80°$,梯形翼为 $\varphi_0 = 30° \sim 45°$。

机翼后缘出现涡破裂时的攻角为临界角 α_{bd},见图 10.20。当 $\alpha > \alpha_{bd}$ 时,即使自由来流特性和机翼几何形状的微小变化也可能导致机翼力和力矩的不稳定特性。随着攻角 α 的增大,破裂位置向翼尖上游移动,直到背风涡系被完全破坏。

我们注意到,破裂边界范围从 $\varphi_0 \approx 50°$ 的前缘后掠角的较小攻角到 $\varphi_0 \approx 77°$ 时的 $\alpha \approx 33°$。

超过 $\varphi_0 \approx 77°$ 时,背风涡系变得不对称(涡流叠加),并对力和力矩产生强烈

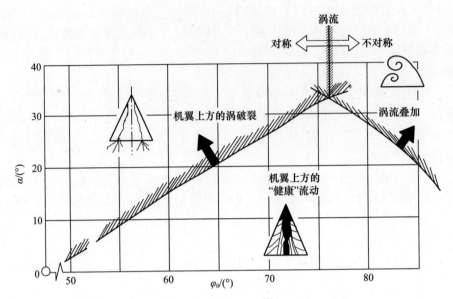

图 10.20　平板锐边三角翼:前缘后掠角 φ_0 和攻角 α 对背风涡系性能影响的相关性[9]

的影响。这种现象见图 7.19。后掠角越大,临界攻角越小。

随着前缘后掠角和攻角超出"健康"区域(在没有产生机身距离的情况下),最大升力减小,即使在对称飞行姿态($\beta = 0°$)下,当攻角始终较小时,随着 φ_0 值的增加也会出现滚转不稳定性,另见 11.1 节。细长机身前端和火箭构型上也出现了同样的现象。

10.2.6　背风面流场的相关性

飞机设计师特别感兴趣的是了解背风面流场对机翼几何形状、飞行参数和飞行器姿态的基本依赖,并对飞机所需的空气动力学特性进行初步评估。

从机翼几何形状的方面来看,主要影响因素包括前缘后掠角、前缘前端半径(小至锐前缘);从自由来流方面来看,主要影响因素包括攻角和飞行马赫数。A. Stanbrook 和 L. C. Squire 给出了第一个相对粗略的相关性[69]。他们认识到,大前缘后掠角扁平薄翼上的流动特性取决于垂直于前缘的流动关系,即"法向攻角 α_N"和"法向前缘马赫数 Ma_N":

$$\alpha_N = \arctan(\tan\alpha / \cos\varphi_0) \tag{10.5}$$

$$Ma_N = Ma_\infty \cos\varphi_0 (1 + \sin^2\alpha \tan^2\varphi_0)^{0.5} \tag{10.6}$$

参考文献[69]的作者提出了背风涡系存在的标准,现在称为 Stanbrook/

270

Squire 边界,如图 10.21 所示。

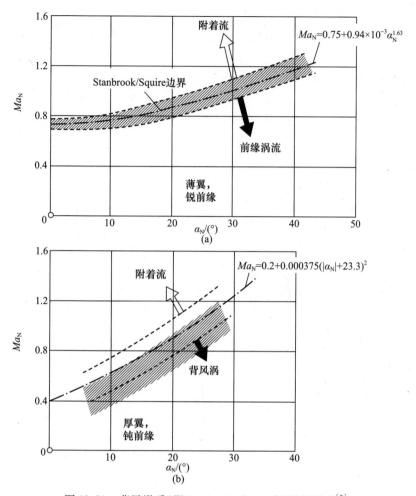

图 10.21　背风涡系(即 Stanbrook/Squire 边界)的形成[9]
(a)薄翼/锐前缘;(b)厚翼/钝前缘。

就锐边三角翼而言,该边界的关系式近似为

$$Ma_N = 0.75 + 0.94 \times 10^{-3} \alpha_N^{1.63} \tag{10.7}$$

就圆边机翼而言,$\alpha_N \geqslant 6°$

$$Ma_N = 0.2 + 0.375 \times 10^{-3} (\,|\alpha_N| + 23.3)^2 \tag{10.8}$$

W. Ganzer、H. Hoder 和 J. Szodruch[70]认为,超过 $Ma_N \approx 1$ 时,不仅存在附着流,而且由于激波干扰,也会形成涡流,另见 10.7 节。

271

我们不打算对关于相关性的文献进行综述。在参考文献[9]中可以发现试验数据的几种关联(选择):

(1) 随攻角 α 和侧向位置 $\bar{\varphi}_V$ 的变化,相对于机翼背风面的涡流位置 $\bar{\alpha}_V$。

(2) 随攻角 α 变化的涡流位置 $\bar{\alpha}_V$。

(3) 涡轴 $\bar{\alpha}_V$ 位置与雷诺数 Re_L、翼弦厚度的相关性。

(4) 湍流二次分离中随 Ma_N 值变化的涡轴角 $\bar{\varphi}_V/\varphi_0$。

(5) 侧滑角 β 对侧向位置 $\bar{\varphi}_V$ 的影响。

图10.22 和图10.23 总结了参考文献[9]中锐边和圆边三角翼潜在流型的相关性,另见参考文献[55]。

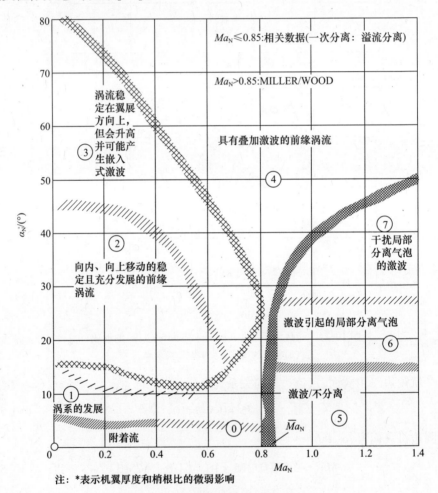

注:*表示机翼厚度和梢根比的微弱影响

图10.22　锐前缘机翼上的潜在流型[9]

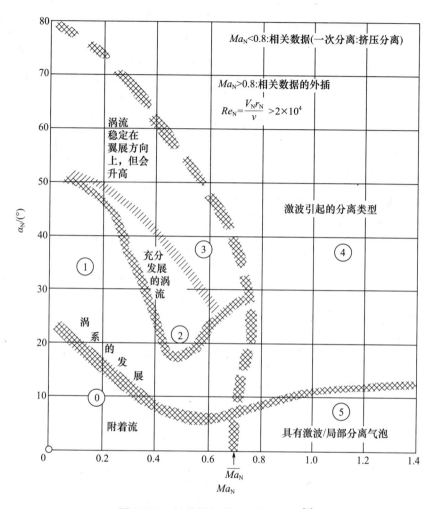

图 10.23 钝前缘机翼上的潜在流型[9]

极限曲线(阴影线)是流型之间的过渡区域。受试验数据范围的局限,偏差可能高达 10% 。为了减小雷诺数效应,本书只考虑了湍流二次分离的试验数据。横坐标 $\overline{Ma}_N$ 表示前缘涡系形成的上限。由于构型特殊性,分散度同样可能高达 ±10% 。关于 MILLER/WOOD 图例,请参阅参考文献[71]。

对比图 10.22 和图 10.23 可知,与锐边机翼相比,圆边机翼中,马赫数对附着流⓪和涡流发展①的影响要大得多。区域②存在充分发展且稳定的涡系,它对于锐边机翼来说较大,而对于圆边机翼来说较小。在攻角③较大的区域中,锐前缘和钝前缘的流型几乎相同。这种差异是由于涡破裂的影响,即后缘逆压梯度和/或激波相互干扰造成的。区域④~⑦中存在较大的差异。

10.2.7　流动物理现象的挑战

在处理小展弦比三角翼背风涡系时,流动物理现象的挑战是多种多样的。在研究中,这涉及分析、试验和数值研究,以及在具有这种机翼的飞机设计中,对整个机身的弹性特性、曲面特征和非定常飞行条件的处理。

现在,我们来看看已经存在的一些基本流场特征所带来的挑战。我们遵循 J. M. Luckring 和 O. J. Boelens 在参考文献[72]中提出的注意事项,他们研究了扁平钝边后掠翼上最简单的背风涡流场中出现的现象,如图 10.24 所示。这是考虑前缘后掠角为 $\varphi_0 = 53°$ 的菱形翼出现的现象而得出的。我们的目标是用更广阔的视野来看待这些挑战,同时增加另外两项挑战,即第(6)项和第(7)项。

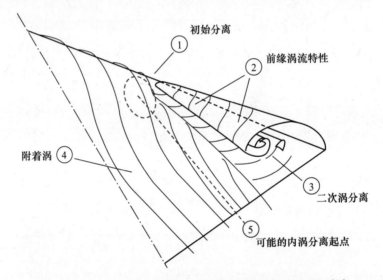

图 10.24　小展弦比三角翼背风涡系的流动物理现象挑战[72]

(1) 钝前缘初始分离是一种认识尚不充分的现象。流向前缘的气流在机翼的迎风侧从一次附着线开始演变,见图 7.10 和图 7.21。无论流动是层流还是湍流,这种流动的特性(在一定程度上取决于形状,尤其是前缘半径的流型和流动动量)都发挥了一定的作用。最复杂的情况就是层流 - 湍流转捩是否发挥作用。

转捩不仅受流场特性的影响,还受表面特性(尤其是表面粗糙度),以及自由来流 - 湍流强度和表面热状态的影响,请参见参考文献[73]。这些都必须加以考虑,在研究背景驱动下获得试验数据或飞行试验数据时尤其如此。

(2) 不断发展的一次涡特性取决于分离位置及该位置的流动特性。在任何

274

情况下,该涡流都不同于从锐前缘流出的涡流,无论它是否是广义上的锐边,还是被视为空气动力学锐边(见6.4节)。

(3)二次涡是由一次涡引起的。它从分离线(即二次分离线,图10.24中③和⑤之间的实线)演变而来,我们不禁再次要问,沿这条线是否存在层流或湍流。这条线上某个位置的层流-湍流转捩(即嵌入式转捩)使情况变得非常复杂。在任何情况下,二次涡的演变都会对一次涡产生影响。

(4)当然,一次涡和二次涡的出现对附着流场部分造成了非常强烈的影响。前缘分离位置起到了一定的作用。同样也可能出现层流-湍流转捩。此外,整个流场的拓扑结构也起到了一定的作用:开式或闭式背风面流场(见7.4.3节)。

(5)10.2.3节考虑了可能发生的内涡对问题。它可以看成三级或二级一次涡对。问题是,这种现象是否只有在低雷诺数时才出现,并且与层流-湍流转捩有关。

(6)风洞环境的问题并不局限于自由来流-湍流的问题。一般而言,试验段环境才是最重要的。理想情况下,不会影响试验结果。若影响试验结果,则这种情况的数值研究(无论如何都应在协同方法框架内进行)必须考虑试验段模型的情况。我们必须知悉并尽可能减少模型及其支架在空气动力载荷下的气动弹性变形。否则,数值研究也必须考虑这一点。

(7)关于离散数值方法的模拟,流动不稳定性有两个主要方面:一是以非定常涡脱落为特征的大规模分离,以及非定常强激波/边界层相互干扰;二是湍流固有的小规模不稳定性。本书的第二作者和 J. M. Luckring 最近尤其对第一个方面(即飞行器空气动力学的分离流模拟)进行了全面的回顾[63]。

第一个方面无法用模型 10 方法、RANS 方法成功模拟,即使是非定常 RANS(即 URANS)方法也无法模拟。对于这类问题,考虑到结合 RANS/URAS 方法(作为混合方法)进行的计算工作量,尺度解析方法(模型 11)似乎是首选的方法。

第二个方面涉及以下事实,即湍流涡和湍流补给层不像湍流边界层那样具有光滑的边缘(见1.5节中的备注)。起伏的非定常边缘流特性是造成动态载荷、振动激励等的来源。我们尚不清楚它们是否会影响机翼上的大规模流动现象。在任何情况下,若有所影响,则数值模拟必须采用尺度解析(模型 11)方法。

这个流动物理现象挑战列表并不是为了吓跑读者,而是为了表明仍然存在许多挑战。以下章节中对几个单元问题的讨论表明,这些挑战已经确定,并且部分挑战已经克服。之前的涡流试验 VFE-1 和 VFE-2 以及随后的 AVT 工作组之所以取得成功,是因为他们将试验和理论/数值工作相结合。这种协同方法有助于进一步提高对背风涡系的流动物理特性的理解及其对飞行器设计目的的描述。

10.2.8　背风面流场的操纵概述

在飞行器外形的确定过程中,在相关飞行范围内影响操纵涡系的方法是值得关注的[9]。这里我们只介绍其中几个,在第 11 章中可以找到这方面的内容:

(1) 机翼平面形状塑形和优化。

(2) 前机身边条。

(3) 机翼展向吹气。

(4) 机翼设计的几何对准。

10.3　流经锐边 VFE–1 三角翼的涡流——不同模型

我们讨论的关于背风涡的第一个单元问题,即涡流试验 I(VFE–1),是国际上第一个协同解决流经锐边三角翼涡流问题的现行经典方法。在 10.1.2 节中引用了关于 VFE–1 的报告:参考文献[52–54]。参考文献[58]中给出了关于这类涡流的简要说明。

VFE–1 构型是一种切尖三角翼,带有锐前缘、短锐侧缘以及近平直的上下翼面(其中下翼面无尾撑支杆),如图 10.25 所示。

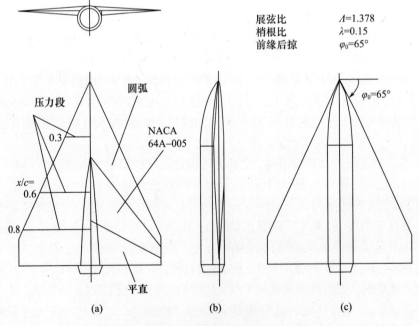

图 10.25　VFE–1 构型[58]

各种流动条件下力和表面压力测量以及流场测量都是在世界各地的风洞中进行的。参考文献[54]中总结了试验结果。

在形成背风涡流场(图 10.11)的几何条件下,在锐边三角翼上发现的流场一般特征如下:

(1)前缘溢流分离。

(2)产生的涡层包含运动学动涡量和静涡量,在本征诱导下卷起(见 3.12.1 节)。

(3)形成一次背风涡对。

(4)在机翼的背风面上,通过普通分离产生一对二次涡(甚至可能产生三次涡)。

(5)背风涡系与产生非线性升力的背风面表面压力(即吸入压力)的明显减小有关,另见 8.4.3 节。

本书给出了用不同流动物理和数学模型对这种流场进行数值模拟的筛选结果。我们展示并讨论了欧拉方程(表 1.3 中的模型 8)和纳维尔 – 斯托克斯/RANS 方程(模型 9 和模型 10)离散数值解的结果,后一种方程采用两种不同的湍流模型。

切尖三角翼几何参数和流动参数如表 10.1 所示。

表 10.1　切尖三角翼几何参数和流动参数

$\varphi_0/(°)$	L/m	b/m	Ma_∞	T_∞/K	T_w	Re_L	$\alpha/(°)$
65	0.6	0.476	0.4	300	绝热	3.1×10^6	9

在这种亚声速情况下,我们发现法向攻角为 $\alpha_\mathrm{N}=20.5°$,法向马赫数为 $Ma_\mathrm{N}=0.18$。根据这些数据,图 10.22 中的相关性表明,预计区域②中有一个稳定且充分发展的前缘涡系。在攻角约为 $\alpha=20°$(远高于目前的角度)时,预计会发生涡破裂(图 10.20)。

德国慕尼黑欧洲宇航防务集团(EADS)的 W. Fritz 得到的结果(图 10.26)显示了采用离散数值方法时需要考虑的许多方面和隐患。

在图 10.26(a)和(c)中,我们注意到,网格无关性欧拉解产生的(主)吸力峰值更靠外,而且远高于试验获得的吸力峰值。在最前缘的位置,我们还看到一个更高的值。当然,欧拉解中不存在二次分离和二次吸力峰值。

$193\times129\times81$“细”网格的 RANS 解与试验数据一致,可以假设网格无关性。主吸力峰值与试验中发现的吸力峰值非常一致。在二次涡的位置,吸力峰值比试验数据中的吸力峰值更明显。

我们采用了两种不同的湍流模型:①Degani – Schiff 修正的 Baldwin – Lomax

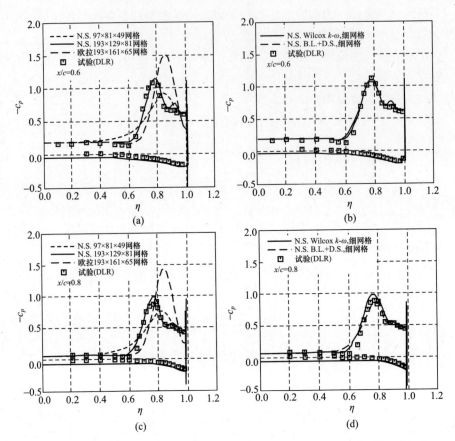

图 10.26　无支杆的 VFE-1 构型:$x/c=0.6((a)$ 和 (b))与 $0.8((c)$ 和 (d))时
的表面压力系数 $c_p(\eta)$,带支杆的试验数据[58]。描述性方程
(欧拉、RANS)、网格解析度和湍流模型的影响

模型;②Wilcox$k-\omega$ 模型。计算是在完全湍流的情况下进行的,即忽略了可能
出现的层流部分。

　　图 10.26(b)和(d)为这两种模型的模拟结果。这些差异虽然小,但都显而
易见,且意义重大。在机翼的下侧,所有结果几乎都是相同的。与试验数据的差
异是由于计算中忽略了支杆影响造成的。

　　在观察 $x/c=0.8$ 位置的总压损失和涡流黏度时,这种有趣的差异变得更为
明显(图 10.27 和图 10.28)。

　　用这两种湍流模型计算的总压损失很好地反映了机翼上、下侧的边界层,以
及上侧的一次涡和二次涡。见图 10.28,使用 Wilcox 模型的等高线比图 10.27
中的等高线更完整。此时,二次涡似乎更大,甚至有三次涡的迹象。图中仅微弱

278

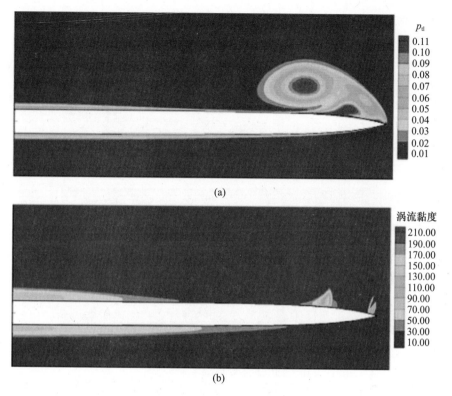

图 10.27 Baldwin – Lomax 模型

(a)x/c = 0.8 位置的总压损失;(b)x/c = 0.8 位置的涡流黏度[58]。

地显示了补给层(至少是一次涡的补给层)。

在观察计算涡流黏度时,情况完全不同,如图 10.27(b)和图 10.28(b)所示。在 Baldwin – Lomax 模型中,涡流黏度只出现在边界层中,但有局限性,而在涡流区则很少出现。使用 Wilcox 模型时,情况完全不同(图 10.28)。所有这些似乎都很明显,但在涡流区的内侧有所夸大。

关于锐边、小展弦比升力翼(此处为三角翼)非线性升力范围内的流动问题,这些结果告诉我们两点:

(1)RANS(模型 10)解中的湍流模拟非常重要。在某些情况下,对重要涡流现象进行足够精确的模拟是可能的,而在单元问题中,甚至在一定程度上可以用 Baldwin – Lomax 模型进行模拟。若存在飞机构型特有的复杂涡流,则需要进行仔细研究,以便选择合适的湍流模型。

若存在层流 – 湍流转捩现象,特别是沿着附着线嵌入,则必须确定其对重要流动特征是否有不可忽略的影响。如果有影响,那么转捩预测的研究课题就变

279

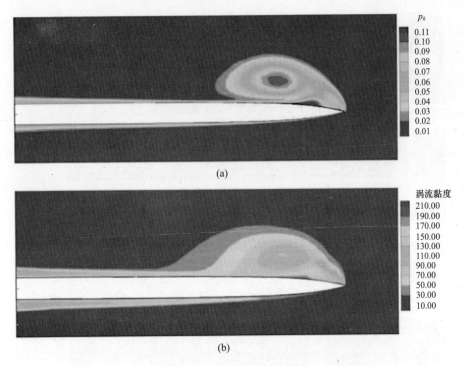

p_d
0.11
0.10
0.09
0.08
0.07
0.06
0.05
0.04
0.03
0.02
0.01

(a)

涡流黏度
210.00
190.00
170.00
150.00
130.00
110.00
90.00
70.00
50.00
30.00
10.00

(b)

图 10.28　Wilcox $k-\omega$ 模型

(a) $x/c=0.8$ 位置的总压损失；(b) $x/c=0.8$ 位置的涡流黏度[58]。

得很重要；如果没有，那么这属于"幸运的情况"。

（2）在本例中，与试验数据相比，两个 RANS 解（虽然采用 Baldwin-Lomax 模型计算的涡流黏度非常错误）产生了相当好的结果。关于总力和俯仰力矩，即使是欧拉（模型8）解，计算偏差在预设计工作中也是可以接受的（见10.4节）。在这一节中，我们还详细讨论了流经 VFE-1 机翼的流场。

得到这种合理欧拉解的原因是，一阶无黏性流场的特性是决定性的，而不是边界层黏性流的特性。在4.3节中，我们展示了如何理解大展弦比机翼上出现的升力：第二对称性中断。我们已经看到，在一定攻角下，外部无黏流的流线形态中存在着一种代表运动学动涡量的剪切作用，即上、下机翼流场剪切。

这种剪切作用虽然不能总像大展弦比机翼那样显示出来，但在任何升力翼上都存在，本例中也是如此。它出现在后缘，也可能出现在前缘。在10.4节中，我们将详细介绍 VFE-1 构型，并证明产生背风涡的机制与产生大展弦比机翼尾涡层的机制相同。

10.4 锐边 VFE –1 三角翼欧拉解(模型8)中升力的产生——概念验证

通过第二个单元问题,我们证明了在非线性升力的锐边三角翼上,背风涡的产生以及涡量的产生和熵增长都遵循我们在大展弦比升力翼后缘上看到的相同机制(见8.4节)。此外,还证明了这种情况的离散欧拉(模型8)解原则上是可行的。

我们考虑了10.3节中已经讨论过的小展弦比 VFE – 1 三角翼绕流。坐标约定如图 10.29 所示。研究结果选自本书第一作者的博士生 R. Hentschel 所写的关于三维自适应网格生成的博士论文[51,74]。本节的所有附图(有一幅除外)均选自该论文。

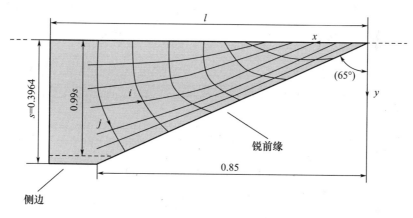

图 10.29 所研究的锐边切尖三角翼的平面形状[51]。
该长度与机翼长度 $L = 0.6\mathrm{m}$ 呈无量纲关系

10.4.1 计算实例和积分结果

该实例可追溯到关于欧拉准则验证的国际涡流试验(VFE – 1)。机翼为荷兰国家航空航天实验室(NLR)的 AFWAL 构型[75],另见图 10.25。这种跨声速情况的几何参数和流动参数如表 10.2 所示。10.3节讨论的结果是用不同的参数获得的。

表 10.2 切尖三角翼几何参数和流动参数[51]

$\varphi_0/(°)$	L/m	b/m	Ma_∞	T_∞/K	T_w	Re_L	$\alpha/(°)$
65	0.6	0.476	0.85	300	绝热	9×10^6	10

这是本书基本工作[51]的目标之一,即展示涡量和背风涡如何在离散模型欧拉(模型8)解中出现。采用局部涡量概念(见第4章)研究了涡量的产生。求出

281

纳维尔－斯托克斯/RANS 解(模型 9/10)进行比较。但根据试验的结果,只在机翼上(背风)侧使用了 Baldwin－Lomax 湍流模型,下(迎风)侧的流动被视为层流。

根据 10.2.6 节中规定的相关性,通过两个特征参数的组合,即法向攻角 $\alpha_N = 22.64°$ 和法向前缘马赫数 $Ma_N = 0.38$,使得在这种情况下,可以预见稳定且充分发展的前缘涡和嵌入式横流激波。前缘后掠角和攻角下的涡破裂预计在 $\alpha = 20°$ 左右发生,因此无关紧要(图 10.20)。

表 10.3 通过对比力和力矩系数的试验值与计算值,证明了欧拉和纳维尔－斯托克斯/RANS 模拟结果是真实可靠的。这些数据选自参考文献[51]中给出的详细数据。最大偏差约为 10%。

表 10.3 力和力矩系数测量值与计算值[51]

来源	C_L	C_D	C_M	L/D
试验 NLR	0.4573	0.0846	−0.2710	5.405
欧拉模拟	0.5022	0.0831	−0.3030	6.047
纳维尔－斯托克斯/RANS 模拟	0.4765	0.0890	−0.2846	5.354

我们进一步展示了 $x = 0.6$ 位置横截面上表面压力系数的计算值和测量值(图 10.30)。该位置的数据或多或少能代表整个机翼。

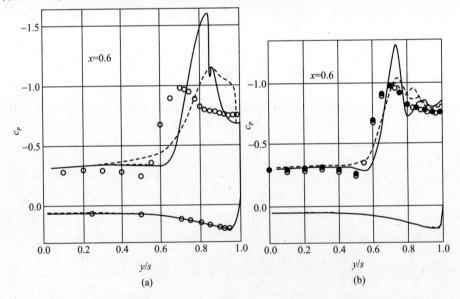

图 10.30 $x = 0.6$ 位置横截面上压力系数 $c_p(y/s)$ 计算分布与测量分布的比较[51]。
开圆和整圆均为试验数据,实线为感兴趣的计算数据
(a)与欧拉(模型 8)解的比较;(b)与纳维尔－斯托克斯/RANS(模型 9/10)解的比较。

在机翼的下侧,我们看到压力系数的计算值和测量值非常一致。在机翼的上侧,我们发现了这种流场欧拉模拟特有的压力分布:压力峰值太大,其位置太靠近外侧。这一切都是由于缺少二次涡造成的。横流激波清晰可见。

纳维尔－斯托克斯/RANS 数据与试验数据吻合较好。吸力峰值几乎处于正确位置。峰值过高,但没有欧拉模拟的峰值高。激波的分辨率更好。

这些数据说明了用欧拉解得到的升力、阻力和力矩与试验数据相当吻合的原因。机翼下侧表面压力场具有非常好的一致性,而在机翼的上侧,欧拉数据中的偏差在一定程度上相互弥补。如果是这种情况,在概念设计工作中可以使用模型 8 模拟,不会有太大的风险。但这只适用于可能非常狭窄的特定构型。

我们现在要问的是,对于欧拉模拟发现的流场,特别是背风涡的出现,我们有什么期望?

10.4.2　计算流场的细节

在现实情况下(模型 1),除了一次背风涡对,通常还有一个二次涡对,每个涡对都有相关的补给(涡)层(甚至可能出现三次涡)。欧拉模拟(模型 8)中不可能找到这种特征。图 10.31 用开式背风面流场的两个虚拟流横截面图示意性地形象化了这一点。图 10.31(a)是现实中出现的情况,图 10.31(b)是欧拉模拟的预期情况。未显示可能出现的横流激波。

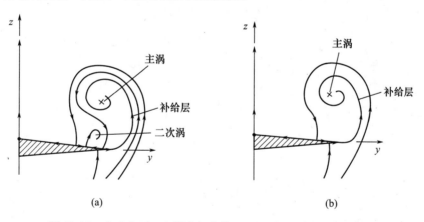

图 10.31　大攻角下三角翼庞加莱曲面上涡系(开式背风面流场)
示意图(不按比例)(从后面看机翼右侧)
(a)感知的现实情况(模型 1)以及纳维尔－斯托克斯/RANS 模拟
(模型 9/10)的预期结果;(b)欧拉模拟(模型 8)的预期结果。

图 10.32 给出了目前欧拉模拟发现的流场的详细情况。它涉及 $x \approx 0.86$ 位置(正好在直边缘的开始处)横截面,翼展区间为 $0.23 \leqslant 2y/b \leqslant 0.42$。机翼的侧

283

边位于 $2y/b = 0.3964$。

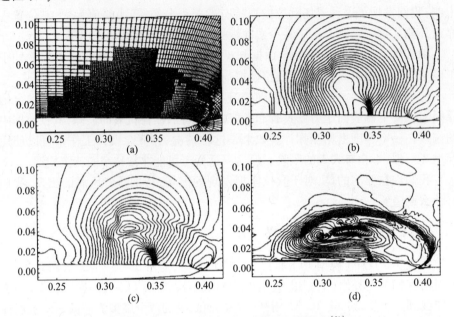

图 10.32　当 $x \approx 0.86$ 时对应的流场横截面[51]

(a)自适应网格；(b)压力系数等值线($-1.6 \leqslant c_p \leqslant 0.02$)；

(c)马赫数等值线($0.7 \leqslant Ma \leqslant 2.02$)；(d)总压损失等值线($0 \leqslant 1 - p_t/p_{t\infty} \leqslant 0.35$)。

最终的自适应网格见图 10.32(a)。网格用熵梯度 $|\nabla s|$ 在计算空间中进行调整。该传感器在识别边界层、涡层、接触间断和激波方面有很好的效果。

我们看到,从锐利的侧边开始,可以很好地捕获涡层(背风涡的补给层)的轨迹(另见总压损失的等值线,即图 10.32(d))。涡层首先弯曲远离边缘,然后转向机翼中心。背风涡的涡核区域位于大约 80% 的半翼展位置。将网格细化到机翼表面。预期的横流激波也位于该区域。

在马赫数图(图 10.32(c))和总压损失图(图 10.32(d))中也能很好地分辨出涡层。未观察到涡层的螺旋情况。在 $2y/b \approx 0.251$ 时,总压损失图显示了二次附着线 A_2 的位置(图 10.33 的右侧)。在 $2y/b \geqslant 0.251$ 时,无黏表面向外流动,呈涡层结构。

横流激波位于 $2y/b \approx 0.35$ 的位置。它位于背风涡下方,但似乎不会向上延伸太远。在其位置外侧看不到涡层结构。Hentschel 指出,计算流型的细节在很大程度上取决于网格的拓扑结构和精细度。

计算无黏流场的表面流线见图 10.33(注意,我们只显示了上、下两侧各一半)。机翼下侧的一次附着线 A_1 呈准锥形外观,并位于前缘附近。机翼的下侧

284

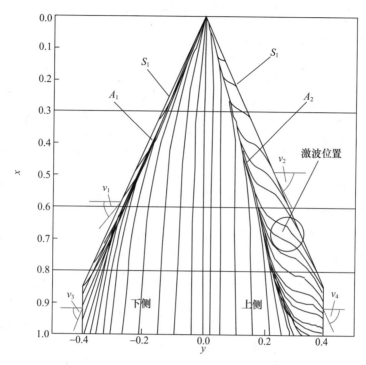

图 10.33　欧拉模拟的表面流线[51]。左:下(迎风)侧,右:上(背风)
侧(开式背风面流场)。一次附着线:A_1,一次分离线(锐前缘):
S_1,二次附着线:A_2。前缘和锐边上的溢流方向用 v 表示

并非完全平直,因此附着线之间的流动几乎是二维的①。在一次附着线与前缘之间的小区域内,气流向外流动,而且流线略微弯曲。一次分离线 S_1 位于最前缘,原因是这些前缘很锐利。我们可以观察到溢流分离。

我们已经指出一次分离线 S_1 在锐前缘上的位置。背风涡产生了二次附着线 A_2。在二次附着线之间,可以看到一个朝向机翼后缘的近二维流动。这指向一个开式背风面流场。二次附着线在机翼长度的 90% 左右逐渐变细。这表明背风涡离开表面。

在 A_2 与带有 S_1 的前缘之间,表面流动流向外侧。横流激波(图 10.32)使表面流线发生扭结。最后,在前缘位置上,来自上表面的溢流明显比下侧具有更大的角度:$v_2 > v_1$。上、下侧流动之间产生的角度 $v_2 - v_1$ 为前缘流动剪切角 $\psi_{e,LE}$。图 10.37 所示为剪切角分布。

①　一次附着线内侧的相对真实二维模式只在该构型完全平直的迎风侧出现。考虑到进入推进系统进气道以及气动配平面和操纵面上方的初始流动,始终需要这种模式。

因此,必须指出,我们不可能像对大展弦比升力翼那样来说明流场情况(见4.3.2节)。可以证明,在机翼压力面和吸力面的无黏流场之间存在一种剪切作用,即上下流场剪切。因此,表面流线形态的对称性中断(即第二中断)可看作机翼升力的来源。

再来看机翼:机翼侧边的溢流角是相反的,即 $v_4 < v_3$。这意味着侧边流动剪切角 $\psi_{e,SE}$ 为负,如图 10.37 所示。因此,在机翼的每条直边都产生一个反向旋转的二次涡(若考虑黏性流,则不会与一次涡下方产生的二次涡混淆)。参考文献[76]中也报告了直边上反向旋转的涡流现象,并给出了数值和试验结果。

后缘内部的剪切角 ψ_e 几乎为零。这意味着只有少量的运动学动涡含量离开机翼的后缘。关于三角翼后缘及其下游的流场,请参见3.12.3节。

根据参考文献[51]中的纳维尔 – 斯托克斯/RANS 解,我们只讨论了机翼上、下翼面的表面摩擦线形态(图 10.34)。在机翼的下侧(图 10.34 的左侧),这种模式与欧拉模拟发现的模式非常相似。一次附着线 A_1 再次靠近前缘。

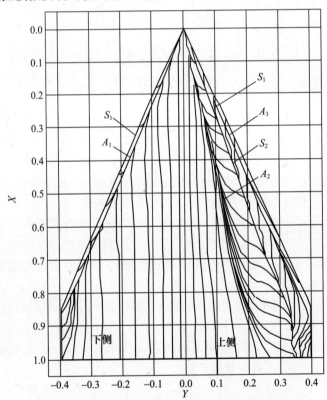

图 10.34 纳维尔 – 斯托克斯/RANS 模拟的表面摩擦线[51]。
左:下(迎风)侧,右:上(背风)侧。术语含义见图 10.33

然而,朝向前缘且位于一次附着线之间区域的表面摩擦线表明,该模式与图10.33 中欧拉解给出的模式略有不同。只要欧拉和纳维尔－斯托克斯/RANS 模拟之间不存在根本差异,这种情况就是可以预期的。即使边界层流动只具有弱三维性,但表面摩擦线形态原则上也不同于附加外部无黏流的流线形态[73]。

在机翼的上侧,我们又得到一个开式背风面流场。二次附着线 A_2 的位置与欧拉模拟发现的 A_2 位置非常相似。但它变细的时间更早,这似乎表明背风涡的上升时间比欧拉模拟发现的时间更早。但此时,我们必须考虑到这种结果可能是使用了湍流模型所致。总之,就产生这样一个问题:湍流附着是否沿 A_2 或层流－湍流转捩发生(10.8 节中的"结束语"部分讨论了层流或湍流对三角翼背风涡对强度的影响)。

若我们接受这方面的求解结果,则现在就可以看到与欧拉结果的根本区别:一次背风涡对诱导产生了一对小的二次背风涡。补给层在二次分离线 S_2 处离开表面。当然,在 S_2 与锐前缘的一次分离线 S_1 之间必须有一条三次附着线 A_3。从三次附着线流向锐前缘一次分离线 S_1 的流动清晰可见。从表面摩擦线形态中无法推断出横流激波和反向旋转侧边涡流的存在。

10.4.3 欧拉模拟中的环量和运动学动涡量

我们对参考文献[51]中关于切尖三角翼绕流的欧拉模拟(模型8)中环量和运动学动涡含量关系的结果进行了非常简洁的总结。

通过求解垂直于机翼纵轴(即 x 轴)表面 F 中的涡流积分得到机翼背风涡中的环量 Γ(斯托克斯定理,见3.3 节):

$$\Gamma = \oint \boldsymbol{v}\mathrm{d}\boldsymbol{s} = \iint \boldsymbol{\omega}\mathrm{d}\boldsymbol{F} \tag{10.9}$$

结果如图 10.35 中的上曲线所示。环量 Γ 沿 x 轴增加(此处用(－)i 坐标表示),这是由于源于机翼锐前缘的两个涡层将涡量送入流场造成的。

在到达直边缘(位置3)前环量增加。由直边缘产生的与一次涡反向旋转的二次涡引入了负环量。因此,在达到机翼后面的恒定值前,总环量有所减少(位置 2 的左侧,$i = 20$)。由于为粗网格,该值只是近似恒定,关于这一点,请参见 5.3 节。

就涡含量而言,我们首先考虑了离开机翼锐前缘的涡层局部几何形状(图 10.36)。图中所示为该层中宽度为 ds 的一个单元。该层的厚度为 dn。灰色表面大致平行于机翼表面,以直角切割涡层。理想现实中的分解尾流结构见图 4.12(b)。如图 10.36 的右侧所示,称为"无黏形状"的虚线是理想无黏流的均匀 $u(z)$ 剖面。它与其他剖面一起代表图 5.1(b)的理想欧拉尾流。

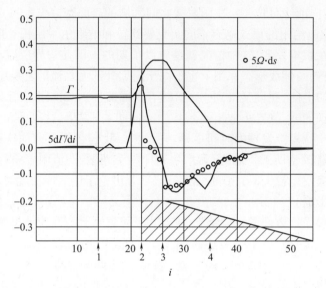

图 10.35　用欧拉解得出的环量 Γ 及其导数 $\mathrm{d}\Gamma/\mathrm{d}i$ 以及涡含量 $\Omega\mathrm{d}s$

（小圆圈表示）[51]。从右向左流动。注意，坐标 i 在下游方向减小

该涡层的特性比第 4 章所讨论的剪切层的特性更复杂，因此涡含量是通过以下公式求涡量积分得到的：

$$\Omega = \int \boldsymbol{\omega}\mathrm{d}\boldsymbol{n} \qquad (10.10)$$

在欧拉尾流的情况下，ω 是由图 10.36 中切割涡层的灰色表面单元中类似涡流的速度剖面得出的。然后，根据相容性条件（见式(4.20)），位置 i_2 和 i_1 之间的环量变化与该表面单元中的涡量积分有关：

$$\frac{\mathrm{d}\Gamma}{\mathrm{d}i} = \iint \boldsymbol{\omega}\mathrm{d}\boldsymbol{n}\mathrm{d}\boldsymbol{s} \qquad (10.11)$$

结果见图 10.35。注意，坐标 i 在下游方向减小，因此导数 $\mathrm{d}\Gamma/\mathrm{d}i$ 最初为负，$\mathrm{d}s$ 也为负。环量 Γ（反映在 $\mathrm{d}\Gamma/\mathrm{d}i$ 中）的波动发展是由于网格的不同精细水平造成的。尽管如此，$\mathrm{d}\Gamma/\mathrm{d}i$ 和 $\Omega\mathrm{d}s$ 之间的一致性令人满意。当环量 Γ 接近最大值时涡含量减小，而且 $\mathrm{d}\Gamma/\mathrm{d}i$ 符号适当改变。Ω 很好地再现了 $\mathrm{d}\Gamma/\mathrm{d}i$ 的一般发展和最小值。

相容性条件（见式(4.20)）适用于亚临界流动，即与前缘上、下侧的速度矢量具有相同绝对值的无激波流动。在本例中，横流激波出现在机翼的上侧。如图 10.37 所示，其对前缘速度的影响似乎相对较弱。

$2\tan(\psi/2)$ 值和 $\Omega/|U|$ 值非常一致。沿后掠前缘方向，前缘剪切角为 $\psi_e \approx$

288

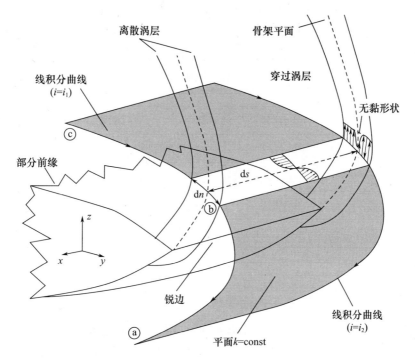

图 10.36　带涡层的锐前缘示意图[51]

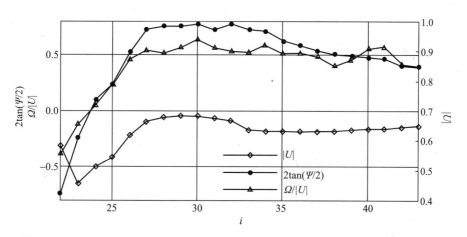

图 10.37　随位置 i 变化的前缘流动剪切角 $\psi(\ =\psi_e)$、涡含量 $\Omega/|U|$ 和绝对值 $|U|$[51]

$30°\sim40°$。在直边缘位置,该角度变为负值,这表明存在反向旋转的侧边涡流。

　　本节简短地总结了如何在锐边三角翼的离散模拟欧拉解(模型 8)中理解背风涡对的产生。通过锐前缘上、下侧流动方向的剪切作用,将运动学动涡含量引

289

入流动中。由此产生的两个涡层在自诱导作用下卷曲,并形成背风涡对。这就是产生非线性升力增量的原因。

对于正则曲面上的普通分离,向分离剪切层引入运动学动涡含量的证明方式不像这种情况那么简单。但该机制在原则上是相同的。

10.5　流过圆边 VFE－2 三角翼的涡流

2001 年,D. Hummel 和 G. Redeker 提出了一种新的涡流试验,即 VFE－2 试验[58]。选择的构型应涵盖以下流动状态:

(1) 未形成涡流的附着流($0° \leqslant \alpha \leqslant 4°$)。

(2) 无涡破裂的分离涡流($4° < \alpha \leqslant 20°$)。

(3) 有涡破裂的分离涡流($20° < \alpha \leqslant 40°$)。

(4) 分离死水型流动($40° < \alpha \leqslant 90°$)。

10.5.1　机翼和亚声速计算实例

前缘后掠角为 $\varphi_0 = 65°$ 的简单三角翼是比较合适的构型。机翼应具有平直的内部和可互换的前缘。NASA NTF 三角翼构型(图 10.38)都满足这些要求。机翼的展弦比为 1.85,配有三个钝前缘和一个锐前缘。

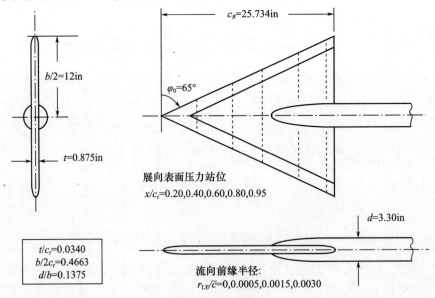

图 10.38　NASA NTF 三角翼构型[59]。平均空气动力弦 $\bar{c} = 2 \cdot c_r/3$,$1\text{in} = 2.54\text{cm}$

290

VFE – 2 的总目标是提供流场数据,以便与数值结果进行比较[77]。试验主题为层流 – 湍流转捩、钝前缘构型的分离域中的表面压力测量、边界层测量、测定二次和三次分离线的表面摩擦线形态、关于一次涡和二次涡(速度和涡含量分量、湍流能量和涡流黏度)的流场测量、涡破裂流场,包括螺旋破裂模式引起的表面压力波动。

数值主题包括现有代码的验证和改进、常见的结构化和非结构化网格上的代码间比较、RANS(模型 10)模拟中湍流模型的研究、帮助建立和评估新风洞试验、在全尺寸飞机研究前通过简单 VFE – 2 构型上的试运行产生协同效应。

2003—2008 年,关于 VFE – 2 的研究工作在 RTO 工作组 AVT – 113 内进行。在 D. Hummel 和 R. M. Cummings 编辑的《航天科技》①"VFE 2"特刊中,有 8 篇文章报道了这项研究工作。除此之外,还有 J. M. Luckring 和 D. Hummel[78],以及 W. Fritz 和 R. M. Cummings[79] 撰写的总结性文章。

我们讨论了筛选的研究结果。亚声速 VFE – 2 构型的流动参数如表 10.4 所示。注意,试验参数可能略有不同。

表 10.4 亚声速 VFE – 2 构型的流动参数

Ma_∞	$Re_{\infty,\bar{c}}$	$\bar{c}$ /m	T_∞ /K	T_{wall}	α /(°)	黏性流
0.4	3×10^6	0.4358	297.4	绝热	13	完全湍流

这种构型的法向攻角和法向前缘马赫数为 $\alpha_N = 29.22°$ 和 $Ma_N = 0.188$。因此,这种情况存在于图 10.23 中的区域②"涡系的发展"中,并包含在涉及相关性的试验数据中。关于涡破裂的临界攻角为 $\alpha = 20°$,即远高于当前情况的攻角。

10.5.2 两对一次涡

在哥廷根 DLR 进行的试验研究中,利用表 10.4 中给出的参数得到了中等半径钝前缘的涡流图:共转涡流,即"双主"涡系[80]。

图 10.39(a)所示为通过压敏涂料(PSP)测量获得的表面压力,以及通过粒子图像测速(PIV)测量在 $x = $ const 位置的切口中测量的速度场[81]。

如图 10.39(b)所示,慕尼黑 EADS 流场的数值模拟(采用 $k - \omega$ 模型的 RANS 模拟)结果与试验结果非常一致[82]。图中给出了 $x = $ const 位置的总压损失等值线。关于实际流场中层流 – 湍流转捩的影响,请参见 10.8 节中的结束语。

---

① 第 24 卷,第 1 期,第 1 – 294 页(2013 年 1–2 月)。

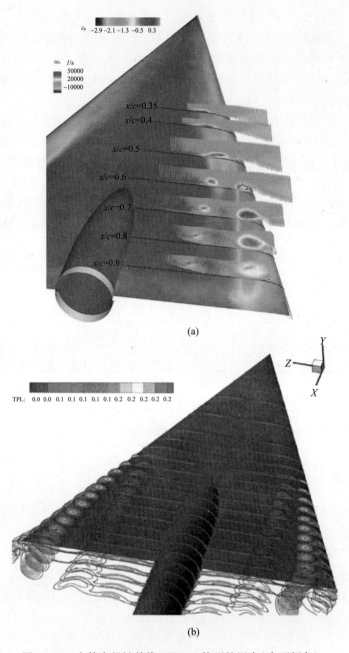

图 10.39　中等半径钝前缘 VFE - 2 构型的压力(表面颜色)、
速度(矢量)和涡量(矢量颜色)分布(见彩图)
(a)PSP 和 PIV 测量[81]；(b)数值解[82]。

总的来说,试验和数值模拟结果如下:在大约 $x = 0.4$ 的位置有一个内涡对,在大约 $x = 0.5$ 的位置有一个外涡对,在大约 $x = 0.7$ 的位置有两个大小相同的涡对,在更下游的位置,外涡对变得更强(正如所料),而内涡对则衰减。

通过观察计算的表面摩擦线形态,可以提供更深入的了解(图 10.40)。RANS 计算采用 DLR 的 TAU 代码,而完全湍流计算则采用 Spalart – Allmaras 湍流模型[83]。我们注意到,计算时的攻角比之前略大一点:$\alpha = 13.3°$。

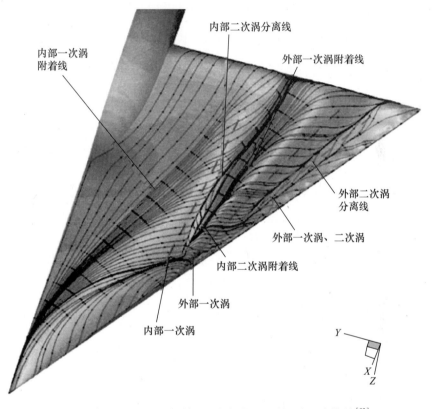

图 10.40　VFE – 2 三角翼左上方的表面压力和表面摩擦线[83]。
红色虚线表示涡轴的位置(见彩图)

图 10.40 为机翼左侧的俯视图。自由来流的流动方向是从图的左下角沿机翼的中心线向上延伸。

在 10.2.4 节中,我们注意到在钝前缘的机翼上,(一次)背风涡起初在机翼后部形成,随着攻角的增大,向翼尖方向移动。在本例中,攻角应确保一次涡在机翼长度的 45% 左右产生。

在机翼的顶端及其下游至 $x/c_r \approx 0.4$ 的位置上,表面摩擦线形态表明,气流从下侧绕着钝前缘无分离地流向机翼上侧[①]。在 VFE－2 参考文献中,这归因于横流钝度参数 $p_b = r_{LE}/b'$ 的值较大,其中 b' 为局部翼展(见6.4节)。

例如,在 $x/c_r = 0.1$ 的情况下,中等半径前缘为 $p_b = 0.0107$。在该值下,6.4 节中理想试验的扁平椭圆柱的厚度反比为 $\delta = 46.7$。如图6.4(b)所示,$\delta = 50$ 且 $\varphi = 90°$ 时,峰值为 $c_p = -2500$。在"前缘"后面,当 $\varphi = 90.7°$ 时,逆压梯度(图6.5(b))的大小为 $dc_p/d\varphi = 1471$。

在 $x/c_r = 0.7$ 时,中等半径前缘为 $p_b = 0.00153$。厚度反比为 $\delta = 326.48$。见图6.4(b),$\delta = 300$ 且 $\varphi = 90°$ 时,峰值为 $c_p = -90000$。在"前缘"后面(但非常靠近"前缘"),当 $\varphi = 90.7°$ 时,逆压梯度的大小为 $dc_p/d\varphi = 278940$。

如果我们将这些结果引入实例中,就会发现,在半径 r_{LE} 不变的情况下,机翼前端前缘确实起到了钝前缘固有的作用。但在机翼后端,随着 b' 的增大,钝度参数有效减小。前缘变得相对尖锐,像空气动力学锐前缘一样固定在一次分离位置。

有效钝前缘周围的流动达到 $x/c_r \approx 0.4$,但在 $x/c_r \geq 0.2$ 时,前缘上明显有一个小的气泡分离,其中蓝色细条表示低压(图10.39(a))。

在任何情况下,当达到 $x/c_r \approx 0.4$ 时,表面摩擦线首先远离前缘,其次向平行于前缘的方向弯曲,最后向前缘方向弯曲。同时,表面摩擦线从机翼的中心线向前缘发出的表面摩擦线收敛,最终形成收敛线图案,这通常出现在开式分离的上游,如参考文献[73]中的图7.21。所有这些都可视为初始分离的范围。

在机翼表面 $x/c \geq 0.45$ 位置,外侧红色虚线表示外部一次涡的中心位置。其下方是用蓝色表示的诱导低压区。外部一次涡直接在前缘产生(图10.39)。

在沿着机翼前缘到其中心线的路径上,我们发现一系列的奇异线,但在所有情况下,这些奇异线并不明确:

(1) 产生外部一次涡的一次分离线(几乎看不见)S_1。

(2) 一次附着线 A_1。

(3) 二次分离线 S_2。

(4) 二次附着线 A_2。

(5) 产生内部一次涡的三次分离线 S_3。

(6) 三次附着线 A_3。

(7) 四次分离线 S_4。

图10.41 示意性地显示了在 $x/c_r \approx 0.7$ 时庞加莱曲面中的流场,但有所保

[①] 这类似于钝三角翼的流型(见10.7节):层流绕过钝前缘,并且分离和涡流形成现象发生在机翼的上侧。

留。所有指标都指向开式背风面流场。机翼下侧的 A_0'' 表示(左侧)附着线,机翼上侧的 F_1 表示外部一次涡,F_2 表示二次涡,F_3 表示次要(内侧)一次涡。附着线 A 在机翼下侧显示为 1/4 鞍点 S'',在机翼上侧显示为半鞍点 S'。

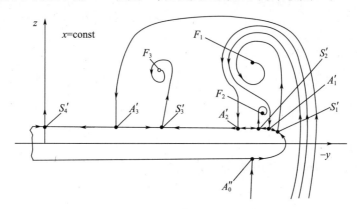

图 10.41　机翼左侧:$x/c_r \approx 0.7$ 时庞加莱曲面中开式
背风面流场的拓扑示意图。该视图处于正 x 方向

　　我们没有画出内部一次涡可能产生的二次涡,原因是我们没有看到明确的迹象。无论是表面摩擦线形态,还是表面压力分布都没有显示出内部二次涡。

　　为了查验图 10.41 所示的拓扑结构,我们采用了 7.4 节中的规则 2'。当然,我们还必须考虑机翼另一侧的奇异点。规则 2'为

$$\left(\sum N + \frac{1}{2} \sum N' \right) - \left(\sum S + \frac{1}{2} \sum S' + \frac{1}{4} \sum S'' \right) = (6+0) - \left(0 + \frac{13}{2} + \frac{2}{4} \right) = -1$$

(10.12)

这告诉我们拓扑结构是可信的。

　　在这种情况下,内部一次涡的形成在某种程度上似乎与外部一次涡的形成有关(图 10.42),如边界层内部及上方的粒子轨迹所示,另见 10.8 节。

　　如上所述,表面摩擦线汇集使分离区前面的边界层增厚。当然,这也表明了运动学动涡含量和运动学静涡含量的增加。正如所料,粒子轨迹主要进入内部一次涡,少数粒子轨迹也进入外部一次涡。

　　在该区域的下游位置,由于钝度参数减小,运动学动涡量被强烈地送入外部一次涡,但内部一次涡没有这种情况。由于黏性效应始终存在,后者在下游位置衰减。

　　A. Furman 和本书的第三作者对雷诺数和马赫数低于所讨论数值的大尺寸

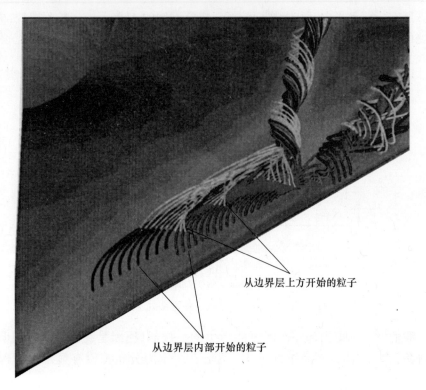

从边界层上方开始的粒子

从边界层内部开始的粒子

图 10.42 VFE‑2 三角翼左上侧的表面压力和流线(粒子轨迹)[83]

VFE‑2 构型进行了试验研究[84]。我们简要讨论了该情况的一个方面。流动参数如表 10.5 所示。

表 10.5 参考文献[84]中所选低亚声速 VFE‑2 构型的流动参数

Ma_∞	$Re_{\infty,\bar{c}}$	$\bar{c}$ /m	T_∞/K	T_{wall}	α/(°)	黏性流
0.14	2×10^6	0.98	292.5	绝热	13	层流/湍流转捩

鉴于在前文讨论的案例下,$x/c_r \approx 0.3$ 时可能出现气泡型层流‑湍流转捩现象(见参考文献[78]),而在本例中,从顶点下游到 $x/c_r \approx 0.3$ 时观察到机翼上侧的层流,如图 10.43 所示。我们再次观察到一个内部一次涡和一个外部一次涡(机翼右侧)。内涡通过普通层流分离(蓝色)产生。再往下游,当边界层发生层流‑湍流转捩后,内涡由湍流(红色)送入。

外部一次涡最初通过层流分离产生,随后则主要通过湍流分离产生。我们基本上可以看到图 10.41 中庞加莱曲面上所示的相同表面摩擦线形态和相同开式背风面流场。外部一次分离线 S_1 位于机翼的上侧。

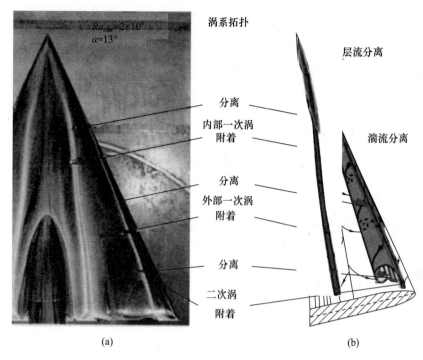

涡系拓扑

层流分离

分离

内部一次涡

附着

湍流分离

分离

外部一次涡

附着

分离

二次涡

附着

(a)   (b)

图 10.43　中等半径钝前缘的 VFE – 2 构型表面油流图(a)
和流动拓扑示意图(b)[84](见彩图)

10.5.3　涡破裂

在 10.2.5 节中,我们已经表明,由于可能出现涡破裂和涡流叠加现象,机翼细长度和攻角存在限制。涡破裂是 VFE – 2 研究工作的一项重要课题。在参考文献[78]中进行总结,并在其他 VFE – 2 论文中进行讨论后,我们只进行简短的概述。

首先,最重要的是观察在大攻角下,机翼绕流可能变得不稳定。当然,这对试验和数值研究都有影响。在数值研究中,我们注意到应该采用 URANS 解(模型 10),也可以采用尺度解析方法,如 LES 及其衍生的 DES 和 DDES 等,这些方法都属于模型 11 的方法。

(1)亚声速情况,$Ma_\infty = 0.4$。就前缘后掠角为 $\varphi_0 = 65°$ 的 VFE – 2 构型而言,图 10.20 所示的相关性得出了临界攻角 $\alpha_{bd} \approx 20°$。①

---

①　注意,在这种情况下,VFE – 2 机翼有一个钝后缘(图 10.38),而相关性是基于带锐后缘的机翼。因此,必须对这些结果有所保留。

涡破裂在通常位于机翼后缘的强流向减速区开始。随着攻角的增大,其起点向上游移动。在 VFE–2 机翼上观察到外部一次涡的螺旋型涡破裂(见 3.13 节)。在亚声速速域($Ma_\infty = 0.4$)内,涡破裂在攻角约为 $\alpha = 20°$时开始。对于锐前缘和中等半径钝前缘来说,当 $\alpha = 23°$ 时,整个机翼已经发生了涡破裂。

在 W. Fritz 的数值研究中(采用 $k-\omega$ 湍流模型的 RANS 模拟),发现弱涡破裂可在比 $\alpha_{bd} \approx 20°$ 更小的攻角下出现[82]。在比表 10.4 中给出的雷诺数(即 $Re_{\infty,\,\bar{c}} = 6 \times 10^6$)更高的条件下,即攻角为 $\alpha = 18°$时,对中等钝前缘进行计算。

经发现,内、外部一次涡都靠近翼尖(耦合原点亦如此),而二次涡不可见(图 10.44)。内部一次涡的强度较弱,对压力场的影响较小。在达到 $x/c_r \approx 0.8$ 时,外部一次涡的涡核是紧凑的。该位置的下游出现了螺旋型涡破裂。机翼后缘后面的涡流似乎进行重构(见 3.13 节)。

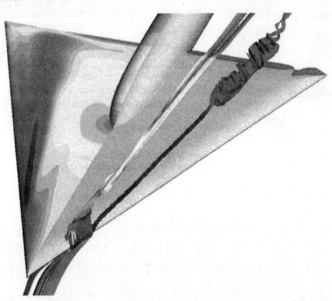

图 10.44　$\alpha = 18°$时的计算流场。机翼右侧:表面压力;
左侧:带三维体积带的流迹[82](见彩图)

图 10.44 中,粉色气泡表示零轴向(x 方向)速度的等值面。气泡内部的轴向速度为负,这是涡破裂的一个指标,在这种情况下涡破裂较弱。粉色气泡前后的轴向速度为正。在机翼的厚圆后缘上(图 10.38),粉色表示普通分离,而外侧的扭结可能是局部抑制分离的二次涡造成的。内部一次涡似乎始终稳定。

为什么在低于预期的攻角下发现了涡破裂? 作者认为这是由于层流–湍流转捩位置影响的不确定性以及湍流模拟(在其模拟中采用 $k-\omega$ 模型)的缺陷造

成的。与试验数据(此处未显示)比较表明,机翼前面的流场数据存在差异,而机翼后面的流场数据非常一致。

在任何情况下,从图 10.44 都可以知道三角翼飞行器的空气动力学设计需要考虑涡破裂的原因。涡破裂通常始于机翼后部,在本例中,在机翼长度的 70% 左右开始。背风涡系(低表面压力)的吸力效应和非线性升力有所减小,出现了升力损失。关键是这只会发生在机翼的后部。因此,升力损失与机翼的上仰有关,而上仰趋势可能相当强烈。

若涡破裂不对称发生,则会产生侧滑和滚转力矩。若随着攻角的增大,破裂位置向翼尖方向移动,则非线性升力已经完全消失。这些都可能伴随产生不稳定的影响。

(2) 跨声速情况,$Ma_\infty = 0.85$。总结性论文[78]讨论了如何从某种意义上理解跨声速速域($Ma_\infty = 0.85$)中的过早涡破裂。经发现,在机翼中部的某个位置突然发生了破裂。它可能是由涡流与尾撑形成的局部超声速流型的激波相互干扰而触发的。

本书第二作者的博士生 S. Crippa[85]详细介绍了激波对 VFE-2 锐前缘机翼上涡破裂的影响,另见参考文献[86]。Crippa 进行了分离涡模拟(DES,模型 11)。我们讨论了他的一些研究结果。跨声速锐边 VFE-2 构型的流动参数如表 10.6 所示。

表 10.6　参考文献[85]中跨声速锐边 VFE-2 构型的流动参数

Ma_∞	$Re_{\infty, \bar{c}}$	$\bar{c}$ /m	T_∞/K	T_{wall}	$\alpha/(°)$	黏性流
0.85	6×10^6	0.436	281.4	绝热	23	湍流

在这种情况下,我们发现法向攻角和法向前缘马赫数为 $\alpha_N = 45.13°$ 和 $Ma_N = 0.47$。这种情况存在于图 10.22 中的区域③"涡流固定在翼展方向……可能产生嵌入式激波",因此包含在涉及相关性的试验数据中。正如和所引用的一样,涡破裂的临界攻角(现在有了锐边三角翼的有效相关性)在 $\alpha = 20°$ 以上。

图 10.45 给出了计算的涡破裂位置,随最后一个计算周期的时间变化。破裂位置是指最前面的弦向位置,该位置在外部一次涡中存在完全反向的流动。该攻角下未检测到内部一次涡。

图 10.45 显示了涡破裂的高度不稳定性。涡破裂的位置在下游约 7ms 内从 $x/c_r \approx 0.55$ 突然移动到 $x/c_r \approx 0.73$。随后,向上游的运动相当缓慢。

通过检查机翼对称平面内的流场,可以发现上、下游运动梯度不同的原因。注意,支杆的顶端位于 $x/c_r = 0.63$,见图 10.38。我们在图 10.46 和图 10.47 中对图 10.45 所示的红点位置进行了检查。

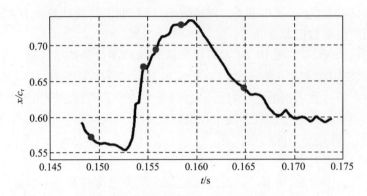

图 10.45　随时间变化的涡破裂位置[85]。圆点表示的时间步长与
图 10.46 和图 10.47 所示的流场细节一致

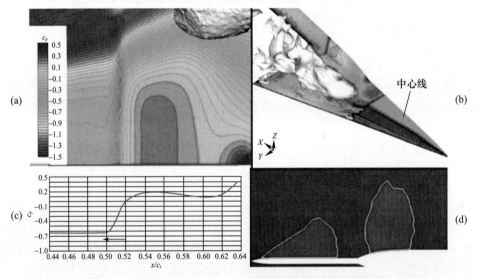

图 10.46　显示时间步长 $t = 0.149240s$ 时瞬时流场特性的子帧[85]（见彩图）
（a）俯视图，在具有表面压力分布的支杆前方的机翼吸力面,气流来自左侧;
（b）带表面压力分布和逆流等值面(灰色)的右半翼展吸力面的正面等距视图;
（c）对称平面与翼面相处处的表面压力系数 $c_p(x/c_r)$，该位置对应于图(a)的下边缘;
（d）局部马赫数范围内沿对称平面的法向视图,蓝色 = 亚声速,绿色 = 声速,红色 = 超声速。

　　图 10.46 显示了时间步长 $t = 0.149240s$ 时的流场特性,以便在放大模式下
进行更好的检查。我们在 $x/c_r \approx 0.51$ 处看到一个向上游移动(由图 10.46(c)
中的黑色箭头表示)的激波。相关的表面压力系数(c_p)分布见图 10.46(a)
(该帧位于机翼中心线及其附近,请参见图 10.46(b))。气流来自左侧,支杆的

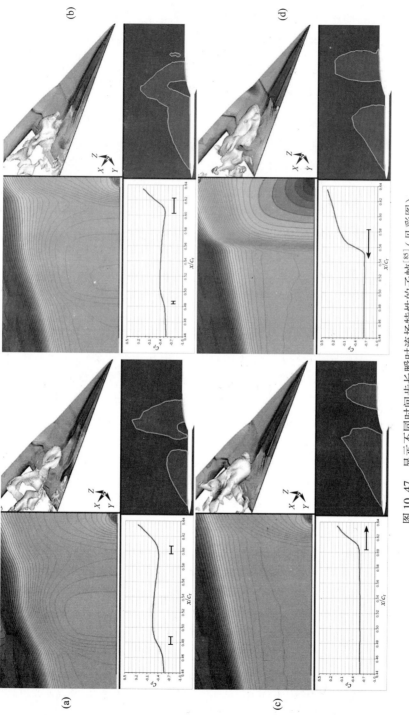

图 10.47　显示不同时间步长瞬时流场特性的子帧[85]（见彩图）

(a) $t = 0.1547s$；(b) $t = 0.1560s$；(c) $t = 0.1586s$；(d) $t = 0.1650s$。有关子帧内容，请参见图 10.46 的图例。

301

前端位于右下角,而逆流等值面的最前面部分(灰色表示零轴向速度)位于右上角。激波前的低 c_p 值用绿色、黄色和红色表示。c_p 等值线的捆绑表示激波的位置,其后面的高压用浅蓝色表示。虽然背风涡的吸力效应不同程度地消失了,但压力穿过局部翼展向中心线升高。其结果是产生不稳定升力损失和向上俯仰力矩的增量。

图 10.46(d)中,在翼尖下游的对称平面上有一个超声速流腔,它由几乎垂直于机翼表面的弯曲激波终止[1]。支杆上的流动再次加速至超声速。然后,该流腔在靠近机翼后缘的位置终止。$x/c_r \approx 0.57$ 处的涡破裂与第一个激波有关,见图 10.46(a)。

两个激波的存在需要更仔细的观察。第一个激波为主激波,其足迹穿过机翼的整个翼展(图 10.46(a))[2]。

第二个激波似乎完全是由支杆引起的,该支杆是一个半尖拱体,后面是一个半圆柱形部分。在这种情况下,半尖拱体在跨声速流动中通过位移效应从其钝头位置引起流动膨胀,如同钝体一样。流速变为超声速(红色),然后由几乎法向的激波终止。

这发生在支杆半尖拱前体的顶端与支杆圆柱形后部的交点处。存在表面曲率的不连续性,但在图 10.38 的侧视图(右下侧)中几乎看不到。这种不连续性会产生终止再压缩激波,在图 10.47 的相应帧中,也可以看到该激波出现在大致相同的位置。因此,该激波是直立式项圈状激波表面的痕迹,围绕支杆的半尖拱前体顶端。然而,目前尚不清楚它是否与涡破裂的演化产生相互作用,以及如何产生。

在下一个时间步长,即 $t = 0.1547s$ 时(图 10.47(a)),对称平面内的后超声速流腔形成一座桥梁,连接至支杆顶端前面的平翼部分。因此,双激波系统位于支杆顶端的前面,由图 10.47(c)左下帧中的两个横条表示。

第一个较弱的激波已经向上游移动到 $x/c_r \approx 0.48$ 处,而同样微弱的第二个激波位于靠近支杆顶端的 $x/c_r \approx 0.60$ 处。涡破裂从第一个激波后的位置跳回到第二个激波后的位置,据推测是由于这种激波排列造成的,见图 10.47(b)。第一个激波的减弱和第二个激波的向前运动可能使涡破裂突然转移到后方位置。

见图 10.47(b),0.0013s 后,对称平面内的两个超声速区域已经合并。向第

---

[1] 对于正则曲面上的无黏二维流,该理论要求正交碰撞(见 4.2.3 节)。

[2] 目前尚不清楚它与推测的横流激波如何相互干扰,以及是否会相互作用。参考文献[87]中表明,在类似的情况下,嵌入式横流激波非常靠近一次涡与二次涡之间的翼面,另见图 10.32。

一个激波的支杆顶端方向的下游运动缓慢继续。在时间步长 $t = 0.1586s$ 时,第一个激波已经到达 $x/c_r \approx 0.61$ 的最下游位置。这也适用于涡破裂位置,它位于 $x/c_r \approx 0.73$ 的最下游位置(图 10.45)。激波的大部分强度已经减弱,不足以将涡破裂位置向后推。

此后,第一个激波又开始向上游移动,这也将涡破裂位置向上游移动。在 $t = 0.1650s$ 时(图 10.47(d)),激波强度增加,涡破裂位置向前移动到 $x/c_r \approx 0.64$。在该时间步长后不久,当激波已到达其最前位置时,下一轮循环开始,这与激波强度的降低有关。

因此,我们已经看到,与涡破裂有关的流场是高度不稳定的,在跨声速情况下,它与嵌入式高挥发性激波系统的存在有关。参考文献[85]中得出的结论是,时间相关的尺度解析解可以识别出激波之间、支杆顶端与一次涡之间区域的扰动。这些扰动向第一个激波的方向传播。我们发现,上游运动扰动的频率与破裂后被破坏的涡核的螺旋运动频率非常相似。

参考文献[85]中还报告了轴向涡核流动特性的研究。图 10.48 给出了 $Ma_\infty = 0.8$、$Re_{\infty, \bar{c}} = 2 \times 10^6$ 和 $\alpha = 26°$ 时的结果。我们给出研究结果的目的是用涡核流速来说明破裂情况。

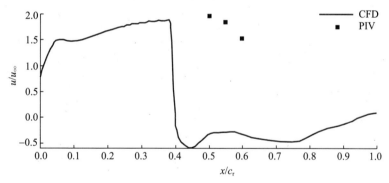

图 10.48 随 x/c_r 变化的轴向涡核速度 u/u_∞(锐边情况)[85]。
黑线:数值模拟结果;黑点:试验数据(PIV)

将计算数据和实测数据进行比较。流场被认为是稳定的。试验中的雷诺数较大,即 $Re_{\infty, \bar{c}} = 3 \times 10^6$,这通常被认为是可以接受的,原因是已经讨论过锐边机翼的情况。但仍存在一定的问题,因为在试验中涡破裂发生在 $x/c_r = 0.6$ 和 0.7 之间,而在计算中,涡破裂发生在 $x/c_r = 0.4$ 的更上游位置。因此,数字上存在差异。

不过,这种比较揭示了涡破裂过程中轴向涡核速度的典型特性。在 $x/c_r = 0.05$ 时,轴向涡核速度从翼尖开始迅速增大到 $u/u_\infty \approx 1.5$ 的超声速状态。速度进一步上升,在计算发现的破裂位置(即 $x/c_r = 0.4$)前面,我们看到高轴向速度为 $u/u_\infty = 1.88$。在 $x/c_r = 0.5$ 时,试验值略高(即 $u/u_\infty = 1.962$),而该位置下游的值较小。

$x/c_r = 0.4$ 时的涡破裂表现为轴向速度急剧下降至 $u/u_\infty = -0.6$。在该位置后面,速度保持为负,但在机翼的末端缓慢上升为较小的正值。机翼上方的涡流不会发生重构现象。

10.6　部分发展的后掠前缘涡流(SAGITTA 构型)

本书第三作者的博士生 A. Hövelmann 的论文精选结果作为单元问题呈现。Hövelmann 对中后掠角、小展弦比 AVT-183 构型(带钝前缘)和 SAGITTA 构型(具有不同前缘轮廓)上的涡流现象进行了试验和数值研究[88]。我们讨论了 SAGITTA 构型的一些研究结果。本节的所有数据均来自参考文献[88]。

SAGITTA(拉丁语:箭头)菱形机翼相对较厚,其前缘基本为圆形。但特征要求使得锐前缘轮廓在该构型的翼展方向上达到 20%(图 10.49(a))。前缘后掠角相当小,即 $\varphi_{LE} = \varphi_0 = 55°$。SAGITTA 的几何平面形状参数如图 10.49(b)所示。

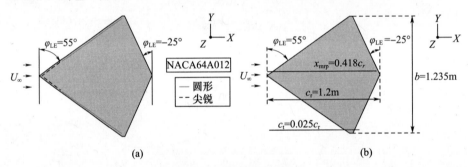

图 10.49　AGITTA 构型[88]

(a)平面图;(b)平面形状参数。

注意,SAGITTA 是一个略微切角的菱形机翼。总长度为 $c_r = 1.2\text{m}$,小翼尖弦为 $c_t = 0.025c_r$。力矩基准点用 x_{mrp} 表示。展弦比为 $\Lambda = 2.001$,梢根比为 $\lambda = 0.025$,平均空气动力弦为 $l_\mu = 0.801\text{m}$。整个翼展上的原机翼具有对称的 NACA 64A012 翼型截面。

我们给出了原 SAGITTA 型(Geo 1)、完全锐前缘构型(Geo 5)和完全钝前缘构型(Geo 6)绕流的选定数值模拟结果。URANS(模型 10)的计算是在假设完全湍流的情况下进行的,并采用 Spalart-Allmaras 单方程湍流模型。亚声速 SAGITTA 构型的流动参数如表 10.7 所示。

304

表 10.7　亚声速 SAGITTA 构型的流动参数[88]

Ma_∞	$Re_{\infty,l\mu}$	l_μ/m	T_∞/K	T_{wall}	$\alpha/(°)$	黏性流
0.13	2.3×10^6	0.801	288.15	绝热	表 10.8	Turbulent

SAGITTA 构型机翼由 4 段组成,如图 10.50 所示①。Geo 1 构型第一段为锐前缘,其他三段为钝前缘,$r_{LE}/c_r = 0.99\%$,相当于 $\delta = 52$。这意味着即使在机翼后部,也不存在空气动力学锐前缘(见 6.4 节)。Geo 5 采用锐前缘,而 Geo 6 采用钝前缘。

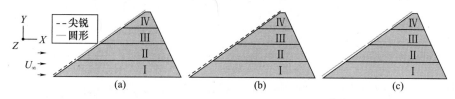

图 10.50　SAGITTA 右翼的翼段和前缘轮廓[88]

(a)带部分锐前缘的 Geo 1 构型;(b)带全锐前缘的 Geo 5 构型;(c)带全钝前缘的 Geo 6 构型。

为了对锐前缘或钝前缘的预期背风涡流型有一个初步的印象,我们研究了图 10.22 和图 10.23 中的相互性。研究结果以及法向攻角 α_N 和法向前缘马赫数 Ma_N 如表 10.8 所示。从图 10.20 可以看出,在锐边三角翼上,发生涡破裂时的攻角很低,即 $\alpha_{bd} \approx 9°$。

表 10.8　带全锐前缘和全钝前缘(LE)的 SAGITTA 构型在 $Ma_\infty = 0.13$、$\varphi_0 = 55°$ 和三个攻角下的潜在背风涡流型

$\alpha/(°)$	$\alpha_N/(°)$	Ma_N	LE	潜在涡流形态
8	13.76	0.076	锐前缘	涡系的发展
			钝前缘	无涡系
16	26.36	0.080	锐前缘	稳定且充分发展的涡系
			钝前缘	涡系的发展
24	37.82	0.086	锐前缘	稳定且充分发展的涡系
			钝前缘	涡系的发展

从表 10.8 中的关联数据我们可以预测,对于钝前缘的机翼来说,不会发展太多的非线性升力,主要是因为涡破裂在小攻角下已经开始。虽然对于锐边机翼来说,情况要好一点,但对于该机翼而言,涡破裂的提前发生会限制非线性升力的范围。

首先,我们讨论 Geo 1 构型绕流的典型计算结果②。三个攻角下机翼右侧流

① 如图 10.50 所示,第一段用 IB(内侧)表示,第二段和第三段用中板(MB)表示。

② 读者应该注意,Geo 1 构型类似于 H. A. Wilson 和 J. C. Lovell 操纵的 DM-1 滑翔机的前缘轮廓,见图 10.7。

场,如图 10.51 所示(与其他情况下的流场一样,该流场似乎是一个开式背风面流场)。图中显示了时间平均表面压力系数 $\bar{c}_p$ 以及从靠近前缘位置开始的流线(包括 Geo 5 和 Geo 6 构型的相应图形),主流方向始终从右下方到左上方。

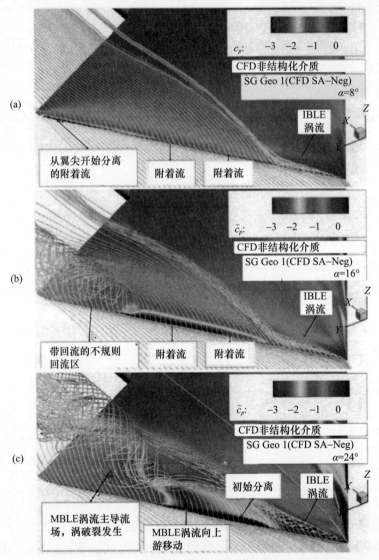

图 10.51　SAGITTA Geo 1 机翼右侧的上流场:时间平均表面压力系数 $\bar{c}_p$ 和流场流线[88]
(a)$\alpha=8°$;(b)$\alpha=16°$;(c)$\alpha=24°$。

在已经处于 $\alpha=8°$ 的 Geo 1 构型第一段,存在前缘涡流,见图 10.51(a)(IB = 内侧)。在第一段和第二段的相交处,涡流分离并向内移动(第二段的流

306

动仍处于附着状态）。第一段的涡流随攻角的增大而增加,吸力水平也随之上升,而且时间平均轴向涡量水平变高,但在下游位置减小。在其他圆边翼段,流动处于附着状态,但在第四段可以看到分离迹象。这可能是由于机翼有一小部分被切角造成的。

在 $\alpha = 16°$ 时,情况发生了变化,见图 10.51(b)[①]。此时,第四段的绕流发生分离,显示出不规则的回流迹象,而且在较小攻角下出现的小吸力峰值已经消失。第二段和第三段的绕流仍处于附着状态。

最后,在 $\alpha = 24°$ 时(图 10.51(c))出现了非常复杂的流型。通过普通分离在第三段形成的中板(MB)背风涡影响着下游的流场。其下方不存在吸力峰值,但此时明显出现了涡破裂,并存在二次分离。第二段显示了初始分离,来自第一段的背风涡(即内侧(IB)涡流)已经在较小的攻角下形成了二次分离。

在该攻角下,时间平均的表面摩擦线形态和表面压力系数 $\bar{c}_p$ 如图 10.52 所示。在第一段(IB)上,一次分离线(PSL)似乎位于锐前缘上方,而不是正好位于其边缘。二次附着线(SAL)、二次分离线(SSL)和一次附着线(PAL)沿机翼的中心线方向延伸,后者向机翼的中心线方向强烈弯曲(读者应该注意,我们通常用"一次"来表示某构型迎风侧的一条或多条附着线,见图 7.21。此时,PAL 是从 PSL 发出的一次涡的附着线)。

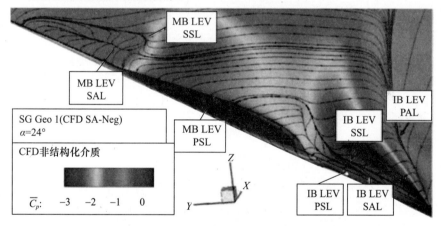

图 10.52　$\alpha = 24°$ 时 SAGITTA Geo 1 机翼右侧俯视图,显示了时间平均表面摩擦线

和时间平均表面压力系数 $\bar{c}_p$[88](LEV:前缘涡流,PSL:一次分离线,SSL:

二次分离线,PAL:一次附着线,SAL:二次附着线。自由来流的方向为从下往上)

---

① 在参考文献[88]中,在 $\Delta\alpha = 4°$ 的步长内可以看到下风涡的发展情况。由于空间限制,我们只讨论了 8° 步长。

总的来说,我们看到一个开式背风涡流型。我们无法确定分离线和附着线是否为开式起点。但明显是开式终点。比图 10.51 更详细的是,我们看到 IB 前缘涡流下方的吸力峰值发展良好,但由于涡破裂的影响,吸力峰值很快消失。

在接下来的 MB 段中,我们在钝前缘和机翼上侧远离前缘的一次分离线(PSL)周围发现了清晰可见的流动。在下游位置,它更靠近前缘。此时出现了一条二次分离线(SSL)和一条二次附着线(SAL)。奇异线的首尾似乎都是开式的。MB 前缘涡流下方的吸力峰值发展良好,由于涡破裂的影响,该吸力峰值也很快消失。

现在,我们首先将这些结果与锐边 Geo 5 机翼的结果进行对比,然后与圆边 Geo 6 机翼的结果进行对比,见图 10.50。我们从 Geo 5 开始。在 $\alpha = 8°$ 时,背风涡沿整个前缘发展,如图 10.53(a)所示。

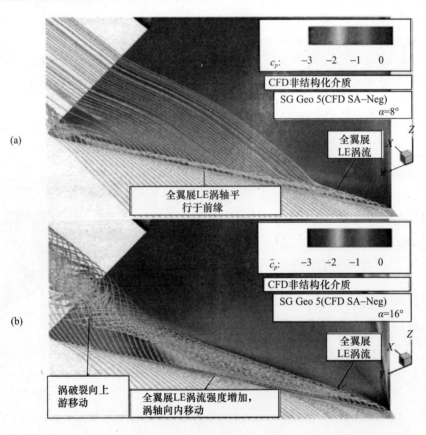

308

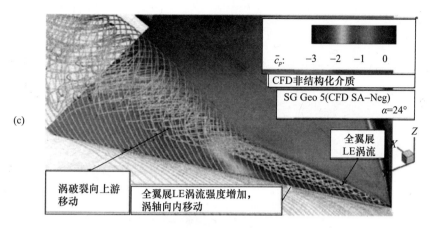

图 10.53　全锐边 SAGITTA Geo 5 机翼右侧的上流场：

时间平均表面压力系数 $\overline{c}_p$ 和流场流线[88]

(a)α=8°；(b)α=16°；(c)α=24°。

表 10.8 中的相关数据表明，涡系在该攻角下开始发展。与 Geo 1 构型的情况类似(但更强烈)的是，第四段出现了分离或涡破裂的迹象。这可能是由于机翼小切角部分的影响。总之，沿前缘的吸入压力很小，因此该攻角下的非线性升力也很小。

见图 10.53(b)，在 α=16°时，背风涡充分发展，其非线性升力大于较小攻角下的升力。但非线性升力随着到达第三段涡流的破裂而降低。在 α=24°时，涡流最终达到较大的强度，由涡流下方的高吸入压力表示，见图 10.53(c)。但涡破裂已经到达第二段。因此，存在涡破裂、非线性升力损失和潜在俯仰力矩等不利影响。

现在我们来看看圆边 SAGITTA Geo 6 机翼的研究结果。在 α=8°时，附着流沿整个前缘流动(切角翼尖有一小部分区域除外)，如图 10.54(a)所示。表 10.8 中的相关数据表明，该攻角下不存在任何涡系。第三段和第四段上存在少量的吸入压力。

在 α=16°时，附着背风涡流向第四段，我们发现了相当大的吸入压力。在机翼的尾部(即第四段)出现一个涡流，如图 10.54(b)所示。该涡流显然从一开始就经历了破裂。图中显示了回流现象，而且吸入压力几乎在第四段的整个前缘消失。

在 α=24°时，沿前缘前半部分的流动仍处于附着状态，可见相当强的吸入压力(图 10.54(c))。涡破裂已向上游移动到第二段的开始位置。吸入压力在超出第二段后基本消失。

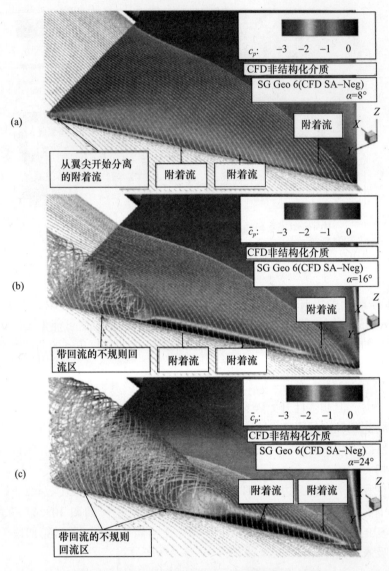

图 10.54 全圆边 SAGITTA Geo 6 机翼右侧的上流场：
时间平均表面压力系数 $\bar{c}_p$ 和流场流线[88]
(a)$\alpha = 8°$；(b)$\alpha = 16°$；(c)$\alpha = 24°$。

在比较 Geo 1、Geo 5 和 Geo 6 三种 SAGITTA 构型研究结果时，我们断言，大多数情况下都存在较弱的背风涡现象(甚至是二次背风涡)，在小范围内存在吸入压力，而且在小攻角下已经发生涡破裂。整体结果表明，三种构型的非线性升

310

力都很小。因此,它对 SAGITTA 构型空气动力特性的影响也很小。

参考文献[88]中比较了三种构型的空气动力系数计算值和纵向运动导数。我们给出了升力和俯仰力矩系数及其导数的计算结果。图 10.55 中还绘制了采用 Athena 涡格法(AVL)得到的 Geo 1 结果。

升力系数 $C_L(\alpha)$ 及其导数 $dC_L(\alpha)/d\alpha$ 如图 10.55 所示。在整个攻角区间内,包括 AVL 结果在内的升力结果(图 10.55(a))确实彼此相差不大。SAGITTA 构型的升力几乎完全取决于其平面形状。

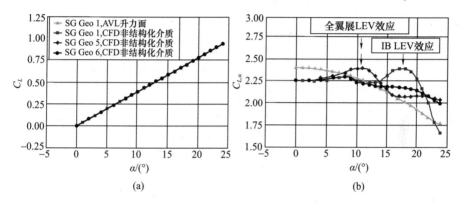

图 10.55　Geo 1、Geo 5 和 Geo 6 构型的纵向运动[88]
(a)升力系数 $C_L(\alpha)$;(b)升力系数导数 $dC_L(\alpha)/d\alpha$。

在查看图 10.55(b)的升力系数导数时,可以看出非线性效应的存在(即使该效应很小)。线性 AVL 法产生了升力斜率,该斜率随攻角的增大而均匀下降。这与非线性结果形成对比。

锐边 Geo 5 构型的导数在 $\alpha \approx 11°$ 时达到最大值。其原因是随着吸力水平的增加,出现了全翼展前缘涡流。在超过该攻角时,涡破裂使导数普遍减小。

就圆边 Geo 6 构型而言,在 $\alpha \approx 8°$ 时,我们看到 $dC_L(\alpha)/d\alpha$ 的弱最大值,随后发生弱连续下降。带锐前缘(第一段)和钝前缘(第二、第三和第四段)的 Geo 1 构型表现出最强的非线性效应,在 $\alpha \approx 8°$ 左右时 $dC_L(\alpha)/d\alpha$ 达到最大值,然后急剧下降。这主要是由于机翼后部的第一段涡流的破裂造成的。

由于基准点 x_{mrp} 的选择(图 10.49(b)),图 10.56(a)所示的俯仰力矩系数 $C_m(\alpha)$ 为负,因此俯仰状态下的 SAGITTA 构型是稳定的,这取决于重心相对于所选基准点的位置。前缘轮廓只有在 $\alpha \approx 10°$ 以上时才起到微不足道的作用。由于该构型是对称翼型,俯仰力矩在 $\alpha = 0°$ 时为零。在达到 $\alpha \approx 13°$ 前,利用线性 AVL 法得到的结果与其他方法一致。

从图 10.54 的右部可以看出,俯仰力矩导数 $dC_m(\alpha)/d\alpha$ 存在较大偏差。

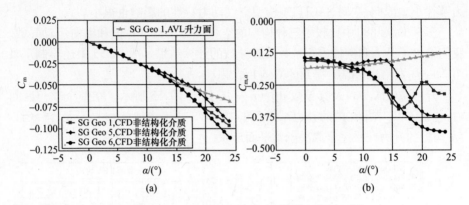

图 10.56　Geo 1、Geo 5 和 Geo 6 构型的纵向运动[88]

(a)俯仰力矩系数 $C_m(\alpha)$；(b)俯仰力矩导数 $dC_m(\alpha)/d\alpha$。

这是由于存在各种不同的效应(分离、伴随相关吸入压力的涡流演变以及伴随相关上仰的涡破裂等)所导致。

我们强调了三种构型中出现的效应所带来的一些后果。全锐边 Geo 5 构型在达到 $\alpha \approx 14°$ 时具有几乎恒定的导数,在这种情况下,出现了较小的相对最大值。随着攻角 α 的增大,其在 $\alpha \approx 24°$ 时急剧下降至 $dC_m(\alpha)/d\alpha = -0.375$。在 $\alpha = 25°$ 时,几乎所有位置的全圆边 Geo 6 构型都显示导数平稳下降至 $dC_m(\alpha)/d\alpha = -0.43$。在达到 $\alpha = 15°$ 时,Geo 1 构型的导数像 Geo 6 构型一样平稳下降。在 $\alpha = 21°$ 时急剧增加,达到相对最大值,随后在 $\alpha = 24°$ 时,小幅度下降至 $dC_m(\alpha)/d\alpha = -0.28$。由于沿轮廓不断变化的前缘存在复杂的流动现象,Geo 1 构型表现出明显不同的纵向稳定性。

10.7　流经圆边三角翼的层流高超声速流动

该单元问题的机翼为 BDW,它是欧洲 HERMES 项目的一个研究构型,请参见参考文献[2]。BDW 构型是一种以中等攻角飞行高度简化的再入飞行器构型。

许多作者对 BDW 构型绕流进行过试验和数值研究。在本书中,我们讨论了本书第一作者的博士生 S. Riedelbauch[89] 论文中的一些成果,另见参考文献[90]。Riedelbauch 研究了 BDW 构型的表面辐射冷却,在本书中,我们讨论了流场和可能产生的非线性升力①。本节的所有数据(有两组数据除外)均来自参考

---

① 参考文献[91]中讨论了 BDW 构型的辐射冷却方面,而参考文献[73]中讨论了沿奇异线的流动特性问题,另见 7.3 节。

文献[89]。

该构型是一个带钝头和钝前缘的简易细长三角翼(图10.57)。下侧有一个上反角($\gamma = 15°$,图10.57(c)),因此只是近似平直。

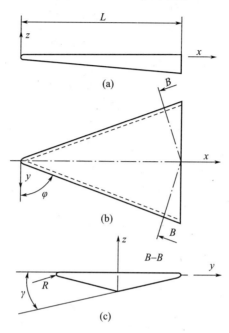

图 10.57　BDW 构型和坐标约定[89]

(a)侧视图;(b)俯视图;(c)截面图 $B - B$。

采用理想气体假设进行了纳维尔 - 斯托克斯(模型9)计算,参数如表10.9所示。虽然层流 - 湍流转捩现象实际上会在列出的飞行参数下发生,但可以假设整个流动都是层流。我们注意到,在机翼表面上模拟了辐射冷却的情况,表面交换系数为 $\epsilon = 0.85$。

表 10.9　钝三角翼("飞行"情况)的计算参数[89]

Ma_∞	H/km	T_∞/K	Re_∞^u/m^{-1}	L/m	$\varphi_0/(°)$	$\alpha/(°)$	ε	边界层
7.15	30	226.506	2.69×10^6	14	70	15	0.85	层流

该高超声速情况的法向攻角和法向前缘马赫数为 $\alpha_N = 38.08°$ 和 $Ma_N = 3$。该情况见图10.23的最右侧,未包含在涉及相关性的试验数据中。总之,前缘为超声速,而且预计会出现背风面横流激波。

横流钝度参数范围从 $x/L = 0.1$ 时的 $p_b = 0.143$ 到 $x/L = 1$ 时的 $p_b = 0.074$。因此,这不是空气动力学锐前缘情况。

FFA 用带改良机头的 BDW 模型进行了试验研究[92]:尖头与图10.57所示

的钝头相比较,部分参数不同,如表 10.10 所示。

表 10.10　尖头钝三角翼的试验参数[92]

Ma_∞	T_∞/K	Re^u_∞/m^{-1}	L/m	T_w/K	$\varphi_0/(°)$	$\alpha/(°)$	边界层
7.15	74	39×10^6	0.15	288	70	15	层流

用试验数据对钝头 BDW 构型进行的计算得到了 $x/L=0.5$ 位置的表面压力系数 $c_p(y)$ 分布,如图 10.58 所示。升力主要在该构型的迎风侧产生。背风面在一定程度上具有高超声速阴影效应[91]。这意味着不存在太多的负 c_p 值。三角翼的经典吸力峰值只是非常微弱地表示出来,因此在这种情况下,确实不能说存在非线性升力。

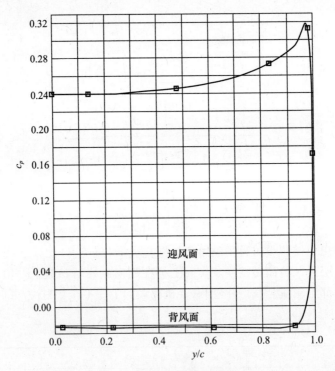

图 10.58　$x/L=0.5$ 时计算表面压力系数 $c_p(y)$ 分布[89]。
注意,迎风面在上面,背风面在下面

背风面压力分布的细节如图 10.59 所示。图中显示了一些测量数据,见三角形区域[92]。与计算数据的偏差小于 10%。在 $y/c=0.78$ 时,压力的绝对最小值为 $c_{p,\min}=-0.02492$,接近真空压力($c_{p,\mathrm{vac}}=-0.02794$),请参见附录 A.1。

通常认为,纳维尔 – 斯托克斯方程(模型 9)的离散数值解不会像 RANS 解

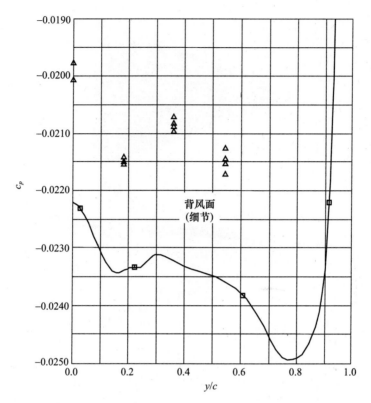

图 10.59　背风面 $x/L = 0.5$ 时的计算[89]表面压力系数 $c_p(y)$ 的分布细节和试验[92]数据($\triangle$)

那样遇到建模问题。当然,离散过程和整个求解过程都必须准确无误。

除比较上述表面压力数据外,我们还对试验和数值方法得到的表面摩擦线形态进行了直观比较(图 10.60)。

参考文献[92]中 BDW 风洞模型的上侧见图 10.60(b)。与图 10.60(a)的实际 BDW 构型的钝头相比,尖头清晰可辨。右下方模型支杆的影响非常明显。

除机头和尾部区域外,表面摩擦线形态的计算值和测量值之间的一致性是可以接受的。到目前为止,油流图并未包含我们在计算图中看到的具体细节。在油流图中,只有一次(S_1)和二次(S_2)分离线是可以识别的。

现在来看一下针对"飞行"情况计算的表面摩擦场的拓扑结构(表 10.9)。我们希望确定附着线和分离线。

我们在图 10.61(a)所示构型的下(迎风)侧看到了三角翼迎风侧出现的经典表面摩擦线形态。BDW 构型的下侧并非完全平直,因此该流动在两条一次附着线 A_1 之间具有较弱的二维特性。后者的特点是强烈发散的表面摩擦线。前

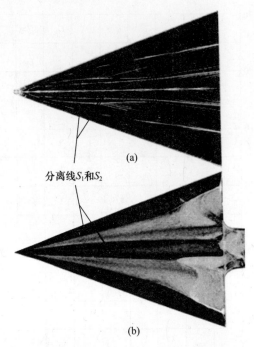

分离线S_1和S_2

(a)

(b)

图 10.60　计算的表面摩擦线形态(钝头机翼,图(a)[89])和
油流图(尖头机翼,图(b)[92])。自由来流来自左侧

驻点是一个节点(见 7.2 节),也位于机翼下侧,约为机体长度的 3%。一次附着线几乎从一开始就与前缘平行,也就是说,它们不呈现锥形图案。

在机翼的上(背风)侧,情况完全不同(图 10.61(b))。气流从钝前缘周围的下侧流到上侧,然后在上侧分离。如图 10.61(b)的下侧所示,我们沿垂直线(从前缘到对称线)看到一系列分离线和附着线:一次分离线 S_1、二次附着线 A_2、二次分离线 S_2 和下侧中间的三次附着线 A_3,后者表示闭式背风面流场。这些都反映在图的上部分。

除靠近机头的一小部分外,同样无法看出锥形图案。二次分离线几乎沿机翼的上对称线与三次附着线平行。

一次分离线和二次分离线均属于"开式分离"线,即分离线并非从表面上的奇异点开始(见 7.1.4 节)。图 10.62 说明了这一点,并且所有附着线都属于开式附着线。

利用这些表面形态,我们可以定性地勾勒出庞加莱曲面上的背风面流场结构(图 10.63)。图中显示了计算的横流激波。它们位于背风涡系的上方,与10.4 节中的研究发现形成鲜明对比。

316

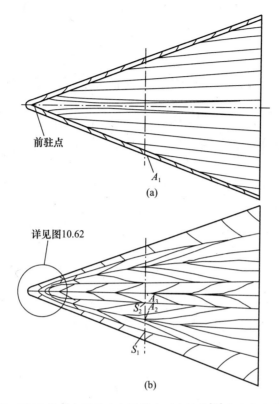

前驻点

A_1

(a)

详见图10.62

A_3
A_2
S_2

S_1

(b)

图 10.61 BDW 构型表面的选定计算表面摩擦线[89] 自由来流来自左侧
(a)仰视图；(b)俯视图。

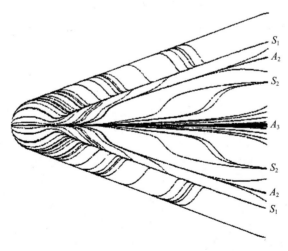

S_1
A_2
S_2

A_3

S_2
A_2
S_1

图 10.62 BDW 构型靠近机头上侧的典型计算表面摩擦线(图 10.61(b)的细节)[89]

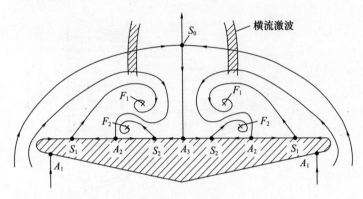

图 10.63　庞加莱曲面上闭式背风面流场结构[89]

两条一次附着线 A_1 显示为 1/4 鞍点,而半鞍点表示两条一次分离线 S_1、两条二次附着线 A_2、两条二次分离线 S_2 和三次附着线 A_3。图 10.63 中显示了翼上一次背风涡的两个焦点 F_1、二次背风涡的两个焦点 F_2 和背风涡上方的自由鞍点 S_0(闭式背风面流场)。

我们运用拓扑规则 2'(见式(7.25)),将焦点看成节点,因此得

$$\left(4 + \frac{1}{2} \times 0\right) - \left(\sum 1 + \frac{1}{2} \times 7 + \frac{1}{4} \times 2\right) = -1 \qquad (10.13)$$

并得出以下结论,即该拓扑结构是有效的。

10.8　结　束　语

在进行介绍和简短的历史概述后,我们介绍了三角翼出现非线性升力现象的一些基本情况(见 10.2 节)。本书给出了经验数据的相关性,表明了背风涡系预计出现的时间(见 10.2.6 节),以及涡破裂和涡流叠加可能出现的时间(见 10.2.5 节)。经证明,这种相关性对所考虑的单元问题中涡系的存在和特性给出了合理的初步解释。

第一个单元问题阐述了不同流动物理和数学模型对背风涡流计算模拟的重要性(见 10.3 节)。我们用低阶湍流模型甚至欧拉方程(模型 8)对 VFE－1 构型进行的模拟表明,如果三角翼采用锐前缘,它们就可以为预设计工作提供合理的结果①。

---

① 关于涡流场的数值模拟,我们假设进行充分研究的目的是确保网格的独立性。这适用于采用模型 8～模型 10 方法的所有模拟。关于试验模拟,必须满足与试验装置、自由流特性、作为试验环境的试验段、模型特性(包括前缘锐度)和测量装置相关的类似要求。

第二个单元问题(见 10.4 节)旨在证明在锐边三角翼上,涡量的产生(包括熵增长)以及最终一次背风涡的出现都遵循大展弦比机翼适用的相同机制。该证明充分利用了运动学动涡含量的概念和相容性条件(见第 4 章),在第 8 章中,这两个参数都适用于 CRM 构型机翼(见 8.4 节)。

我们只展示和讨论了通过圆边涡流试验 VFE-2 获得的少量结果,该试验是本书讨论的第三个单元问题。重要的是前缘的相对钝度,即参数 $p_b = r_{LE}/b'$ 发挥主要作用:在前缘半径不变的情况下,钝度从机翼前部向后部逐渐减小。这意味着前缘在下游方向变得相对尖锐。因此,一次背风涡的形成受到影响。

在本例中,根据 VFE-2 的术语表,机翼存在第二个一次背风涡系,该涡系位于第一个背风涡系的前面,并且可能与第一个背风涡系耦合(见 10.5.2 节)。我们对这种现象及涡破裂现象进行了讨论。还考虑了亚声速和跨声速情况。在跨声速情况下,特别证明了流动的高度不稳定性。

下一个单元问题是低亚声速马赫数 $Ma_\infty = 0.13$ 时 SAGITTA 构型绕流。该构型在其顶点正后方有一个锐前缘,而其下游位置有一个钝前缘。此外,其前缘后掠角为 $\varphi_0 = 55°$,比 VFE-1 和 VFE-2 构型的 $\varphi_0 = 65°$ 更小。这种差异似乎不大,但经验关系式已经表明,马赫数较小,背风涡系的发展较弱,而且涡破裂在小攻角下已经发生。因此,背风涡系引起的非线性升力效应非常弱。

最后一个单元问题(流经大攻角钝边机翼的高超声速层流)揭示了一个完善的背风涡系。表面摩擦线形态很好地表明了一次和二次奇异线如何控制闭式背风面流场的涡系。但由于高超声速阴影效应的影响,几乎不存在非线性升力。

在作出这些评论时,我们列出了在 VFE-1(尤其是 VFE-2)研究期间主要根据参考文献[78-79]所做的一些观察。观察结果涉及攻角、雷诺数和马赫数、涡破裂、层流-湍流转捩和湍流模拟的影响。

1. 攻角

在锐前缘的机翼上,超过阈值角的背风涡系通常出现在整个前缘上。但试验观察结果在一定程度上质疑了这一点。

若机翼为钝前缘,则一次背风涡首先出现在机翼的尾部,并随攻角的增大向前移动。这种效应似乎与钝度参数 p_b 有关。10.2.4 节中的理想试验表明,对于给定的钝度,实际逆压梯度还取决于 $\sin^2 \alpha$,也就是说,增大攻角会增加最前缘的分离倾向。

2. 雷诺数

在试验中经常观察到,在推测整个为层流的低雷诺数三角翼情况下,背风涡比高雷诺数情况下的湍流更强,因此非线性升力也更强。这适用于钝前缘和锐前缘的机翼,而后者仅适用于二次涡。

这项观察结果可在考虑分离时相关边界层的运动学动涡含量后进行评论。

图 10.64 示意性地显示了在钝前缘三角翼上观察到的流动情况。图中描述了一次涡对和二次涡对。未指出可能遇到的横流激波。图的左侧为层流情况,右侧为湍流情况。

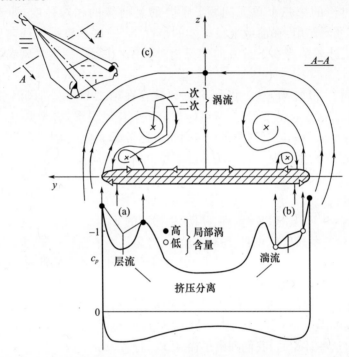

图 10.64　钝前缘三角翼和闭式背风面流场的横截面普通分离示意图[55]
(a)层流;(b)湍流的压力系数分布(无横流激波效应)和分离位置;(c)一次和二次分离以及涡流的位置。

层流边界层无法像湍流边界层那样承受较大的逆压梯度,因此它会比湍流边界层更早分离。这适用于一次和二次分离,也适用于局部高度三维的边界层流动。

现在,我们假设分离的结构,尤其是前缘上、下无黏流之间的剪切(以及二次分离位置的剪切),在图 10.64(a)和(b)两种情况下并非完全不同。若可以接受这一点,则分离时的运动学动涡含量在层流情况下比在湍流情况下更大。这是因为层流情况下的分离速度比湍流情况下的分离速度要快得多。

这告诉我们两件事。首先,用数值方法(模型 10)预测分离问题(尤其是钝后掠前缘机翼上的分离问题)取决于所用湍流模型的适用性。在钝前缘的机翼上,就二次涡而言,离散模拟欧拉解(模型 8)不适合描述这些流动。其次,若在

320

机翼的背风面发生嵌入式层流 – 湍流转捩,则很难适当模拟二次分离和涡流的特性。原因是目前只有经验或半经验转捩标准和模型可用,而非经验标准和模型不可用[73]。

增加雷诺数会使涡系向下游移动。这项观察结果可用边界层强度的概念来解释(见 2.1 节)。在二维流动中,通过经验分离准则证明了在给定的逆压梯度下,雷诺数的增加降低了层流和湍流的分离趋势。该结果在适当保留的情况下,可推广用于目前的流动问题。

事实上,S. Crippa 和 A. Rizzi(见参考文献[93])从这个意义上阐明了 $Ma_\infty = 0.4$ 时 VFE – 2 构型的雷诺数效应(图 10.65)。我们展示了三个雷诺数的结果。我们关心的是如何确定起点。数值模拟中采用了两种方法:①分离位置的表面摩擦线收敛(蓝色);②涡核位置的追踪(红色)。还给出了试验结果(黑色),所有方法都非常一致。

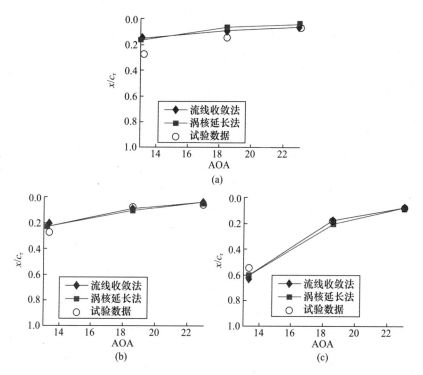

图 10.65 随攻角(AOA ≡ α)变化的外部一次涡的分离起点[93](见彩图)
(a)$Re_{\bar{c}} = 2 \times 10^6$;(b)$Re_{\bar{c}} = 6 \times 10^6$;(c)$Re_{\bar{c}} = 60 \times 10^6$。

在所有情况下都很好地阐明了雷诺数效应。在小攻角(AOA ≡ α)下,试验数据和数值数据的一致性存在问题,随着攻角的增大,一致性越来越好。总

321

之,在攻角 α 较小且雷诺数最大的情况下,分离起点在 $x/c_r = 0.6$ 处。随着攻角 α 的增大,分离位置向前移动。在较低的雷诺数下,在 $x/c_r = 0.35$ 和 0.25 处分离位置更向前。在最大攻角下,分离位置似乎不再受雷诺数大小的影响。

图 10.66 给出了一个有趣的结果:内部一次涡的分离起点位置明显与外部一次涡的分离起点位置有关。由于数据的不确定性,我们只针对较高的雷诺数情况绘制了研究结果。

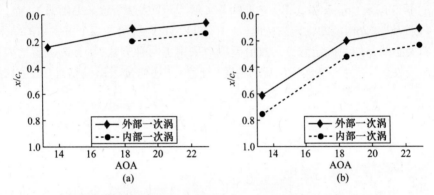

图 10.66 随攻角 $(\mathrm{AOA} \equiv \alpha)$ 变化的内、外部一次涡的分离起点[93]

$(\mathrm{a}) Re_{\bar{c}} = 6 \times 10^6$;$(\mathrm{b}) Re_{\bar{c}} = 60 \times 10^6$。

内、外部一次涡的起点位置之间的恒定距离在很大程度上表明了两个涡对紧密耦合的事实。这与外部一次涡的二次涡相同。因此,正如一开始提到的,最好谈论三次涡对,而不是内部一次涡对。

3. 马赫数

从 VFE-2 构型的 $Ma_\infty = 0.4$(亚声速)和 $Ma_\infty = 0.8$(跨声速)两种马赫数情况来看,流场拓扑结构基本保持不变。在跨声速情况下,外部一次涡在较小的攻角下开始形成。其轴线向内移动,而且内部一次涡要么非常弱,要么根本不存在。

4. 涡破裂

大攻角下的涡破裂主要是一种高度不稳定的现象。这意味着计算模拟必须采用非定常方法,如 URANS 或尺度解析方法(模型 10 或 11 方法)。涡破裂首先发生在后缘附近,并随着攻角的增大向上游移动。

对于带锐前缘和中等半径前缘的 VFE-2 构型来说,当 $\alpha = 23°$ 时,沿整个前缘可以看到外部一次涡的涡破裂。在前缘后掠角较小的 SAGITTA 构型上,在 $\alpha = 9°$ 左右时开始出现涡破裂。

很难通过数值模拟来正确预测涡破裂的起点。在所有这些模拟中,发生涡破裂时的攻角比试验发现的攻角更小。其原因可能是对涡流轴向速度的预测过低。所采用的湍流模型和/或 URANS 方法本身的缺点是造成这种情况的原因。尺度解析方法是首选方法。

5. 层流 – 湍流转捩和湍流模拟

层流 – 湍流转捩影响普通分离特性。如 2.1 节所述,湍流边界层可以承受比层流边界层更大的逆压梯度。反过来,这意味着在给定的逆压场中,湍流边界层将在比层流边界层更下游的位置分离。

给定压力场、马赫数、自由来流和机体表面条件下的层流 – 湍流转捩特性取决于雷诺数的大小,请参见参考文献[73]。

参考文献[94]中的图 10.67 显示了增加雷诺数对钝前缘三角翼上的转捩位置和分离特性的影响。在最低的雷诺数下(图(a)),层流一次(开式)分离发生在前缘附近。一旦发生转捩现象,湍流边界层的分离位置就会立即移动到机翼的上侧。

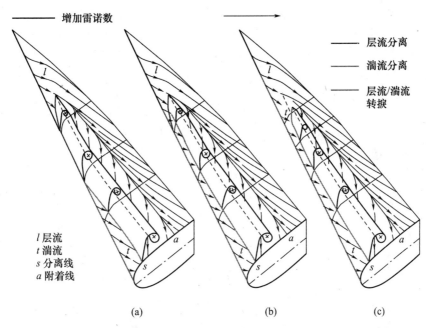

图 10.67　层流 – 湍流转捩对钝前缘三角翼分离特性的影响示意图[94](见彩图)

图 10.67(b)表明,随着雷诺数的增加,转捩现象发生在更上游的位置,而且大部分一次湍流分离线此时位于机翼的上侧。雷诺数的进一步增加会导致分离位置向上游转移,因此,完全湍流的一次开式分离的起点随分离线有效地向下游

323

移动。当然,它和之前一样,位于机翼的上侧。

若转捩现象发生在涡流出现位置之前的附着边界层中,并且分离现象受到影响,则模拟方法存在问题。若嵌入式转捩现象沿附着线发生,甚至发生在不断发展或充分发展的涡流中,则该问题会越来越严重。转捩准则不适用于这类流动,常用的 e^n 方法(请参见参考文献[73])也不可行。

采用不同湍流模型进行的 RANS 和 URANS 数值模拟的比较表明,在得到的流动现象中可能出现重大的差异。就这一点而言,最佳实践方法会有所帮助。

10.9 问　　题

问题 10.1　我们在飞行器上观察到以下常用的机翼形状:(a)矩形翼;(b)后掠翼;(c)细长三角翼。

(1) 这些形状是在什么马赫数范围内发现的? 这背后的原因是什么?

(2) 还有其他机翼形状吗?

(3) 高超声速吸气式飞行器和有翼再入飞行器(如之前的航天飞机轨道器)之间有什么区别?

问题 10.2　两种涡流现象限制了攻角三角翼上方的"健康"流动状态。简要描述这些现象及其对机翼空气动力特性的影响。

问题 10.3　研究图 10.7 中的 DM−1 滑翔机。假设攻角为 $\alpha = 30°$,飞行马赫数为 $Ma_\infty = 0.3$。10.2.6 节中关于以下构型上背风涡出现的相关性说明了什么? (a)带钝前缘原型且 $\varphi_0 = 60°$ 的构型;(b)带锐前缘且 $\varphi_0 = 64°$ 的操纵构型。

问题 10.4　研究图 10.41。闭式背风面流场是否可行? 适用规则 2′。

问题 10.5　定性描述攻角约为 20° 时前缘后掠角约为 65° 的三角翼的升力 $C_L(y)l(y)$ 和升力系数 $C_L(y)$ 的展向分布。发生了哪些分离场景? 对升力特性有什么影响?

问题 10.6　研究前缘后掠角为 $\varphi_0 = 65°$ 的平板三角翼,其前缘近乎尖锐,且展弦比为 $\Lambda = 1.9$。随攻角变化的哪些俯仰力矩特性可归因于该机翼?

问题 10.7　研究攻角为 $\alpha \approx 20°$ 的锐前缘双三角翼。机翼(边条)前部的前缘后掠角为 $\varphi_{01} = 75°$,机翼后部的前缘后掠角为 $\varphi_{02} = 55°$。

(1) 关于与后部机翼相交的横流平面的一次涡和二次涡结构而言,提供前缘涡系的拓扑一致性示意图。

(2) 就俯仰和滚转操纵反效趋势而言,预计会出现哪些趋势? 哪些流动物理效应与这些趋势有关？

问题 10.8 在攻角 α 下飞行的平板三角翼，其尺寸如图 10.68 所示。压力中心在哪里？

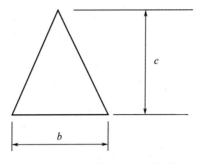

图 10.68　攻角为 α 的三角翼

问题 10.9 细长翼的尺寸如图 10.69 所示。升力曲线的斜率 $\mathrm{d}C_L/\mathrm{d}\alpha$ 是多少？

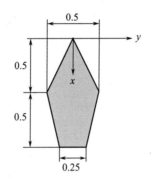

图 10.69　双三角翼

问题 10.10 将机翼和水平安定面的情况简化为机翼和安定面均为平板的二维问题，如图 10.70 所示。攻角为零。采用集结涡法测量机翼的涡流强度。

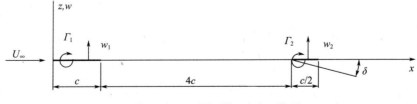

问题 10.70　二维机翼 – 安定面构型

参 考 文 献

1. Küchemann, D.: The Aerodynamic Design of Aircraft. Pergamon Press, Oxford (1978), also AIAA Education Series. AIAA, Reston (2012)
2. Hirschel, E.H., Weiland, C.: Selected Aerothermodynamic Design Problems of Hypersonic Flight Vehicles. Springer, Berlin, and Progress in Aeronautics and Astronautics, vol. 229. AIAA, Reston (2009)
3. Hirschel, E.H.: Towards the virtual product in aircraft design? In: Periaux, J., Champion, M., Gagnepain, J.-J., Pironneau, O., Stoufflet, B., Thomas, P. (eds.) Fluid Dynamics and Aeronautics New Challenges. CIMNE Handbooks on Theory and Engineering Applications of Computational Methods, Barcelona, Spain, pp. 453–464 (2003)
4. Edwards, C.L.W., Small, W.J., Weidner, J.P.: Studies of scramjet/air-frame integration techniques for hypersonic aircraft. AIAA-Paper 75-58 (1975)
5. Kuczera, H., Sacher, P.: Reusable Space Transportation Systems. Springer, Berlin, and Praxis Publishing, Chichester (2011)
6. Krämer, E.: Kampfflugzeuge. In: Rossow, C.-C., Wolf, K., Horst, P. (eds.) Handbuch der Luftfahrzeugtechnik, pp. 113–150. Carl Hanser Verlag, München (2014)
7. Modin, K.E., Clareus, U.: Aerodynamic design evolution of the SAAB JAS 39 Gripen aircraft. AIAA-Paper 91-3195 (1995)
8. Clareus, U.: Aerodynamic highlights of a fourth generation delta canard fighter aircraft. In: Proceedings of the 6th Annual International Symposium, 14–19 August 2001, Zhukovsky, Russia (1995)
9. Staudacher, W.: Die Beeinflussung von Vorderkantenwirbelsystemen schlanker Tragflügel (The manipulation of leading-edge vortex systems of slender wings). Doctoral thesis, University Stuttgart, Germany (1992)
10. Hitzel, S.M., Schmidt, W.: Slender wings with leading-edge vortex separation: a challenge for panel methods and Euler solvers. J. Aircr. 21(10), 751–759 (1984)
11. Winter, H.: Strömungsvorgänge an Platten und profilierten Körpern bei kleinen Spannweiten. Forschung im Ingenieurwesen 6, 67–71 (1935)
12. Busemann, A.: Aerodynamischer Auftrieb bei Überschallgeschwindigkeit. Proc. Volta-Kongress, Rom 1935, 328–360 and Luftfahrtforschung 12, 210–220 (1935)
13. Ludwieg, H.: Pfeilflügel bei hohen Geschwindigkeiten. Aerodynamische Versuchsanstalt Göttingen, Bericht 39/H/18 (1939)
14. Meier, H.U. (ed.): German Development of the Swept Wing–1935-1945. Library of Flight. AIAA, Reston (2010)
15. Bollay, W.: A non-linear wing theory and its application to rectangular wings of small aspect ratio. ZAMM 19, 21–35 (1939)
16. Gersten, K.: Nichtlineare Tragflächentheorie, insbesondere für Flügel mit kleinem Seitenverhältnis. Ingenieur-Archiv 30(6), 431–452 (1961)
17. Pelletier, A.J.: Paper darts to deltas—The designs of Roland Payen. Air Enthu. Mag. 68, 33–44 (1997)
18. Wagner, W.: The History of German Aviation: The First Jet Aircraft. Schiffer Military/Aviation History, Atglen, PA (1998)
19. Jones, R.T.: Wing planforms for high-speed flight. NACA 863 (1945)
20. Wilson, H.A., Lovell, J.C.: Full-scale investigation of the maximum lift flow characteristics of an airplane having approximately triangular planform. NACA RM L6K20 (1946)
21. Nowarra, H.J.: Die deutsche Luftrüstung 1933-1945 (four parts). Bernard & Graefe Verlag, Bonn (1989)

22. Masters, D.: German Jet Genesis. Jane's Publishing Company, London (1982)
23. Heinzerling, W.: Die Geschichte des Pfeilflügels. Teil 2: Die projektmäßige Anwendung des Pfeilflügels. DGLR-Jahrbuch 1981, 071-1–071-33 (1981)
24. von Gersdorff, K.: Transfer of German aeronautical knowledge after 1945. In: Hirschel, E.H., Prem, H., Madelung, G. (eds.) Aeronautical Research in Germany—From Lilienthal Until Today, pp. 325–344. Springer, Berlin (2004)
25. Polhamus, E.C.: Vortex lift research: early contributions and some current challenges. In: Campbell, J.F., Osborne, R.F., Foughner, J.T. (eds) Vortex Flow Aerodynamics, vol. 1, NASA CP-2416, pp. 1–30 (1986)
26. Friedrich, O., Herbst, W., Obermeier, E.: Evolution of the New European Fighter—A German Industrial Perspective. MBB Military Aircraft Division, München (1989)
27. Örnberg, T.: A note on the flow around delta wings. KTH-AERO-TN 38 (1954)
28. Marsden, D.J., Simpson, R.W., Rainbird, W.J.: An investigation into the flow over delta wings at low speeds with leading-edge separation. Cranfield College of Aeronautics, Rep. No. 114 (1958)
29. Werlé, H.: Sur l'Éclatement de Tourbillions d'Apex d'une Aile Delta aux Faible Vitesses. La Recherche Aeronautique No. 74 (1960)
30. Hummel, D.: Experimentelle Untersuchung der Strömung auf der Saugseite eines schlanken Deltaflügels. ZFW 13(7), 247–252 (1965)
31. Hummel, D.: Zur Umströmung scharfkantiger Deltaflügel bei großen Anstellwinkeln. ZFW 15(10), 376–385 (1967)
32. Hummel, D., Redeker, G.: über den Einfluß des Aufplatzens der Wirbel auf die Aerodynamischen Beiwerte von Deltaflügeln mit kleinem Seitenverhältnis beim Schiebeflug. WGLR Jahrbuch 232–240 (1967)
33. Legendre, R.: Ecoulement en Voisinage de la Pointe Avant d'une Aile à Forte Flèche aux Incidences Moyennes. La Recherche Aeronautique No. 30 (1952)
34. Brown, C.E., Michael, W.H.: Effect of leading-edge separation on the lift of a delta wing. J. Aeronaut. Sci. 21, 690–694 (1954)
35. Küchemann, D.: A non-linear lifting-surface theory for wings of small aspect ratio with edge separation. RAE Aero Report No. 2540 (1955)
36. Mangler, K.W., Smith, J.H.B.: A theory of the flow past a slender delta wing with leading-edge separation. RAE Aero Report No. 2593 (1957)
37. Polhamus, E.C.: A concept of the vortex lift of sharp edge delta wings, based on a leading-edge suction analogy. NASA TN D-3767 (1966)
38. Hall, M.G.: A theory for the core of a leading-edge vortex. J. Fluid Mech. 11(2), 209–228 (1961)
39. Hall, M.G.: A numerical method for solving the equations of a vortex core. RAE TR 65106 (1965)
40. Ludwieg, H.: Zur Erklärung der Instabilität der über angestellten Deltaflügeln auftretenden freien Wirbelkerne. ZFW 10, 242–249 (1962)
41. Benjamin, T.B.: Theory of the vortex breakdown phenomenon. J. Fluid Mech. 14(4), 593–629 (1962)
42. Polhamus, E.C.: Applying slender wing benefits to military aircraft. J. Aircr. 21(8), 545–559 (1984)
43. Smith, J.H.B.: Theoretical modelling of the three-dimensional vortex flows in aerodynamics. AGARD CP-342, Paper 17 (1983)
44. Hoeijmakers, H.W.M.: Computational vortex flow aerodynamics. AGARD CP-342, Paper 18 (1983)
45. Hirschel, E.H., Krause, E. (eds.): 100 Volumes of 'Notes on Numerical Fluid Mechanics and

Multidisciplinary Design'. NNFM100. Springer, Berlin (2009)

46. Rom, J.: High Angle of Attack Aerodynamics. Springer, New York (1992)
47. Vos, J.B., Rizzi, A., Darracq, D., Hirschel, E.H.: Navier-Stokes solvers in European aircraft design. Prog. Aerosp. Sci. **38**, 601–697 (1992)
48. Eriksson, L.-E., Rizzi, A.: Computation of vortex flow around wings using the Euler equations. In: Viviand, H. (ed.) Proceedings of the Fourth GAMM-Conference on Numerical Methods in Fluid Mechanics, Paris, 7–9 October 1981. Notes on Numerical Fluid Mechanics, vol. 5, pp. 87–105. Vieweg-Verlag, Braunschweig (1982)
49. Hoeijmakers, H.W.M.: Computational aerodynamics of ordered vortex flow. Doctoral thesis, Technical University Delft, The Netherlands (1989)
50. Hitzel, S.M.: Zur numerischen Simulation dreidimensionaler, kompressibler Flügelvorderkantenwirbelsysteme in einem Euler-Verfahren (About the numerical simulation of leading-edge vortex systems with an Euler Method). Doctoral thesis, University Stuttgart, Germany (1993)
51. Hentschel, R.: Entwicklung und Anwendung eines dreidimensionalen selbstadaptiven Verfahrens zur Simulation viskoser Strömungen auf der Basis strukturierter Gitter (Development and application of a three-dimensional self-adaptive method for the simulation of viscous flows on the basis of structured grids). Doctoral thesis, University Stuttgart, Germany (1996)
52. Elsenaar, A., Eriksson, G. (eds.): International vortex-flow experiment on Euler code validation. In: Proceedings of the Symposium Stockholm, 1–3 October 1986. FFA, Bromma, Sweden (1987)
53. Drougge, G.: The international vortex flow experiment for computer code validation. In: ICAS-Proceedings 1988, vol. 1, pp. XXXV–XLI (1988)
54. Elsenaar, A., Hjelmberg, L., Bütefisch, K.-A., Bannink, W.J.: The international vortex flow experiment. Vortex Flow Aerodynamics, AGARD-CP-437, 9-1–9-23 (1988)
55. Eberle, A., Rizzi, A., Hirschel, E.H.: Numerical Solutions of the Euler Equations for Steady Flow Problems. Notes on Numerical Fluid Mechanics, vol. 34. Vieweg, Braunschweig (1992)
56. Schwarz, W.: IEPG-TA15 computational methods in aerodynamics, MBB contribution to the theoretical program of Phase 2. MBB-FE122-AERO-MT-833 (1986)
57. Eberle, A., Misegades, K.: Euler solution for a complete fighter aircraft at sub- and supersonic speed. AGARD CP-412, 17-1–17-12 (1986)
58. Hummel, D., Redeker, G.: A new vortex flow experiment for computer code validation. In: Proceedings of the RTO AVT Symposium on Vortex Flow and High Angle of Attack Aerodynamics. Loen, Norway, 7–11 May 2001. RTO-MP-069, Paper Nr. 8 (2002)
59. Chu, J., Luckring, J.M.: Experimental surface pressure data obtained on 65° delta wing across Reynolds number and Mach number ranges. NASA TM 4645 (1996)
60. Hummel, D.: The second international vortex flow experiment (VFE-2): objectives and first results. J. Aerosp. Eng. **220**(6), 559–568 (2006)
61. Hummel, D.: The second international vortex flow experiment. In: Hirschel, E.H., Krause, E. (eds.) 100 Volumes of 'Notes on Numerical Fluid Mechanics and Multidisciplinary Design', NNFM100, pp. 231–240. Springer, Berlin (2009)
62. Luckring, J.M.: The discovery and prediction of vortex flow aerodynamics. Aeronaut. J. **123**(1264), 729–804 (2019)
63. Rizzi, A., Luckring, J.M.: Evolution and use of CFD for separated flow simulations relevant to military aircraft. In: Proceedings of the AVT-307 Research Symposium—Separated Flow: Prediction, Measurement and Assessment for Air and Sea Vehicles. Trondheim, Norway, 7–9 October 2019. STO-MP-AVT-307, Paper No. 3 (2019)
64. Jones, R.T.: Properties of low-aspect-ratio pointed wings at speeds below and above the speed of sound. NACA Rep. 835 (1946)
65. Hirschel, E.H.: Neue strömungsphysikalische Aspekte in der Aerodynamik. Physik in unserer Zeit, Jahrg. **15**(5), 145–155 (1984)

328

66. Hummel, D.: On the vortex formation over a slender wing at large angles of incidence. AGARD CP-247, 15-1–15-17 (1978)
67. Luckring, J.M.: Initial experiments and analysis of blunt-edge vortex flows for VFE-2 configurations at NASA Langley, USA. Aerosp. Sci. Technol. **24**, 10–21 (2013)
68. Wentz Jr., W.H., Kohlmann, D.L.: Vortex breakdown on slender sharp-edged wings. J. Aircr. **8**(3), 156–161 (1971)
69. Stanbrook, A., Squire, L.C.: Possible types of flow at swept leading edges. Aeronaut. Q. **15**(1), 77–82 (1964)
70. Ganzer, W., Hoder, H., Szodruch, J.: On the aerodynamics of hypersonic cruise vehicles in off-design conditions. In: ICAS 1978, Proceedings, vol. 1, pp. 152–161 (1978)
71. Wood, R.M., Miller, D.S.: Fundamental aerodynamic characteristics of delta wings with leading-edge vortex flows. J. Aircr. **22**(6), 479–485 (1985)
72. Luckring, J.M., Boelens, O.J.: A unit-problem investigation of blunt leading-edge separation motivated by AVT-161 SACCON research. RTO-MP-AVT-189, 27-1–27-27 (2011)
73. Hirschel, E.H., Cousteix, J., Kordulla, W.: Three-Dimensional Attached Viscous Flow. Springer, Berlin (2014)
74. Hentschel, R.: The creation of lift by sharp-edged delta wings. An analysis of a self-adaptive numerical simulation using the concept of vorticity content. Aerosp. Sci. Technol. **2**, 79–90 (1998)
75. Elsenaar, A., Hoeijmakers, H.W.M.: An experimental study of the flow over a sharp-edged delta wing at subsonic and transonic speeds. Vortex Flow Aerodynamics, AGARD-CP-494, 15-1–15-19 (1991)
76. Burggraf, U., Ehlers, T.: Aerodynamische Untersuchungen an Doppeldeltaflügelkonfigurationen mit Seitenkante. Strömungen mit Ablösung, DGLR-Bericht 94-04, pp. 185–190 (1994)
77. Hummel, D.: The international vortex flow experiment 2 (VFE-2): background, objectives and organization. Aerosp. Sci. Technol. **24**, 1–9 (2013)
78. Luckring, J.M., Hummel, D.: What was learned from the new VFE-2 experiments. Aerosp. Sci. Technol. **24**, 77–88 (2013)
79. Fritz, W., Cummings, R.M.: What was learned from the numerical simulations for the VFE-2. AIAA-Paper 2008-399 (2008)
80. Konrath, R., Klein, Ch., Schröder, A., Kompenhans, J.: Combined application of pressure sensitive paint and particle image velocimetry to the flow above a delta wing. In: Proceedings of the 12th International Symposium on Flow Visualization, DLR Göttingen, Germany, 10–14 September 2006, pp. 1–14. Optimage Ltd., Edinburgh, UK (2006)
81. Konrath, R.: Personal communication (2019)
82. Fritz, W.: Numerical simulation of the peculiar subsonic flow field about the VFE-2 wing with rounded leading edge. Aerosp. Sci. Technol. **24**, 45–55 (2013)
83. Schütte, A., Lüdecke, H.: Numerical investigations on the VFE-2 65-degree rounded leading edge delta wing using the unstructured DLR TAU-Code. Aerosp. Sci. Technol. **24**, 56–65 (2013)
84. Furman, A., Breitsamter, C.: Turbulent and unsteady flow characteristics of delta wing vortex systems. Aerosp. Sci. Technol. **24**, 32–44 (2013)
85. Crippa, S.: Advances in vortical flow prediction methods for design of delta-winged aircraft. Doctoral thesis, Kungliga Tekniska Högskolan (KTH), Rep. TRITA-AVE 2008:30, Stockholm, Sweden (2008)
86. Schiavetta, L.A., Boelens, O.J., Crippa, S., Cummings, R.M., Fritz, W., Badcock, K.J.: Shock effects on delta wing vortex breakdown. AIAA-Paper 2008-0395 (2006)
87. Donohoe, S.R., Bannink, W.J.: Surface reflective visualizations of shock-wave/vortex interactions above a delta wing. AIAA J. **35**(10), 1568–1573 (1997)

88. Hövelmann, A.: Analysis and control of partly-developed leading-edge vortices. Doctoral thesis, Technical University München, Germany, Verlag Dr. Hut, München (2017)
89. Riedelbauch, S.: Aerothermodynamische Eigenschaften von Hyperschallströmungen über strahlungsadiabate Oberflächen (Aerothermodynamic properties of hypersonic flows past radiation-cooled surfaces). Doctoral thesis, Technische Universität München, Germany, 1991. Also DLR-FB 91-42 (1991)
90. Riedelbauch, S., Hirschel, E.H.: Aerothermodynamic properties of hypersonic flow over radiation-adiabatic surfaces. J. Aircr. **30**(6), 840–846 (1993)
91. Hirschel, E.H.: Basics of Aerothermodynamics, 2nd Revised edn. Springer, Cham (2015)
92. Linde, M.: Experimental test on a planar delta wing at high Mach number and high angle of attack. FFA TN 1988-59, Bromma, Sweden (1988)
93. Crippa, S., Rizzi, A.: Numerical investigation of Reynolds number effects on a blunt leading-edge delta wing. AIAA-Paper 2006-3001 (2006)
94. Hummel, D.: Effects of boundary layer formation on the vortical flow above slender delta wings. In: Proceedings of the RTO AVT Specialists' Meeting on Enhancement of NATO Military Flight Vehicle Performance by Management of Interacting Boundary Layer Transition and Separation. Prague, Czech Rep., 4–7 October 2004. RTO-MP-AVT-111, 30-1–30-32 (2004)

第 11 章　小展弦比三角翼的特定流动问题

本书的主题主要是飞机机翼空气动力学中的分离流和涡流的基础知识。不过,我们也像第 9 章那样介绍了一些面向应用的主题。特别是涡破裂的影响不仅对空气动力系数很重要,而且对其导数也很重要。这些参数决定了飞行器的稳定性和控制特性,即飞行特性和操控品质,以及(最后但同样重要的)飞行包线。11.1 节简要讨论了这些问题。

因此,我们通过机翼的几何造型以及其他主被动手段,讨论了影响背风涡系的一些方法。就整个构型的性能和可控性而言,我们试图从背风涡诱导升力中获益时就专注于构型设计方面。同时,在飞机(预)设计过程中,必须分析和减少/消除各种不利影响,如纵向稳定性。

在许多情况下,三角翼前缘涡系的产生和操纵将同时进行。在所研究构型不同位置(机身、机翼、尾翼)的触发装置时可作为几何措施纳入考虑。我们在 11.2 ~ 11.4 节中进行了概述。

除了几何措施,机翼上表面集中分布的展向吹气还可以通过"人工"横流变化来产生涡系,也可以稳定几何上引入的涡系,见 11.5 节。之后,在 11.6 节中,对机翼几何形状进行了逐步改进,从而得到具有所需空气动力特性的设计。

在关于前缘涡控制的评论文章[1]中,还讨论了一些颇为奇特的方法。

11.1　三角翼背风涡系的升力和稳定性问题

通过图 11.1 和图 11.2,我们总结了第 10 章的主要观点。图 11.1 显示了背风涡的基本现象以及由此产生的非线性升力。非线性升力已经在相当小的攻角下出现。

图 11.2 给出了详细且理想化的流动情况,即锐边和圆边薄平面机翼上出现的背风面一次涡现象。

沿横坐标方向,前缘后掠角 φ_0 的范围为 $50° \sim 85°$。沿纵坐标方向,攻角 α 的范围为 $2° \sim 40°$。这些区间(为机翼右侧)出现了一些有趣的涡流现象。

图 11.2 中显示了 5 个感兴趣的流域。流域 0 中不存在任何背风涡,而且背

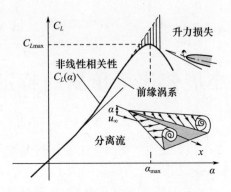

图 11.1　带背风涡的三角翼升力特性

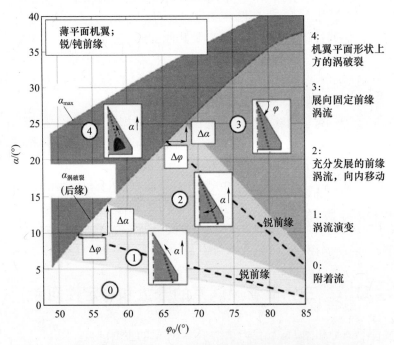

图 11.2　锐边和圆边薄平板三角翼随前缘后掠角 φ_0 和攻角 α 变化的
流动现象。虚线构成锐前缘流域 1 和流域 2 的上界

风面流动处于附着状态。流域 1 表示背风涡的演变过程,随着攻角 α 的增大,背风涡从机翼后部(即后缘)向翼尖方向移动(注意,图中只显示了一次涡的演变过程)。后掠角 φ_0 越大,开始出现背风涡的攻角越小。顺便说一下,图 11.2 所示的所有现象都是如此,但涡破裂和可达到的最大攻角除外。

从流域 2 可以看出,充分发展的背风涡随攻角的增大向内移动。在流域 3

中,涡流的展向位置是固定的。流域 4 的下界表示涡破裂 $\alpha_{\text{vortex bursting}}$ 的起点,上界表示最大攻角 $\alpha_{\max}$。[1] 超过该角度时,出现全面失速,并超过最大升力。

重要的是,流域 4 的上、下界都表明,对于前缘后掠角最小($\varphi_0 \approx 50°$)的机翼而言,涡破裂的开始及其到达翼尖的过程都是在最小攻角下开始的。随着后掠角的增大,涡破裂的临界攻角从 $\alpha = 5°$ 移动到约 37°,即涡破裂的最大攻角从 24° 移动到 40°。

关于机翼上方的涡流叠加(见 10.2.5 节),我们注意到完整构型机身的影响降低了发生涡流叠加的可能性。当然,这种影响也可能发生在飞机前体上。常见的问题是,独立机翼的数据和特性通常不可能直接映射到整架飞机。

伴随非线性升力带来的是一种不利的影响,即机翼或飞机的上仰趋势。图 11.3 上方显示了俯仰力矩系数 $C_m(\alpha)$,该系数像非线性升力分量一样增加,正好在 $C_{L\max}$ 之前达到其最大值。水平安定面的适当尺寸和位置可以纠正这种趋势。

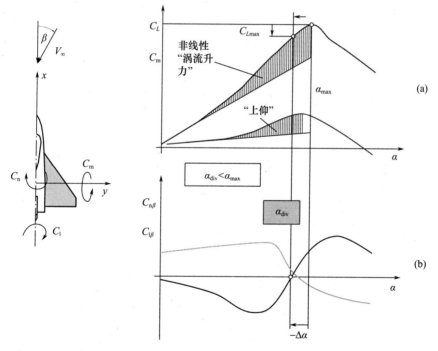

图 11.3 翼－身－尾组合体:随攻角 α 变化的升力系数 C_L、俯仰力矩系数 C_m、滚转力矩系数 C_l 和偏航力矩系数 C_n 的典型理想曲线特征。β 为侧滑角。(b)发散特性

————————————

① 涡破裂也称为涡流崩解。

图 11.3(b)所示为另外两种不利的影响,即滚转力矩系数 $C_{l\beta}$(关于上反角或侧向稳定性)和偏航力矩 $C_{n\beta}$(关于方向稳定性)的特性。

滚转力矩和偏航力矩发散均在小于升力 α_{max} 的发散攻角 α_{div} 下发生。这两种差异的后果可能导致飞机失控。表现为副翼反效、方向舵效率降低和自旋危险。此外,机翼两侧之间涡破裂不对称性可能产生需要主动控制的附加力矩。

此外,一旦发生涡破裂现象,流动就会出现强烈的不稳定性。由此产生的动态结构载荷也很值得关注。由于这些问题的影响,无法利用空气动力学上的有效最大升力。

低速范围内的锐前缘薄机翼如图 11.4 所示。

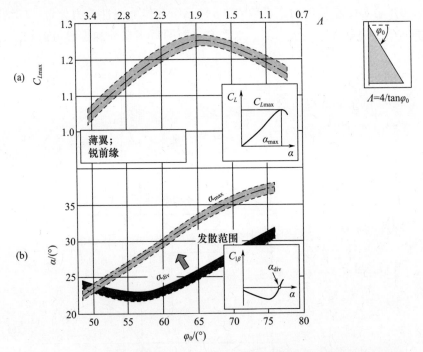

图 11.4　低速速域内的锐前缘薄三角翼:随前缘后掠角 φ_0 变化的最大升力系数 $C_{L\,max}$、最大攻角 α_{max} 和发散攻角 α_{div}(基于参考文献[2])

在前缘后掠角 $\varphi_0 \approx 66°$ 时,获得了最大升力系数 $C_{L\,max}$,见图 11.4(b)。从图 11.4(b)可以看出,在后掠角区间 $\varphi_0 \geqslant 50°$ 时,发散角 α_{div} 明显小于升力的 α_{max}。因此,由于横向稳定性和控制问题,我们无法利用机翼的升力潜力。

关于上仰问题,图 11.5 给出了容许上仰的经验极限曲线。该曲线基于参考文献[3]。J. A. Shortal 和 B. Maggin(见参考文献[4])提出的相关性如曲线的左

334

侧所示。在阴影曲线下方,三角翼构型的上仰是可控的,而在曲线上方是不可控的。注意,展弦比 Λ 低于虚线($\Lambda = 4\tan\varphi_0$)的机翼为切尖三角翼,如 VFE-1 构型(图10.25)。

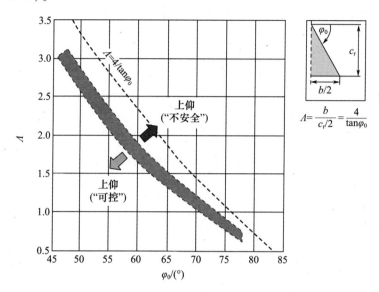

图11.5 三角翼构型:容许上仰的经验极限曲线(基于参考文献[3])

长期以来,为了扩大飞机的有效攻角范围,对构型等控制措施进行了研究并成功运用。失速区和过失速区的可飞性和可控性是主要关注的问题。过失速区的飞行当然需要推进系统的推力矢量控制,甚至需要原航天飞机轨道器上使用的控制推进器。

在以下几节中,我们将简要讨论这方面的一些主题。我们始终只考虑飞行器或独立机翼的纵向运动、稳定性和控制。

11.2 机翼平面形状的成形和优化

本节以简洁的方式介绍以下两个主题:首先是三角翼几何形状在低飞行马赫数下的影响,其次是高速飞行器小展弦比机翼的影响。

11.2.1 机翼几何形状的影响

为了产生和/或操纵前缘涡系,机翼的几何形状提供了驱动参数。除机翼平面形状(展弦比/前缘后掠角)外,机翼剖面特征(前缘半径/弯度/厚度)也是影响因素。但请注意,设计的"重点"是三角翼(平面形状)。在这种情况下,鉴于

335

大攻角下航向/纵向稳定性("鲨鱼鼻"式前体、机头边条),飞机前体横截面的调整可以发挥重要作用。

关于机翼平面形状及其改进,我们注意到前缘后掠角 φ_0 是前缘涡系发展和稳定的驱动参数。对于纯三角翼来说,后掠角与展弦比($\Lambda = 4/\tan\varphi_0$)有关。我们注意到:

(1)为了在(锐边)三角翼上形成"完整"的前缘涡系,后掠角应超过 $\varphi_0 = 53°$,因此机翼展弦比 Λ 应小于3。

(2)当涡破裂从机翼尾部到达后缘时,升力的发展受到涡破裂的影响。对应的角度为 α_{LB}(图11.6)。我们注意到,并非所有情况下都会出现这种形式的破裂。因此,11.1节的相应图中未显示破裂现象。

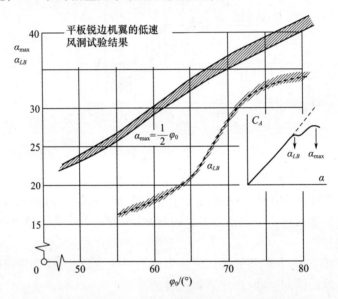

图11.6 平板锐边三角翼[2]:随前缘后掠角 φ_0 变化的最大攻角 α_{max} 和
升力破裂攻角 α_{LB}。翼身构型的低速风洞数据

(3)涡破裂随攻角 α 的增大而向前移动。在攻角约为前缘后掠角 φ_0 的一半时达到最大升力。图11.6中也显示了这种特性。图11.7(同样用低速数据)显示了涡破裂位置与 φ_0 的函数关系。随后机翼上分离面积的增加加剧了纵向和横向不稳定性(包括静态和动态不稳定性)的危险。

11.2.2 高速飞行器的机翼

在给出与低飞行速度(即 $Ma_\infty \leqslant 0.4$)有关的结果后,我们现在来研究马赫

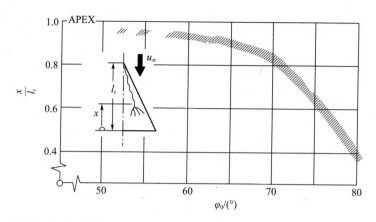

图 11.7 平板锐边三角翼[2]:α_{max} 处随前缘后掠角 φ_0 变化的涡破裂位置 x/l_i。低速风洞数据

数更高的飞行器,这些飞行器通常带有小展弦比的机翼。10.1 节讨论了两架具有代表性的飞行器,即协和式飞机(图 10.1)和航天飞机轨道器(图 10.2)。

高速飞行器机翼上出现的背风涡现象与法向攻角 α_N 和法向前缘马赫数 Ma_N 有关(见 10.2.6 节)。

这两架飞行器的特点是都带有典型的锐前缘(协和式飞机)和钝前缘(航天飞机轨道器)。我们注意到,高超声速飞行的轨道器不在我们考虑的范围内,但关于这类构型,请参见 10.7 节中的钝三角翼情况。关于高超声速飞行状态的各个方面,请参见参考文献[5]。

为了充分利用附加的非线性升力,可通过翼身结合处内侧的大后掠角前缘延伸段来改进机翼基本平面形状。协和式飞机、F-16 和 F-18 战斗机上也有这种"边条"(图 10.5)。

在协和式飞机上,可从以下几个方面来研究尖拱形机翼:通过不断增大朝向机体和翼尖位置的前缘后掠角来改进大后掠三角翼(内侧及翼尖区域)。因此,在这些位置产生了边条型平面形状部件,这些部件顺利融合到主翼的形状中,从而形成了尖拱形机翼。

通过比较协和式飞机与 F-16 和 F-18 战斗机的机翼,可以看出两个主要的几何差异:

(1)协和式飞机的基本翼是一种具有低展弦比的大后掠三角翼。相比之下,战斗机的梯形翼具有小前缘后掠角和中等展弦比 $\Lambda > 3$。

(2)内侧边条的面积和形状各不相同。协和式飞机因边条而增加的表面积不到 1%,但战斗机约为 10%,而且对于战斗机来说,边条翼前缘后掠角到基本翼的过渡很突然。

在机翼形状设计要点中可以发现造成这种差异的原因。协和式飞机是一种未安装水平安定面的超声速运输机,其巡航马赫数为$Ma_\infty = 2$。其机翼的后掠角适应了这种马赫数,并形成亚声速前缘,从而减少了波阻。在亚声速马赫数下,该构型得益于稳定前缘涡流的发展及其在起降时的高非线性升力贡献。反过来,所需的攻角也会减小。注意,地面效应也随展弦比的减小而增加。

对于战斗机来说,边条本身就是用于亚声速/跨声速大攻角操纵的高非线性升力来源。该效应的示意图如图11.8所示[6]。图中比较了带边条和不带边条的梯形翼随飞行马赫数Ma_∞变化的最大升力(用$C_{L\max}$表示)和抖振初始升力(用C_{Lbo}表示)。

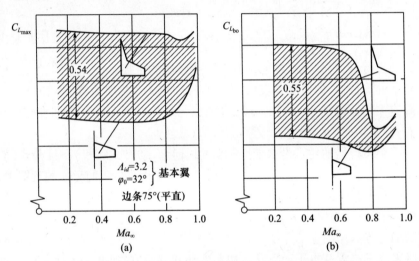

图 11.8　基本翼和带边条的基本翼随飞行马赫数Ma_∞变化的最大升力$C_{L\max}$(a)和
抖振初始升力C_{Lbo}(b)的空气动力学范围比较[6]。低速风洞数据

机翼的几何数据见图11.8(a):基本翼前缘后掠角为$\varphi_0 = 32°$,边条为$\varphi_0 = 75°$。在亚声速区内,基本翼面积增加10%的简易边条与在相同最大升力条件下将基本翼面积增加50%一样有效。关于抖振边界,其效率提高了50%以上。注意,在$Ma_\infty = 0.8$左右的跨声速状态下,C_{Lbo}值下降,而且边条翼的下降幅度更大。

边条引起的升力增加总是与翼身构型的上仰趋势有关的。在这种情况下,无尾布局是不可行的,但低位置的水平尾翼可以进行配平,以图10.5中的F-16和F-18战斗机为例。

图11.9所示为三种边条类型对随Ma_∞变化的最大升力系数$C_{L\max}$的影响。边条①具有直前缘,边条⑤(F16)采用协和式飞机机翼形状,而边条⑨(F-18)为"哥特式"边条。所有边条在$Ma_\infty = 0.9$以下都是有效的,其中边条⑨是最有效的。

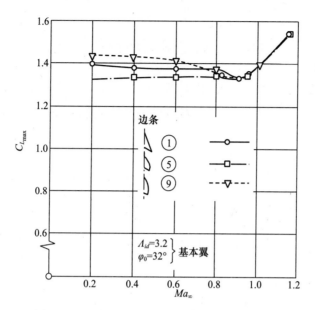

图 11.9 具有三种不同边条类型的基本翼随飞行
马赫数 Ma_∞ 变化的最大升力 $C_{L\max}$[6]（风洞数据）

关于带三个边条的基本翼的升阻比 L/D（空气动力效率），在 $Ma_\infty = 0.5$ 时，边条⑤是最好的，在 $C_L = 0.3$ 时，$L/D = 11.8$（图 11.10）。

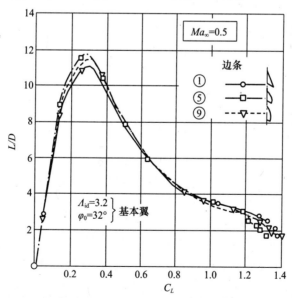

图 11.10 $Ma_\infty = 0.5$ 时具有三种不同边条类型的基本翼随升力系数 C_L 变化的升阻比 L/D[6]

339

11.3 机翼剖面和前缘襟翼

除了机翼平面形状的优化,机翼剖面的塑形也是提高和优化小展弦比三角翼性能的一种方法。另外,前缘襟翼也可以提高这种机翼的性能。本节将简要讨论这两个主题。

11.3.1 机翼剖面

机翼的翼弦剖面通常由其机头半径 r_0、厚度比 t/L 和弯度比 f/L 定义,其中 L 为机翼的参考长度(见 10.2.1 节)。就背风涡系而言,前缘半径的物理尺寸是机翼剖面侧的驱动参数。

前缘半径越大,就攻角而言,其周围附着流区域就越大,若流动为亚声速状态,则附着流发展充分且稳定(见 10.2.4 节)。再次注意法向攻角 α_N 和法向前缘马赫数 Ma_N 的重要性。在观察大后掠前缘机翼的绕流时,这些都是相关标准(见 10.2.6 节)。分离类型可能为普通分离,并且可能存在局部分离气泡。

若三角翼上存在背风涡系,则可从 10.2.6 节(图 10.22 中的锐前缘机翼和图 10.23 中的钝前缘机翼)和 10.2.5 节中给出的相关性得出其发展情况和存在区域,以及涡破裂倾向。

在图 10.23 中,这种相关性对应于前缘雷诺数 $Re_N = r_N v_N / \nu \geqslant 2 \times 10^4$。$r_N$(即 r_0)为前缘半径,v_N 为垂直于前缘的自由来流速度分量,ν 为运动黏度。若雷诺数的大小高于该值,则前缘周围存在充分发展的流动。

前缘雷诺数的下边界为 $Re_N \approx 7 \times 10^3$。此时,开始出现"全"前缘吸力。

在三角翼的空气动力学设计中一直使用 E. C. Polhamus[7-8] 提出的前缘吸力比拟概念。该概念是基于锐边机翼上由背风涡产生的背风面吸入压力(图 10.17)与钝边机翼前缘的吸入压力之间的一种类比①。该概念允许获得涡流升力以及由此产生的诱导阻力,其目的是量化雷诺数效应。

我们只介绍了总体情况,有关详细信息请参见参考文献[2,7]。升力系数是通过吸力比拟得到的:

---

① 吸力的概念可追溯到环量理论(模型 4)的应用。考虑攻角下的翼型。唯一的力是垂直于自由流方向的升力 L。其在翼型 x 方向上的分量为 $P_x = -L\sin\alpha = S$,即方向向前的吸力[9]。这归因于翼型前缘周围流动(一种高速流动)产生的低压(即吸入压力)。攻角越大,S 值就越大。在本例中,这涉及三角翼后掠前缘周围的流动以及下风涡系引起的非线性升力。

$$C_L = C_{L_p} + C_{L_v} \tag{11.1}$$

式中:C_{L_p} 为线性势流理论(模型4)升力;C_{L_v} 为背风涡系引起的升力。这两个部分写成

$$C_{L_p} = K_p \sin\alpha \cos^2\alpha \tag{11.2}$$

$K_p = \mathrm{d}C_{L_p}/\mathrm{d}\alpha$,且

$$C_{L_v} = K_v \sin^2\alpha\cos\alpha \tag{11.3}$$

和

$$K_v = \left(K_p - \frac{K_p^2}{\pi\varLambda} \right) \frac{1}{\cos\varphi_0} \tag{11.4}$$

作为旋转90°的法向力系数的导数,虚拟前缘吸力,即 $K_v = \mathrm{d}C_L/\mathrm{d}\alpha^2$。

根据式(8.2),诱导阻力通常可写成

$$C_{D_i} = K_i C_L^2 \tag{11.5}$$

式中:K_i 为诱导阻力系数。该系数在两个极限值之间变化。第一个极限值为 $K_1 = 1/\pi\varLambda$,它被认为可以代表全前缘吸力。在极限值 $K_2 \approx 1/(\mathrm{d}C_L/\mathrm{d}\alpha)$ 下给出了零前缘吸力。

这种情况下的"精确"诱导阻力系数为 $C_{D_i} = C_L\tan\alpha$,因此 K_2 是一个近似值。这种简单的研究直接表明,随着背风涡系引起的非线性升力的发展,K_2 和 C_{Di} 有所减小,对于要求的恒定升力,则需要较低的攻角。

关于上述前缘雷诺数 Re_N 对涡流升力发展的影响,图 11.11 显示了在低速状态下,在钝前缘切尖三角翼/机身组合体上获得的随前缘雷诺数 Re_N 变化的前缘吸力 S^* 的百分比,请参见参考文献[10-11]。

经发现,$\mathrm{d}C_L/\mathrm{d}\alpha$ 值的实验数据始终对应于升力条件 $C_L = C_L(L/D)_{\mathrm{opt}}$。当雷诺数为 $Re_N \geqslant 2 \times 10^4$(即图 10.23 所示的数值)时,研究结果表明,在这种情况下,可达到的最大背风面吸入压力约为 90%。

与锐前缘的情况相比,稳定背风涡系的发展转向更大的攻角,从而减少了可用的非线性升力量。因此,给定攻角下的诱导阻力随前缘半径的增大而减小,如考虑到设计过程的单位剩余功率目标,这可能有所帮助[①]。总的来说,雷诺数效应可能发挥很大的作用,因此使用风洞数据时务必小心谨慎。

----

① 单位剩余功率是指飞行器加速或其爬升性能所需/可用的剩余功率。

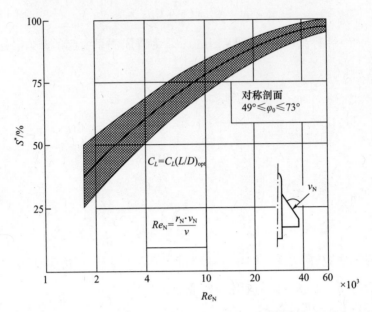

图 11.11 雷诺数 Re_N 对前缘吸力发展的影响[10]。实线图为测量数据 $S*$ 的平均值(阴影区)

11.3.2 前缘襟翼

机翼剖面(尤其是前缘或机头半径)的影响是 11.3.1 节的主题。现在考虑小展弦比三角翼的可移动前缘襟翼问题。这种襟翼在一定程度上可以操纵背风涡系在相关攻角范围内的发展、位置和效应[10-11]。

通过扩展前缘襟翼进行操纵是在考虑所研究飞机的性能、围绕所有轴线的稳定性和操控性的情况下进行的。襟翼偏转的大小(和方向)应符合寻找/产生最有效攻角的意图。在给定的飞行条件下"感受到"前缘区域。

升力条件 $C_L = C_L(L/D)_{opt}$ 是图 11.12 和图 11.13 的背景条件。图 11.12 比较了具有不同弦向翼型的锐边三角翼随前缘后掠角 φ_0 变化的前缘吸力 S^* 发展情况。

我们发现,对称弦向形状的吸力 S^* 最小,翘曲变形(其形状如图 11.12 所示)使吸力 S^* 增加,而且前缘襟翼形状的增加幅度更大。当前缘后掠角为 $\varphi_0 \approx$ 40°时,前缘吸力基本不变,后掠角越大,吸力下降越明显。

我们主要讨论小展弦比三角翼,这意味着比较大的前缘后掠角 φ_0。图 11.13 显示了具有两种不同弦向(曲面)形状的钝前缘三角翼前缘吸力的发展情况。机翼前缘后掠角为 $\varphi_0 = 63°$。因为它是三角翼,所以展弦比为 $\Lambda = 2$,100% 前缘吸力诱导阻力系数为 $K_1 = 1/(\pi\Lambda) = 0.16$,零吸力诱导阻力系数为

342

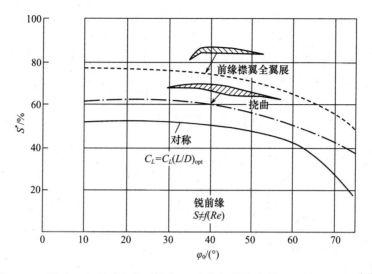

图 11.12　锐边三角翼随前缘后掠角 φ_0 变化的前缘襟翼和机翼挠曲影响[10]

$K_2 \approx 0.34$。因此，S^* 的 10% 损失将使 K_1 增加 $(K_2 - K_1)/K_1 \times 0.1 \approx 11\%$。

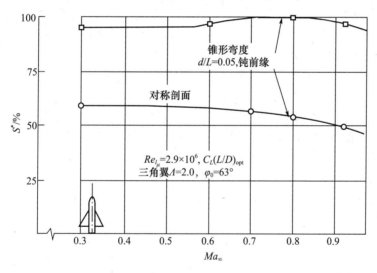

图 11.13　三角翼随自由来流马赫数 Ma_∞ 变化的锥形弯度影响[10]

　　注意，图 11.13 所示的机翼具有 5% 厚的钝前缘弦段，而图 11.12 所示的机翼为锐前缘。图 11.12 的右侧为 $\varphi_0 = 63°$ 时的实例。图中给出了对称弦段的角度为 $S^* \approx 40\%$，翘曲弦段为 $S^* \approx 50\%$，带前缘襟翼的弦段为 $S^* \approx 62\%$。

　　升力诱导阻力的相应系数（即实际 K_1 系数）分别为 0.268、0.25、0.23

343

$(100\% \ S^*$ 为 $K_1 = 0.16$，见前文）。我们的结论是，前缘襟翼使升力诱导阻力减小了 $(0.268 - 0.23)/0.268 \approx 14.2\%$（锐前缘的情况下）。

R. K. Nangia 等[12]、J. M. Brandon 等[13]（其论文展示了 F-106B 战斗机的飞行成果）以及 N. T. Frink 等[14]的论文对我们的主题有更深入的见解。

11.4　前机身边条

前机身边条的设计是为了在侧向/定向运动（$c_{l\beta}, c_{n\beta}$）中重新稳定从大攻角到过失速攻角条件下的常用军用三角翼飞机。

使边条和/或不对称制动边条发生偏转，从而在前机身上产生涡流。要求在前机身上正确安装这些装置（x 和 z 位置），在许多情况下，这对飞机设计师来说是一项艰巨的任务。

在使用前机身边条时，务必注意两个迫在眉睫的危险：

（1）前机身边条可在大攻角下实现静态航向稳定性，但对动态稳定性可能造成不利影响，原因是它们可能导致飞机绕垂直轴自动旋转（自旋）。

（2）在侧滑条件下，迎风侧前机身边条涡流（边条具有更大的有效攻角和动压）与背风面涡流叠加时，机头边条效应使飞机在横向运动中变得不稳定。

因此，成功的必要条件是全面了解飞机周围流场。我们以 S. M. Hitzel 和 R. Osterhuber[15]研究中的一些数据为例。研究对象是一种超声速战斗机构型，其目的是将该构型的机动性扩大到极大攻角下。

在该构型上，具有相互干扰和破裂效应的前缘涡流影响飞机的性能。利用构型的所有几何细节对该构型进行的 URANS 模拟表明，不对称的涡破裂和侧滑交互特征是机动性受限的原因。

这项研究最终使用了前机身边条和前缘翼根延伸段（见下文），这大大提高了横向稳定性和可达到的攻角。这些都得到了风洞和飞行试验的证实。

图 11.14 非常详细地显示了在大攻角和侧滑条件下，基本标准三角翼鸭式构型上的计算流场[15]。注意，还对展开的缝翼进行了模拟，因此考虑了由此产生的缝翼涡流。

图 11.14（b）所示为机翼向前的飞机侧面，图 11.14（a）所示为机翼向后的飞机（向飞机左舷侧滑）。图 11.15 也是一样。从这两幅图可以看出，鸭翼涡尾流（鸭翼尾流）从飞机上方高高掠过。与背风面流场的相互干扰似乎很小。

为提高标准构型性能而作出的变化相当小。用三角形机身边条取代驾驶舱下方两侧狭窄的矩形机身导流片。此外，还使用了前缘翼根延伸段，将进气道斜板侧边与机翼前缘连接起来。机身边条和前缘翼根延伸段的结合实现了预期改

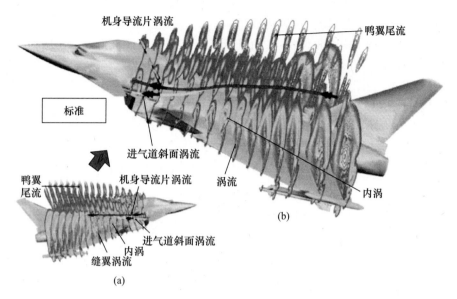

机身导流片涡流

鸭翼尾流

标准

进气道斜面涡流

涡流

内涡

鸭翼尾流

机身导流片涡流

进气道斜面涡流

内涡

缝翼涡流

(a)

(b)

图 11.14　亚声速和大攻角条件下标准构型的计算表面压力、涡量横截面和涡核路径[15]

进目的。该构型称为 EFEM 构型,代表 EF2000 机动性增强型构型。

　　由此产生的流场可视化效果如图 11.15 所示。与标准构型相比,流场变化更明显。此时,进气道斜板产生的涡流似乎更强。涡轴(黄色)未被边条涡流吞并,但在标准构型中,该涡轴与导流片涡流的涡轴合并。

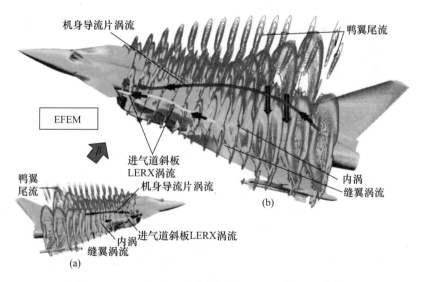

机身导流片涡流

鸭翼尾流

EFEM

进气道斜板
LERX涡流

机身导流片涡流

内涡

缝翼涡流

鸭翼尾流

内涡

缝翼涡流

进气道斜板LERX涡流

(a)

(b)

图 11.15　亚声速和大攻角条件下 EFEM 构型的计算
表面压力、涡量横截面和涡核路径[15](见彩图)

345

EFEM 机身边条涡流(涡轴为红色)比标准涡流要强得多,并且更接近机翼表面。机翼的背风涡系整体稳定,而且机翼上方的非线性升力增加。向前机翼上的升力比向后机翼上的升力更强,并使 EFEM 机身获得稳定的滚转力矩。

图 11.16 和图 11.17 证明了这一点。图 11.16 显示了在亚声速飞行范围内两种构型的滚转力矩系数 $c_1(\alpha)$ 变化曲线。

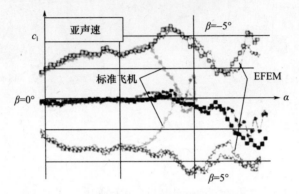

图 11.16 亚声速速域内标准和 EFEM 飞机随攻角 α 和
侧滑角($\beta = 0°$ 和 $\mp 5°$)变化的滚转力矩 c_1 风洞试验结果[15]

当侧滑角 $\beta = 0°$ 时,大攻角范围内构型表现良好,但随后变得不可控。对于 $\beta = \mp 5°$ 的标准构型而言,滚转力矩 c_1 在较小的攻角下突然降为零。而 EFEM 构型则在大得多的攻角下表现出可接受的滚转力矩变化。

在跨声速飞行范围内出现了类似的模式,如图 11.17 所示。当 $\beta = 0°$ 时,两种构型的有利攻角范围都大于亚声速速域。当 $\beta = \mp 5°$ 时,标准构型表现出明显的不对称性,而 EFEM 构型的性能明显优于亚声速情况。

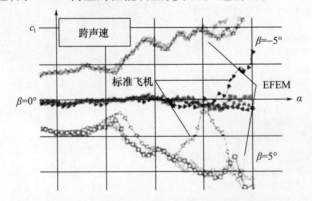

图 11.17 跨声速速域内标准和 EFEM 飞机随攻角 α 和
侧滑角 $\beta = 0°$ 和 $\mp 5°$ 变化的滚转力矩 c_1 的风洞试验结果[15]

通过对参考文献[15]中筛选结果的简短介绍,我们证明了可以用简单的前机身边条装置来影响和增强小展弦比三角翼飞机的横向稳定性。有关前机身边条及其功能的更多信息和见解,请参见参考文献[16－17]以及本书第三作者的论文[18]。

11.5　展向吹气

20世纪60年代末公布了关于展向(集中)吹气技术的基本思想。据作者所知,这归因于美国洛克希德公司的J. J. Cornish和C. J. Dixon[19-20],以及法国ONERA的Poisson－Quinton博士。因此,这项技术可视为"跨大西洋联盟"的成果。

"展向吹气"这个话题在20世纪70年代十分流行。这项技术的效果和效率已经从试验方面得到了很好的证实,无论从性能提高(升力的增加和升力诱导阻力的减少)到关于所有轴线的稳定性问题,都主要取决于喷流的位置(机翼、机身、尾翼)。方向舵和副翼的控制增稳也是一个研究课题。

本书的第四作者是德国(MBB, DFVLR)和法国(ONERA)"受控分离机翼"工作小组的负责人,该工作小组对稳定前缘涡系的机翼绕流(1969—1978年)和集中展向吹气的影响(1975—1982年)都进行了试验研究。

参考文献[21]对这项工作的主要成果进行了概述:

(1)从飞机的空气动力性能、稳定性和操纵方面讨论了集中展向吹气技术的优缺点。

(2)在经验/理论基础上确定了空气动力效率的极限,并与试验结果进行了比较。确定了应用的上下界。

(3)对这项技术的实际应用以及未能运用于操纵战斗机的原因提出了看法。讨论了具有竞争力的方法。

以下只对飞机纵向运动的结果进行了简要概述。我们集中研究了涡流的发展和操纵,以及展向吹气的主要影响。吹气系数 c_μ 的定义如下:

$$c_\mu = \frac{\dot{m} v_{\mathrm{j}}}{q_\infty A_{\mathrm{ref}}} \tag{11.6}$$

式中: $\dot{m}$ 为射流的质量流量; v_{j} 为射流速度(其乘积为射流推力); q_∞ 为自由来流的动压; A_{ref} 为机翼的参考面积。

通过带混合翼的模块化低速试验模型得到的一些结果证明了展向吹气的效果,如图11.18所示。

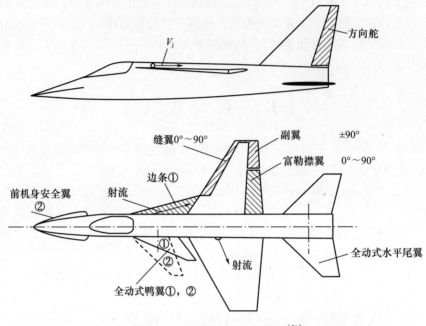

图 11.18　低速模块化试验模型[21]

缝翼和富勒襟翼的向下偏转角为 $0° \leqslant \delta \leqslant 90°$,副翼向下、向上偏转角为 $-90° \leqslant \delta \leqslant 90°$。

表 11.1 给出了模块化试验模型梯形翼和边条的主要几何参数。

表 11.1　模块化试验模型机翼的几何参数[21](λ_t 为机翼的梢根比)

$\varphi_0/(°)$	Λ	λ_t	$\varphi_{0strake}/(°)$
32	3.2	0.3	75

表 11.2 收集了本次研究的主要参数,其中 $\bar{c}$ 为平均弦长。

表 11.2　低速模块化试验模型:研究参数[21]

Ma_∞	$Re_{\infty,\bar{c}}$	$\bar{c}/m$	攻角	侧滑角	吹气系数
0.2	$\approx 2.1 \times 10^6$	0.42	$-5° \leqslant \alpha \leqslant 90°$	$-15° \leqslant \beta \leqslant 15°$	$0 \leqslant c_\mu \leqslant 0.4$

在这种情况下,展向吹气是指集中横向射流。它指向梯形翼或边条的吸力面,并在大致平行于其平面和前缘的情况下吹气。

现列举了展向吹气的两种应用。它们可以单独使用,也可以同时使用,这取决于机翼或边条上的流动类型。

（1）若机翼具有适当的几何形状（三角翼或边条平面形状和适当的攻角）和稳定的背风涡系,则背风涡系可通过展向吹气进行操纵。对于试验模型来说,这适用于边条。

（2）若机翼没有可产生背风涡系的适当几何形状，则背风涡系的产生、稳定和控制可通过展向吹气来完成。对于试验模型来说，这适用于梯形翼。

11.5.1 在无边条和前机身安定翼的试验模型上吹气

无边条试验模型（图11.18）的机翼可视为中等展弦比/小前缘后掠角机翼。为了研究展向吹气对空气动力特性的影响，我们将这种机翼作为基准构型进行了试验[22-28]。在试验方法中找到了翼上机身侧的最佳喷嘴位置（如图11.18中的左机翼所示），包括射流方向（机翼表面的后掠角和仰角，加上机翼上方的喷嘴位置）。

图11.19所示为 $Ma_\infty = 0.2$ 时次优射流/喷嘴位置（即机翼/机身相交处40%的翼根弦（$x_D/l_i = 0.4$）位置）的纵向运动结果。喷嘴直径为 $d = 15\mathrm{mm}$，$\Delta\varphi_D = 15°$ 为喷嘴相对于40%弦线的角度。

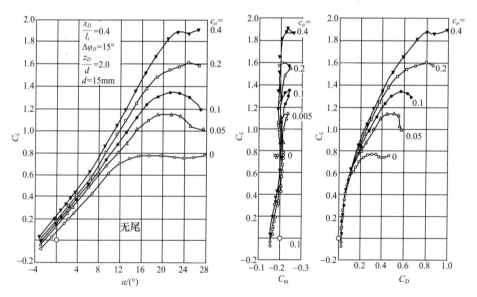

图11.19 展向吹气（$c_\mu = 0,0.05,0.1,0.2,0.4$）对升力、俯仰力矩和阻力系数的影响[21]。无基本梯形翼、边条和前机身安定翼

通过分析展向吹气对升力、俯仰力矩和阻力特性的影响，我们发现：

（1）最大升力和攻角随 c_μ 的增加而增大，升力的非线性和升力曲线斜率 $\mathrm{d}C_L/\mathrm{d}\alpha$ 也有相同的趋势。这些效应清楚表明，展向吹气引起了一个背风涡系。

（2）在小攻角下，升力会产生准弯度效应，但对俯仰力矩没有影响。递增的

c_μ 可扩展纵向稳定性,从而使中性点的位置保持不变,以达到更大的攻角和更高的升力。

(3) 展向吹气减少了升力诱导阻力。这种影响必须完全归因于非线性升力发展,也就是说,不能归因于前缘吸力的恢复。

11.5.2 在带边条但不带前机身安定翼的试验模型上吹气

带边条试验模型的机翼可视为大前缘后掠角(内侧)/中等展弦比的混合翼。采用这种机翼在试验模型上进行实验研究。

射流喷嘴的最佳位置是在机翼总翼根弦长的 10% 处(图 11.18 中的右侧边条所示)。喷嘴再次安装在机身内,并在平行于边条前缘(后掠角为 $\varphi_{\mathrm{LE\ strake}} = 75°$)和机翼表面的情况下吹气。

吹气对机翼和边条的影响及效率如图 11.20 和图 11.21 所示。所示结果与带边条的净形基本翼(图 11.20)和(前缘)缝翼向下 25°且后缘襟翼(单缝富勒襟翼)向下 30°的高升力构型(图 11.21)中带边条的净形机翼的结果进行比较。

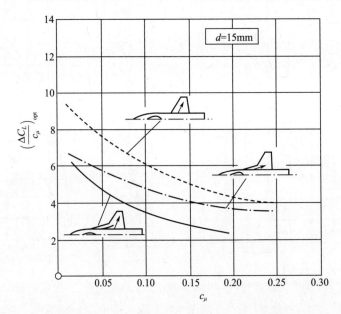

图 11.20　机翼平面形状和吹气类型对随吹气系数 c_μ 变化的升力增量 $\Delta C_L/c_\mu|_{\mathrm{opt}}$ 的影响[21]

品质因数是"射流引起的诱导升力增量"与"吹气系数" $\Delta C_L/c_\mu$ 之比,因此能够将射流动量转化为有用的空气动力升力。

图 11.20 所示为净形构型的吹气结果:①上曲线:仅机翼;②中曲线:机翼和边条,只在机翼上方吹气;③下曲线:机翼和边条,在边条和机翼上方吹气。

350

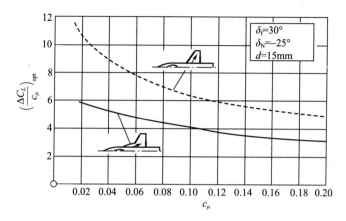

图 11.21　高升力构型:随吹气系数 c_μ 变化的吹气效率 $\Delta C_L / c_\mu \mid_{\text{opt}}$[21]。
富勒襟翼 $\delta_f = 30°$,缝翼 $\delta_N = -25°$,喷嘴直径 $d = 15\text{mm}$

在净形基本翼(上曲线)进行展向吹气很明显比在边条 – 机翼组合体(中曲线)进行展向吹气更有效。这是预料之中的。不宜将边条和机翼上的总吹气动量等量分解,即将边条和基本翼上的两个最佳位置相结合(下曲线)。在每种情况下,绝对升力增量 ΔC_L 都会随吹气量的增加而增加。在所示的所有情况下,展向吹气 $\Delta C_L / c_\mu$ 效率会随 c_μ 的增加而降低。

高升力构型的类似比较见图 11.21。上曲线显示了带缝翼和富勒襟翼且具有展向吹气效应的基本翼吹气效率,下曲线显示了同一基本翼(但增加了一个边条并在该边条上吹气)的吹气效率。

这两条曲线清楚地表明,在高升力条件下,机翼展向吹气对基本翼(即离展向集中涡流发展"最远"的构型)来说是最有效的。对于带边条的机翼来说,吹气效率较低。其绝对升力系数 ΔC_L 始终比无边条的机翼高 50%。

11.5.3　总结性评论

从流体力学和空气动力学的角度来看,展向吹气是一种非常有趣的技术①。它为什么没有运用于飞机上,尤其是战斗机上? 原因是多方面的。我们不会重复参考文献[21]中关于反对展向吹气的空气动力学、构型和任务特征的讨论,我们只是指出了这个问题的某些方面。

图 11.22 比较了机翼几何形状、高襟翼和缝翼调整(图 11.21 的图例)及展

---

①　我们注意到,用离散数值方法(表 1.3 中的模型 10 和模型 11)来详细研究流动变化是可取的,至少从学术角度来看是这样。

向吹气对达到的最大升力增量 $\Delta C_{L\max}$ 的影响。比较的参考依据是净形构型梯形翼的试验模型。在任何情况下,成功的条件都是将梯形翼和边条相结合,但不一定是与吹气相结合。

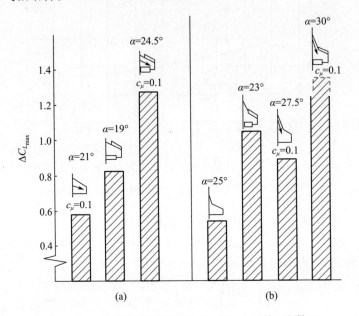

图 11.22　参考净形梯形翼:边条、高升力系统(缝翼和富勒襟翼)和展向吹气(用 $\Delta C_{L\max}$ 表示)的影响[21]

(a)仅梯形翼;(b)梯形翼与边条的结合。所示攻角 α 为最大升力时的攻角。

展向吹气显然适用于低飞行速度。当更加详细地检查式(11.6)时,这一点变得很明显。记住,当我们发现吹气引起的增量随飞行马赫数的增加而减小时,可以写出动压。

$$q_\infty = \frac{1}{2}\varrho_\infty u_\infty^2 = \frac{1}{2}\gamma p_\infty Ma_\infty^2 \tag{11.7}$$

记住,飞机的发动机特性限制了吹气装置的压力和质量流量,因此,可以理解的是,展向吹气无论如何都仅限于低飞行马赫数。

另外,在研究展向吹气时,小/中展弦比梯形翼与边条的组合已经处于全面开发阶段。随后,运用于 F-16 和 F-18 战斗机上(图 10.5)。

然而,应该在"横流射流"这一广泛的背景下来看待展向吹气。1993 年 4 月 19—22 日在英国温切斯特举行的关于"横流射流的计算和试验评估"AGARD 研讨会展示了横流射流应用的范围[29]。会上介绍并讨论了推力矢量、射流冲击、高超声速横流、飞行器控制、内部流动和涡轮冷却等主题。

我们将单独讨论高超声速横流射流的话题。在航天飞机轨道器的再入轨道上,反作用力控制装置处于激活状态,以便在 $Ma_\infty \leqslant 5$ 时将滚转、俯仰和偏航等部分控制到攻角 $\alpha \approx 20° \sim 25°$,此时气动稳定面、配平面和操纵面已经离开机身和机翼的高超声速盲区,请参见参考文献[5]。

11.6 设 计 实 例

本节将简要介绍一项关于细长机翼(即三角翼)上仰问题的研究,该问题已经在参考文献[2]中详细讨论过。该研究是基于双三角翼战斗机构型的实验研究。方法是仔细、全面地确定观察到的上仰现象与由此发生的背风涡结构之间的联系。这些多涡系统是通过油流图、线簇和蒸汽屏照片进行观察的。为了确定相应的气动力和力矩系数,我们进行了六分量气动力测量。

11.6.1 基本构型

超声速轻型战斗机设计($Ma_\infty = 1.4$)的基本构型是一种类似于 F – 16XL 战斗机的(无尾)机翼 – 机身 – 垂直安定面构型。机身宽度约为模型总翼展的 15%。

机翼几何布局起点是一个平面、3.4% 厚的双三角翼,其内侧前缘后掠角为 $\varphi_{0i} = 70°$,外侧后掠角为 $\varphi_{0a} = 50°$,而在其 69% 半翼展处设有一个前缘扭转,请参见图 11.23 中的嵌入式机翼平面图。后缘后掠角略为负(即 $\varphi_{TE} = -6.50°$),并沿翼展方向保持恒定。特别是在亚声速飞行状态($Ma_\infty < 0.6$)下发现了主要涉及过度上仰趋势的设计问题。

我们在图 11.23 中显示了基本翼构型在 4 种不同攻角状态下的俯仰力矩,以及在 $x/L = 0.9$ 时庞加莱曲面上观察到的多涡系统①。

俯仰力矩 $C_m(\alpha)$ 发展的 4 种特征状态可以区分,并且速度场拓扑的指定结构在一定程度上具有争议:

(1)①$\mathrm{d}C_m/\mathrm{d}\alpha$ 恒定负值的线性发展状态。图 11.23 给出了攻角范围为 $0° \leqslant \alpha \leqslant 10°$ 时的纵向稳定性。机翼上方有一个开式背风面流场(见 7.4.3 节)。关于速度场拓扑结构,我们在庞加莱曲面观察到两个一次涡,一个由具有焦点 N_1 的内三角翼引起,另一个由具有焦点 N_2 的外三角翼引起。在这些涡流的下方还会看到一个二次涡。

---

① 注意,我们始终假设下(迎风)侧的一次附着线位于机翼中间位置,请参见 7.4.3 节和 7.5 节中的讨论。还要注意,焦点就是节点,因此用 N 而不是 F 表示,请参见 7.4.3 节。

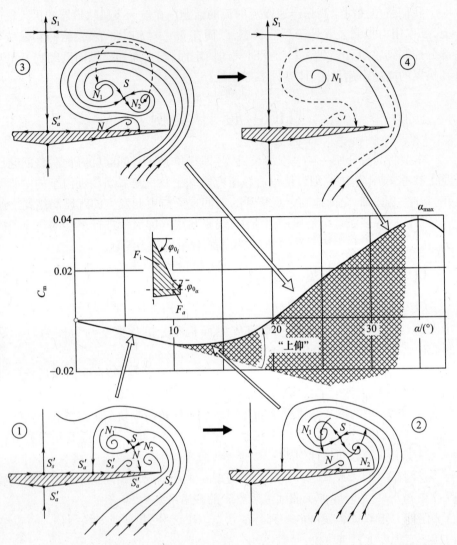

图 11.23　$Ma_\infty = 0.2$ 时的基本翼构型[2]。机翼 4 个攻角位置上 $x/L = 0.9$
（嵌入式机翼平面图中的水平虚线）时的俯仰力矩特性 $C_m(\alpha)$ 和庞加莱曲面流动拓扑结构

（2）②上仰趋势在攻角范围 $10° \leqslant \alpha \leqslant 20°$ 内发展。机翼上方仍存在一个开式背风面流场。外三角翼涡流上升速度比内三角翼涡流更快。现在，两个三角翼都通过自由鞍点 S 耦合。外涡向内移动，并在机翼后缘附近开始破裂（图 11.23 中未显示）。然后，两个涡流开始围绕自由鞍点旋转，在试验中观察到自由鞍点是涡流中心的摆动线（蒸汽屏图片和线簇）。

涡流发展的综合效应使非线性升力效应向前移动,从而导致 C_m 曲线向上弯曲。

(3) ③$\alpha = 20°$ 时出现的最大不稳定性一直持续到失速状态 $20° \leqslant \alpha \leqslant 30°$。关于速度场拓扑结构,我们首先观察到,此时有一个闭式背风面流场。这意味着整个上翼面现在由分离流控制。外翼部分的涡流与前缘失去了接触。它几乎完全破裂了。非线性升力的增加与压力中心的向前移动之间明显存在一种平衡。其结果是俯仰力矩仍然增大,但梯度 $dC_m/d\alpha$ 几乎不变。

(4) ④在超过 $\alpha \approx 28°$ 时,梯度 $dC_m/d\alpha$ 开始减小,并最终恢复高度稳定性,从而导致超过 α_{max} 的上仰。在接近最大攻角 α_{max} 时,只有一个来自内三角翼的背风涡系。在油流和蒸汽屏照片中几乎看不到其下方的二次涡。涡破裂已经向前移动了很远的距离。庞加莱曲面实际上不再与 $x/L = 0.9$ 位置相对应,而是与更靠前的位置相对应。

如果攻角增大到超过 α_{max},会发生什么情况? 流型接近通过垂直的平板。由此产生的法向力滑回曲面中心。该构型变得非常稳定。在超过 $\alpha_{max} \geqslant 40°$ 时,若飞机因操纵面功能不足而重新稳定,并建立 $C_m = 0$ 的平衡飞行姿态,则会出现"严重失速"的危险。

11.6.2 机翼几何形状的改进

为了解决和减少固有的上仰问题,我们在低速区通过风洞试验研究了一些几何措施的效果。然后,在 $0.5 \leqslant Ma_\infty \leqslant 2.0$ 的范围内用高速模型检查了最有潜力的变体。几何措施如下:

(1) 翼尖区前缘后掠角、主翼、前缘延伸段和外侧机翼的变化。

(2) 外侧翼展的变化。

(3) 在机翼扭结处放置一个触发装置,即"导流片"。

(4) 外侧机翼(向下)的正上反角变化,$v_a = 0°/15°/30°/45°$。

图 11.24 所示为改进内容(图 11.24(a))及其对俯仰性能的影响(图 11.24(b))。为了量化这些影响,采用了 $C_L - C_m$ 图。

$$\frac{x_{cog} - x_N}{l_\mu} = \frac{dC_m}{dC_L} \tag{11.8}$$

中性点 x_N 的位置可用于显示这种效果。式中,x_{cog} 为重心位置,l_μ 为平均气动弦长。为了比较改进效果,所有构型的不稳定性都是相同的,$(dC_m/dC_L)|_{C_L \to 0} = 0.03$ 或 3%。

对上仰趋势的影响如下:

(1) 内三角翼构型②的改进使上仰趋势的衡量指标降至 6%,而原构型

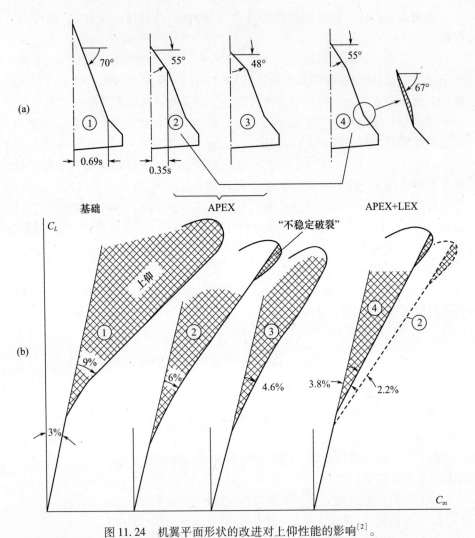

图 11.24 机翼平面形状的改进对上仰性能的影响[2]。
(a)具有①基础、②和③翼尖改进、④翼尖和前缘改进的机翼平面形状；(b)改进效果。

①为9%。这种效应还伴随微弱的不稳定破裂,偏离了近似直线图(用细阴影线标记)。

(2)若改进后的内三角翼的前缘后掠角从55°减小到48°(构型③),则上仰趋势的衡量指标进一步降低到4.6%。

(3)构型④就是构型②,但多了一个较小的前缘延伸段(LEX)。它位于三角翼外侧的正前方,与外翼扭节点后面的最终后掠角为90°。该构型的上仰趋势是3.8%,为所有构型中最低的。

356

其结果是,这些改进都可以使基本(强烈)上仰趋势降低9%。触发装置(即外侧机翼与内侧机翼扭结处的导流片)产生了不利的影响。这导致内侧涡系过度失真(图11.24中未显示)。

11.6.3 最终构型

最终构型是在对构型④(现为外侧机翼)进行两次深入改良后得到的:①正上反角v_a的修正;②前缘后掠角φ_a的修正。

图11.25显示了这两种变化的影响。

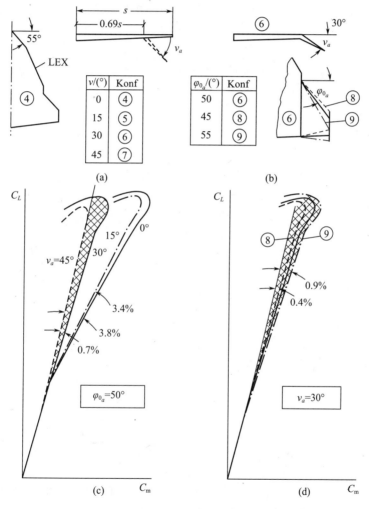

图11.25 外翼正上反角v_a和前缘后掠角φ_{0_a}的改进对图11.24中4号机翼上仰性能的影响[2]

(a)(b)机翼平面形状和正上反角的改变;(c)(d)改进效果。

357

改变正上反角是非常有效的（图 11.25（a）（c））。当 $v_a = 30°$ 时，上仰趋势几乎消失，而当 $v_a = 45°$ 时，该趋势完全消失。正上反角在内侧前缘涡系展向速度分量产生的扭结外侧，形成了一个稳定涡流。

减少外侧前缘后掠角也有助于纵向稳定性（图 11.25（b）（d））。但由于超声速设计方面的原因，这一点不适用。

应该注意的是，由于外侧机翼的准扭转效应，有效攻角随着正上反角的增大而减小。外侧机翼翼展/展弦比的减小还降低了上仰的倾向，但由于性能方面的原因，这是不可容忍的。

最后，我们发现机翼（即具有所需纵向稳定性能的飞机构型）为 $\Lambda = 1.6$ 时，内侧和中间前缘后掠角为 50°/67°，加上带 50° 后掠角的前缘延伸段，其正上反角位置在 69% 翼展处和角度为 $v_a = 30°$。

图 11.26 再次显示了 4 种不同攻角状态下的俯仰力矩特性，以及 $x/L = 0.9$ 时在庞加莱曲面上观察到的流动拓扑结构。

我们再来看看俯仰力矩 $C_m(\alpha)$ 发展的 4 个特征趋势，以及速度场拓扑结构。新的结构现在用虚线标出。

（1）①$dC_m/d\alpha$ 恒定负值的线性发展状态。机翼上方再次出现开式背风面流场。通过溢流分离，从正上反角为 $v_a = 30°$ 的下降外侧机翼扭结处，形成一个焦点为 N_3 的涡流。与最初的二次涡（在图 11.23 的①中，其焦点表示为 N）相比，该涡流处于稳定状态，随着攻角的增大，其位置保持在外侧机翼上方。在试验中观察到，为了达到这一目的，显然需要一个正上反角约为 $v_a = 15°$ 的最小尺寸。总体拓扑结构①和①̃是相同的。自由节点和鞍点的个数相同。

（2）②俯仰力矩的线性发展状态持续存在。流动拓扑结构与区域①̃中的流动拓扑结构基本相同。在②中看到的涡流 N_1 和 N_2 相互旋转的趋势已经消失。

（3）③在达到 $\alpha \approx 28°$ 前仍呈线性发展，但上仰趋势较弱。关于速度场的拓扑结构，我们观察到仍存在一个开式背风面流场。外涡向上移动，而内涡则向机翼中心移动。梯度 $dC_m/d\alpha$ 几乎不变，但有 0.2% 的上仰趋势。

（4）④超过 $\alpha \approx 28°$ 时，梯度 $dC_m/d\alpha$ 开始大幅下降。闭式背风面流场的整体流动拓扑结构与④中观察到的拓扑结构几乎相同。未观察到二次涡。涡破裂在 $\alpha_{LB} = 27°$ 左右时再次开始。

关于这种最终构型的性能，我们注意到机翼的俯仰力矩多少具有线性特征，并且只有很小的上仰趋势。最大升力略微减小，即 $\alpha = 32°$ 时为 $C_{L\max} = 1.3$，而原始机翼的最大升力在 $\alpha = 34°$ 时为 $C_{L\max} = 1.37$。

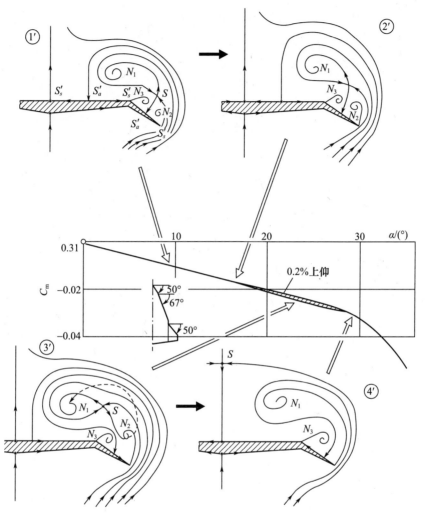

图 11.26　最终机翼:庞加莱曲面上的流动拓扑结构和
4 个攻角位置的俯仰力矩特性 $C_m(\alpha)$[2]

在相同的总载荷下,空气动力载荷分布的变化使翼根弯矩减小约 12%。总的来说,飞行性能得到了改善。扩大了利用人工控制纵向稳定性的飞行潜力。加速性能、定常和非定常转弯性能以及飞行特性都得到了增强。有关讨论细节,请参见参考文献[2]。

通过对庞加莱曲面上速度场拓扑结构的了解和解释,揭示了涡流特性对构型发展的影响。图 11.27 是某个飞机构型的高速试验模型照片。

图 11.27　采用最终机翼设计的飞机构型[2]

11.7　问　　题

问题 11.1　研究攻角为 $\alpha < \alpha_{LB}$ 且带背风涡的三角翼。在达到 α_{LB} 值时,机翼后部开始出现涡破裂。假设它是对称的。机翼的哪些空气动力特性受到影响? 如何影响? 什么是流动物理效应?

问题 11.2　研究滚转力矩 $C_{l\beta}$ 和偏航力矩 $C_{n\beta}$ 的散度。(a)一般飞行条件和(b)翼上流动结构有哪些基本依赖关系?

问题 11.3　从(a)飞行性能和(b)稳定性与操控性方面给出协和式飞机(起飞→巡航)平面几何形状的原因。

问题 11.4　比较图 11.12 和图 11.13 中(a)前缘半径、(b)弯度和(c)展弦比为 $\Lambda = 2$、飞行马赫数为 $Ma_\infty = 0.3$ 且前缘后掠角为 $\varphi_0 = 63°$ 的构型前缘襟翼的相对影响。

问题 11.5　集中展向吹气的积极影响是什么? 飞机/机翼的哪些空气动力特性受到影响? "不适用"的原因是什么?

问题 11.6　通过流动结构(拓扑结构方面),解释外侧机翼正上反角的积极影响(见 11.6 节)。讨论图 11.23 和图 11.26。

参 考 文 献

1. Gursul, I., Wang, Z., Vardaki, E.: Review of flow control mechanisms of leading-edge vortices. Prog. Aerosp. Sci. **43**(3), 246–270 (2007)
2. Staudacher, W.: Die Beeinflussung von Vorderkantenwirbelsystemen schlanker Tragflügel (The Manipulation of Leading-Edge Vortex Systems of Slender Wings). Doctoral Thesis, University Stuttgart, Germany (1992)
3. Gottmann, Th., Groß, U., Staudacher, W.: Flügel kleiner Streckung, Teil 1: Grundsatzunter-suchungen, Band 1: Analysebericht. MBB/LKE127/S/R/1563 (1985)
4. Shortal, J.A., Maggin, B.: Effect of Sweepback and Aspect Ratio on Longitudinal Stability Characteristics of Wings at Low Speeds. NACA TN-1093 (1985)
5. Hirschel, E.H., Weiland, C.: Selected Aerothermodynamic Design Problems of Hypersonic Flight Vehicles. Progress in Aeronautics and Astronautics, AIAA, Reston, VA, vol. 229. Springer, Berlin, Heidelberg (2009)
6. Staudacher, W.: Zum Einfluss von Flugelgrundrissmodifikationen auf die aerodynamischen Leistungen von Kampflugzeugen. Jahrestagung DGLR/OGFT, Innsbruck, Austria, DGLR Nr. **73–71**, 24–28 (1973)
7. Polhamus, E.C.: A Concept of the Vortex Lift of Sharp Edge Delta Wings, Based on a Leading-Edge Suction Analogy. NASA TN D-3767 (1966)
8. Polhamus, E.C.: Application of the Leading-Edge Suction Analogy of Vortex Lift to the Drag Due to Lift of Sharp-Edged Delta Wings. NASA TN D-4739 (1968)
9. Schlichting, H., Truckenbrodt, E.: Aerodynamik des Flugzeuges, vol. 1 and 2, Springer, Berlin/Gättingen/Heidelberg, 1959, also: Aerodynamics of the Aeroplane, 2nd edn. (revised). McGraw Hill Higher Education, New York (1979)
10. Staudacher, W.: Abschätzung des Reynolds-Zahl-Einflusses auf den induzierten Widerstand schlanker Flügel. MBB-UFE122-Aero-Mt-399 (1980)
11. Henderson, W.P.: Effects of Wing Leading Egde Radius and Reynoldy Number on Longitudinal Aerodynamic Characteristics of Highly Swept Wing-Body Configurations at Subsonic Speeds. NASA TN D-8361 (1976)
12. Nangia, R.K., Miller, A.S.: Vortex flow dilemmas and control of wing planforms for high speeds. In: Proceedings RTO AVT Symposium on Vortex Flow and High Angle of Attack Aerodynamics. Loen, Norway, May 7 to 11, 2001. RTO-MP-069, Paper Nr. 9 (2002)
13. Brandon, J.M., Hallissy, J.B., Brown, P.W., Lamar, J.E.: In-flight flow visualization results of the F-106B with a vortex flap. In: Proceedings RTO AVT Symposium on Vortex Flow and High Angle of Attack Aerodynamics. Loen, Norway, May 7 to 11, 2001. RTO-MP-043, Paper Nr. 43 (2002)
14. Frink, N.T., Huffman, J.K., Johnson Jr., T.D.: Vortex Flap Flow Reattachment Line and Subsonic Longitudinal Aerodynamic Data on 50° to 74° Delta Wings on Common Fuslage. NASA TM 84618 (1983)
15. Hitzel, S.M., Osterhuber, R.: Enhanced maneuverability of a delta-canard combat aircraft by vortex flow control. J. Aircraft **55**(3), 1–13 (2017)
16. Erickson, G.E., Gilbert, W.P.: Experimental Investigation of Forebody and Wing Leading-Edge Vortex Interactions at High Angles of Attack. AGARD-CP-342, 11-1–11-28 (1983)
17. Malcolm, G.N., Skow, A.M.: Enhanced Controllability Through Vortex Manipulation on Fighter Aircraft at High Angles of Attack. AIAA-Paper 86–277 (1986)
18. Breitsamter, C.: Strake effects on the turbulent fin flowfield of a high-performance fighter aircraft. In: W. Nitsche, H.-J. Heinemann, R. Hilbig (eds.), New Results in Numerical and Experimental Fluid Mechanics II. Contributions to the 11th AG STAB/DGLR Symposium

Berlin, Germany 1998. Notes on Numerical Fluid Mechanics, vol. 72, pp. 69–76. Vieweg-Verlag, Braunchweig, Wiesbaden (1999)

19. Cornish, J.J.: High Lift Applications of Spanwise Blowing. 7th ICAS Congress, ICAS Paper 70-09 (1970)
20. Dixon, C.J.: Lift and Control Augmentation by Spanwise Blowing Over Trailing Edge Flaps and Control Surfaces. AIAA-Paper 72–781 (1972)
21. Staudacher, W.: Effects, Limits and Limitations of Spanwise Blowing. AGARD-CP-534, 26-1–26-10 (1993)
22. Staudacher, W.: Flügel mit kontrollierter Abläsung. DGLR Nr. **77–028**, 24–28 (1977)
23. Staudacher, W., Egle, S., Boddener, W., Wulf, R.: Grundsätzliche Untersuchungen über spannweitiges Blasen und stabilisierten Wirbelauftrieb. MBB, Ottobrunn, I.B. 77-125/UFE 1320 (1977)
24. Staudacher, W.: Interference Effects of Concentrated Blowing and Vortices on a Typical Fighter Configuration. AGARD-CP-285, 19-1–19-13 (1980)
25. Staudacher, W.: Influence of Jet-Location on the Efficiency of Spanwise Blowing. 12th ICAS Congress, ICAS Paper 13-02 (1980)
26. Staudacher, W.: Verbesserung der aerodynamischen Leistungen durch konzentriertes Ausblasen. MBB, Ottobrunn, FE 122 /S/R 1499 (1980)
27. Gottmann, Th., Hünecke, K., Staudacher, W.: Einfluss des Spannweitigen Blasens auf die Aerodynamischen Leistungen. Handbuch der Luftfahrttechnik (LTH) (1986)
28. Huffman, J.K., Hahne, D.E., Johnson Jr., T.D.: Aerodynamic effect of distributed spanwise blowing on a fighter configuration. J. Aircraft **24**(10), 673–679 (1987)
29. N.N.: Computational and experimental assessment of jets in cross flow. In: Proceedings of the AGARD Symmposium, Winchester, UK, April 19–22, 1993. AGARD-CP-534 (1993)

第 12 章 题   解

附录 A 给出了有用的关系式,附录 B 给出了相关的常数和大气参数。假设理想气体 $\gamma = 1.4$。

12.1 第 2 章的问题

问题 2.1

声速为 $a_\infty = 299.5 \text{m/s}$, 当 $Ma_\infty = 0.5$ 时, 飞行速度为 $u_\infty = 149.8 \text{m/s}$, 当 $Ma_\infty = 0.8$ 时, 飞行速度为 $u_\infty = 2396 \text{m/s}$。当 $Ma_\infty = 0.5$ 时, 单位雷诺数为 $Re_\infty^u = 4.247 \times 10^6$, 当 $Ma_\infty = 0.8$ 时, 单位雷诺数为 $Re_\infty^u = 6.796 \times 10^6$。对于黏性, 我们采用 $\omega = 0.65$ 的幂律近似法。

在 $x/c = 0.5$ 处, 当 $Ma_\infty = 0.5$ 时, 壁面剪应力为 $\tau_w = 0.94 \text{N/m}^2$, 位移厚度为 $\delta_1 = 0.0013 \text{m}$, 当 $Ma_\infty = 0.8$ 时, 壁面剪应力为 $\tau_w = 1.89 \text{N/m}^2$, 位移厚度为 $\delta_1 = 0.0011 \text{m}$。

在 $x/c = 1.0$ 处, 当 $Ma_\infty = 0.5$ 时, 壁面剪应力为 $\tau_w = 0.67 \text{N/m}^2$, 位移厚度为 $\delta_1 = 0.0019 \text{m}$, 当 $Ma_\infty = 0.8$ 时, 壁面剪应力为 $\tau_w = 1.33 \text{N/m}^2$, 位移厚度为 $\delta_1 = 0.0016 \text{m}$。

问题 2.2

对于湍流边界层, 在 $x/c = 0.5$ 处, 当 $Ma_\infty = 0.5$ 时, 壁面剪应力为 $\tau_w = 10.2 \text{N/m}^2$, 位移厚度为 $\delta_1 = 0.0046 \text{m}$, 当 $Ma_\infty = 0.8$ 时, 壁面剪应力为 $\tau_w = 23.8 \text{N/m}^2$, 位移厚度为 $\delta_1 = 0.0042 \text{m}$。

在 $x/c = 1.0$ 处, 当 $Ma_\infty = 0.5$ 时, 壁面剪应力为 $\tau_w = 8.91 \text{N/m}^2$, 位移厚度为 $\delta_1 = 0.0079 \text{m}$, 当 $Ma_\infty = 0.8$ 时, 壁面剪应力为 $\tau_w = 20.8 \text{N/m}^2$, 位移厚度为 $\delta_1 = 0.0074 \text{m}$。

问题 2.3

对于层流边界层, 在 $x/c = 0.5$ 处, 当 $Ma_\infty = 0.5$ 时, 壁面剪应力为 $\tau_w = 0.877 \text{N/m}^2$, 位移厚度为 $\delta_1 = 0.0018 \text{m}$, 当 $Ma_\infty = 0.8$ 时, 壁面剪应力为 $\tau_w = 1.75 \text{N/m}^2$, 位移厚度为 $\delta_1 = 0.0015 \text{m}$。

在 $x/c = 1.0$ 处,当 $Ma_\infty = 0.5$ 时,壁面剪应力为 $\tau_w = 0.62\text{N/m}^2$,位移厚度为 $\delta_1 = 0.0026\text{m}$,当 $Ma_\infty = 0.8$ 时,壁面剪应力为 $\tau_w = 1.24\text{N/m}^2$,位移厚度为 $\delta_1 = 0.0022\text{m}$。

问题 2.4

对于湍流边界层,在 $x/c = 0.5$ 处,当 $Ma_\infty = 0.5$ 时,壁面剪应力为 $\tau_w = 8.03\text{N/m}^2$,位移厚度为 $\delta_1 = 0.0052\text{m}$,当 $Ma_\infty = 0.8$ 时,壁面剪应力为 $\tau_w = 18.1\text{N/m}^2$,位移厚度为 $\delta_1 = 0.0048\text{m}$。

在 $x/c = 1$ 处,当 $Ma_\infty = 0.5$ 时,壁面剪应力为 $\tau_w = 6.99\text{N/m}^2$,位移厚度为 $\delta_1 = 0.009\text{m}$,当 $Ma_\infty = 0.8$ 时,壁面剪应力为 $\tau_w = 15.7\text{N/m}^2$,位移厚度为 $\delta_1 = 0.0084\text{m}$。

问题 2.5

研究结果表明,表面摩擦力随 x 的增加而减小,而位移厚度有所增加。当然,这可以直接从方程中看出。马赫数不会直接对边界层的特性造成影响。这种影响是因为随着马赫数的增加雷诺数也随之增大。

重要的是,随着壁面温度的升高,表面摩擦力会明显减小,但这仅限于湍流情况。这是一种典型的热壁面效应,在超声速流动和高超声速流动尤为重要[1]。对于总阻力,如翼型的总阻力,其表面摩擦阻力可随壁面温度的升高而减小。但由于位移厚度的增加,黏性效应诱导的压力阻力(即形状阻力)也会增加。因此,我们必须考虑温度升高的整体影响。

问题 2.6

在 $H = 10\text{km}$ 的海拔高度,声速为 $a_\infty = 299.5\text{m/s}$,密度为 $\rho_\infty = 0.4135\text{kg/m}^3$。飞行速度分别为 $u_\infty = 59.9\text{m/s},1198\text{m/s},2396\text{m/s}$,在对应速度下的阻力为 $D = 4.45\text{N},17.8\text{N},71.2\text{N}$。阻力随飞行速度的平方增大。

问题 2.7

普朗特 – 格劳厄脱法则为

$$C_{l_c} = \frac{C_{l_{ic}}}{\sqrt{1 - Ma_\infty^2}}$$

不可压缩升力系数为 $C_{l_{ic}} = 0.1908$,可压缩系数为 $C_{l_c} = 0.194,0.208,0.31$。

问题 2.8

$L = 1439\text{N},617.3\text{N},3680.3\text{N}$。

问题 2.9

为了获得真实的气动力,力系数必须乘以动压 q_∞ 和参考面积 A_{ref}。因此,气动力由飞行速度的平方和所在飞行高度下的密度决定。以上问题的结果反映的

364

是低于临界马赫数的可压缩飞行区域的情况。翼型或机翼的阻力系数与马赫数无关,根据普朗特－格劳厄脱法则,升力系数随马赫数的变化而变化。

12.2 第3章的问题

问题3.1

（a）模型4,环量理论。（b）4个涡流段的环量 Γ_0 都是恒定的。（c）亥姆霍兹定理。（d）二维翼型是一个无限展长的机翼。因此,尾涡位于 $y = \pm \infty$ 处。（e）情况与翼型相同。

问题3.2

定常水平飞行:升力＝重力。在 $H = 10\text{km}$ 的飞行高度,大气参数（表 B.2）如下: $p_\infty = 26500\text{Pa}$, $\rho_\infty = 0.4135\text{kg/m}^3$ 。因此,当马赫数为 $Ma_\infty = 0.82$ 时,飞行速度为 $u_\infty = 245.6\text{m/s}$ （ $\gamma = 1.4$ ）。

根据力平衡,可计算升力系数:

$L = mg \cdot C_L = 2mg\Lambda/(\rho_\infty u_\infty b^2) = 0.45$

使用式(3.40),并考虑椭圆形环量分布下的展向载荷系数 $s = \pi/4$,诱导下洗速度 w_0 为(也可以直接代入 C_L 的表达式来计算)

$w_0 = 1.59\text{m/s}$ 。

当飞行路径长度为 $\Delta x = 50\text{km}$ 时,尾涡向下运动的垂直距离 Δz 为($\Delta x = u_\infty \Delta t$, $\Delta z = w_0 \Delta t$):

$\Delta z = w_0/u_\infty \Delta x = 324\text{m}$ 。

问题3.3

根据式(3.38),得到翼根环量 $\Gamma_0 = 475.34\text{m}^2/\text{s}$ 。

与兰姆－奥森涡流模型和伯纳姆－哈洛克涡流模型相关的切向(周向)速度 v_θ 的表达式见式(3.17)和式(3.21)。

当涡核半径为 $r = r_c$ 时,第一个模型的速度为 $v_{\theta\max} = 30.1\text{m/s}$ （ $\beta = 1.256$ ）,第二个模型的速度为 $v_{\theta\max} = 200\text{m/s}$ 。

$v_{\text{LO}}/v_{\text{BH}} = 2(1 - e^{-\beta}) = 1.43$ 时两个模型的差异是因为两者涡核结构的表征方法的不同:兰姆－奥森模型作为一种解析解,考虑了因黏性造成的涡核随时间增长,而伯纳姆－哈洛克模型通过二次项降低了黏性涡核处的峰值速度。

问题3.4

展向环量分布 $\Gamma(y)$ 和展向以常数 Γ_0 均匀分布都采用了含升力 L 的库塔－茹科夫斯基关系式,我们通过式(3.34)得到 $L = \rho_\infty u_\infty \Gamma_0 b_0$:

$$L = \rho_\infty u_\infty \frac{1}{b} \int_{-b/2}^{+b/2} \Gamma(y)\mathrm{d}y = \rho_\infty u_\infty \frac{1}{b}\Gamma_0 \int_{-b/2}^{+b/2}\left(1 - \left(\frac{2y}{b}\right)^2\right)\mathrm{d}y$$

和

$$b_0 = \frac{1}{b}\int_{-b/2}^{+b/2}\left(1 - \left(\frac{2y}{b}\right)^2\right)\mathrm{d}y = \left[y - \frac{4}{b^2}\frac{y^3}{3}\right]_{-b/2}^{+b/2} = b\left[1 - \frac{1}{3}\right] = \frac{2}{3}b$$

最终得到

$$s = \frac{b_0}{b} = \frac{2}{3}$$

卷起尾涡系横向间距或自由环量中心位于机翼翼展的66%。因此,尾涡涡迹之间的间隔比椭圆形环量分布($b_0 = 0.785b$,见式(3.37))下尾涡间隔的距离更小。抛物线型环量分布也反映了更大的内部载荷。横向间距的减小可能是尾涡向下游发展时,由于克罗不稳定性使得尾涡的涡轨迹较早地发生接触,从而导致尾涡的提前衰减(图12.1)。

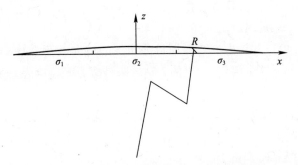

图 12.1　10% 相对厚度的双凸圆弧翼型

问题 3.5

见图 12.1,与 $x = \pm 0.5$ 的弦线处和 $z = 0.05$ 的 z 轴位置相交的圆半径为

$$R^2 = 0.5^2 + (R - 0.05)^2; \quad R = 2.525$$

圆形轮廓线及其斜率的方程式如下:

$$x^2 + (2.525 - 0.05 + z)^2 = 2.525^2, \quad z = -2.475 + \sqrt{6.38 - x^2}$$

$$\frac{\mathrm{d}z}{\mathrm{d}x} = -\frac{x}{\sqrt{6.38 - x^2}}$$

第一个配置点 w_1 的垂直速度来源于三个源分布:

$$w_1 = w_{11} + w_{12} + w_{13}$$

边界条件

366

$$w_i = u_\infty \left(\frac{\mathrm{d}z}{\mathrm{d}x} \right)_i$$

得出源强度

$$w_1 = \sigma_1/2 \, ; \sigma_1/u_\infty = 2\,(\mathrm{d}z/\mathrm{d}x)_1 = 2 \times 0.1331 = 0.2662$$

$$w_2 = 0 \, ; \sigma_2/u_\infty = 0$$

$$w_3 = \sigma_3/2 \, ; \sigma_3/u_\infty = -0.2662$$

根据已知的源强度,可计算纵向扰动速度:

$u_{11} = 0$;配置点位于源分布的中间位置。

$u_{12} = 0$;第二个源分布的强度为零。

$$u_{13} = \frac{\sigma_3}{2\pi} \ln \left| \frac{1/6 - 2/3}{1/6 - 1} \right| = 0.0216 u_\infty$$

在小扰动理论中,$c_p = -2u/u_\infty$,从而得出

$$c_p = -0.0432$$

问题 3.6

升力也可写成

$$L = \rho u_\infty \Gamma$$

$$L = \frac{1}{2} \rho u_\infty^2 C_L c = \frac{1}{2} \rho u_\infty^2 2\pi\alpha c$$

因此

$$\Gamma = u_\infty \pi\alpha c$$

问题 3.7

配置点的垂直速度为

$$w_1 = u_\infty \alpha - \Gamma_1 \frac{1}{2\pi c/2} + \Gamma_2 \frac{1}{2\pi(c/2 + \epsilon c)}$$

$$w_2 = u_\infty \alpha - \Gamma_1 \frac{1}{2\pi(3c/2 + \epsilon c)} - \Gamma_2 \frac{1}{2\pi c/2}$$

w 应该为零。

用 A 代替 $u_\infty \alpha\pi c$:

$$A = \Gamma_1 - \frac{1}{1 + 2\epsilon} \Gamma_2$$

$$A = \frac{1}{3 + 2\epsilon} \Gamma_1 + \Gamma_2$$

得到的解为

$$\Gamma_1 = A\frac{3+2\epsilon}{2(1+\epsilon)}$$

$$\Gamma_2 = A\frac{1+2\epsilon}{2(1+\epsilon)}$$

由于升力为 $L = \rho u_\infty \Gamma$，因此

$$L_1/(1/2\rho_\infty u_\infty^2 2\pi \alpha c) = \frac{1}{2}\frac{3+2\epsilon}{1+\epsilon}$$

$$L_2/(1/2\rho_\infty u_\infty^2 2\pi \alpha c) = \frac{1}{2}\frac{1+2\epsilon}{1+\epsilon}$$

单个翼型上的升力为
$L_\infty = 1/2\rho u_\infty^2 2\pi\alpha$，可写成

$$L_1/L_\infty = \frac{1}{2}\frac{3+2\epsilon}{1+\epsilon}$$

$$L_2/L_\infty = \frac{1}{2}\frac{1+2\epsilon}{1+\epsilon}$$

问题 3.8

声速为 $a_\infty = 299.5\mathrm{m/s}$，当 $Ma_\infty = 0.8$ 时，飞行速度为 $u_\infty = 239.6\mathrm{m/s}$。结果如下：升力系数 $C_L = 0.413$，诱导阻力 $C_{Di} = 0.00861$，总阻力 $C_D = 0.0258$，升阻比 $L/D = 16$。

12.3　第 4 章的问题

问题 4.1

根据 A.5.4 节的关系式，我们发现对于层流边界层：
$x = 2.5\mathrm{m}, \delta/x = 0.0015; x = 5\mathrm{m}, \delta/x = 0.0011$。
对于湍流边界层：
$x = 2.5\mathrm{m}, \delta/x = 0.015; x = 5\mathrm{m}, \delta/x = 0.013$。

即使这些数据不符合 4.1 节中的 $1/\sqrt{Re}$ 假设，结果也是可以接受的。

问题 4.2

阴影区域上的涡含量积分为

$$\int_0^{2\pi}\int_0^{r_e}\omega_z r\mathrm{d}\theta\mathrm{d}r = \int_0^{2\pi}\int_0^{r_e}\left[\frac{1}{r}\frac{\mathrm{d}(rv_\theta)}{\mathrm{d}r}\right]r\mathrm{d}\theta\mathrm{d}r = 2\pi r_e v_{\theta_e}$$

问题 4.3

吸力面和压力面两个术语都是口语词。吸力面的压力系数 c_p 为负,压力面为正(比较图 2.3)。本书使用了更适合的术语,即上表面和下表面。升力是由于上、下表面之间的压差引起的。

问题 4.4

涡线由 $\boldsymbol{v}\times\boldsymbol{\omega}=0$ 定义。我们用涡量矢量 $\boldsymbol{\Omega}$ 加以证明,并用 $\boldsymbol{v}=[u,0,0]$ 和 $\boldsymbol{\Omega}=[\Omega_s,0,0]$ 得到

$$\begin{bmatrix} \boldsymbol{e}_s & \boldsymbol{e}_t & \boldsymbol{e}_z \\ u & 0 & 0 \\ \Omega_s & 0 & 0 \end{bmatrix} = \boldsymbol{e}_s(0+0)+\boldsymbol{e}_t(0+0)+\boldsymbol{e}_z(0+0)=0$$

问题 4.5

环量理论向平动自由来流加入一个势涡(兰金涡),其环量 Γ 使叠加的流场符合库塔条件,即后缘流动不会转向翼型的上表面(图 4.14),而是平滑地离开后缘(图 4.15)。

问题 4.6

当 $y\neq0$ 时,运动学动涡含量离开尾涡层中的机翼后缘,从而使得环量 Γ 减小。尾涡层卷起后,涡量集中在尾涡中,并且环量 Γ_0 再次出现。该条件就是相容性条件(见 4.4 节)。

问题 4.7

尾涡层必须画成矩形,并且只携带来自机翼上、下表面边界层的运动学静涡含量。

问题 4.8

这一有限范围反映的是尾涡层的强度,但在该位置上,尾涡层只携带运动学静涡含量。

12.4 第 5 章的问题

问题 5.1

答案见 4.1 节中的积分式(4.6)。只有速度的上、下界会对积分造成影响,而 $u(z)$ 的形状不会。

问题 5.2

通过对计算域进行适当的离散化,模型 8 方法计算机翼或飞行器重要气动特性的速度会变得很快。与模型 4 方法(目前通常为面元法)相比,模型 8 还考虑了压缩性效应。但黏性效应(包括普通分离)只能通过模型 9 和模型 10 方法进行描述。目前,模型 9 和模型 10 主要为 RANS 或 URANS 方法。大尺度分离只能用尺度解析方法(模型 11)进行处理。湍流模拟通常是一个重要的研究课题,而层流转捩则是一个难题。

问题 5.3

计算过程主要有以下几个步骤:①CAD 物体表面的参数化;②物体表面的离散化;③计算域的离散化。特别是步骤②和步骤③,根据所选择的模型方法,可能会极大地降低成本。

面元法形式的模型 4 方法只需要步骤①和步骤②,而其他所有方法还需要步骤③。现在,出现在流场中的激波已经能够被模型 8 ~ 模型 11 方法所"捕捉"。而激波的捕捉需要对激波附近的计算域进行足够精细的离散化。若物体表面上出现激波,则同样需要这样的精细化离散。模型 8 ~ 模型 11 方法中的边界层和强相互作用区域特别需要在物体表面和各自的流域中进行非常精细的离散化处理,这种精细化处理不适用于尾涡层和涡流。

这些规则对于刚体基本适用。若要计算流经非刚体,包括活动构件(缝翼、襟翼等)的流场,则离散化处理必须遵循特征时间尺度。最后,这些都需要采用目前尚未完全应用的自适应离散化方法。

计算成本随模型方法水平的提高而增加。面元法的成本最低。RANS/URANS 方法中的统计湍流模型是其成本较高的原因,对于所有尺度解析方法同样如此。

在飞机设计工作中,所有的数值模拟结果都要与风洞测量结果进行比较。风洞模型的设计、制造以及最后的仪器测量都非常耗时、耗力。这也是计算方法不断进步的原因之一,当然计算方法进步的主要原因还是(计算机)计算能力及其存储容量的日益增长,以及求解算法开发方面的进步。

问题 5.4

情况 1 对应二维尾流情况,情况 2 对应三维尾流情况。函数 $u(z)$ 会对熵增长造成影响。

问题 5.5

只有合适的网格分辨率才能分辨特征流动现象。这适用于模型 4 和模型 8 ~ 模型 11 方法,其中流场本身、边界层、激波、相互作用区域、尾涡层和涡流的描述都需要达到所需的精度。

370

12.5 第6章的问题

问题 6.1

升力翼型的边界层弯曲是由于翼型后缘吸力面和压力面的边界层特性不同造成的。在吸力面,由于逆压梯度的存在使得边界层载荷较大,其边界层位移厚度大于压力面。这种效应在亚临界和超临界情况下都存在。

在超临界情况下,还存在另一种效应。针对存在超声速流腔的吸力面流动进行考虑。激波垂直于翼型表面。穿过激波,流动出现总压损失。因此,在翼型的后缘,压力面(有激波)的流动动量小于压力面(无激波)。这导致翼型后缘的流动向上偏转,这即是激波弯曲效应,其与边界层弯曲效应共同作用,使得翼型的升力降低。

问题 6.2

从表 B.2 可知,$T_\infty = 281.651\mathrm{K}, \rho_\infty = 1.112\mathrm{kg/m^3}, \mu_\infty = 1.758 \times 10^{-5}\mathrm{N \cdot s/m^2}$。声速为 $a_\infty = 336.438\mathrm{m/s}$,飞行速度为 $u_\infty = 33.64\mathrm{m/s}$。

当后缘厚度为 $h = 0.01\mathrm{m}$ 时,我们得到 $Re = 21280.5$。因此,斯特劳哈尔数为 $Sr \approx 0.2$,脱落频率为 $f \approx 673\mathrm{Hz}$。该脱落频率超出了人类听觉的上限,即 $f = 16000 \sim 20000\mathrm{Hz}$,而听觉的下限为 $f \approx 16 \sim 21\mathrm{Hz}$。

问题 6.3

攻角越大,实际的压力梯度就越大,这是因为相关的自由来流分量会随着攻角的增大而增大。

问题 6.4

$$c_p = \frac{p - p_\infty}{q_\infty}$$

真空意味着 $p = 0$,因此我们用声速的平方关系式 $a^2 = \gamma R T_\infty$ 可得

$$c_p = \frac{-p_\infty}{q_\infty} = \frac{-2p_\infty}{\rho_\infty u_\infty^2} = \frac{-2\gamma \rho_\infty R T_\infty}{\gamma \rho_\infty u_\infty^2} = \frac{-2}{\gamma Ma_\infty^2}$$

问题 6.5

这种机翼的前缘在空气动力学上是尖的,并且会脱落一个涡片(图 12.2(b))。但在图 12.2(a)中,涡流与边界层之间存在相互作用,而在图 12.2(b)中未出现这种相互作用。

问题 6.6

在较高的雷诺数下,主涡在圆柱体表面附近诱导产生了较快的速度,这一诱

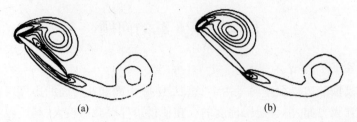

(a)   (b)

图 12.2　具有(a)无滑移边界条件和(b)自由滑移边界条件的机翼等值线

导速度与边界层相互作用,并阻碍边界层中的运动,从而导致流动分离且产生一对二次涡。

问题 6.7

请参见 3.4.2 节中关于图 3.4 的讨论。

12.6　第 7 章的问题

问题 7.1

该曲线出现在图 8.27、图 8.31 和图 8.32 中,在图 8.33 中对这种曲线进行了详细的说明。图 8.27 显示了机翼前缘附着线的开式起点,图 8.31 显示了这类附着线的开式终点,图 8.33 显示了分离线和附着线的开式起点及终点。

问题 7.2

对于图 7.2(a)的流场,4 个半鞍点 S' 和一个焦点 N:$1 - 0.5 \times 4 = -1$,满足规则 2。对于图 7.2(b)的流场,若将分离泡的末端移动到下游无穷远处,则同样满足规则 2。请自己画一个示意图。

问题 7.3

可以发现,流动在上、下对称线上各有一个半鞍点,满足规则 2。

问题 7.4

得到的特征值为

$$\lambda_{1,3} = \frac{1}{2}\left(\frac{\partial \tau_{w_x}}{\partial x} + \frac{\partial \tau_{w_z}}{\partial z}\right) \pm \frac{1}{2}\sqrt{\left(\frac{\partial \tau_{w_x}}{\partial x} - \frac{\partial \tau_{w_z}}{\partial z}\right)^2 + 4\frac{\partial \tau_{w_x}}{\partial z}\frac{\partial \tau_{w_z}}{\partial x}}$$

$$\lambda_2 = \frac{1}{2}\frac{\partial p}{\partial y}$$

将其与式(7.7)和式(7.8)进行对比。

问题 7.5

对称面流动的先决条件是沿测地线流动。测地线是一条曲线,其切线矢量始终与流动方向平行(若流动沿测地线发展),请参阅参考文献[2]。它定义了一个曲面上两点之间的最短路径。

问题 7.6

在附着线的凸面上,靠近附着线的流线从凹面变为凸面,因此出现拐点。

问题 7.7

脱体流动图是离开(物体)表面的流线形态,通常只发生在奇异点附近。

问题 7.8

写下总结并与7.3节进行对比。

问题 7.9

在二维流动中,壁面剪应力变化明显。在三维流动中则不会出现这种情况。相反,我们观察到表面摩擦线的局部汇集、出现$|\tau_w|$值最小的曲线,以及边界层厚度和位移厚度的膨胀。

12.7 第8章的问题

问题 8.1

法向攻角为$\alpha_N = 11.93°$,法向前缘马赫数为$Ma_N = 0.179$。这种相关性表明,钝前缘上的流动处于附着状态,但若前缘为尖前缘,则可能形成背风涡系。

问题 8.2

法向攻角为$\alpha_N = 4.88°$,法向前缘马赫数为$Ma_N = 0.205$。关系图10.23表明,钝前缘上的流动处于附着状态。而对于尖前缘,关系图显示这种流动情况位于图上的"附着流"和"涡系发展"之间的边界上。

问题 8.3

根据线性理论,运用该公式得出$C_{Lic} = 0.315015$,当$Ma_\infty = 0.3$时,该值为$C_{L_c} = 0.33$。这与$C_{L_c} = 0.342$时的欧拉模拟结果吻合较好。

问题 8.4

机翼的展弦比为$\Lambda = 9$。在理想情况下,用式(8.1)可以得出诱导阻力系数为$C_{Di} = 0.007$,或诱导阻力占总阻力的28%。

当奥斯瓦尔德系数为$e = 0.8$时,诱导阻力系数为$C_{Di} = 0.0087$,或诱导阻力占总阻力的35%。

问题 8.5

在3.16节中,可得

$$\sigma = \frac{\Gamma}{u_\infty b/2}$$

已知马赫数 Ma_∞、自由来流温度 T_∞,自由来流速度 $u_\infty = 300.47\text{m/s}$。对于三个不同的翼根环量分别为 $\Gamma_0 = 538.50\text{m}^2/\text{s},615.30\text{m}^2/\text{s},600.29\text{m}^2/\text{s}$。

根据 Sutherland 方程(见附录 A.5.1),得出自由来流黏性为 $\mu_\infty = 1.899 \times 10^{-5}\text{N}\cdot\text{s/m}^2$,因此 $\rho_\infty = 0.0451\text{kg/m}^3$。

根据式(3.46),三个翼根环量的升力系数分别为 $C_L = 0.431,0.493,0.481$,最终 $C_{Di} = 0.0082,0.0107,0.010$。

与升力系数和问题 8.4 中的诱导阻力系数是吻合得较好的。

问题 8.6

在无水平尾翼的情况下,无量纲环量 $G(x^*) = \Gamma(x^*)/\Gamma_0$ 为 $G(x^*) \approx 1$,有水平尾翼的情况下 $G(x^*) \approx 0.85$。后者相当于 Γ_0 损失 15% 左右。

升力受式(3.46)的影响,诱导阻力受式(3.48)的影响。

问题 8.7

(a)根据式(3.34),由 $\rho_\infty = 0.4135\text{kg/m}^3$ 和 $b_0 = (\pi/4)b$ 可得翼根环量为

$$\Gamma_0 = \frac{L}{\rho_\infty u_\infty b_0} = 566.2\text{m}^2/\text{s}$$

(b)机翼较小的情况下,翼根环量为 $\Gamma_0 = 1132.4\text{m}^2/\text{s}$。

(c)大型运输机的机翼载荷为 $W_s = 3000 \sim 8000\text{N/m}^2$。在第一种情况下为 $W_s = 6130\text{N/m}^2$,在第二种情况下为 $W_s = 6130\text{N/m}^2$,远高于平均值。

(d)如果飞行器的质量相同,但机翼更小,尾涡强度就会有所增加。

(e)对于机翼较小的情况,其升力系数受到的影响是(第一种情况的)2 倍,诱导阻力系数受到的影响是(第一种情况的)4 倍。请自己计算这些值。

问题 8.8

附录 A.4 中的升力线理论给出了攻角为 α 时的不可压缩流动升力系数公式:$C_L = 2\pi\alpha/(1+2/\Lambda)$,式中 $\Lambda = b^2/A$ 为展弦比,b 为展长,A 为机翼面积。根据三维流动的普朗特 - 格劳厄脱法则,将真实构型的 y 和 z 坐标乘以 β,得到不可压缩流动情况下的构型。

$$\beta = \text{sqrt}(1 - Ma_\infty^2) = 0.6$$

$$\Lambda_0 = \frac{b_0^2}{S_0} = \frac{\beta^2 b_{0.8}^2}{b_{0.8}}c_{\text{average}} = \beta\Lambda_{0.8} = 0.6 \times 10 = 6$$

这种缩比同样适用于机翼攻角,可得 $\alpha_0 = \beta\alpha_{0.8}$:

$$C_{L0} = (\text{d}C_L/\text{d}\alpha)_0 \cdot \alpha_0 = 2\pi/(1+2/6) \cdot \beta\alpha_{0.8} \approx 2.828\alpha_{0.8}$$

在变换回真实情况下 $Ma_\infty = 0.8$ 流动时,所有不可压缩流动压力应除以 β^2,

374

从而得

$$C_{L0.8} = C_{L0}/\beta^2 = 2.828\alpha_{0.8}/0.36 \approx 7.856\alpha_{0.8}$$

升力曲线斜率为

$$(dC_L/d\alpha)_{0.8} = 7.856$$

12.8　第 9 章的问题

问题 9.1

极限流动现象包括跨声速飞行状态下的阻力发散及与之相关的升力下降。阻力发散是由于边界层/激波的相互作用所致,最终导致跨声速升力的下降和跨声速抖振现象的出现,这都是由于机翼分离流的高度不稳定性造成的。

问题 9.2

机翼的构型方法主要是使用机翼后掠角和超临界翼型。

一般情况下,机翼为后掠,但也可以为前掠。若机翼为后掠翼,则自由来流"看到"的机翼厚度与弦长之比小于非后掠翼。因此,机翼上的流动加速较小且通常会出现带有激波的超声速流腔(但其出现并不是必要条件),且在更高的马赫数下,其只存在于机翼的吸力面。

超临界翼型或弦向截面的形状具有相同的效果,它们通常上表面平直,截面的后部高度弯曲。

对于整架飞机来说,(提高 $Ma_{\infty}L/D$)的方法是超声速面积律,其涉及机身、机翼、发动机短舱和尾翼总体轴向截面积分布。截面积的轴向分布应尽可能平滑,以减少干扰阻力。

虽然后掠翼很容易辨认,但对观察者来说,超临界翼型和面积律在某种意义上是不容易辨识的。

问题 9.3

涡流发生器主要是将高动量流体从上边界层区域和相邻的无黏外流输运到边界层的近壁面部分。其结果是增加了近壁边界层流动的动量,从而降低了分离的可能性。

涡流发生器原则上也适用于层流。但若物体表面的流动上出现造成分离的逆压梯度,则流动无论如何都会经历层流 – 湍流转捩。

问题 9.4

通常不会出现这种问题。这是因为层流边界层不如湍流边界层饱满。因此,输运到层流边界层近壁面部分的流动动量会更少。

问题 9.5

在未安装翼根/机身整流罩的情况下,来自机身前部的气流在后掠翼上与作为流动障碍物的翼根相遇。在该障碍物(即翼根)前发生了三维边界层分离。其结果是在翼根/机身位置周围出现马蹄涡。这种涡流会造成阻力增大,并会在大攻角时进一步引起抖振。

采用适当的翼根/机身整流罩可在翼根的上方形成一个平滑流动通道,从而避免流动分离,并避免产生不利影响的马蹄涡。

问题 9.6

利用 Breguet 航程方程计算燃油质量的相对节省量,由式(9.1)给出。与起飞重量有关的质量 m_{TOW} 是指空机重量 m_e、燃油 m_F 和有效载荷 m_P 的质量之和: $m_{\text{TOW}} = m_e + m_F + m_P$。航程 R 保持不变,飞行速度 u_∞、燃油消耗率 b、升力系数 C_L 和起飞重量 m_{TOW} 也保持不变:

$$R = \frac{C_L}{C_D} \frac{u_\infty}{bg} \ln\left(\frac{m_{\text{TOW}}}{m_{\text{TOW}} - m_F}\right) = \text{const}$$

阻力系数由 $C_{D1} = C_{D01} + C_{Di1} = 0.8C_{D1} + 0.2C_{D1}$ 组成。

阻力水平降低的情况为(索引 2)$C_{D2} = C_{D0} + C_{Di2} = 0.80 \times 0.97C_{D1} + 0.2 \times 0.98C_{D1} = 0.972C_{D1}$。

对于固定航程 R,有

$$\frac{C_L}{C_{D_1}} \frac{u_\infty}{bg} \ln\left(\frac{m_{\text{TOW}}}{m_{\text{TOW}} - m_{F_1}}\right) = \frac{C_L}{C_{D_2}} \frac{u_\infty}{bg} \ln\left(\frac{m_{\text{TOW}}}{m_{\text{TOW}} - m_{F_2}}\right)$$

$$\ln\left(\frac{m_{\text{TOW}}}{m_{\text{TOW}} - m_{F_1}}\right) = \frac{1}{0.972} \ln\left(\frac{m_{\text{TOW}}}{m_{\text{TOW}} - m_{F_2}}\right)$$

$$\left(\frac{m_{\text{TOW}} - m_{F_1}}{m_{\text{TOW}}}\right)^{0.972} = \left(\frac{m_{\text{TOW}} - m_{F_2}}{m_{\text{TOW}}}\right)$$

$$m_{F_2} = m_{\text{TOW}}\left[1 - \left(1 - \frac{m_{F_1}}{m_{\text{TOW}}}\right)^{0.972}\right] = 110483 (\text{kg})$$

相对节油量为 $\Delta m_F = -2.23\%$。

问题 9.7

根据普朗特的升力线模型,产生最小诱导阻力的展向环量分布 $\Gamma(y)$ 为椭圆形(蓝色区域),该分布是从忽略尾涡卷起的平面机翼马蹄涡模型中得到的。如果将这种椭圆形环量分布作为诱导阻力的最佳分布,垂直翼梢小翼上的载荷必须通过展长的虚拟增长作为等效值进行受载(橙色和红色区域与带翼梢小翼的案例有关,蓝色和橙色区域产生的升力大小相同)。"不受载"翼梢小翼不会对诱导减阻产生实质性影响(图 12.3)。

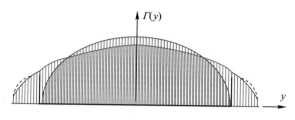

图 12.3　展向环量分布 $\Gamma(y)$(见彩图)

问题 9.8

参考图 9.22 和式(9.3),无论是向上还是向下的翼尖装置都能增大翼尖装置的有效展长。从两者结合的角度上看,由于翼尖装置受到的较高载荷而使得机翼发生的弹性变形可以通过下面的方法进行调整,即通过限制或调整使得这种变形为所需形状,从而进一步提高气动效率或降低结构动载荷。

问题 9.9

根据 9.6 节可得,由克罗不稳定性导致的特征衰减频率为 $k_{Crow} \approx 0.08$。此时,衰减频率定义为 $k = f(b/2)/u_\infty$。因此,全尺寸构型情况下的振荡频率为 $f = k_{Crow} u_\infty/(b/2) = 0.21\,\mathrm{Hz}$。风洞模型试验情况下的振荡频率为 $f = k_{Crow} u_\infty/(b/2) = 1.67\,\mathrm{Hz}$。

12.9　第 10 章的问题

问题 10.1

(a) 在亚声速飞行区域(即低于临界马赫数的区域)内机翼基本为矩形翼。

(b) 后掠翼是跨声速飞行区域内飞行运输机的典型特征。机翼后掠角加上超临界翼型,将阻力发散马赫数提高到更大的值,使得飞行器能够在临界马赫数以上飞行。通常使用后掠翼。前掠翼理论上也是可行的,但由于一些原因没有广泛应用,一侧机翼前掠一侧机翼后掠的斜翼也是如此。

(c) 细长三角翼是超声速飞行飞行器的典型特征,这种机翼与之前提到的协和式飞机类似。其主要原因是为了使前缘的流动为亚声速,从而降低波阻。战斗机构型要么采用三角翼,要么采用带边条 – 梯形翼组合体的混合翼。

高超声速的吸气式发动机飞行器和有翼的再入飞行器(如之前提到的航天飞机轨道器)(虽然两者仍只是构想)都有大后掠前缘。再入飞行器在初始飞行轨迹上以极大的攻角执行任务,而在较低的飞行轨迹上以合适的速度下降与平移。与其他的飞行器相同,高超声速的吸气式发动机飞行器在其整个飞行轨迹上的总阻力必须很小。

问题 10.2

这些现象包括涡破裂和涡叠加。当涡与轴向逆压场相互作用时,就会发生涡破裂,也称为涡崩解。其破裂影响通常从机翼后部开始,背风涡失去了在其下方诱导产生吸力的能力。因此,产生了升力损失,同时机翼受到上仰作用。若涡破裂不对称发生,则会产生侧向力和力矩。机翼的前缘后掠角越大,发生涡破裂时的攻角就越大。

涡叠加发生在前缘后掠角和攻角都非常大的机翼上。在机身上也能观察到这种现象。它在零侧滑角条件下产生侧向力,造成飞机操纵困难。

问题 10.3

对于原始的圆边构型而言,当 $\alpha = 30°$ 且 $Ma_\infty = 0.3$ 时,法向攻角为 $\alpha_N = 49.1°$,法向马赫数为 $Ma_N = 0.2$。对于锐边机动构型而言,该数据为 $\alpha_N = 52.8°$,$Ma_N = 0.19$。

因此,这两种情况的相关性表明,涡流在展长方向的位置是固定的,但会上升。针对原构型上显然没有出现背风涡的现象,需要追溯到亚临界状态下的前缘半径和雷诺数的综合效应。

问题 10.4

可行。在庞加莱曲面上,左右附着点 A'_3(即半鞍点)移动到机翼上方的中心位置,形成一个完整的鞍点 S。上表面中心位置的半鞍点位置不变,但其流动方向发生变化(图 12.4)。

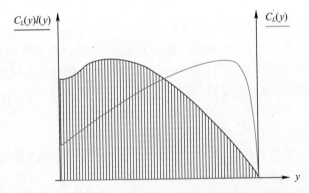

图 12.4　$C_L(y)l(y)$ 和 $C_L(y)$ 主展向分布示意图

问题 10.5

展向升力和升力系数分布 $C_L(y)l(y)$ 和 $C_L(y)$ 基本上可以概括如下:

主分离流是由于前缘分离,其在攻角 $\alpha \approx 20°$ 时产生了一个充分发展的前缘涡流(图11.2),进而产生了 $C_L(y)l(y)$ 的(机翼)内侧载荷。此外,相应的翼段出现失速,因此翼尖区域存在不规则的分离流,这一现象通过 $C_L(y)$ 变化趋势中即(机翼)外侧存在局部最大值反映出来,翼尖部分不能有效地产生升力。在实际应用中,(机翼)通常采用切尖三角翼平面形状。

问题 10.6

见图11.3,(机翼)在大攻角下会出现上仰趋势。图11.5 提供了机翼前缘后掠角和展弦比的关系变化曲线,该图显示的关系变化基于各种具有"可控"和"不安全"上仰趋势的构型。前缘后掠角 $\varphi_0 = 65°$ 和展弦比 $\Lambda = 1.9$ 的组合可能引起不受控制的上仰趋势。为了解决纵向稳定性裕度问题,需要采用进一步的措施,如设置(合适)前缘襟翼。

问题 10.7

(1)横流平面(即庞加莱曲面)中流场的拓扑示意图如图12.5 所示(对比图11.23)。

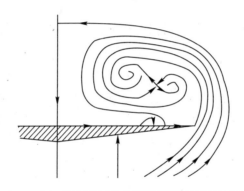

图12.5　庞加莱曲面上闭式背风面流场的拓扑示意图

根据拓扑规则(见式(7.25),如7.4.3 节所述),图12.5 满足相应的拓扑规则。图中显示了两个相互作用的主涡和一个二次涡,机翼翼尖两侧各有三个节点和一个鞍点 $(2x(3N-1S))$,对称面有一个鞍点。此外,每侧翼尖有两个分离和一个附着半鞍点 S',下侧有两个附着 $1/4$ 鞍点 S''。因此,它满足式(7.25)的规则:

$$\left(\sum N + \frac{1}{2}\sum N'\right) - \left(\sum S + \frac{1}{2}\sum S' + \frac{1}{4}\sum S''\right) = -1$$

和

$$6 - \left(3 + \frac{1}{2} \times 7 + \frac{1}{4} \times 2\right) = -1$$

（2）由于前向（边条）机翼部分的吸力增加，因此很可能在攻角为20°或更高时出现上仰趋势，见图11.3和图11.24。此时，涡破裂发生在机翼的后部区域，降低了该区域的吸力水平，而在上游部分，边条充分发展的前缘涡仍然会产生高升力，从而导致（气动力）典型重心位置出现上仰趋势。按照图11.4和图11.23中给出的趋势，在某些侧滑角下，当攻角超过20°时，还会出现滚转操纵反效，原因是迎风面前缘涡系容易发生涡破裂。这是由于机翼的有效前缘后掠角在迎风面减小，而在背风面增大造成的。

问题 10.8

从附录 A.4（小展弦比机翼理论）可以发现：

$$l(x) = 4\pi \cdot \alpha q_\infty \cdot y(x) \cdot \mathrm{d}y(x)/\mathrm{d}x$$

$$y = \frac{b}{2}\frac{x}{c}$$

$$\mathrm{d}y/\mathrm{d}x = \frac{b}{2c}$$

$$l(x)/(\pi \alpha q_\infty) = 4\,\frac{b}{2}\,\frac{x}{c}\,\frac{b}{2c} = \left(\frac{b}{c}\right)^2 x$$

$$L/(\pi \alpha q_\infty) = \int_0^c l(x)/(\pi \alpha q_\infty) \cdot \mathrm{d}x = \left(\frac{b}{c}\right)^2 \cdot c^2/2 = b^2/2$$

$$M/(\pi \alpha q_\infty) = \int_0^c x \cdot l(x)/(\pi \alpha q_\infty) \cdot \mathrm{d}x = \left(\frac{b}{c}\right)^2 \cdot c^3/3 = b^2 c/3$$

$$x_{cp} = M/L = \frac{2}{3}c$$

问题 10.9

在附录 A.4（小展弦比机翼理论）中，$l(x) = 4\pi \alpha q y(x)\mathrm{d}y(x)/\mathrm{d}x$ 是一个表达式。因此，升力写为

$$L = \int_0^1 l(x)\mathrm{d}x = 4\pi \alpha q_\infty \int_0^1 y(x) \cdot \mathrm{d}y(x)/\mathrm{d}x \cdot \mathrm{d}x,$$

$$L = 4\pi \alpha q_\infty \int_{x=0}^1 \frac{1}{2}\mathrm{d}y^2 = 2\pi \alpha q_\infty \times 0.125^2$$

升力曲线斜率为

380

$$\frac{\mathrm{d}C_L}{\mathrm{d}\alpha} = \mathrm{d}\frac{L}{q_\infty A}/\mathrm{d}\alpha$$

$$A = 0.375$$

$$\mathrm{d}C_L/\mathrm{d}\alpha = 0.262$$

或者,前、后部分的升力系数可以加在一起。

问题 10.10

在两个配置点处(一个在机翼上,一个在安定面上),将自由来流和两个涡流产生的垂直速度分量叠加。在机翼上,总和应为零,在安定面上,总和应为 $-u_\infty\delta$。

$$w_1 = u_\infty \times 0 - \Gamma_1\frac{1}{2\pi(c/2)} + \Gamma_2\frac{1}{2\pi(4c + c/4 + c/8)} = 0$$

$$w_2 = u_\infty \times 0 - \Gamma_1\frac{1}{2\pi(4c + 3c/4 + 3c/8)} - \Gamma_2\frac{1}{2\pi(c/4)} = -u_\infty\delta$$

$$-\Gamma_1\frac{1}{\pi c} + \Gamma_2\frac{4}{35\pi c} = 0$$

$$-\Gamma_1\frac{4}{41\pi c} - \Gamma_2\frac{2}{\pi c} = -u_\infty\delta$$

$$\frac{\Gamma_1\pi c}{u_\infty\delta} = 0.0568$$

12.10 第 11 章的问题

问题 11.1

(三角翼的)升力减小,阻力增大,而且非常重要的是,会出现上仰现象。这种现象是由于吸力损失造成的,吸力在发生涡破裂的涡对下方消失。因为涡破碎发生在机翼的后部,所以向上的吸力消失了,从而出现上仰现象。

问题 11.2

(a)大攻角和构型和/或自由来流的不对称性是造成这种情况的根本原因。由侧滑效应($C_{n\beta}$,$C_{l\beta}$)引起的横向/方向发散问题导致了飞机失控。因此,必须通过适当的构型改进和/或飞行包线的限制来减少这些问题。(b)迎风侧的有效前缘后掠角减小,背风侧的有效前缘后掠角增大,因此侧滑效应引起的流动结构变得不对称。关于这两项内容,请参阅 10.2.5 节和 10.2.6 节中的相关性讨论。

问题 11.3

小展弦比和大前缘后掠角是超声速($Ma_\infty = 2$)机翼设计的主要因素,(这一设计)产生亚声速前缘。平滑变化的面积分布(超声速面积律)可以降低阻力。超声速面积律能够通过降低(零升力)波阻的方式来增大超声速巡航时的升阻比。

为了达到使诱导阻力保持在较低水平的同时降低超声速配平阻力的目的,要求在超声速飞行时中性点后移量小。这样就可以避免较高的(负)配平的襟翼偏转。因此,(飞机)升阻比增加,从而降低燃油消耗或增大飞机的航程。

在以较低的飞行速度进行亚声速飞行时(如起降时,以及在大攻角飞行状态下),这类飞机(此处为协和式飞机)的稳定性和操控性通常更为关键。各个方面的稳定性发散问题(俯仰、偏航和滚转运动)都非常重要。可控性也是一个关键的设计因素(见 11.2 节)。

问题 11.4

首先要注意的是,这些曲线只显示了特殊情况 $C_L = C_{Lopt} = C_L(L/D)_{opt}$ 的结果。这意味着这些曲线的 C_L 值不是常数,而是沿这些曲线变化的,就像 C_{D0} 和 C_{Di} 一样。

见图 11.12,本例($\Lambda = 2$,$\varphi_0 = 63°$)中包括对称、变形和全展长三种翼型形状的前缘襟翼。该图能够有效反映锐前缘机翼后掠角 φ_0 增大的变化情况。

在 $\varphi_0 = 63°$ 的情况下,我们发现以下前缘吸力比 S^*(达到理想(100%)前缘吸力的百分比):

(1)对称剖面:$S^* = 40\%$。

(2)变形剖面:$S^* = 48\%$。

(3)全展长的前缘襟翼:$S^* = 64\%$。

再回看图 11.13 可得知,在机翼的"对称剖面"和"锥形弯度"情况下,现在给出了相对厚度为 5% 的钝前缘机翼在 $\Lambda = 2$ 且 $\varphi_0 = 63°$ 点时的数据。

当飞行马赫数为 $Ma_\infty = 0.3$ 时,我们得到:

(1)对称剖面:$S^* = 60$。

(2)锥形弯度:$S^* = 95\%$。

当我们对比亚声速马赫数下高吸力比带来的高升阻比时,这些结果清楚地证明了钝前缘机翼的优越性。

问题 11.5

机翼上表面进行集中展向吹气的积极影响如下(图 11.19 ~ 图 11.21):

(1)通过稳定现有的前缘涡系(大前缘后掠角的机翼)或通过在小/中展弦比机翼上产生并稳定集中涡系来增加最大升力。在这两种情况下,附加升力随

382

攻角的增大而非线性地增加。

（2）这也反映在与升力相关的诱导阻力变化中,固定升力所需的攻角变小了,因此阻力随之减小。

（3）从 $\Delta C_L / c_\mu$ 上看,最有效的方式是在未形成背风涡系的机翼上吹气。但效率因子 $\Delta C_L / c_\mu$ 随吹气系数 c_μ 的增大而降低。

在吹气系数的定义中可以找到其"不适用"的原因。

$$c_\mu = \frac{\dot{m} v_j}{q_\infty A_{\text{ref}}}$$

吹气效率随飞行速度的增大而降低: $c_\mu \propto 1/u_\infty^2$。因此,诱导产生的额外升力将随速度的增大而减小。

因此,展向吹气仅对低速飞行(的飞行器)有效且适用。但由于射流 $\dot{m}$ 所需的质量流量会导致发动机推力降低。因此,这项技术并没有得到应用。

问题 11.6

图 11.23 和图 11.26 给出了平面翼与弯曲翼的拓扑流动结构和俯仰力矩随攻角增大的发展情况。

通过比较这些数据,我们发现:

（1）平面翼在中等攻角(即 $\alpha \approx 10°$)时就开始出现强烈的抬头趋势,另外,弯曲翼表现出准线性稳定曲线 $C_{m\alpha}(0 \leq \alpha < 35°)$,最终出现安全的低头趋势。

（2）这些趋势对应以下流动结构:

（A）中小攻角:图 11.23 中的插图①和②。

此时,两种机翼具有非常相似的流动特性(1):

① 三个节点的存在归因于以下因素引起的涡流:

（a）内侧机翼的大后掠前缘⇒前缘分离。

（b）前缘偏折(内侧机翼的后掠角较大,外侧机翼后掠角较小),加上外侧机翼的弯曲。

（c）外侧机翼的侧边缘。

② 两翼上的开式背风面流场。

③ 机翼上方三个涡系相互作用产生的内部鞍点。

图 11.23 攻角②的增大只会引起平面翼的上仰趋势。局部不稳定的产生和机翼外侧涡系强度的增大使得流动结构发生了变化。

弯曲翼的流动结构未发生变化(图 11.26 中的②)。两翼仍存在开式背风面流场。

（B）中大攻角:图 11.23 中的插图③和④。

平面翼流动结构的主要变化(②⇒③)是出现了一个位于中心的、自由来流动鞍点(闭式背风面流场的典型特征),同时机翼内侧的前缘涡流向上流动。

而弯曲翼上仍存在一个开式背风面流场③和更强的弯曲涡诱导效应,该效应是由大后掠的机翼内侧的前缘主涡引起的。

进一步增大攻角(③⇒④)会对平面翼造成巨大影响。此时主前缘涡的涡破裂发生在位于机翼上方较远的位置,因此升力集中在该位置,从而产生较强的抬头趋势。

而弯曲翼(图 11.26 中的④)产生了两个稳定的涡系,即机翼内侧前缘涡的节点 N_1 和源于弯曲部分上方的节点 N_2(由 N_1 诱导产生并加以稳定)。现在还有一个闭式背风面流场。

从这次比较可以清楚地看出,N_1 和 N_2 之间积极的强相互作用是目前弯曲翼构型的俯仰力矩"健康"发展的原因。

参 考 文 献

1. Hirschel, E.H.: Basics of Aerothermodynamics. 2nd, revised edition. Springer, Cham Heidelberg, New York (2015)
2. Hirschel, E.H., Cousteix, J., Kordulla, W.: Three-Dimensional Attached Viscous Flow. Springer, Berlin, Heidelberg

附录 A 有用的关系式

本书出于定量考虑给出了有用的精确和近似关系式。例如,可在参考文献 [1-4] 和相关专著中找到详细信息。

A.1 压 力 关 系

压力系数 c_p 定义为

$$c_p = \frac{p - p_\infty}{q_\infty} \tag{A.1}$$

式中:$q_\infty = 0.5\rho_\infty u_\infty^2$ 为自由来流的动压。对于作为理想气体的空气来说,当 $Ma_\infty = u_\infty/a_\infty$ 时,压力系数 c_p 为

$$c_p = \frac{2}{\gamma M_\infty^2}\left(\frac{p}{p_\infty} - 1\right) \tag{A.2}$$

$a = \sqrt{\gamma R T_\infty}$ 为声速,$\gamma = c_p/c_v = 1.4$(理想气体)为比热比,$R = 28706\mathrm{m}^2/(\mathrm{s}^2 \cdot \mathrm{K}^1)$ 为气体常数(空气)。

$p \rightarrow 0$ 时达到膨胀极限(最高速度 $v_m = \sqrt{2c_p T_t}$,其中 T_t 为总温度)。由此得到真空压力系数:

$$c_{p_{vac}} = -\frac{2}{\gamma Ma_\infty^2} \tag{A.3}$$

压力系数可用局部速度 u 与自由来流速度值 u_∞ 之比和自由来流马赫数 Ma_∞ 表示:

$$c_p = \frac{2}{\gamma Ma_\infty^2}\left\{\left[1 + \frac{\gamma - 1}{2}Ma_\infty^2\left[1 - \left(\frac{u}{u_\infty}\right)^2\right]\right]^{\frac{\gamma}{\gamma-1}} - 1\right\} \tag{A.4}$$

在亚声速可压缩流动中,我们在 $u = 0$ 时的驻点(等熵压缩)得

$$c_{p_{stag}} = \frac{2}{\gamma Ma_\infty^2}\left[\left(1 + \frac{\gamma - 1}{2}Ma_\infty^2\right)^{\frac{\gamma}{\gamma-1}} - 1\right] \tag{A.5}$$

当然,在超声速流动的情况下,必须考虑激波的总压损失。

在不可压缩流动中,利用伯努利方程(请参见参考文献[1])求出压力系数为

$$c_p = 1 - \frac{u^2}{u_\infty^2} \tag{A.6}$$

我们注意到,在驻点位置,可压缩流动的 c_p 值始终大于 $c_{pstag} = 1$ 时不可压缩流动的值。

A.2　涡流诱导速度

A.2.1　引言

我们利用图 3.1 介绍了有限展长机翼绕流的几种涡流模型,并从这些模型中推导出以下有用的关系式,这些关系式能让我们进一步了解这些模型是如何起作用的以及在实际应用中该如何使用[4]。我们从二维情况开始,先描述附着于翼型上的涡流(图 3.4),然后描述三维情况。

A.2.2　二维情况

1. 翼型绕流的涡流模型

翼型上的涡量 $\gamma(x)$ 分布不仅是拉普拉斯方程的解,还是分析极薄有弯度翼型(即薄板)的基础:格劳厄脱的薄翼理论。

若涡流诱导的速度组合抵消了板法向的自由来流分量,则该解满足边界条件:

$$w_i(x) = u_\infty \left(\alpha - \frac{dz}{dx} \right)$$

其中,引入了小攻角假设。

薄翼理论的基本近似法是,在某一点 x 由于 x' 处的涡流而诱导产生的速度可以近似于 x 轴上的涡流在相同 x 位置诱导出来的速度,即涡流可沿 x 轴移动。

由该点涡量诱导出的速度是根据基本涡流奇点计算的,该公式称为毕奥 - 萨伐尔定律(见 3.9 节)。在二维情况下,x' 处的涡流元表示为

$$dw(x) = \frac{1}{2\pi} \frac{\gamma(x')}{(x - x')} dx'$$

因此,x 点的总诱导速度由下式给出:

$$w(x) = \frac{1}{2\pi}\int_0^1 \frac{\gamma(x')}{(x-x')}\mathrm{d}x'$$

我们将该表达式与流动相切边界条件相结合,求出了待求解涡量分布的基本积分方程:

$$\frac{1}{2\pi u_\infty}\int_0^1 \frac{\gamma(x')}{(x-x')}\mathrm{d}x' = \alpha - \frac{\mathrm{d}z}{\mathrm{d}x}$$

求解该方程的方法是变量代换:

$$\cos\theta = 1 - 2x$$

θ 在 0 到 π 之间变化,并将 γ 写成傅里叶级数。

若我们只考虑对称翼型,即 $\mathrm{d}z/\mathrm{d}x = 0$(无弯度),则可以得到以下解:

$$\gamma(\theta) = 2u_\infty \alpha\cot(\theta/2)$$

对于任意翼型而言,γ 都可展开成傅里叶级数,然后可得到一个解。

2. 集结涡法

格劳厄脱的薄翼理论(见前文)描述了有弯度翼型上的涡流分布 γ。

这种分布的重心位于 $x = c/4$ 点处。用 $x = c/4$ 处的组合点涡 $\Gamma = u_\infty \pi c\alpha$ 替换连续分布 $\gamma(\theta)$,使得单位展长的升力和力矩保持不变(附图 A.1)(库塔条件明确规定,后缘上不应形成涡流)。

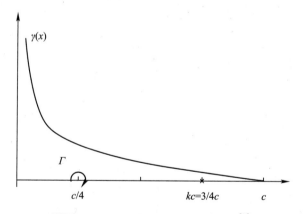

附图 A.1　用一个涡流代替分布涡量[4]

用一个变量 Γ(而不是整个分布)只能满足一个点的边界条件。让该点位于前缘下游的 kc 处。离散涡的贡献必须平衡自由来流速度的垂直分量:

$$w(x = kc) = -\frac{\Gamma}{2\pi(kc - c/4)} + u_\infty \alpha = 0 \Rightarrow k = 3/4$$

若翼弦分为几个部分(即 N 个板),并在每个板 i 上形成一个涡 Γ_i,则可以证明,边界条件在每个板的局部弦长 3/4 处都得到满足。

A. 3　三维情况——基本马蹄涡

根据毕奥－萨伐尔定律,垂直的诱导速度 w(用附图 A. 2(a)的符号表示)为(附图 A. 2)

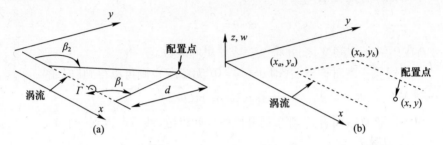

附图 A. 2　基本马蹄涡的影响[4]

$$w(x,y,0) = \frac{-\Gamma}{4\pi d}(\cos\beta_1 - \cos\beta_2)$$

如图 A. 2(b)所示,涡格法中使用的完整马蹄涡以配置点 (x,y) 和涡流定义点 (x_a,y_a) 与 (x_b,y_b) 为坐标。

在略微简单的情况 $(x_a = x_b)$ 下,垂直速度为

$$w(x,y,0) = \frac{-\Gamma}{4\pi(y-y_a)}\left[1 + \frac{\sqrt{(x-x_a)^2 + (y-y_a)^2}}{x-x_a} \right] +$$
$$+ \frac{\Gamma}{4\pi(y-y_b)}\left[1 + \frac{\sqrt{(x-x_a)^2 + (y-y_b)^2}}{x-x_a} \right] \qquad (A.7)$$

A. 4　机翼升力预测

A. 4. 1　普朗特的大展弦比机翼理论

1. 概念

机翼不是用一个马蹄涡来表示,而是用几个马蹄涡来表示[4]。因此,机翼上的附着涡环量从翼根到翼尖可能有所不同。尾涡丝的强度与机翼上的环量有关,$\Gamma_{\text{wake}} = \Delta\Gamma_{\text{wing}}$。只要机翼环量发生变化,尾涡就会从机翼上脱落,如附图 A. 3 所示。

388

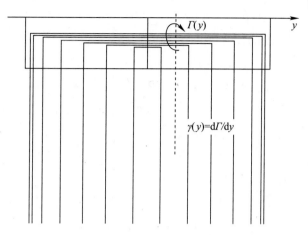

附图 A.3　模拟升力机翼的马蹄涡布局[4]

在极限情况下,当马蹄涡的数量趋于无穷时,尾涡层就是一个涡阶面。y 方向上每单位长度的尾涡强度是该站位翼上总环量的导数。

我们可以从这个模型推导出有限翼展机翼的基本关系式。尾涡层中的涡量强度由 $\gamma = \mathrm{d}\Gamma/\mathrm{d}y$ 给出,机翼环量在翼尖附近变化最快,因此尾涡层的强度在该位置是最大的。尾涡层在此位置开始卷起,形成了尾涡对。两个翼尖涡系(见 8.4.4 节)被吸进尾涡层,从而进入尾涡。

2. 升力预测

该方法的推导是基于以下概念,即升力是由机翼处流动方向的变化引起的——机翼的下洗由代表机翼表面的涡诱导。通过减小几何角 α,用诱导角 $\alpha_{\mathrm{induc}}(y)$ 得到局部有效攻角 α_{eff}:

$$\alpha_{\mathrm{eff}}(y) = \alpha - \alpha_{\mathrm{induc}}(y)$$

有限攻角减少的原因是机翼下游尾流及涡量分布的影响。机翼和尾流都可以使气流偏转。顾名思义,升力线取代了机翼升力分布。因此,该方法只能预测升力线的力在展长方向上是如何变化的。这种变化可以通过傅里叶系数进行描述。这些系数是由机翼沿展长方向若干位置的几何形状决定的。

我们得到了平板椭圆翼一个特别简单的结果,涡流分布为 $\Gamma(y) = \Gamma_0 \sqrt{1 - (2y/b)^2}$,其中 b 为翼展。

该方法针对简单椭圆翼的特殊情况,给出了恒定的垂直速度:

$$w(x = c/4, y) = -\Gamma_0/(2b)$$

展向站位 y 处的有效攻角为

$$\alpha_{\text{eff}}(y) = \alpha - w(x = c/4, y)/u_\infty = \alpha - \Gamma_0/(2bu_\infty)$$

将展向站位 y 处的载荷定义为 $l(y)$,并将局部升力系数定义为 $c_l(y)$,得

$$l(y) = c_l(y)qc(y)\,\mathrm{d}y = \rho u_\infty \Gamma(y)\,\mathrm{d}y$$

和

$$\Gamma_0 = c_l(y)u_\infty c_0/2 \tag{A.8}$$

各站位的流动偏转与升力之间的关系式来自二维流动理论。

$$c_l(y) = 2\pi(\alpha - \Gamma_0/(2bu_\infty)) \tag{A.9}$$

去掉式(A.8)和式(A.9)之间的 Γ,并在通过展向积分得出以弧度为单位的 α:

$$\frac{\mathrm{d}C_L}{\mathrm{d}\alpha} = \frac{2\pi\Lambda}{\Lambda + 2} \tag{A.10}$$

式中:Λ 为机翼展弦比。当 $\Lambda \to \infty$ 时,我们得到(在二维情况下):

$$\frac{\mathrm{d}C_L}{\mathrm{d}\alpha} = 2\pi \tag{A.11}$$

附图 A.4 中给出了一个图表。

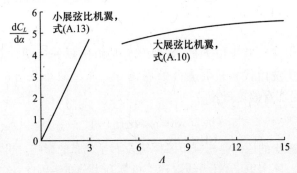

附图 A.4　随机翼展弦比 Λ 变化的升力曲线斜率 $\mathrm{d}C_L/\mathrm{d}\alpha$[4]

当机翼涡流位于所有截面的 1/4 弦点时,由此产生的升力也在参考弦长的 1/4 弦线处。

就椭圆平面形状的平面机翼而言,诱导阻力系数 C_{D_i} 可表示为

$$C_{D_i} = \frac{C_L^2}{\pi\Lambda} \tag{A.12}$$

见 3.16 节。

A. 4. 2 R. T. Jones 的小展弦比机翼理论

R. T. Jones 的理论是通过以下方式在物理的基础上推理得出的[5]。在空间中固定一个垂直参考面。攻角为 α 的细长三角翼以 u_∞ 的速度平直穿过平面,并形成附图 A.5 所示的流线形态。这也是平板以 $u_\infty \alpha$ 的速度向下移动的形态。

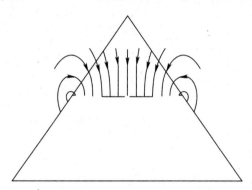

附图 A.5   有攻角的三角翼穿过垂直于飞行方向的垂直平面时的流型示意图[5]

注意,当机翼穿过该平面时,机翼的宽度和流态的比例将发生变化。这种宽度方向的增加来自机翼穿过产生的力,该力相当于下洗速度 $u_\infty \alpha$ 乘以相关质量 m' 的局部变化。机翼截面上的反作用力以 $l(x)$ 表示:

$$l(x) = u_\infty \alpha \mathrm{d}m'/\mathrm{d}t = u_\infty^2 \alpha \mathrm{d}m'/\mathrm{d}x \qquad (\text{A. 13})$$

因为 $u_\infty = \mathrm{d}x/\mathrm{d}t$。从二维流动理论可知(参考文献[4]中给出了复杂的证明):

$$m' = \pi y_1^2 \rho_\infty$$

式中:y_1 是距翼尖 x 处前缘的 y 坐标,m' 是以 y_1 为半径的横截面中的质量。因此,可以得

$$l(x) = u_\infty^2 \alpha 2\pi\rho_\infty y_1(x)\mathrm{d}y_1(x)/\mathrm{d}x = 4\pi\alpha(\rho_\infty u_\infty^2/2)y_1(x)\mathrm{d}y_1(x)/\mathrm{d}x$$

考虑弦长为 c、展弦比为 Λ 和升力为 L 的三角翼,则 $y_1(x)$ 变为 $\Lambda x/4$。

或者如果升力系数基于机翼面积:

$$\frac{\mathrm{d}C_L}{\mathrm{d}\alpha} = \frac{\pi}{2}\Lambda \qquad (\text{A. 14})$$

附图 A.4 根据小展弦比和大展弦比的理论分别绘制了 $\mathrm{d}C_L/\mathrm{d}\alpha$。涡格法(图 3.1)是一种合适的方法来填充中等展弦比中最重要区间的数据。之后,可以通过该方法判断,在多大的误差范围内,分析方法(升力线和小展弦比)是有

效的。注意,即使展弦比为 $\varLambda = 15$ 时,也有很多方法可以得到 $\mathrm{d}C_L/\mathrm{d}\alpha = 2\pi$ 的二维值。

A.5 边界层特性的评估

为了快速评估边界层特性,我们给出了广义形式的近似边界层关系式。为了保持一致,我们借用了参考文献[3]中的部分内容。这些关系式是基于 G. Simeonides[6] 的研究工作,并适用于二维附着黏性流和三维附着弱黏性流,其前提是该流动为边界层型流动。假设物体表面是水力光滑的。

在直到雷诺数为 10^7 的范围内,该关系式对层流和湍流都有效。假设温度不超过 1500K。虽然这些关系式最初是针对高超声速流动问题推导而出的,但也可以用于所有低速问题。当然,与所有近似关系式一样,有必要检查其适用范围并确定误差范围,尤其是当这些关系式是经验性或半经验性的关系式。

在以下关系式中,我们用指数 $n = 0.5$ 表示层流,用指数 $n = 0.2$ 表示湍流。

A.5.1 黏性和热导率

空气黏性的表达式为 Sutherland 方程和简单幂律近似。Sutherland 方程如下:

$$\mu_{\mathrm{Suth}} = 1.458 \times 10^{-6} \frac{T^{1.5}}{T + 110.4} \tag{A.15}$$

简单幂律近似为 $\mu = c_{\mu} T^{\omega\mu}$。当温度范围为 $T \leqslant 200\mathrm{K}$ 时,近似值(在 $T = 97\mathrm{K}$ 时计算常数 $c_{\mu 1}$)可写成

$$\mu_1 = c_{\mu 1} T^{\omega\mu 1} = 0.702 \times 10^{-7} T \tag{A.16}$$

当 $T \geqslant 200\mathrm{K}$ 时(在 $T = 407.4\mathrm{K}$ 时计算常数 $c_{\mu 2}$),得

$$\mu_2 = c_{\mu 2} T^{\omega\mu 2} = 0.04644 \times 10^{-5} T^{0.65} \tag{A.17}$$

关于空气的热导率,我们注意到,在温度为 1500 ~ 2000K 时,可使用 C. F. Hansen 提出的近似关系式(类似于 Sutherland 提出的空气黏度方程)[7]:

$$k_{\mathrm{Han}} = 1.993 \times 10^{-3} \frac{T^{1.5}}{T + 112.0} \tag{A.18}$$

热导率也可以用简单幂律近似来表示:$k = c_k T^{\omega k}$。当温度范围为 $T \leqslant 200\mathrm{K}$ 时,近似值(在 $T = 100\mathrm{K}$ 时计算常数 c_{k1})为

$$k_1 = c_{k1} T^{\omega k1} = 9.572 \times 10^{-5} T \tag{A.19}$$

当 $T \geqslant 200\mathrm{K}$ 时(在 $T = 300\mathrm{K}$ 时计算常数 c_{k2}):

$$k_2 = c_{k2}T^{\omega k2} = 34.957 \times 10^{-5}T^{0.75} \tag{A.20}$$

通常通过普朗特数得到热导率：

$$Pr = \frac{\mu c_p}{k} \tag{A.21}$$

式中：$c_p[m^2/(s^2K)]$ 为恒压下的(质量)比热。

A.5.2　参考温度和恢复温度

为了考虑边界层流动中的马赫数和壁温效应，我们采用了参考温度概念[8-9]。

根据经验，参考温度 T^* 由边界层边缘温度 T_e、壁温 T_w 和恢复温度 T_r 组成：

$$T^* = 0.28T_e + 0.5T_w + 0.22T_r[K] \tag{A.22}$$

恢复或绝热壁温 T_r 定义如下①：

$$T_r = T_e + r^*\frac{v_e^2}{2c_p} = T_e\left(1 + r^*\frac{\gamma-1}{2}Ma_e^2\right) \tag{A.23}$$

式中：r^* 为参考温度 T^* 下随普朗特数 Pr 变化的恢复系数；Ma_e 为边界层边缘的马赫数。

普朗特数对温度的依赖性很弱，请参见参考文献[1,3]。通常假设 $r^* = r = $ 常数就足够了。层流的恢复系数可表示为 $r = \sqrt{Pr}$，湍流的恢复系数可表示为 $r = \sqrt[3]{Pr}$。由低温下的普朗特数 $Pr \approx 0.74$，我们可以得到 $r_{lam} \approx 0.86$ 和 $r_{turb} \approx 0.90$。

假设 x 位置的边界层附着黏性流的特征雷诺数为

$$Re_x^* = \frac{\rho^* u_e x}{\mu^*} \tag{A.24}$$

密度 ρ^* 和黏性 μ^* 是边界层的参考数据。它们由局部压力 p 和参考温度 T^* 确定，其中 v_e 为外部无黏流速。

将边界层边缘的数据作为参考流动数据引入式(A.24)，得

$$Re_x^* = \frac{\rho_e u_e x}{\mu_e}\frac{\rho^*}{\rho_e}\frac{\mu_e}{\mu^*} = Re_{e,x}\frac{\rho^*}{\rho_e}\frac{\mu_e}{\mu^*} \tag{A.25}$$

$Re_{e,x} = \rho_e u_e x/\mu_e$。这种关系式可以简化。由于 $p \approx p_e \approx p_w = $ 常数，若将其运用于边界层流动，则可以写成：

---

① $r^* = 1$ 时计算总温度。

$$\frac{\rho^*}{\rho_e} = \frac{T_e}{T^*} \qquad\qquad (\text{A.26})$$

为简便起见,若我们进一步引入黏性的幂律表达式,则可以得

$$\frac{\mu^*}{\mu_e} = \frac{(T^*)^{\omega^*}}{(T_e)^{\omega_e}} \qquad\qquad (\text{A.27})$$

只有当 T^* 和 T_e 在相同的温度区间时,ω^* 和 ω_e 相等,从而得

$$\frac{\mu^*}{\mu_e} = \left(\frac{T^*}{T_e}\right)^{\omega} \qquad\qquad (\text{A.28})$$

将式(A.26)和式(A.28)引入式(A.25),使式(A.25)简化为

$$Re_x^* = Re_{e,x}\left(\frac{T_e}{T^*}\right)^{1+w} \qquad\qquad (\text{A.29})$$

A.5.3 表面摩擦和传热

对于平板上的表面摩擦力,我们可以得到广义形式的公式,对于层流,$C = 0.332$。对于湍流,$C = 0.0296$[6]:

$$\tau_w = C\mu_\infty u_\infty x^{-n}\left(\frac{T_\infty}{T^*}\right)^{1-n}\left(\frac{\mu^*}{\mu_\infty}\right)^n (Re_\infty^u)^{1-n} \qquad (\text{A.30})$$

或

$$\tau_w = C\mu_\infty u_\infty x^{-n}\left(\frac{T^*}{T_\infty}\right)^{n(1+\omega)-1} (Re_\infty^u)^{1-n} \qquad (\text{A.31})$$

$Re_\infty^u = \rho_\infty u_\infty / \mu_\infty$ 为单位雷诺数。

表面摩擦系数 c_f 为

$$\frac{\tau_w}{0.5\rho_\infty u_\infty^2} = c_f = 2Cx^{-n}\left(\frac{T_\infty}{T^*}\right)^{1-n}\left(\frac{\mu^*}{\mu_\infty}\right)^n (Re_\infty^u)^{-n} \qquad (\text{A.32})$$

壁面上的气体热通量为(同样层流 $C = 0.332$,湍流 $C = 0.0296$):

$$q_{gw} = Cx^{-n}k_\infty Pr^{1/3}(T_r - T_w)\left(\frac{T_\infty}{T^*}\right)^{1-n}\left(\frac{\mu^*}{\mu_\infty}\right)^n (Re_\infty^u)^{1-n} \qquad (\text{A.33})$$

或

$$q_{gw} = Cx^{-n}k_\infty Pr^{1/3}(T_r - T_w)\left(\frac{T^*}{T_\infty}\right)^{n(1+\omega)-1} (Re_\infty^u)^{1-n} \qquad (\text{A.34})$$

A.5.4 边界层厚度

布拉修斯解和1/7次幂不可压缩边界层的边界层厚度可用广义形式写成

394

$$\delta_i = C_i \frac{x^{1-n}}{(Re_\infty^u)^n} \quad\quad (A.35)$$

单位雷诺数为 $Re_\infty^u = \rho_\infty u_\infty / \mu_\infty$,当 $i=0$ 时为边界层厚度 δ(此处去掉下标 0),当 $i=1$ 时为位移厚度 δ_1,当 $i=2$ 时为动量厚度 δ_2。

附表 A.1 给出了层流和湍流不同厚度的常数 C_i 和指数 n。

附表 A.1 式(A.35)中的常数 C_i。该方程中的指数为 $n=0.5$(层流)和 $n=0.2$(湍流)。表中还给出了形状系数 $H_{12} = \delta_1 / \delta_2$。

	δ	δ_1	δ_2	H_{12}
层流边界层:C_i	5	1.721	0.664	2.591
湍流边界层:C_i	0.37	0.046	0.036	1.278

用关系式(A.25)将原 Re_∞^u 重新定义为 Re_∞^{u*},并引入参考温度后,式(A.35)变为

$$\delta_i = C_i \frac{x^{1-n}}{(Re_\infty^u)^n} \left(\frac{\rho^* \mu_\infty}{\rho_\infty \mu^*} \right)^{-n} \quad\quad (A.36)$$

即

$$\delta_i = C_i \frac{x^{1-n}}{(Re_\infty^u)^n} \left(\frac{T^*}{T_\infty} \right)^{n(1+\omega)} \qu\quad (A.37)$$

参考文献[1]中可以找到高马赫数流动的替代公式。

层流边界层和湍流边界层的特征厚度 Δ 可用于解释层流和湍流附着黏性流动中的许多现象(请参见参考文献[1,3])。在数值方法的网格生成中也必须考虑这些特征厚度。

特征厚度决定了壁面剪应力和壁面上附着黏性流动的边界层类型。在层流区域中,特征厚度 Δ_{lam} 约为边界层厚度 δ_{lam},即 99% 的厚度。

在湍流区域中,Δ_{turb} 为黏性子层 δ_{vs} 的厚度,而不是厚度 δ_{turb}。δ_{vs} 远小于边界层厚度 δ_{turb}。但在奇异点和奇异线位置及其附近,特征厚度不能用 δ_{lam} 或 δ_{vs} 近似表示。

有关边界层文献中通常没有给出黏性子层厚度的显式关系。但 E. R. G. Eckert 和 R. M. Drake[9] 的著作及 G. Simeonides[10] 的报告中给出了这种显式关系。黏性子层与平板特征厚度 Δ_{turb} 之间的关系为

$$\delta_{vs} = \Delta_{turb} = 33.78 \frac{x^{0.2}}{(Re_\infty^u)^{0.8}} \left(\frac{\rho_\infty}{\rho^*} \frac{\mu^*}{\mu_\infty} \right)^{0.8} \qu\quad (A.38)$$

即

$$\delta_{vs} = \Delta_{turb} = 33.78 \frac{x^{0.2}}{(Re_\infty^u)^{0.8}} \left(\frac{T^*}{T_\infty}\right)^{0.8(1+\omega)} \qquad (A.39)$$

注意，δ_{vs} 和 δ_{turb} 对 x 和 Re_∞^u 具有不同的依赖性：对比 $\delta_{vs} \propto x^n (Re_\infty^u)^{1-n}$ 与 $\delta_{turb} \propto x^{1-n}(Re_\infty^u)^{-n}$（式(A.35)），其中 $n = 0.2$。参考文献[9]的作者根据 δ_{vs} 关系式得出 $n = 0.1$。

对于连接处、层流 – 湍流转捩位置等的处理，采用虚拟原点的概念，具体请参阅参考文献[3]。

参 考 文 献

1. Hirschel, E.H.: Basics of Aerothermodynamics. 2nd, revised edition. Springer, Cham, Heidelberg, New York (2015)
2. Hirschel, E.H., Weiland C.: Selected Aerothermodynamic Design Problems of Hypersonic Flight Vehicles. Progress in Astronautics and Aeronautics, AIAA, Reston, Va, vol. 229. Springer, Heidelberg (2009)
3. Hirschel, E.H., Cousteix, J., Kordulla, W.: Three-Dimensional Attached Viscous Flow. Springer, Berlin, Heidelberg (2014)
4. Rizzi, A., Oppelstrup, J.: Aircraft Aerodynamic Design with Computational Software. Cambridge University Press (2020)
5. Jones, R.T.: Properties of Low-Aspect-Ratio Pointed Wings at Speeds Below and Above the Speed of Sound. NACA Rep. 835 (1946)
6. Simeonides, G.: Generalized reference-enthalpy formulation and simulation of viscous effects in hypersonic flow. Shock Waves 8 **3**, 161–172 (1998)
7. Hansen, C.F.: Approximations for the Thermodynamic and Transport Properties of High-Temperature Air. NACA TR R-50 (1959)
8. Rubesin, M.W., Johnson, H.A.: A critical review of skin friction and heat transfer solutions of the laminar boundary layer of a flat plate. Trans. ASME **71**, 385–388 (1949)
9. Eckert, E.R.G., Drake, R.M.: Heat and Mass Transfer. MacGraw-Hill, New York (1950)
10. Simeonides, G.: On the Scaling of Wall Temperature Viscous Effects. ESA/ESTEC EWP - 1880 (1996)

附录 B 常数、大气数据、单位和换算

本书中的单位一般为国际单位制(请参见参考文献[1-2]),各种常数也可以在本书中找到。在以下章节中,我们首先给出相关常数和空气性质(见 B.1 节),其次为一系列可供选择的大气数据(见 B.2 节)。B.3 节给出了基本单位、导出单位和美式单元的转化①。

B.1 常数和空气性质

低温区空气成分的分子量和气体常数如附表 B.1 所示。

附表 B.1 低温区空气成分的分子量和气体常数[3-4]。

*是美式标准大气值[5],+是选自参考文献[4]的值

气体	分子量 $M/(kg/kmol^1)$	比气体常数 $R/(m^2/s^2 \cdot K^1)$
空气	28.9644 * (28.97 +)	287.06
N_2	28.02	296.73
O_2	32.00	259.83

摩尔通用气体常数:

$$R_0 = 8.314472 \times 10^3 kg \cdot m^2/(s^2 kmol\ K) = 4.97201 \times 10^4 lb_m ft^2/(s^2(lb_m - mol)°R)$$

海平面上地球的标准重力加速度:

$$g_0 = 9.80665 m/s^2 = 32.174 ft/s^2$$

B.2 大 气 数 据

随海拔高度变化的15℃美式标准大气特性如附表 B.2 所示。

附表 B.2 随海拔高度变化的15℃美式标准大气特性[5]

海拔高度 H/km	温度 T/K	压力 p/Pa	密度 $\rho/(kg/m^3)$	动力学黏性系数 $\mu/(N \cdot s/m^2)$	热导率 $k/(W/m \cdot K)$
0.0	288.150	1.013×10^5	1.225×10^0	1.789×10^{-5}	2.536×10^{-2}

---

① 例如,详细信息可登录 http://physics.nist.gov/cuu/Reference/contents/html 查阅。

海拔高度 H/km	温度 T/K	压力 p/Pa	密度 $\rho/(\text{kg}/\text{m}^3)$	动力学黏性系数 $\mu/(\text{N}\cdot\text{s}/\text{m}^2)$	热导率 $k/(\text{W/m}\cdot\text{K})$
1.0	281.651	8.988×10^4	1.112×10^0	1.758×10^{-5}	2.485×10^{-2}
2.0	275.154	7.950×10^4	1.007×10^0	1.726×10^{-5}	2.433×10^{-2}
3.0	268.659	7.012×10^4	9.092×10^{-1}	1.694×10^{-5}	2.381×10^{-2}
4.0	262.166	6.166×10^4	8.193×10^{-1}	1.661×10^{-5}	2.329×10^{-2}
5.0	255.676	5.405×10^4	7.364×10^{-1}	1.628×10^{-5}	2.276×10^{-2}
6.0	249.187	4.722×10^4	6.601×10^{-1}	1.595×10^{-5}	2.224×10^{-2}
7.0	242.700	4.110×10^4	5.900×10^{-1}	1.561×10^{-5}	2.170×10^{-2}
8.0	236.215	3.565×10^4	5.258×10^{-1}	1.527×10^{-5}	2.117×10^{-2}
9.0	229.733	3.080×10^4	4.671×10^{-1}	1.493×10^{-5}	2.063×10^{-2}
10.0	223.252	2.650×10^4	4.135×10^{-1}	1.458×10^{-5}	2.009×10^{-2}
12.0	216.650	1.940×10^4	3.119×10^{-1}	1.421×10^{-5}	1.953×10^{-2}
14.0	216.650	1.417×10^4	2.279×10^{-1}	1.421×10^{-5}	1.953×10^{-2}

B.3 单位和换算

B.3.1 和 B.3.2 中列出了主要流动、输运和热力学量的国际单位制基本单位和导出单位。左边列给出了名称和符号,右边列给出了单位(尺寸)。

B.3.1 国际单位制基本单位

长度,L

[m],$\rightarrow$[L]

1.0m = 100.0cm = 3.28084ft

1000.0m = 1.0km

质量,m

[kg],$\rightarrow$[M]

1.0kg = 2.20462lb_m

时间,t

[s](= [sec]),$\rightarrow$[t]

温度,T

[K],$\rightarrow$[T]

1.0K = 1.8°R

$\Rightarrow T_{\text{Kelvin}} = (5/9)(T_{\text{Fahrenheit}} + 459.67)$

$\Rightarrow T_{\text{Kelvin}} = T_{\text{Celsius}} + 273.15$

物质的量,摩尔

[kmol],$\rightarrow$[mole]

1.0kmol = 2.20462lb_m - mol

B.3.2　国际单位制导出单位

面积，A　　　　　　　　　　$[m^2]$, $\rightarrow [L^2]$

　　　　　　　　　　　　　　$1.0m^2 = 10.76391ft^2$

体积，V　　　　　　　　　　$[m^3]$, $\rightarrow [L^3]$

　　　　　　　　　　　　　　$1.0m^3 = 35.31467ft^3$

速度，v　　　　　　　　　　$[m/s]$, $\rightarrow [L/t]$

　　　　　　　　　　　　　　$1.0m/s = 3.28084ft/s$

力，F　　　　　　　　　　　$[N] = [kg\ m/s^2]$, $\rightarrow [ML/t^2]$

　　　　　　　　　　　　　　$1.0N = 0.224809lb_f$

压力，p　　　　　　　　　　$[Pa] = [N/m^2]$, $\rightarrow [M/(L \cdot t^2)]$

　　　　　　　　　　　　　　$1.0Pa = 10^{-5}bar = 9.86923 \times 10^{-6}atm =$

　　　　　　　　　　　　　　$= 0.020885lb_f/ft^2$

密度，ρ　　　　　　　　　　$[kg/m^3]$, $\rightarrow [M/L^3]$

　　　　　　　　　　　　　　$1.0kg/m^3 = 0.062428lb_m/ft^3 =$

　　　　　　　　　　　　　　$= 1.94032 \times 10^{-3}lb_f s^2/ft^4$

(动力学)黏性系数，μ　　　$[Pa \cdot s] = [Ns/m^2]$, $\rightarrow [M/(L^1 t^1)]$

　　　　　　　　　　　　　　$1.0Pa \cdot s = 0.020885lb_f\ s/ft^2$

运动学黏性系数，ν　　　　$[m^2/s]$, $\rightarrow [L^2/t]$

　　　　　　　　　　　　　　$1.0m^2/s^1 = 10.76391ft^2/s$

剪应力，τ　　　　　　　　$[Pa] = [N/m^2]$, $\rightarrow [M/(L \cdot t^2)]$

　　　　　　　　　　　　　　$1.0Pa = 0.020885lb_f/ft^2$

能量、焓、功、热量　　　　　$[J] = [N \cdot m]$, $\rightarrow [M \cdot L^2/t^2]$

　　　　　　　　　　　　　　$1.0J = 9.47813 \times 10^{-4}BTU =$

　　　　　　　　　　　　　　$= 23.73036lb_m ft^2/s^2 = 0.737562lb_f/s^2$

(质量比)内能 e，焓 h　　　$[J/kg^1] = [m^2/s^2]$, $\rightarrow [L^2/t^2]$

　　　　　　　　　　　　　　$1.0m^2/s^2 = 10.76391ft^2/s^2$

(质量) 比热 c_v、c_p 比气体常　$[J/(kg \cdot K)] = [m^2/(s^{-2} \cdot K)]$, $\rightarrow [L^2/(t^2 \cdot T)]$

数，R　　　　　　　　　　　$1.0m^2/(s^2 \cdot K) = 5.97995ft^2/(s^2 \cdot {}^{\circ}R)$

功率、单位时间的功　　　　　$[W] = [J/s] = [Nm/s]$, $\rightarrow [M\ L^2/t^3]$

　　　　　　　　　　　　　　$1.0W = 9.47813 \times 10^{-4}BTU/s =$

　　　　　　　　　　　　　　$= 23.73036lb_m ft^2/s^3$

热导率,k
$$[W/(m \cdot K)] = [N/(s \cdot K)], \rightarrow [ML/(t^3 \cdot T)]$$
$$1.0W/(m \cdot K) =$$
$$= 1.60496 \times 10^{-4}BTU/(s \cdot ft \cdot {}^\circ R) =$$
$$= 4.018342lb_m \, ft/(s^3 \cdot {}^\circ R)$$

热通量,q
$$[W/m^2] = [J/(m^2 \cdot s)], \rightarrow [M/t^3]$$
$$1.0W/m^2 = 0.88055 \times 10^{-4}BTU/(s \cdot ft^2) =$$
$$= 2.204623lb_m/s^3$$

参 考 文 献

1. Taylor, B.N. (ed.): The International System of Units (SI). US Dept. of Commerce, National Institute of Standards and Technology, NIST Special Publication 330 (2001), US Government Printing Office, Washington, D.C. (2001)
2. Taylor, B.N.: Guide for the Use of the International System of Units (SI). US Dept. of Commerce, National Institute of Standards and Technology, NIST Special Publication 816 (1995), US Government Printing Office, Washington, D.C. (1995)
3. Hirschfelder, J.O., Curtiss, C.F., Bird, R.B.: Molecular Theory of Gases and Liquids. Wiley, New York (corrected printing) (1964)
4. Bird, R.B., Stewart, W.E., Lightfoot, E.N.: Transport Phenomena, 2nd edn. Wiley, New York (2002)
5. N.N.: U.S. Standard Atmosphere. Government Printing Office, Washington, D.C. (1976)

附录 C 符 号

本附录只列出了重要的符号。若符号仅在部分章节出现或为非常见符号，则不包含在内。尺寸用国际单位制基本单位表示：长度[L]、时间[t]、质量[M]、温度[T]和物质的量[mole]，请参见附录 B。关于实际尺寸及其换算，请参见附录 B.3。

C.1 拉丁字母

A, A_{ref}	参考面积，$[L^2]$
α	声速，$[L/t]$
b	翼展，$[L]$
b_0	尾涡中心的横向距离，$[L]$
C_D	阻力系数，$[-]$
C_{Di}^*	椭圆形环量分布的阻力系数，$[-]$
C_L	升力系数$[-]$
C_l	局部升力系数，$[-]$
C_l	滚转力矩系数，$[-]$
C_m	俯仰力矩系数，$[-]$
C_n	偏航力矩系数，$[-]$
C_z	局部法向力系数，$[-]$
c_f	表面摩擦系数，$[-]$
c_p	恒压下的(质量)比热，$[L^2/(t^2 \cdot T)]$
c_p	压力系数，$[-]$
$c_{p_{stag}}$	滞止压力系数，$[-]$
$c_{p_{vac}}$	真空压力系数，$[-]$
D	直径，$[L]$
D	阻力，$[ML/t^2]$

D_i	诱导阻力，$[ML/t^2]$
D_i^*	椭圆形环量分布的诱导阻力，$[ML/t^2]$
D_0	零升阻力，$[ML/t^2]$
e	奥斯瓦尔德效率因子，$[-]$
e	展向效率因子，$[-]$
F	力，$[ML/t^2]$
G	归一化的环量，$[-]$
g	重力加速度，$[L/t^2]$
H	海拔高度，$[L]$
H	形状因子，$[-]$
k	热导率，$[ML/(t^3 \cdot T)]$
L	长度，$[L]$
L	升力，$[ML/t^2]$
L^*	椭圆形环量分布的升力，$[ML/t^2]$
L/D	升阻比，$[-]$
Ma	马赫数，$[-]$
Ma_e	边界层边缘马赫数，$[-]$
Ma_∞	飞行马赫数，$[-]$
m	质量，$[M]$
n	边界层关系式中的指数，$[-]$
Pr	普朗特数，$[-]$
P	压力，$[M/(L \cdot t^2)]$
p_b	横流钝度参数，$[-]$
p_∞	自由来流压力，$[M/(L \cdot t^2)]$
q	热通量，$[M/t^3]$
q_∞	自由来流动压，$[M/(L \cdot t^2)]$
R	气体常数，$[L^2/(t^2 T)]$
R_0	通用气体常数，$[ML^2/(t^2 \cdot mole \cdot T)]$
R	半径，$[L]$
R_N	机头半径，$[L]$
Re	雷诺数，$[-]$
Re^u	单位雷诺数，$[L^{-1}]$
r	恢复系数，$[-]$

Sr	斯特劳哈尔数,[−]	
s	熵,$[\mathrm{L}^2/(\mathrm{t}^2\cdot\mathrm{T})]$	
s	展向载荷系数,[−]	
T	温度,[T]	
T_e	边界层边缘温度,[T]	
T_r	恢复温度,[T]	
T_t	总温度,[T]	
T_w	壁温,[T]	
T_∞	自由来流温度,[T]	
T^*	参考温度,[T]	
t	时间,[t]	
t_0	时间尺度,[t]	
t,n,z	外部无黏流线坐标	
V	速度矢量大小,[L/t]	
$\boldsymbol{V}$	速度矢量,[−]	
u,v,w	笛卡儿速度分量,[L/t]	
$u_\mathrm{e},v_\mathrm{e}$	边界层边缘速度,[L/t]	
u_∞,v_∞	自由来流速度,飞行速度,[L/t]	
v_n	横流速度分量,[L/t]	
v_t	流向速度分量,[L/t]	
W_s	翼载荷,$[\mathrm{M}/(\mathrm{t}^2\cdot\mathrm{L})]$	
w_0	下洗速度,[L/t]	
x_bd	涡破裂位置,[L]	
x,y,z	笛卡儿坐标,[L]	
x,y,z	体轴系,[L]	
x^*,y^*,z^*	CRM 参考坐标,[L]	
$x^{i'}(i'=1,2,3)$	笛卡儿参考坐标	

C.2 希 腊 字 母

α	攻角,[°]	

$\alpha_V, \bar{\alpha}_V, \bar{\varphi}_V$	涡轴角,[°]
β	侧滑角,[°]
Γ	环量,[L²/t]
Γ_0	翼根环量,[L²/t]
γ	航迹角[°]
γ	比热比,[-]
Δ_c	特征边界层厚度,[L]
δ	流动边界层厚度,[L]
δ_{lam}	层流边界层厚度,[L]
δ_{turb}	湍流边界层厚度,[L]
δ_{vs}	黏性子层厚度,[L]
δ_1	位移厚度,[L]
δ_2	动量流动位移厚度,[L]
ε	涡线角,[°]
ε	表面发射率系数,[-]
η_{flap}	襟翼设置,[°]
η_{slat}	缝翼设置,[°]
Λ	展弦比,[-]
λ	梢根比,[-]
μ	黏性,[M/(L·t)]
μ_e	边界层边缘黏性,[M/(L·t)]
ρ	密度,[M/L³]
ρ_e	边界层边缘密度,[M/L³]
ρ_∞	自由来流密度,[M/L³]
τ_w	壁面剪应力,表面摩擦力,[M/(L·t⁻²)]
σ	无量纲环量,[-]
φ_0	后缘后掠角,[°]
ψ_e	后缘流动剪切角,[°]
$\boldsymbol{\Omega}$	涡含量矢量,[-]
ω	黏性和热导率幂律方程中的指数,[-]
$\boldsymbol{\omega}$	涡量矢量,[-]

404

C.3 指　　标

C.3.1　上标

u　　　　　　　　　　　　　　　　单位

*　　　　　　　　　　　　　　　　椭圆形环量分布

*　　　　　　　　　　　　　　　　参考温度值

C.3.2　下标

D　　　　　　　　　　　　　　　　阻力

e　　　　　　　　　　　　　　　　边界层边缘,外部(无黏流)

ic　　　　　　　　　　　　　　　　不可压缩

inv　　　　　　　　　　　　　　　无黏性

k　　　　　　　　　　　　　　　　热导率

L　　　　　　　　　　　　　　　　升力

L　　　　　　　　　　　　　　　　长度

LE　　　　　　　　　　　　　　　前缘

lam　　　　　　　　　　　　　　层流

ref　　　　　　　　　　　　　　　参考

TE　　　　　　　　　　　　　　　后缘

t　　　　　　　　　　　　　　　　总

tr　　　　　　　　　　　　　　　转捩

$turb$　　　　　　　　　　　　　湍流

vac　　　　　　　　　　　　　　真空

vs　　　　　　　　　　　　　　　黏性子层

w　　　　　　　　　　　　　　　壁面

μ　　　　　　　　　　　　　　　黏性

0　　　　　　　　　　　　　　　　前缘

∞　　　　　　　　　　　　　　无穷

C.4 其他符号

$O(\ )$	量级
$\boldsymbol{v}$	矢量
$<\ >$	平均

附录 D 缩 略 语

AGARD	Advisory Group for Aerospace Research & Development	航空航天研究与发展咨询组
AIAA	American Institute of Aeronautics and Astronautics	美国航空航天学会
ARA	Aircraft Research Association	飞机研究协会
AVA	Aerodynamische Versuchsanstalt Göttingen	哥廷根空气动力研究所
AVL	Athena Vortex Latlice(method)	Athena 涡格法
AVT	Applied Vehicle Technology Panel	应用飞行器技术小组
AWIATOR	Aircraft Wing with Aduanced Techndogy Operation	使用先进技术操作的飞机机翼
BDW	Blunt Delta Wing	钝三角翼
BL	Boundary Layer	边界层
CFD	Computational Fluid Dynamics	计算流体力学
CRM	Common Research Model	通用研究模型
DDES	Delayed Detached – Eddy Simulation	延迟分离涡模拟
DES	Detached – Eddy Simulation	分离涡模拟
DLR	German Aerospace Center	德国航空航天中心
DNS	Direct Numerical Simulation	直接数值模拟
DRG	Defence Research Group	国防研究小组
DND	Droop Nose Device	垂鼻装置
DOC	Direct Operating Costs	直接运营成本
DVL	Doppler Velocity Log	多普勒测速仪
EADS	European Aeronautie Defence and Space company	欧洲宇航防务集团
FFA	National Aerospace Research Center Sweden	瑞典国家航空航天研究中心
FOI	Swedish Defence Research Agency	瑞典国防研究局
HISSS	Higher – Order Subsonic – Supersonic Singularity(method)	高阶亚声速 – 超声速奇异点(方法)
HTP	Horizontal Tail Plane	水平尾翼
IB	Inboard	内侧
IHK	Innovative High – Lift Configurations	创新高升力构型

ISW	Infinite Swept Wing	无限展长后掠翼
IUTAM	International Union of Theoretical and Applied Mechanics	国际理论与应用力学联盟
LE	Leading Edge	前缘
LES	Large – Eddy Simulation	大涡模拟
LEV	Leading – edge Vortex	前缘涡流
LEX	Leading – edge Extension	前缘扩展
LIDAR	Light Detection and Ranging	光探测和测距
LTA	Large Transport Airplane	大型运输机
LVV	Low Vorticity Vortex	低涡量涡
MBB	Messerschmitt – Bölkow – Blohm	梅塞施密特 – 伯尔科 – 布洛姆
MTOW	Maximum Take – Off Weight	最大起飞重量
MTOM	Maximum Take – Off Mass	最大起飞质量
MB	Midboard	中板
NACA	National Advisory Committee for Aeronautics	国家航空咨询委员会
NASA	National Aeronautics and Space Administration	美国国家航空航天局
NLR	National Aerospace Laboratory of the Netherlands	荷兰国家航空航天实验室
NS	Navier – Stokes	纳维尔 – 斯托克斯
ONERA	National Aerospace Research Center France	法国国家航空航天研究中心
PAL	Primary Attachment Line	一次附着线
PSL	Primary Separation Line	一次分离线
PSP	Pressure Sensitive Paint	压敏涂料
PIV	Particle Image Velocimetry	粒子图像测速
QDV	Quickly Decaying Vortex	快速衰减涡
RAE	Royal Aircraft Establishment	皇家航空研究院
RANS	Reynolds – Averaged Navier – Stokes	雷诺平均纳维尔 – 斯托克斯
RTO	Research and Technology Organization	研究与技术组织
RANGE	Flight Range	航程
SACCON	Stability and Control Configuration	稳定性和控制构型
SAL	Secondary Attachment Line	二次附着线
SSL	Secondary Separation Line	二次分离线
STO	Science and Technology Organization	科技组织
SBLVG	Sub – Boundary – Layer Vortex Generator	亚边界层涡流发生器

TED	Trailing Edge Device	后缘装置
PAI	Propulsion – Airframe Integration	推进－机体体化
SST	Shear – Stress Transport	前应力输运
PS grid	Structured grid	结构化网络
URANS	Unsteady Reynolds – Averaged Navier – Stokes	非定常雷诺平均 纳维尔－斯托克斯
UCAV	Unmanned Combat Air Vehicle	无人战斗机
UHBR	Ultra High Burning Rate	超高燃速推进剂
VFE – 1	Vortex – Flow Experiment 1	涡流实验1
VHBR	Very High Burning Rate	超高燃速
WRP	Wing – tip Reference Point	翼尖参考点
WRBM	Wing – Root Bending Moment	翼根弯矩

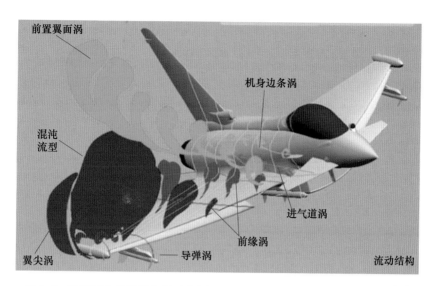

图 1.6 欧洲战斗机涡层和涡示意图,$\alpha = 27°$、$\eta_{slat} = 19.5°$和$\eta_{canard} = -10°$[26]

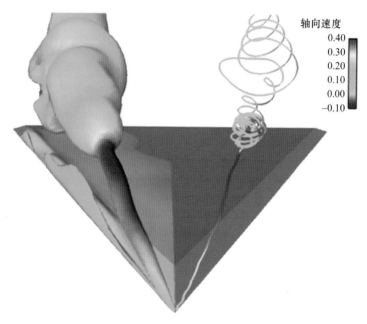

图 3.17 涡破裂:计算的总压等值面和涡核丝[38]
$Ma_\infty = 0.16$,$Re = 1.97 \times 10^6$,$\alpha = 35°$,1 方程湍流模型

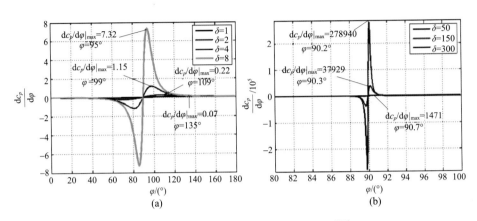

图 6.5　表面压力系数的梯度 $\mathrm{d}c_p/\mathrm{d}\varphi(\varphi)$ [23]

（a）小的厚度反比 δ 情况下，$\mathrm{d}c_p/\mathrm{d}\varphi$ 在 $0°\leqslant\varphi\leqslant180°$ 区间的变化图；（b）大的厚度反比 δ 情况下，

$\mathrm{d}c_p/\mathrm{d}\varphi$ 在 $80°\leqslant\varphi\leqslant100°$ 区间的变化图。图中标记了逆压梯度最大值的位置，并给出了最大值。

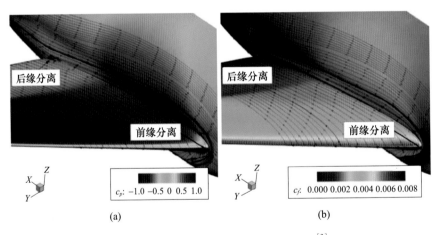

图 8.24　翼根区域俯视图（机翼吸力面）[3]

（a）表面摩擦线形态和表面压力系数 c_p 分布；（b）表面摩擦线形态和表面摩擦系数 $c_f\equiv|c_f|$ 的绝对值分布。

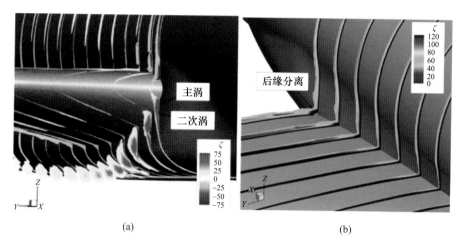

(a)   (b)

图 8.28 翼身连接处附近的无量纲化轴向涡量分量 ζ[3]

（a）（机翼）前缘区域；（b）（机翼）上表面的后缘区域。

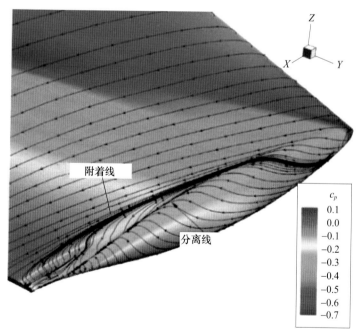

图 8.32 翼尖区域俯视图:表面摩擦形态和表面压力系数 c_p 分布[3]

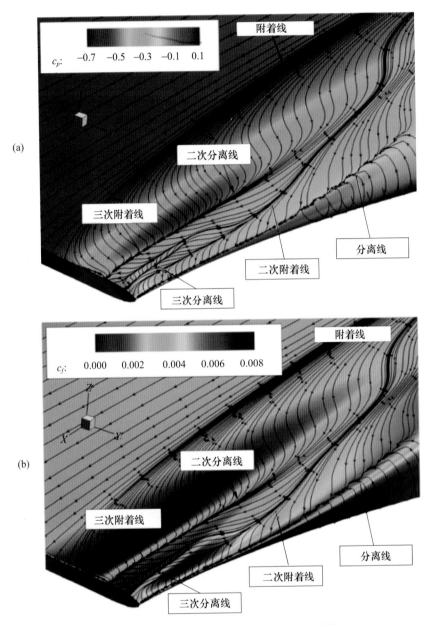

图 8.33　翼尖表面摩擦线拓扑结构细节图[3]

（a）表面摩擦线形态和表面压力系数 c_p 分布；（b）表面摩擦线形态和表面摩擦系数 $c_f \equiv |c_f|$ 的绝对值分布。

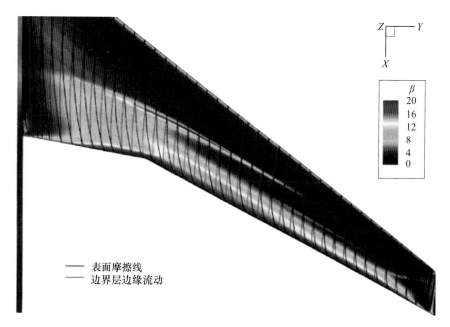

图 8.37　计算得出的机翼上表面的表面摩擦线(黑色)和外部边界层边缘流线(红色)[3]。
对投影到机翼表面两条线的夹角 β 绘制云图

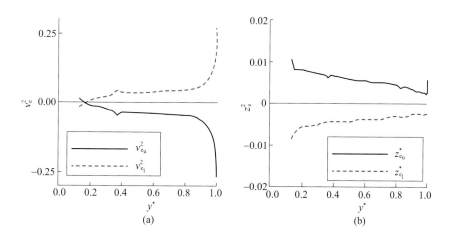

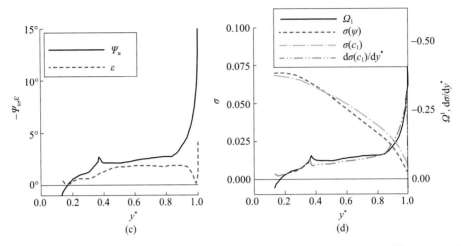

图 8.39 后缘正下游 $x/c = 1.005$ 位置的尾涡层特性和相容性条件[3]

(a)上、下表面的横向速度分量 $v_e^2(y^*)$；(b)上、下表面的尾流厚度 $z_e^*(y^*)$；(c)上表面后缘流动剪切角 $\psi_u(y*)$ 和涡线角 $\varepsilon(y^*)$；(d)无量纲环量 $\sigma(y*)$ 及其在 $y*$ 方向的导数以及局部涡含量 $\Omega(y*)$。

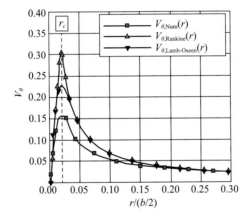

图 8.45 $x^* = 0.5$ 时数值解和解析解的周向速度 $v_\theta(r/(b/2))$ 比较。涡龄为 $\tau^* = 0.0039$[3] 计算得到的圆周速度 $v_{\theta num}$（红色符号）与模型的解析速度进行对比，后者代表充分发展的尾涡；3.10 节中所述的兰金涡模型 $v_{\theta Rankine}$（绿色符号）（见式（3.16））和兰姆 – 奥森涡模型 $v_{\theta Lamb-Oseen}$（蓝色符号）（见式（3.17））

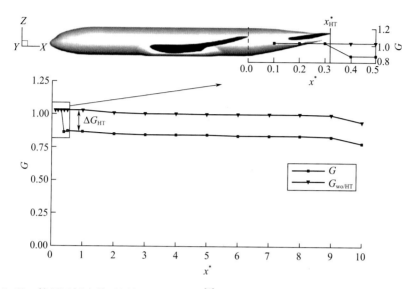

图 8.50　扩展近场中的无量纲环量 $G(x^*)$ [3]。上方的蓝色曲线代表单独机翼的 G 值，
下方的黑色曲线代表考虑水平尾翼反向环量的机翼无量纲环量 G 值

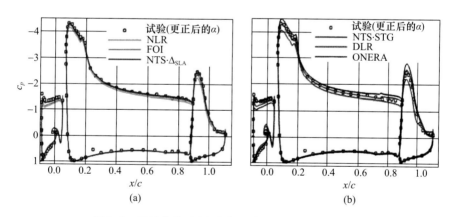

图 9.9　通过非分区(a)和嵌入式(b)数值模拟获得的
平均表面压力系数分布[19]

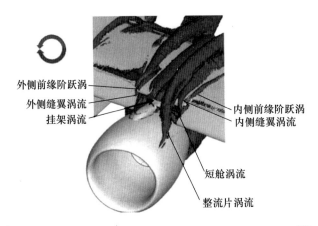

外侧前缘阶跃涡
外侧缝翼涡流
挂架涡流
内侧前缘阶跃涡
内侧缝翼涡流
短舱涡流
整流片涡流

图 9.15　在接近失速条件下紧密耦合式通气短舱的涡流[29]

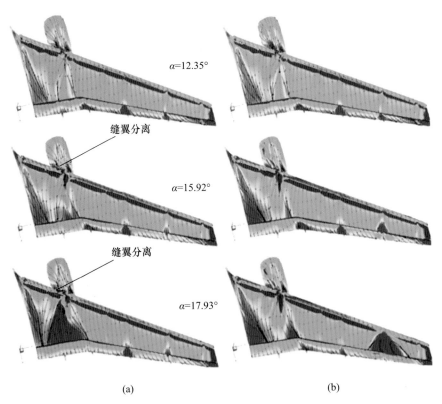

$\alpha=12.35°$

缝翼分离

$\alpha=15.92°$

缝翼分离

$\alpha=17.93°$

(a)　　　　　　　　　　　　　　(b)

图 9.17　低雷诺数案例(右翼):通过数值方法预测的阶段 2(图(a))和
阶段 3(图(b))构型在三个不同攻角下的壁面剪应力分布和表面
摩擦线形态[27]:≤0.00(红色)≤c_{fx}≤0.011(蓝色)

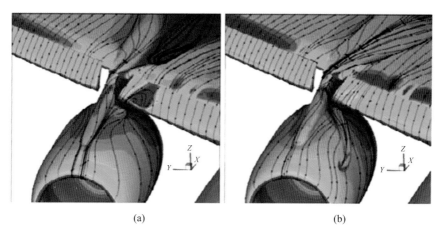

(a)　　　　　　　　　　　　　(b)

图 9.18　高雷诺数下,短舱整流片涡流对右侧机翼表面摩擦线形态和 c_{fx}
分布情况的影响[27]：≤0.00(红色)≤ c_{fx} ≤0.011(蓝色)
(a)阶段 2(不带短舱整流片)；(b)阶段 3(带短舱整流片)。

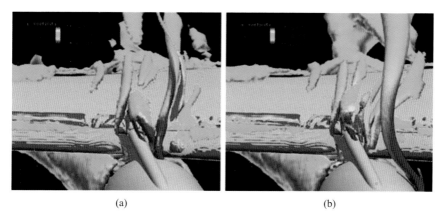

(a)　　　　　　　　　　　　　(b)

图 9.19　高雷诺数情况下,右侧机翼涡流可视化效果图[27]
(a)阶段 2(不带短舱整流片)；(b)阶段 3(带短舱整流片)。

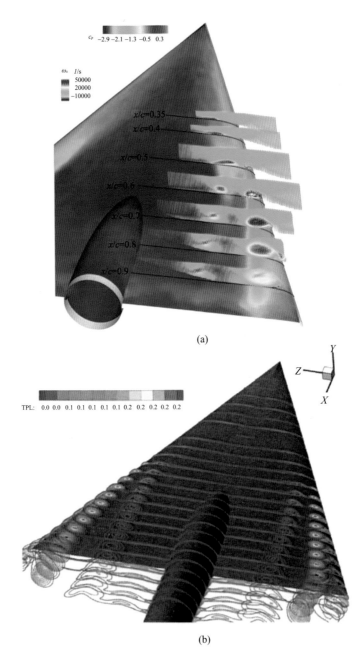

图 10.39　中等半径钝前缘 VFE - 2 构型的压力(表面颜色)、
速度(矢量)和涡量(矢量颜色)分布
(a)PSP 和 PIV 测量[81]；(b)数值解[82]。

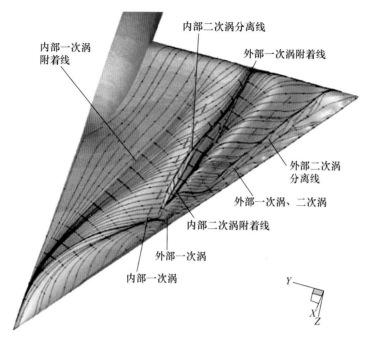

内部一次涡
附着线

内部二次涡分离线

外部一次涡附着线

外部二次涡
分离线

外部一次涡、二次涡

内部二次涡附着线

外部一次涡

内部一次涡

图 10.40　VFE – 2 三角翼左上方的表面压力和表面摩擦线[83]。
红色虚线表示涡轴的位置

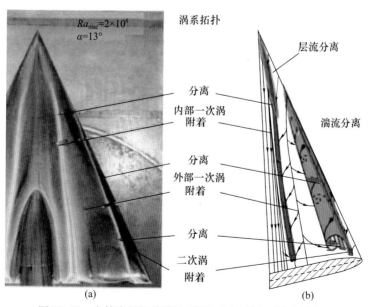

$Ra_{mac} = 2 \times 10^6$
$\alpha = 13°$

涡系拓扑

层流分离

分离
内部一次涡
附着

湍流分离

分离
外部一次涡
附着

分离
二次涡
附着

(a)

(b)

图 10.43　中等半径钝前缘的 VFE – 2 构型表面油流图(a)
和流动拓扑示意图(b)[84]

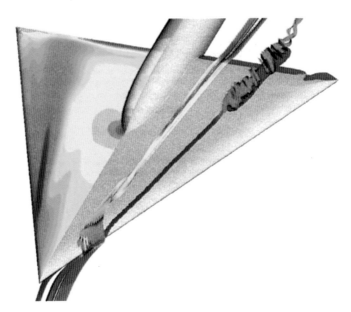

图 10.44 $\alpha = 18°$时的计算流场。机翼右侧:表面压力;
左侧:带三维体积带的流迹[82]

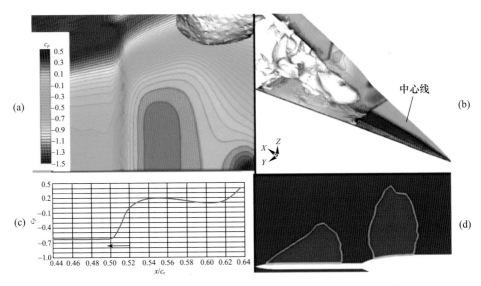

图 10.46 显示时间步长 $t = 0.149240s$ 时瞬时流场特性的子帧[85]

(a)俯视图,在具有表面压力分布的支杆前方的机翼吸力面,气流来自左侧;

(b)带表面压力分布和逆流等值面(灰色)的右半展吸力面的正面等距视图;

(c)对称平面与翼面相交处的表面压力系数 $c_p(x/c_r)$,该位置对应于图(a)的下边缘;

(d)局部马赫数范围内沿对称平面的法向视图,蓝色 = 亚声速,绿色 = 声速,红色 = 超声速。

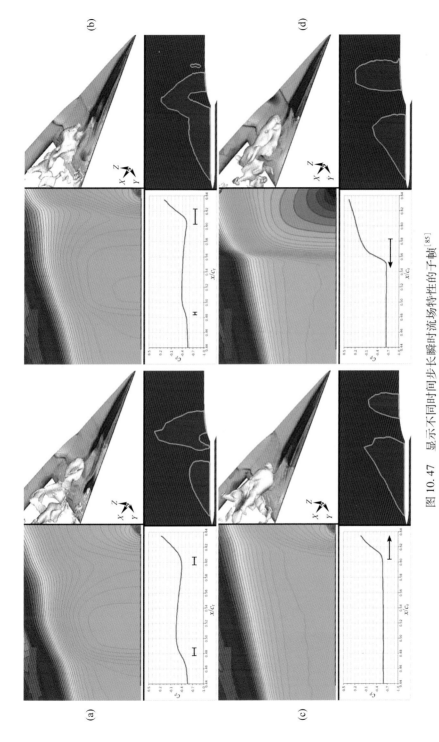

图 10.47　显示不同时间步长瞬时流场特性的子帧[85]

(a) $t = 0.1547s$；(b) $t = 0.1560s$；(c) $t = 0.1586s$；(d) $t = 0.1650s$。有关子帧内容,请参见图 10.46 的图例。

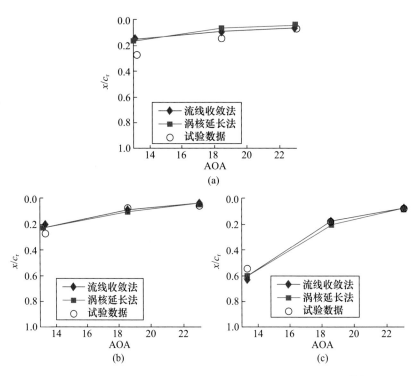

图 10.65　随攻角($\mathrm{AOA}\equiv\alpha$)变化的外部一次涡的分离起点[93]

(a) $Re_{\bar{c}}=2\times10^6$;(b) $Re_{\bar{c}}=6\times10^6$;(c) $Re_{\bar{c}}=60\times10^6$。

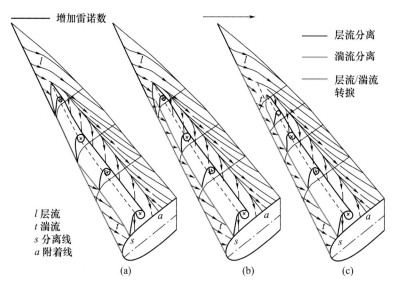

图 10.67　层流 – 湍流转捩对钝前缘三角翼分离特性的影响示意图[94]

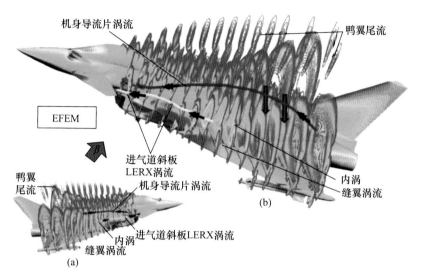

机身导流片涡流　　　　　　　　　　鸭翼尾流

EFEM

进气道斜板
LERX涡流
机身导流片涡流

鸭翼
尾流

内涡
进气道斜板LERX涡流
缝翼涡流

(a)

内涡
缝翼涡流

(b)

图 11.15　亚声速和大攻角条件下 EFEM 构型的计算
表面压力、涡量横截面和涡核路径[15]

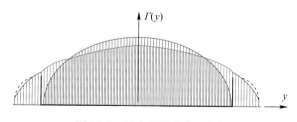

图 12.3　展向环量分布 $\Gamma(y)$